“十二五”职业教育国家规划教材
经全国职业教育教材审定委员会审定

工厂供配电技术

第2版

主　编　戴绍基
副主编　陈俊英
参　编　刘明黎　包玉合　林　春
　　　　李炜恒　宣　峰　曹　辉

机械工业出版社
CHINA MACHINE PRESS

本书是“十二五”职业教育国家规划教材，是根据《教育部关于“十二五”职业教育教材建设的若干意见》及教育部新颁布的《高等职业学校专业教学标准(试行)》，同时参考中、高级维修电工职业资格标准编写的。

本书共分十章，主要内容包括：工厂供电系统的主要电气设备；工厂供电系统的结线和结构；负荷计算和短路计算；电器和导体的选择与校验；继电保护装置及二次系统；防雷、接地及电气安全；工厂的电气照明；工厂的电能节约；工厂供电系统的运行维护与检修试验。本书在编写中十分注意贯彻最新的国家标准和设计规范，使内容更新颖、更实用；书中有较多符合工程实际的例题；一些表格和插图系采用实际设计施工的工程图样；本书图文并茂，在文字叙述上力求准确生动、深入浅出。

为便于复习和自学，章末附有思考题和习题，书末附有习题的参考答案。此外，为便于实验和课程设计，书末还附有工厂供电实验指导书和课程设计任务书。为便于教学，本书配有电子教案等教学资源，选择本书作为教材的教师可登录 www. cmpedu. com 网站，注册并免费下载。

本书可作为高等职业院校电气自动化技术、机电一体化技术、供用电技术、电气运行与控制等相关专业的教材，也可作为中、高级维修电工以及电气设计、施工人员的岗位培训教材或自学用书。

图书在版编目(CIP)数据

工厂供配电技术/戴绍基主编. —2 版. —北京：机械工业出版社，2015.1（2026.2 重印）

“十二五”职业教育国家规划教材

ISBN 978-7-111-41518-3

Ⅰ.①工… Ⅱ.①戴… Ⅲ.①工厂—供电系统—高等职业教育—教材②工厂—配电系统—高等职业教育—教材 Ⅳ.①TM727.3

中国版本图书馆 CIP 数据核字(2013)第 031211 号

机械工业出版社(北京市百万庄大街 22 号 邮政编码 100037)

策划编辑：赵红梅 责任编辑：赵红梅

版式设计：霍永明 责任校对：张 征

封面设计：张 静 责任印制：张 博

固安县铭成印刷有限公司印刷

2026 年 2 月第 2 版第 16 次印刷

184mm×260mm · 20 印张 · 490 千字

标准书号：ISBN 978-7-111-41518-3

定价：49.80 元

电话服务 网络服务

客服电话：010-88361066 机 工 官 网：www. cmpbook. com

010-88379833 机 工 官 博：weibo. com/cmp1952

010-68326294 金 书 网：www. golden-book. com

 机工教育服务网：www. cmpedu. com

前　言

本书是按照教育部《关于开展“十二五”职业教育国家规划教材选题立项工作的通知》，经过出版社初评、申报，由教育部专家组评审确定的“十二五”职业教育国家规划教材，是根据《教育部关于“十二五”职业教育教材建设的若干意见》及教育部新颁布的《高等职业学校专业教学标准(试行)》，同时参考中、高级维修电工职业资格标准编写的。

本书主要介绍工厂供电的有关知识；工厂供电系统的主要电气设备；工厂供电系统的结线和结构；负荷计算和短计算；电器和导体的选择与校验；继电保护装置及二次系统；防雷、接地及电气安全；工厂的电气照明；工厂的电能节约；工厂供电系统的运行维护与检修试验。

本书编写过程中力求体现高等职业教育以能力为本位的特色。本书注意贯彻最新的国家标准和设计规范，使内容更加新颖和实用，并有利于增强读者的规范意识；书中有较多符合工程实际的例题；一些表格和插图系采用实际设计施工的工程图样；本书图文并茂，在文字叙述上力求准确生动、深入浅出。

本书共分十章，第一章至第六章介绍了工厂供配电系统，第七章至第十章的内容相对独立，可根据各校专业要求和教学时数情况自行适当取舍。当教学时数较少时，目录中标有“*”的章节可作为选讲内容，或安排给学生自学，或在课程设计、毕业设计，以及职业资格培训时介绍。

本书由河南工业职业技术学院戴绍基任主编，西安建筑科技大学信息与控制工程学院陈俊英任副主编。具体分工如下：陈俊英编写第六、八章，河南工业职业技术学院刘明黎编写第四章，河南中南工业有限责任公司高级工程师包玉合编写第一章，兴业银行高级工程师林春编写第九章，河南工业职业技术学院李炜恒编写第二章和附录 B，宣峰编写第三章，曹辉编写第十章和附录 C，其余部分均由戴绍基编写并负责统稿、定稿等工作。

本书经全国职业教育教材审定委员会审定，教育部专家在评审过程中对本书提出了宝贵的建议，在此对他们表示衷心的感谢！在编写过程中，编者参阅了国内外出版的有关教材和资料，并得到了河南工业职业技术学院和机械工业出版社的指导和帮助，在此一并表示诚挚的谢意！

由于编者水平有限，书中不妥之处在所难免，恳切希望使用本书的师生和读者批评指正。意见可发至 1179912754@ qq. com。

编　者

目 录

前言

第一章　概论

本章概述有关供配电技术的一些基本知识和基本问题，为学习以后各章内容打下初步基础。首先简要说明工厂供电的意义、要求和课程任务，接着简单介绍一些典型的工厂供电系统、发电厂和电力系统的基本知识，简述工厂电力负荷的分级及其对供电电源的要求，然后重点论述关系供电系统全局的两个问题，即电力系统的电压和电力系统中性点的运行方式。

第一节　供电的意义、要求及课程任务

工厂供电，或称工厂配电，就是指工厂所需电能的供应和分配问题。电能是现代工业生产的主要能源和动力。工厂的电能供应如果突然中断，将给工业生产带来严重的影响，甚至可能发生重大的设备损坏事故或人身伤亡事故。由此可见，搞好工厂供电工作对于保障工业生产的正常进行，具有十分重要的意义。

工厂供电工作要很好地为工业生产服务，切实保证工厂生产和生活用电的需要，并搞好电能的节约，必须达到以下基本要求：

（1）安全　在电能的供应、分配和使用中，不应发生设备事故和人身事故。

（2）可靠　应满足用户对供电可靠性即连续供电的需求。

（3）优质　应满足用户对电压质量和频率质量等方面的要求。

（4）经济　应使供电系统的投资少、运行费用低、并尽可能地节约电能和减少有色金属的消耗量。

此外，在供电工作中，应合理地处理局部与全局、当前与长远的关系，既要照顾局部和当前的利益，又要有全局观点，顾全大局，适应发展。例如计划供用电问题，不能只考虑一个单位的局部利益，而要有全局观点。

本课程的基本任务，主要是讲述中小型机械类工厂内部的电能供应和分配问题，使学生初步掌握中小型工厂供电系统运行维护及简单设计计算所必需的基本理论和基本知识，为今后从事工厂供电技术工作奠定初步的基础。本课程实践性较强，学习时应注重理论联系实际，培养实际应用能力。

第二节　工厂供电系统及其电源和负荷

一、工厂供电系统

工厂供电系统的范围是工厂所需的电力电源从进厂起到所有用电设备入端止的整个电路。一些中小型工厂的电源进线电压为10kV(或6kV)；某些大中型工厂的电源进线电压可

达35kV及以上，例如110kV某些小型工厂则可直接采用低压进线。所谓低压，是指低于1kV的电压；而1kV以上的电压则称为高压㊀。有些文献也把6～12kV的电压称为中压。

1. **具有高压配电所的工厂供电系统**

如图1-1所示是一个比较典型的中型工厂供电系统的系统图㊁，其平面布线图如图1-2所示。为使图形简明，系统图、布线图及后面将涉及的主电路图，一般都只用一根线来表示三相线路，即绘成"单线图"的形式。必须说明，这里绘出的系统图未绘出其中的开关电器，但示意性地绘出了高低压母线和低压联络线上装设的开关。

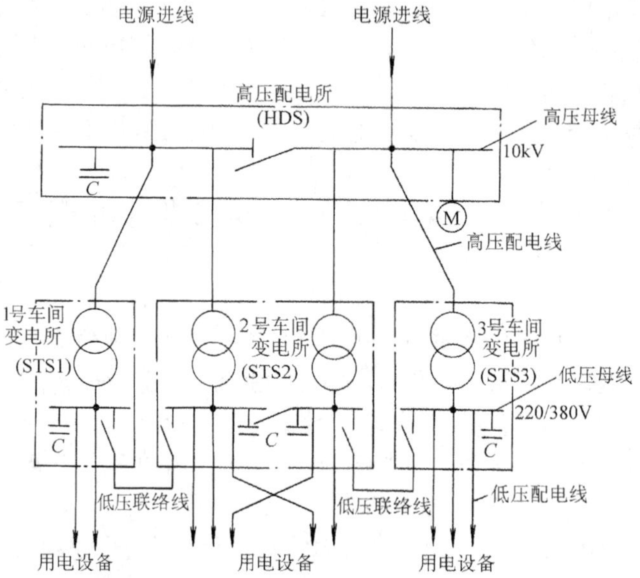

图1-1　具有高压配电所的工厂供电系统图

从图1-1可以看出，该厂的高压配电所有两条10kV的电源进线，分别接在高压配电所的两段母线上。所谓母线，就是用来汇集和分配电能的导体，又称汇流排。这种利用一台开关分隔开的单母线结线形式，称为单母线分段制。当一条电源进线发生故障或进行检修而被切除时，可以闭合分段开关由另一条电源进线来对整个配电所的负荷供电。这种具有双电源的高压配电所最常见的运行方式是：分段开关正常情况下是闭合的，整个配电所由一条电源进线供电，这条电源进线通常来自公共高压配电网络；而另一条电源进线则作为备用，通常是从邻近单位取得备用电源。

如图1-1所示高压配电所有四条高压配电线，供电给三个车间变电所。车间变电所装有电力变压器(又称主变压器)，将10kV高压降为低压用电设备所需的220/380V电压㊂。2号

㊀ 这里所谓的"低压"、"高压"是从设计制造的角度来划分的。如果从电气安全的角度，则按我国电力行业标准DL 408—1991规定："低压"为设备对地电压低于250V者；"高压"为设备对地电压在250V以上者。

㊁ 按GB/T 6988—1997《电气技术用文件的编制》定义："系统图"是用符号或带注释的框，概略表示系统或分系统的基本组成、相互关系及其主要特征的一种简图。而"电路图"是用图形符号并按工作顺序，详细表示电路、设备或成套装置的全部基本组成和连接关系而不考虑其实际位置的一种简图。

㊂ 按GB/T 156—2007《标准电压》规定，电压"220/380V"中的220V为三相交流系统的相电压，380V为线电压。

车间变电所的两台电力变压器分别由配电所的两段母线供电；而其低压侧也采用单母线分段制，从而使供电可靠性大大提高。各车间变电所的低压侧，又都通过低压联络线相互连接，以提高供电系统运行的可靠性和灵活性。此外，该配电所还有一条高压配电线，直接供电给一组高压电动机；另有一条高压配电线，直接连接一组高压并联电容器。各车间变电所的低压母线上都连有一组低压并联电容器，用来补偿系统的无功功率、提高功率因数。

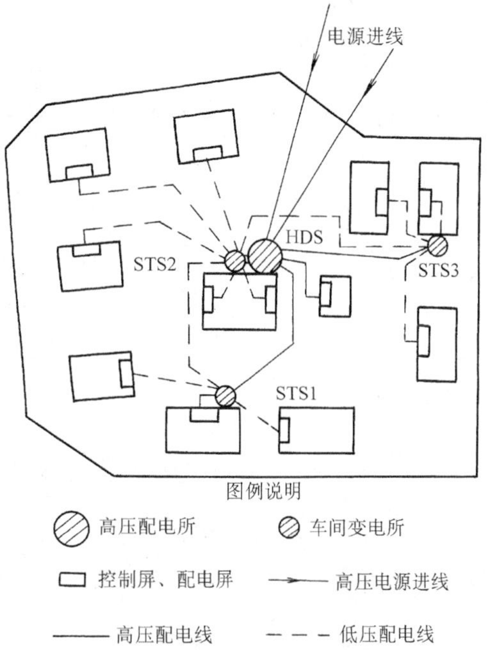

图 1-2　图 1-1 所示工厂供电系统的平面布线图

2. 具有总降压变电所的工厂供电系统

如图 1-3 所示是一个比较典型的具有总降压变电所的大中型工厂供电系统的系统图。总降压变电所有两条 35kV 及以上的电源进线，采用桥形结线。35kV 及以上的电压经该变电所电力变压器降为 10(或 6)kV 的电压，然后通过高压配电线路将电能送到各车间变电所。车间变电所又经电力变压器将 10(或 6)kV 的电压降为一般低压用电设备所需的 220/380V 的电压。为了补偿系统的无功功率和提高功率因数，通常在 10(或 6)kV 的高压母线上或 380V 的低压母线上接入并联电容器。

3. 高压深入负荷中心的工厂供电系统

如果当地的电源电压为 35kV，而厂区环境条件和设备条件又允许采用 35kV 线路和比较经济的电气设备时，则可考虑采用 35kV 作为高压配电电压，35kV 线路直接引入靠近负荷中心的车间变电所，经电力变压器直接降为低压用电设备所需的电压，如图 1-4 所示。这种高压深入负荷中心的直配方式，可以节省一级中间变压，从而简化了供电系统，节约有色金属，降低电能损耗和电压损耗，提高供电质量。

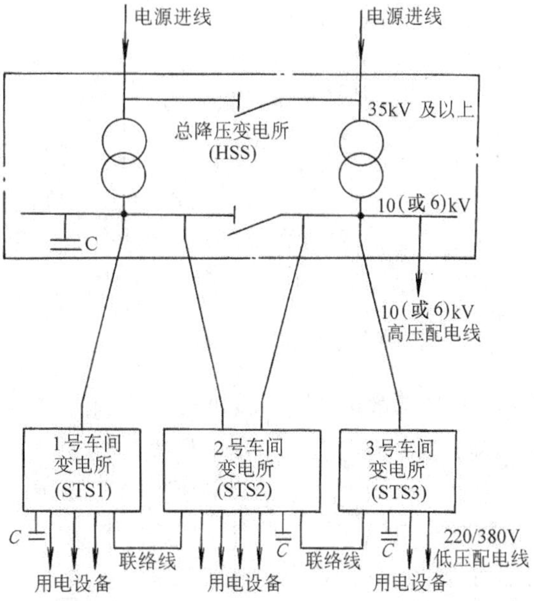

图 1-3　具有总降压变电所的工厂供电系统图

4. 只有一个变电所或配电所的工厂供电系统

对于小型工厂，由于所需电力容量一般不大于 1000kV · A，因此通常只设一个将 10(或 6)kV 的电压降为低压的降压变电所，其系统图如图 1-5 所示。这种变电所相当于上述的车间变电所。

如果工厂所需电力不大于 160kV · A，通常采用低压进线，直接由当地的 220/380V 公共电网供电，因此工厂只需设置一个低压配电所(俗称配电间)，通过低压配电所直接向各车间配电。

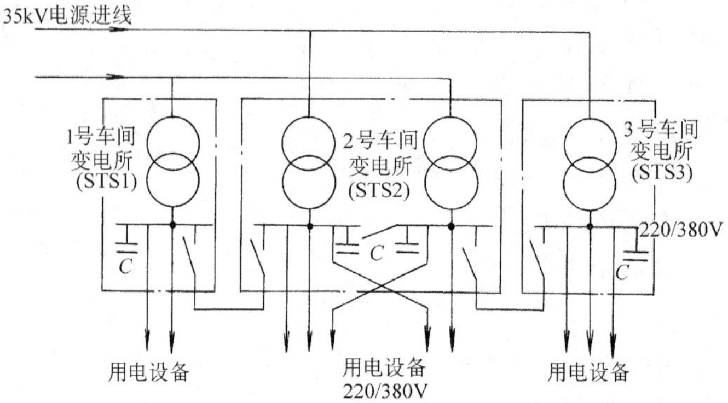

图 1-4　高压深入负荷中心的工厂供电系统图

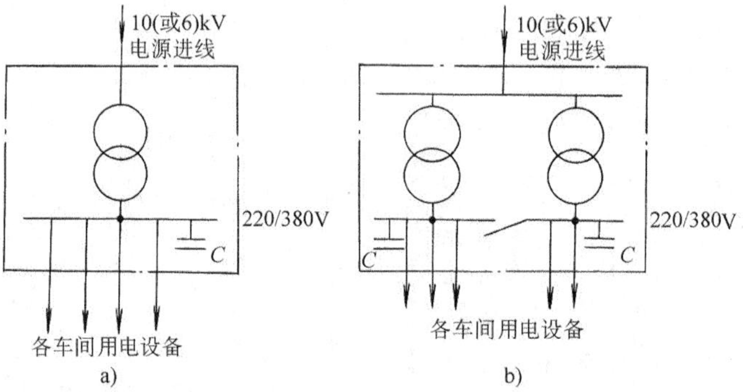

图 1-5　只有一个降压变电所的工厂供电系统图

a）装有一台变压器　b）装有两台变压器

综上所述，变电所的任务是接受电能、变换电压和分配电能，配电所的任务是接受电能和分配电能。

二、发电厂和电力系统

工厂所需的电能是由发电厂生产的。但发电厂大多建设在能源基地附近，离用电负荷很远。为了减少输电损失，发电厂发出的电压一般要经升压变压器升压，再经降压变压器降压，以此获得用电负荷的低电压如图 1-6 所示。发电、输电、变电、配电和用电的全过程，对电能本身来说实际上是在同一瞬间实现的，这是交流电能的一大特点。因此，在研究工厂供电问题时，也有必要了解发电厂及电力系统方面的一些基本知识。

1. 发电厂

发电厂又称发电站，是将自然界蕴藏的各种一次能源(如水力、煤炭、石油、天然气、风力、地热、太阳能和核能等)转换为电能(二次能源)的工厂。发电厂按其利用的能源不同，可分为水力发电厂、火力发电厂、核能发电厂、风力发电厂、地热发电厂、潮汐能发电厂、太阳能发电厂等类型。这里主要介绍水力发电厂、火力发电厂和核能发电厂。

（1）水力发电厂　水力发电厂简称水电厂或水电站，它利用水流的位能差异来生产电能。

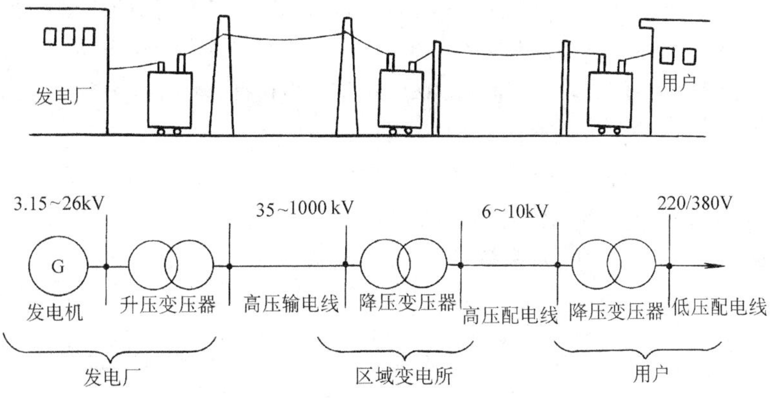

图 1-6　从发电厂到用户的送电过程示意图

水电站的发电容量与水电站所在地点上下游的水位差（通称水头或落差）和流过水轮机的水流量的乘积成正比，因此，建造水电站，必须用人工的办法来提高水位。最常用的办法是在河道上建筑一个很高的拦河坝，使上游形成水库，提高上游水位，与坝的下游形成尽可能大的落差。水电站就建在大坝后面，这种水电站称为坝后式水电站。我国一些大型水电站包括三峡水电站，都属于这种类型。另一种提高水位的办法，是在具有相当坡度的弯曲河段上游，筑一低坝，拦住河水，然后利用沟渠或隧洞，将河水直接引至建在河段末端的水电站，这种水电站称为引水式水电站。还有一种水电站，是上述两种方式的综合，由大坝和引水渠道分别提高一部分水位，这种水电站称为混合式水电站。

水电站的能量转换过程如下：

水流位能 —水轮机→ 机械能 —发电机→ 电能

（2）火力发电厂　火力发电厂简称火电厂或火电站，它利用燃料的化学能来生产电能。我国的火电厂以燃煤为主。为了提高燃煤效率，现代火电厂都把煤块粉碎成煤粉，再使之在锅炉的炉膛内充分燃烧，将锅炉内的水烧成高温高压的蒸汽，推动汽轮机转动，从而使与它联轴的发电机旋转发电。

火电厂的能量转换过程如下：

燃料化学能 —锅炉→ 热能 —汽轮机→ 机械能 —发电机→ 电能

既供电又供热的火电厂称为热电厂。热电厂的总能量利用率较高。它一般位于工业区或城市附近。

（3）核能发电厂　核能发电厂又称核电站。它是利用原子核的裂变能（即“核能”）来产生电能的电站。它生产电能的过程与火电厂基本相同，只是以核反应堆代替了燃煤锅炉，以少量的核燃料取代了大量的煤炭等燃料。

核电站的能量转换过程如下：

核裂变能 —核反应堆→ 热能 —汽轮机→ 机械能 —发电机→ 电能

核能是极其巨大的能源，也是相当洁净和安全的一种能源，而且核电建设具有重要的经济和科研价值，所以世界各国都很重视核电建设，核电发电量的比重正在逐年增长，但应特别注意核电的安全问题。

从我国的国情出发，我国的电力建设方针确定为：优化火电结构，大力发展水电，适当发展核电，因地制宜开发新能源，同步建设电网，积极减少环境污染，开发与节约并举，把节约放在首位。我国除了新建和扩建一批水电站和火电站外，还兴建了秦山、大亚湾等核电站，并兴建了举世瞩目的三峡水电站。三峡水电站的总装机容量为1820万kW，按设计，年平均发电量为847亿kW·h。

2. 电力系统

由各种电压的电力线路，将各种发电厂、变电所和电力用户联系起来的一个发电、输电、变电、配电和用电的整体，称为电力系统。

如图1-7所示为一个大型电力系统的系统图。

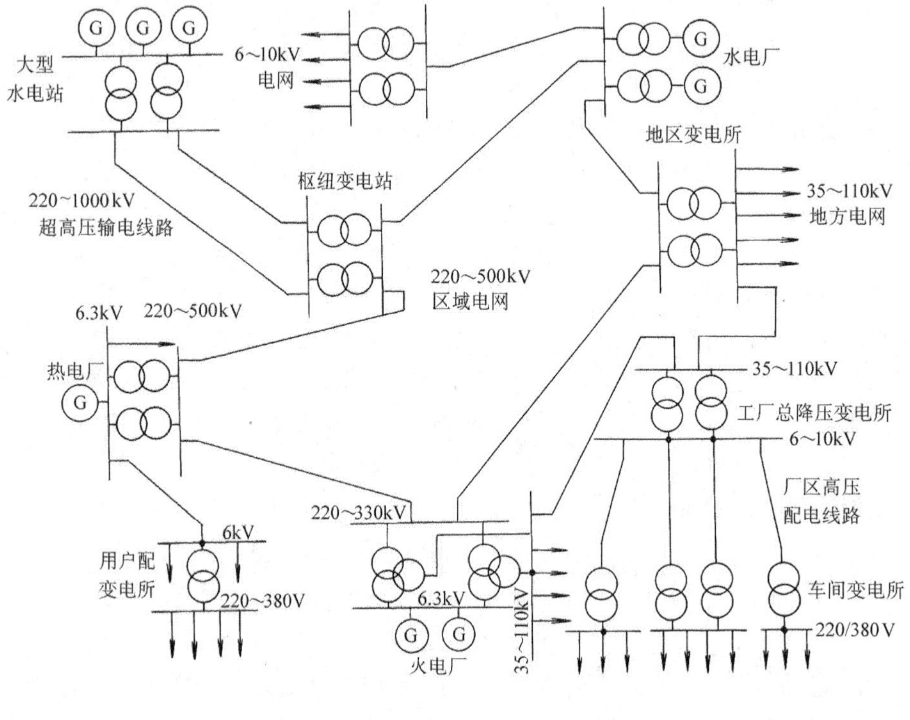

图1-7　大型电力系统的系统图

电力系统中的各级电压线路及与其联系的变配电所，称为电力网，简称电网。习惯上，电网或电力系统往往按电压等级来划分，例如说10kV电网或10kV电力系统，实指10kV的整个线路。

建立大型电力系统，可以更经济合理地利用动力资源(首先是充分利用水力资源)，降低发电成本，减少电能损耗，保证供电质量，并大大提高供电可靠性，有利于整个国民经济的发展。但同时应考虑大型电力系统在事故时可能引发大范围停电的问题，并采取相应的对策。目前正在发展中的分布式供电系统则可以限制事故时的停电范围。

三、电力负荷

电力负荷有两个含义：一是指用电设备或用电单位(用户)；另一是指用电设备或用户所消耗的电功率或电流。这里所讲的电力负荷，指的是前者。

1. 电力负荷的分级

电力负荷根据其对供电可靠性的要求及中断供电在政治、经济上所造成损失或影响的程度，分为以下三级：

（1）一级负荷　符合下列情况之一时，应为一级负荷：①中断供电将造成人身伤亡；②中断供电将在政治、经济上造成重大损失，例如重大设备损坏、大量产品报废、用重要原料生产的产品大量报废、国民经济中重点企业的连续生产过程被打乱且需要长时间才能恢复等；③中断供电将影响有重大政治、经济意义的用电单位的正常工作，例如重要交通枢纽、重要通信枢纽、重要宾馆、大型体育场馆、经常用于国际活动的大量人员集中的公共场所等用电单位中的重要电力负荷。

在一级负荷中，由于中断供电而会发生中毒、爆炸和火灾等情况的负荷，以及特别重要场所的不允许中断供电的负荷，应视为“特别重要的负荷”。

（2）二级负荷　符合下列情况之一时，应为二级负荷：①中断供电将在政治、经济上造成较大损失，例如主要设备损坏、大量产品报废、连续生产过程被打乱并且需长时间才能恢复、重点企业大量减产等；②中断供电将影响重要用电单位的正常工作，例如交通枢纽、通信枢纽等用电单位中的重要电力负荷，以及中断供电将造成大型影剧院、大型商场等较多人员集中的重要的公共场所秩序混乱时。

（3）三级负荷　不属于一级和二级负荷者皆为三级负荷。

2. 各级电力负荷对供电电源的要求

（1）一级负荷对供电电源的要求　一级负荷属于重要负荷，应由两个独立电源供电。当一个电源发生故障时，另一个电源不应同时受到损坏，并应开始替代性供电。

一级负荷中“特别重要的负荷”，除由两个独立电源供电外，还应增设应急电源，并严禁将其他负荷接入应急供电系统。可作为应急电源的电源有：①独立于正常电源的发电机组；②供电网络中独立于正常电源的专用的馈电线路；③蓄电池；④干电池。

（2）二级负荷对供电电源的要求　二级负荷也属重要负荷，但其重要程度次于一级负荷。二级负荷宜由两回线路供电，供电变压器一般也应有两台。在负荷较小或地区供电条件困难时，二级负荷可由一回6kV及以上专用的架空线路或电缆供电。当采用架空线时，可为一回架空线供电；当采用电缆线路时，应采用两根电缆组成的线路供电，其每根电缆应能承受100%的二级负荷。

（3）三级负荷对供电电源的要求　三级负荷属于不重要负荷，对供电电源无特殊要求。但一般也应尽量做到可靠供电。

第三节　电力系统的电压

一、概述

电力系统中的所有电气设备，都是规定有额定的工作电压和频率的。电气设备在其额定电压和频率下工作时，综合经济效果最好。例如异步电动机，若电压偏高，虽然转矩增大，但电流和温升也增大，将使绝缘严重受损，缩短使用寿命；若电压偏低，则转矩将与电压二次方成比例地减小，而在负荷转矩要求一定的情况下，绕组电流必然增大，并使绝缘受损，缩短使用寿命。若电源频率偏高或偏低，也将严重影响电动机的转矩和使用寿命。又如白炽灯，若电压偏高，其使用寿命将大大缩短；若电压偏低，则灯光明显变暗，严重影响工作效率和人的视力健康。国务院发布的《电力供应与使用条例》第十九条规定："用户受电端的供电质量应当符合国家标准或者电力行业标准。"供电质量是指供电频率质量、电压质量和供电可靠性等。一般认为，电压、频率和供电连续可靠，是表征电能质量的基本指标。

我国采用的工业频率(简称工频)为50Hz，频率偏差范围一般规定为±0.5Hz。如电力系统容量达3000MW及以上时，则频率偏差范围规定为±0.2Hz。频率的调整主要依靠发电厂。对于工厂供电系统来说，提高电能质量主要是提高电压质量和供电可靠性。

电压质量，不仅指对额定电压来说是电压偏高或偏低即电压偏差的问题，而且包括电压波动以及电压波形是否畸变即所含高次谐波是否超过规定标准的问题。

二、三相交流电网和电力设备的额定电压

我国规定的三相交流电网和电力设备的额定电压，见表1-1。下面对此表作一些说明。

表1-1　我国三相交流电网和电力设备的额定电压

分类	电网和用电设备额定电压/kV	发电机额定电压/kV	电力变压器额定电压/kV	
			一次绕组	二次绕组
低压	0.38	0.40	0.38	0.40
	0.66	0.69	0.66	0.69
高压	3	3.15	3，3.15	3.15，3.3
	6	6.3	6，6.3	6.3，6.6
	10	10.5	10，10.5	10.5，11
	—	13.8，15.75，18，20，22，24，26	13.8，15.75，18，20，22，24，26	—
	35	—	35	38.5
	66	—	66	72.6
	110	—	110	121
	220	—	220	242
	330	—	330	363
	500	—	500	550
	750	—	750	825(800)
	1000	—	1000	1100

1. 电网(电力线路)的额定电压

电网的额定电压等级是国家根据国民经济发展的需要及电力工业的水平，经全面的技术经济分析后确定的。它是确定各类电力设备额定电压的基本依据。表1-1中电网额定电压等级是GB/T 156—2007《标准电压》所规定的。

2. 用电设备的额定电压

由于用电设备运行时要在线路中产生电压损耗，造成线路上各点电压略有不同，如图1-8的虚线所示。但是成批生产的用电设备，其额定电压不可能按使用地点的实际电压来制造，只能按线路首端与末端的平均电压即电网的额定电压 U_N 来制造。所以用电设备的额定电压规定与供电电网的额定电压相同或稍高(不得小于其所在系统可能出现的最高电压)。

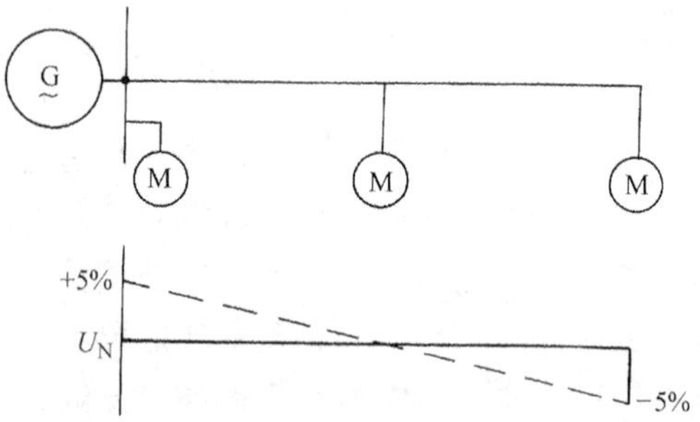

图1-8　用电设备和发电机的额定电压

3. 发电机的额定电压

由于同一电压的线路一般允许的电压偏差是 ±5%，即整个线路允许有 10% 的电压损耗，因此，为了维持线路首端与末端的平均电压为额定值，线路首端电压应较电网额定电压高 5%，如图 1-8 所示。而发电机是接在线路首端的，所以规定发电机额定电压高于所供电网额定电压 5%。表 1-1 中的发电机额定电压也是 GB/T 156—2007《标准电压》规定的。

4. 电力变压器的额定电压

（1）电力变压器一次绕组的额定电压　若变压器直接与发电机相连，如图 1-9 中的变压器 T1，则其一次绕组额定电压应与发电机额定电压相同，即高于电网额定电压 5%。

若变压器不与发电机直接相连，而是连接在线路的其他部位，则应将变压器看作是线路上的用电设备。因此变压器的一次绕组额定电压应与供电电网额定电压相同，如图 1-9 中的变压器 T2。

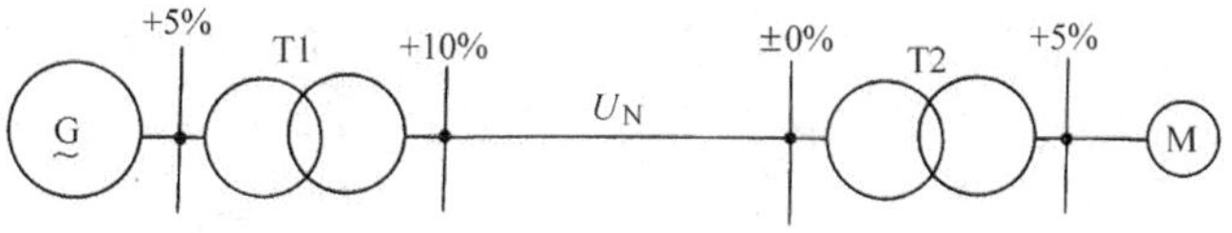

图 1-9　电力变压器的额定电压

（2）电力变压器二次绕组的额定电压　变压器二次绕组的额定电压是指变压器在其一次绕组加上额定电压时的二次绕组开路电压（空载电压）。而变压器在满载运行时，其绕组内有大约 5% 的阻抗电压降，因此分两种情况讨论：

如果变压器二次侧的供电线路较长（如为较大容量的高压电网），则变压器二次绕组额定电压一方面要考虑补偿绕组本身 5% 的电压降，另一方面还要考虑变压器满载时输出的二次电压仍要高于二次侧电网额定电压 5%（因变压器处在其二次侧线路的首端），所以这种情况的变压器二次绕组额定电压应高于二次侧电网额定电压 10%，如图 1-9 中变压器 T1。

如果变压器二次侧的供电线路不长（如为低压电网，或直接供电给高低压用电设备的线路），则变压器二次绕组的额定电压只需高于二次侧电网额定电压 5%，仅考虑补偿变压器满载时绕组本身 5% 的电压降，如图 1-9 中变压器 T2。

三、电压偏差和电压调整

1. 电压偏差

用电设备端子处的电压偏差 ΔU，是以设备端电压 U 与设备额定电压 U_N 差值的百分值来表示的，即

$$\Delta U\% = \frac{U - U_N}{U_N} \times 100\% \qquad (1\text{-}1)$$

电压偏差是由于系统运行方式改变及负荷缓慢变化而引起的，其变动相当缓慢。

按 GB 12325—2008《电能质量　供电电压偏差》规定，当供电电压为 35kV 及以上时，电压正、负偏差绝对值之和不应超过 10%；10kV 及以下（三相）时，为 ±7%；220V（单相）时，为 +7%，-10%。

按 GB 50052—2009《供配电系统设计规范》规定，正常运行情况下，用电设备端子处电压偏差允许值（以 U_N 的百分数表示）宜符合以下要求：

1）电动机为 ±5%。

2）照明：在一般工作场所为 ±5%；对于远离变电所的小面积一般工作场所，难于满足上述要求时，可为 +5%、−10%；应急照明、道路照明和警卫照明等为 +5%、−10%。

3）其他用电设备当无特殊规定时为 ±5%。

2. 电压调整

为了减小电压偏差，工厂供电系统必须采取相应的电压调整措施：

（1）正确选择变压器的电压分接头或采用有载调压变压器　我国工厂供电系统中应用的 6～10kV 电力变压器，通常为无载调压型，其高压绕组有 U_{1N} ±5% U_{1N} 的电压分接头，并装设有无载调压分接开关，如图 1-10 所示。如果设备端电压偏高，则应将分接开关换接到 +5% U_{1N} 的分接头，以降低设备端电压。如果设备端电压偏低，则应将分接开关换接到 −5% U_{1N} 的分接头，以升高设备端电压。但是，换接电压分接头必须在停电条件下进行，因此不能频繁操作。如果用电负荷中有对电压要求严格的设备，采用无载调压型变压器满足不了要求，而单独装设调压设备在技术经济上不合理时，可采用有载调压型变压器，使之在正常运行过程中自动调整电压，保证设备端电压的稳定。

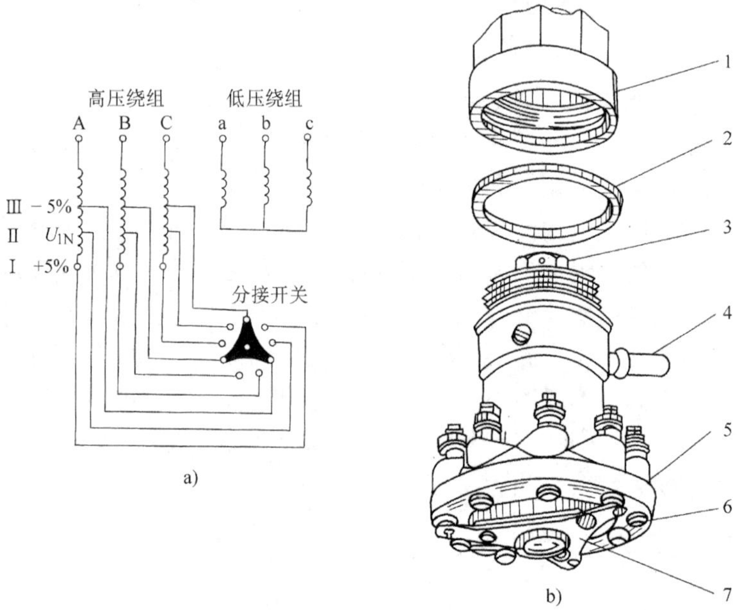

图 1-10　电力变压器的分接头和分接开关

a）分接头的接线　b）分接开关外形

1—帽　2—密封垫圈　3—操动螺母　4—定位钉　5—绝缘盘　6—静触头　7—动触头

（2）降低系统阻抗　供电系统中各元器件的电压降是与其阻抗成正比的，因此在技术经济合理时，减少系统的变压级数，增大线路导线截面积，或以电缆取代架空线，都能降低系统阻抗，减少电压降，从而缩小电压偏差的范围。

（3）尽量使三相负荷平衡　在三相四线制系统中，如果三相负荷分布不均衡，则将使负荷端中性点的电位偏移，造成有的相电位升高，从而增大线路的电压偏差。为此，应使三相负荷尽可能平衡。

（4）合理地改变系统的运行方式　在生产为一班制或两班制的工厂中，在工作班的时间内负荷重，往往电压偏低，因而需要将变压器高压绕组的分接头调在 −5% U_N 的位置。但这样一来，在非工作班的时间内，负荷轻，电压就会升高。这时可切除变压器，改用低压联络线供电(参看图1-1)，这样既可减少变压器的能耗，又由于投入低压联络线而增加线路的电压损耗，从而降低可能出现的过高电压。对于两台变压器并列运行的变电所，在负荷轻时切除一台变压器，同样可起到降低过高电压的作用。

(5) 采用无功功率补偿装置　由于系统中存在大量的感性负载(如异步电动机、高频电炉、气体放电灯等)，加上系统中感抗很大的变压器，从而使系统产生大量相位滞后的无功功率，降低功率因数 $\cos\varphi$，增加系统的电压降。为了提高功率因数、减小系统的电压降，可采用并联电容器或同步补偿机，使之产生相位超前的无功功率，以补偿一部分相位滞后的无功功率。由于采用并联电容器补偿较采用同步补偿机更为简单经济和便于运行维护，因此并联电容器补偿在工厂供电系统中获得广泛的应用。不过采用专门的无功功率补偿装置，需额外投资，因此在进行电压调整时，首先应考虑前面所述的各项措施，以提高供电系统的经济效益。

四、工厂高低压配电电压的选择

1. 工厂高压配电电压的选择

工厂供电系统的高压配电电压，主要取决于当地供电电源电压及工厂高压用电设备的电压、容量和数量等因素。

当工厂的供电电源电压为35kV以上时，工厂的高压配电电压一般为10kV。仅当6kV用电设备的总容量较大、选用6kV经济合理时，才采用6kV。如6kV设备不多，则仍应选10kV作为工厂的高压配电电压，而对6kV设备应通过专用的10/6.3kV变压器单独供电。如果工厂有3kV的用电设备，也可采用10/3.15kV的变压器单独供电。但3kV作为高压配电电压的技术经济指标很差，不应用作高压配电电压。当工厂的供电电源电压为35kV，为减少配变电级数、简化结线，且技术经济合理时，可采用35kV作为高压配电电压，即采用如图1-4所示的高压深入负荷中心的直配方式。

2. 工厂低压配电电压的选择

工厂低压配电电压主要取决于低压用电设备的电压。一般采用220/380V，其中线电压380V接三相动力设备及380V单相设备，而相电压220V接220V的照明灯具及其他220V的单相设备。但220/380V电压的有效供电半径不大，因而某些场合宜采用660V甚至更高的1140V作为低压配电电压。例如矿井下，因负荷往往离变电所较远，为保证远端负荷的电压水平而采用660V或1140V的电压。采用较高的电压配电，不仅可减少线路的电压损耗，提高负荷端的电压水平，而且能减少线路的电能损耗，降低线路的有色金属消耗量和初投资，增大供电半径，提高供电能力，减少变电点，简化供配电系统。因此提高低压配电电压有其明显的经济效益，是节电的有效手段之一，这在世界各国已成为发展趋势。我国现在也注意到这一问题，已生产了不少适用于660V电压的配电电器，不过目前660V电压还只限于采矿、石油和化工等少数行业。

第四节　电力系统的中性点运行方式

一、概述

我国电力系统中电源(含发电机和电力变压器)的中性点通常有三种运行方式：一种是

中性点不接地；一种是中性点经阻抗接地；再有一种是中性点直接接地。前两种称为小电流接地系统，后一种称为大电流接地系统。

我国3～66kV的电力系统，大多数采用中性点不接地的运行方式。只有当系统单相接地电流大于一定数值(3～10kV,大于30A;20kV及以上,大于10A)时，才采取中性点经消弧线圈(一种大感抗的铁心线圈)接地。110kV以上的电力系统，则一般均采取中性点直接接地的运行方式。

低压配电系统，按保护接地⊖的形式，分为TN系统、TT系统和IT系统。TN系统和TT系统都是中性点直接接地系统，且都引出有中性线(N线)，因此也称为三相四线制系统。但TN系统中的设备外露可导电部分均采取与公共的保护线(PE线)或保护中性线(PEN线)相连接的保护方式，如图1-11所示；而TT系统中的设备外露可导电部分则采取经各自的

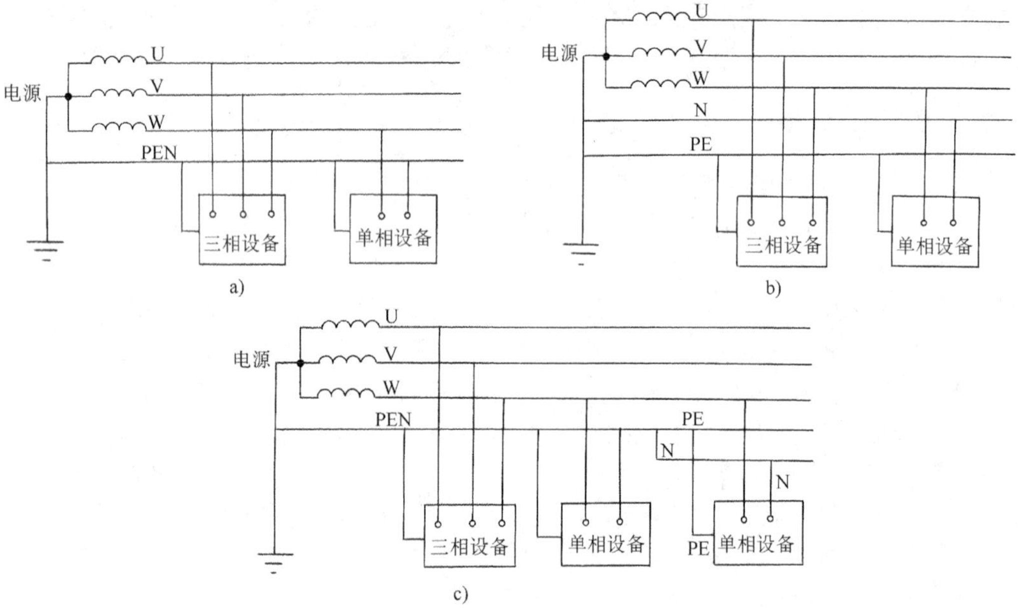

图1-11　低压配电的TN系统

a）TN-C系统　b）TN-S系统　c）TN-C-S系统

PE线直接接地的保护方式，如图1-12所示。IT系统的中性点不接地或经阻抗(约1000Ω)接地，且通常不引出中性线，因此它一般为三相三线制系统，其中设备的外露可导电部分，与TT系统一样，也是经各自的PE线直接接地，如图1-13所示。

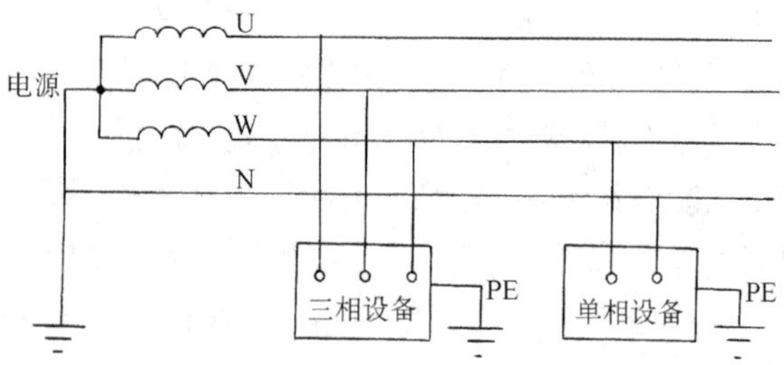

图1-12　低压配电的TT系统

电力系统中电源中性点的不同运行方式，对电力系统的运行特别是在发生单相接地故障时有明显的影响，而且还影响到电力系统二次侧的保护装置及监

⊖　保护接地是为保障人身安全、防止发生触电事故而将设备的外露可导电部分(如金属外壳、构架等)进行的接地，参看第七章第二节。

察测量系统的选择与运行，因此有必要予以讨论。

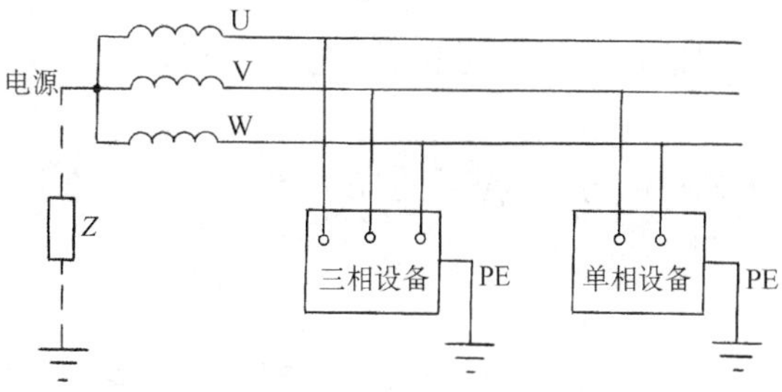

图 1-13　低压配电的 IT 系统

二、中性点不接地的电力系统

如图 1-14 所示的是中性点不接地的电力系统在正常运行时的电路图和相量图。

由《电工基础》知，三相交流系统的相间及相与地间都存在着分布电容。这里只考虑相与地间的分布电容，而且用集中电容 C 来表示，如图 1-14a 所示。

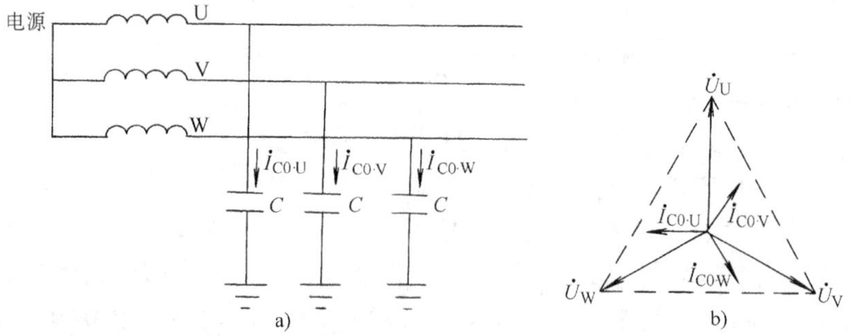

图 1-14　正常运行时的中性点不接地的电力系统

a）电路图　b）相量图

系统正常运行时，三个相的相电压 $\dot{U}_U$、$\dot{U}_V$、$\dot{U}_W$ 是对称的，对地电容电流也是平衡的。因此三个相的电容电流相量和为零，没有电流在地中流过。每相对地的电压，就是相电压。

当系统发生单相接地故障时，例如 W 相接地，如图 1-15a 所示。这时 W 相对地电压为零，而 U 相对地电压 $\dot{U}'_U = \dot{U}_U + (-\dot{U}_W) = \dot{U}_{UW}$，V 相对电压 $\dot{U}'_V = \dot{U}_V + (-\dot{U}_W) = \dot{U}_{VW}$，如图 1-15b 所示。由此可见，W 相接地时，完好的 U、V 两相对地电压由原来的相电压升高到了线电压，即升高为原对地电压的 $\sqrt{3}$ 倍。

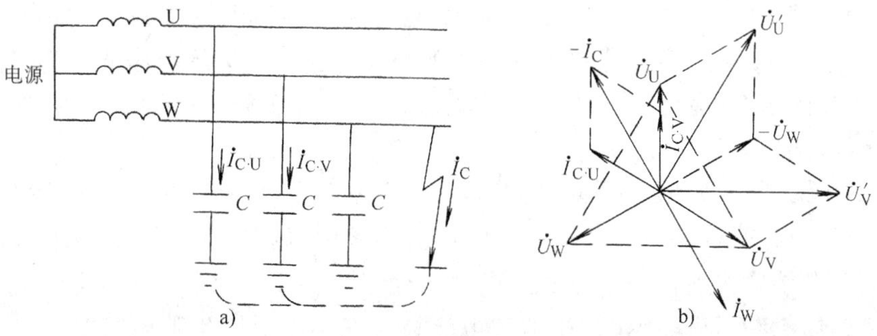

图 1-15　单相接地时的中性点不接地的电力系统

a）电路图　b）相量图

W 相接地时，系统的接地电流（电容电流）$\dot{I}_C$ 应为 U、V 两相对地电容电流之和。由于一般习惯将从相线到地的电流方向规定为电流正方向，因此

$$\dot{I}_C = -(\dot{I}_{C \cdot U} + \dot{I}_{C \cdot V})$$

而由图 1-15b 的相量图可知，$\dot{I}_C$ 在相位上正好较 W 相电压 $\dot{U}_W$ 超前 90°。

再分析 I_C 的量值。由于 $I_C = \sqrt{3} I_{C \cdot U}$，而 $I_{C \cdot U} = U'_U / X_C = \sqrt{3} U_U / X_C = \sqrt{3} I_{C0}$，因此

$$I_C = 3 I_{C0} \tag{1-2}$$

这说明中性点不接地系统中单相接地电容电流为系统正常运行时每相对地电容电流的 3 倍。

由于线路对地的分布电容 C 不便计算，因此 I_{C0} 和 I_C 也不便根据 C 来确定。工程上一般采用经验公式计算其单相接地电容电流。此经验公式的数值方程为

$$I_C = \frac{U_N (l_{oh} + 35 l_{cab})}{350} \tag{1-3}$$

式中　I_C——系统的单相接地电容电流（A）；

U_N——系统的额定电压（kV）；

l_{oh}——同一电压 U_N 的具有电联系的架空线路总长度（km）；

l_{cab}——同一电压 U_N 的具有电联系的电缆线路总长度（km）。

必须指出：当中性点不接地的电力系统中发生一相接地时，由图 1-15b 相量图可以看出，系统的三个线电压无论相位和量值均未发生变化，因此系统中的所有设备仍可照常运行。但是如果另一相又发生接地故障，则形成两相接地短路，将产生很大的短路电流，可能损坏线路及其设备。因此我国有关规程规定：中性点不接地的电力系统发生单相接地故障时，可允许暂时继续运行 2h。但必须同时通过系统中装设的单相接地保护或绝缘监察装置㊀发出报警信号或提示，以提醒运行值班人员注意，采取措施，查找和消除接地故障；如有备用线路，则可将负荷转移到备用线路上去，在经过 2h 后，如接地故障仍未消除，则应切除故障线路，以防故障扩大。

三、中性点经消弧线圈接地的电力系统

在上述中性点不接地的电力系统中，如果接地电容电流较大，将在接地点产生断续电弧，这就可能使线路发生电压谐振现象。由于线路既有电阻、电感，又有电容，因此发生一相弧光接地时，就可能形成一个 R-L-C 的串联谐振电路，从而可使线路上出现危险的过电压（可达线路相电压 2.5～3 倍），有可能使线路上绝缘薄弱地点的绝缘击穿。为了消除单相接地时接地点出现间歇性电弧，按规定，在单相接地电容电流大于一定值时，系统中性点必须采取经消弧线圈接地的运行方式。

如图 1-16 所示为中性点经消弧线圈接地的电力系统在单相接地时的电路图和相量图。

当系统发生单相接地时，通过接地点的电流为接地电容电流 $\dot{I}_C$ 与流过消弧线圈的电感电流 $\dot{I}_L$ 之和（消弧线圈可看作一个电感 L）。由于 $\dot{I}_C$ 比 $\dot{U}_C$ 超前 90°，而 $\dot{I}_L$ 比 $\dot{U}_C$ 滞后 90°，因此 $\dot{I}_L$ 与 $\dot{I}_C$ 在接地点相互补偿。如果接地点电流补偿到小于最小生弧电流时，接地点就不会产生电弧，从而也不会出现上述的电压谐振现象了。

㊀ 单相接地保护和绝缘监察装置将分别在第六章第三节和第六节介绍。

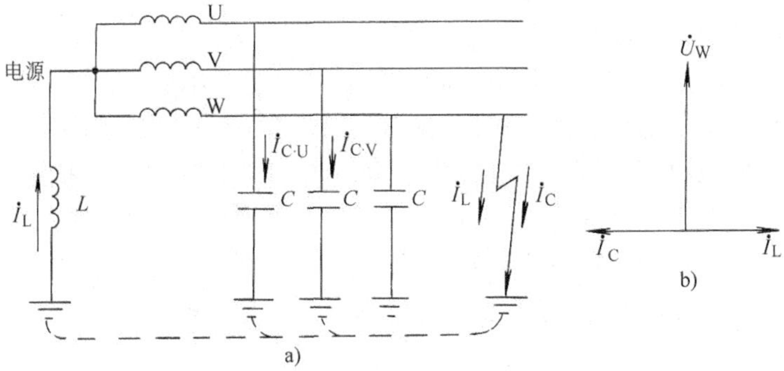

图 1-16　单相接地时的中性点经消弧线圈接地的电力系统

a）电路图　b）相量图

中性点经消弧线圈接地的系统与中性点不接地的系统一样，在发生单相接地故障时，三个线电压不变，因此可允许暂时继续运行 2h；但必须发出指示信号，以便采取措施，查找和消除故障，或将故障线路的负荷转移到备用线路上去。而且这种系统在一相接地时，另两相对地电压也要升高到线电压，即升高为原对地电压的$\sqrt{3}$倍。

四、中性点直接接地的电力系统

如图 1-17 所示为中性点直接接地的电力系统在单相接地时的情形。这种系统发生单相接地，就造成单相短路(用符号 $k^{(1)}$表示)，其单相短路电流 $I_k^{(1)}$ 比线路的正常负荷电流要大许多倍，通常由线路上的断路器(开关)自动跳闸或者熔断器熔断将短路故障部分切除，恢复其他无故障部分的系统正常运行。

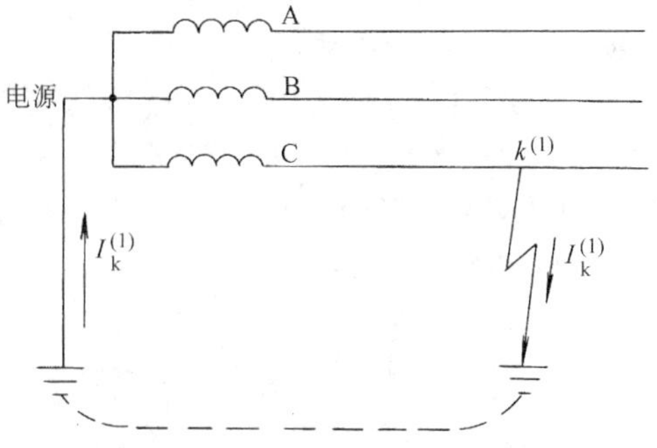

图 1-17　单相接地时的中性点直接接地的电力系统

中性点直接接地的系统在发生一相接地时，其他两相对地电压不会升高，因此这种系统中的供用电设备的相绝缘只需按相电压考虑，而不必按线电压考虑。这对 110kV 以上的超高压系统，是很有经济技术价值的，高压电器特别是超高压电器的绝缘问题，是影响系统设计和制造的关键问题。绝缘性能要求降低，实际上就降低了高压电器的造价，同时改善了高压电器的性能，所以我国规定 110kV 以上的电力系统中性点均采用直接接地的运行方式。

至于低压配电系统，TN 系统和 TT 系统均采取中性点直接接地的方式，而且引出有中性线(N 线)或保护中性线(PEN 线)，这除了便于接用单相负荷外，还考虑到安全保护的要求，一旦发生单相接地故障，即形成单相短路。若能快速切除故障，则有利于保障人身安全，防止触电。

五、中性点经低电阻接地的电力系统*

近几年来，随着 10kV 中压配电系统不断扩大，特别是大城市中大量采用电缆，致使接地电容电流增大。当发生接地故障时，电弧不能自行熄灭；间歇性电弧或谐振引起的过电压，会损坏配电设备和线路，从而导致中断供电。

为了解决上述问题，我国一些大城市的10kV中压系统采用了中性点经低电阻接地的方式。例如，北京市供电局于2000年5月颁发了《北京供电局10kV系统中性点采用低电阻接地方式技术导则》，要求北京市四环路以内地区的变电站，10kV系统中性点均采用经低电阻接地方式，并规定自2000年6月1日起施行。北京市和广州市都要求接地电阻为10Ω。

电力系统的中性点运行方式，是一个涉及面很广的问题。它对于供电可靠性、过电压和绝缘配合、短路电流、继电保护、系统稳定性以及对弱电系统的干扰等诸方面都有不同程度的影响。因此，电力系统的中性点运行方式，应依据国家的有关规定，并根据实际情况而确定。

思考题

1-1 工厂供电对工业生产有什么重要作用？对工厂供电工作有哪些基本要求？

1-2 工厂供电系统的范围包括哪些？变电所和配电所各自的任务是什么？

1-3 水电站、火电站和核电站各采用什么一次能源？各自又是如何产生电能的？

1-4 什么叫电力系统和电力网？建立大型电力系统有哪些好处？

1-5 什么叫电力负荷？电力负荷按其对供电可靠性的要求可分为哪几级？各级负荷对供电电源有何具体要求？

1-6 表征电能质量的基本指标是什么？我国采用的工频是多少？一般要求的频率偏差为多少？电压质量包括哪些内容？

1-7 我国规定的三相交流电网额定电压有哪些等级？电力变压器的额定一次电压为什么有的高于供电电网额定电压5%，有的又等于供电电网额定电压？电力变压器的额定二次电压为什么有的高于其二次电网额定电压10%，有的又只高于其二次电网额定电压5%？

1-8 什么叫电压偏差？电压偏差对电气设备运行有什么影响？如何进行电压调整？

1-9 试画图并说明：TN-C系统、TN-S系统、TN-C-S系统、TT系统和IT系统。

1-10 工厂的高低压配电电压各如何选择？最常用的高压和低压配电电压各为多少？

1-11 电力系统的电源中性点有哪几种运行方式？什么叫小电流接地的电力系统和大电流接地的电力系统？在系统发生单相接地故障时，上述两系统的相对地的电压各如何变化？为什么小电流接地系统在发生单相接地时可允许短时继续运行，但又不允许长期运行？

习题

1-1 试确定图1-18所示供电系统中线路WL1和电力变压器T1、T2和T3的额定电压。

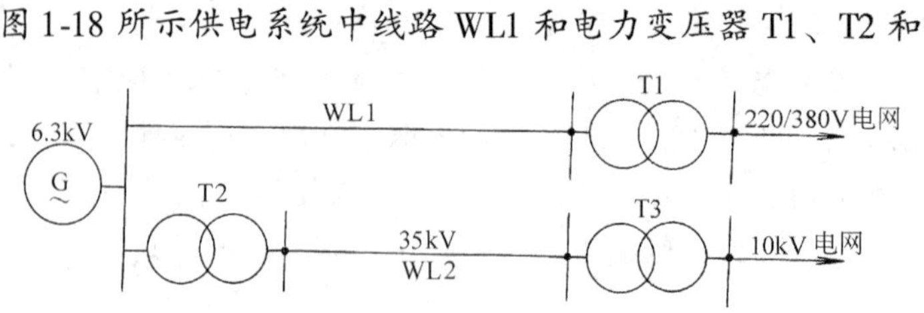

图1-18 习题1-1图

1-2 某10kV电网，架空线路总长度为50km，电缆线路总长度为20km。试求此中性点不接地的电力系统中发生单相接地时接地电容电流，并判断此系统的中性点需不需要改为经消弧线圈接地？

第二章　工厂供电系统的主要电气设备

本章首先简介工厂供电系统电气设备的分类，接着讲述电器触头间电弧产生和熄灭的基本知识，然后分别介绍工厂供电系统中的一些主要电气设备，着重讲述其功用、结构特点、主要性能及使用注意事项或操作要求。电气设备种类繁多，且不断更新换代。希望读者努力掌握认识和分析电气设备的一般方法，以便举一反三、触类旁通。

第一节　工厂供电系统电气设备的分类

工厂供电系统中担负输送和分配电能这一主要任务的电路，称为一次电路或一次回路，也称主电路或主结线；而用来控制、指示、测量和保护一次电路及其中设备运行的电路，则称为二次电路或二次回路，也称二次结线。因此，工厂供电系统中的电气设备可按所属电路性质分为两大类：一次电路中的所有电气设备，即称为一次设备或一次元件；二次电路中的所有电气设备，则称为二次设备或二次元件。

一次设备按其在一次电路中的作用又可分为变换设备、控制设备、保护设备、补偿设备等。

变换设备，是用来变换电能、电压或电流的设备，如发电机和电力变压器等。

控制设备，是用来控制电路通断的设备，如各种高、低压开关设备。

保护设备，是用来防护电路过电流或过电压的设备，如高、低压熔断器和避雷器等。

补偿设备，是用来补偿电路的无功功率以提高系统功率因数的装置，如高、低压电容器。

成套设备则是按照一定的线路方案将有关一、二次设备组合而成的装置，如高压开关柜、低压配电屏、动力和照明配电箱、高低压电容器柜及成套变电所等。

第二节　电气设备中的电弧问题

一、概述

电弧是一种极强烈的电游离现象，其特点是光亮很强和温度很高。

电弧对电气设备的安全运行是一个极大的威胁。首先，电弧延长了电路开断的时间，如果电弧是短路电流产生的，电弧的存在就意味着短路电流还存在，从而使短路电流危害的时间延长。其次，电弧的高温可能烧损开关触头，烧毁电气设备及导线、电缆，甚至引起火灾和爆炸事故，此外，强烈的弧光可能损伤人的视力。因此，电气设备在结构设计上要力求避免产生电弧，或在产生电弧后能迅速地将其熄灭。为此，在讲述电气设备之前，有必要了解电弧的产生和熄灭的原理及熄灭电弧的一些基本方法。

二、电弧的产生

1. 产生电弧的根本原因

电气设备的触头在分断电流时之所以会产生电弧，根本的原因(内因)在于触头本身及周围介质中含有大量可游离的电子。这样，当触头间存在着足够大的电场强度时(外因)，就可能使电子强烈游离而形成电弧。

2. 发生电弧的游离方式

(1) 高电场发射　开关触头分断之初，触头间的电场强度很大。在这个高电场的作用下，触头表面的电子可能被硬拉出去而进入触头间隙，成为自由电子。

(2) 热电发射　开关触头分断电流时，阴极表面由于大电流逐渐收缩集中而形成炽热的光斑，温度很高，因而使触头表面的电子吸收足够的热能而发射到触头间隙中去，形成自由电子。

(3) 碰撞游离　当触头间存在足够大的电场强度时，自由电子高速向阳极移动，在移动过程中碰撞到中性质点，就可能使中性质点中的电子吸收动能而游离出来，从而使中性质点分裂为带电的正离子和自由电子。这些游离出来的带电质点在电场力的作用下继续参加碰撞游离，结果使触头间隙中的离子数越来越多，形成所谓“电子崩”现象。当离子浓度足够大时，介质击穿而发生电弧。

(4) 热游离　电弧表面温度达3000～4000℃，弧心温度可高达10000℃。在这样的高温下，触头间的中性质点由于吸收热能而可能游离为正离子和自由电子，从而进一步加强了电弧中的游离。

在上述几种游离方式的综合作用下，电弧得以发生、发展和维持。

三、电弧的熄灭

1. 熄灭电弧的条件

要使电弧熄灭，必须使触头间电弧中的去游离率大于游离率，即其中离子消失的速率大于离子产生的速率(游离率)。

2. 熄灭电弧的去游离方式

(1) 正负带电质点的“复合”　复合就是带电质点重新结合为中性质点。电弧中的电场强度越弱，电弧温度越低，电弧截面积越小，则带电质点的复合越强。此外，复合还与电弧接触的介质性质有关。如电弧接触固体介质表面，则由于较活泼的电子先使表面带一负电位，这负电位的表面就吸引正离子而形成强烈的复合。

(2) 正负带电质点的“扩散”　带电质点从电弧内部逸出而进入周围介质的现象称为扩散。扩散的原因，一是由于温度差，二是由于离子浓度差，也可以是由于外力的作用。扩散也与电弧的周长与截面积之比有关，当电弧被拉长时，离子的扩散也会加强。

上述带电质点的复合和扩散，都使电弧中的离子数减少，即去游离增强。

3. 电气设备中常用的灭弧方法

(1) 速拉灭弧法　迅速拉长电弧，可使弧隙的电场强度骤降，致使带电质点的复合迅速增强，从而加速电弧的熄灭。这是开关电器中普遍采用的最基本的一种灭弧方法。

(2) 冷却灭弧法　降低电弧的温度，可使电弧中的热游离减弱，致使带电质点的复合增强，有助于电弧迅速熄灭。这种灭弧方法在开关电器中应用也很普遍。

(3) 吹弧灭弧法　利用外力(如气流、油流或电磁力)来吹动电弧，使电弧加速冷却，同时拉长电弧，降低电弧中的电场强度，使带电质点的复合和扩散增强，从而加速电弧的熄灭。按吹弧的方向来分，有横吹和纵吹，如图2-1所示。按外力的性质来分，有气吹、油吹、电动力吹和磁力吹等方式。低压刀开关迅速拉开刀闸时，不仅迅速拉长了电弧，而且其本身回路电流产生的电动力作用于电弧，也吹动电弧使之拉长，如图2-2所示。有的开关还采用专门的磁吹线圈来吹动电弧，如图2-3所示。也有的开关利用钢片来吸动电弧，如图2-4所示。

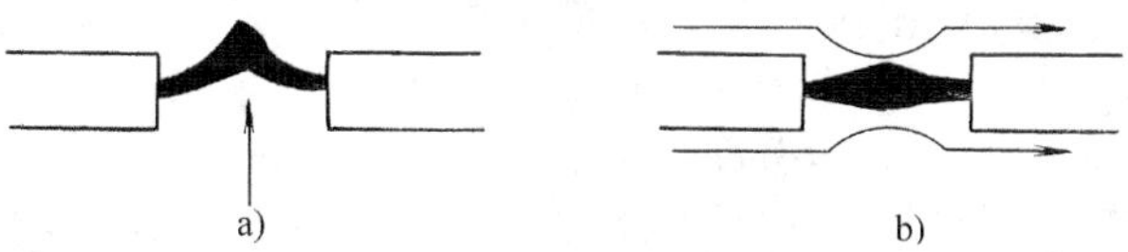

图2-1　吹弧方式

a）横吹　b）纵吹

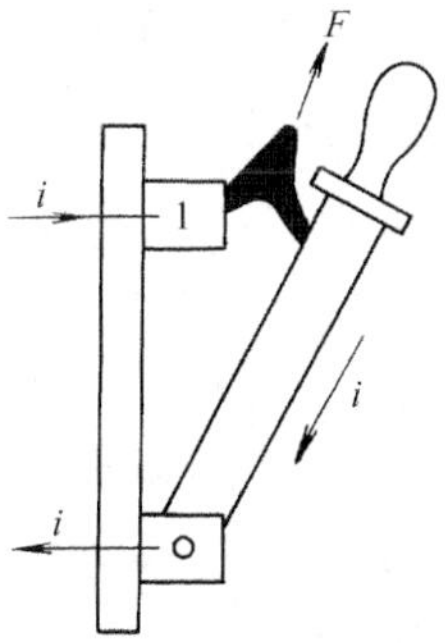

图2-2　电动力吹弧

（刀开关断开时）

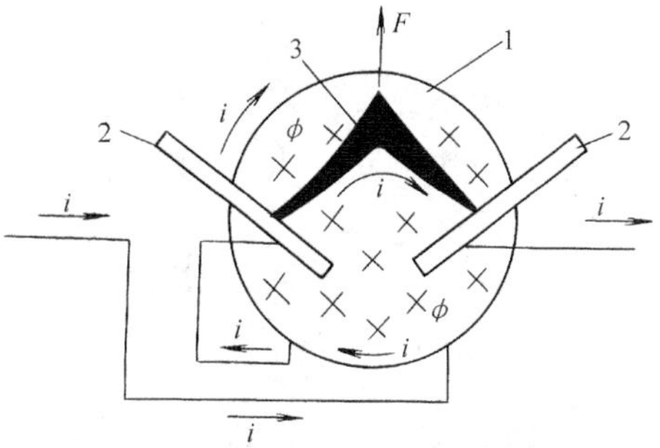

图2-3　磁力吹弧

1—磁吹线圈　2—灭弧触头　3—电弧

（4）长弧切短灭弧法　电弧的电压降主要降落在阴极和阳极上（阴极压降又比阳极压降大得多），如果利用金属片（如钢栅片）将长弧切为若干短弧，则电弧上的压降将近似地增大若干倍。当外施电压小于电弧上的压降时，电弧就不能维持而迅速熄灭。如图2-5所示为钢灭弧栅将长弧切成若干短弧的情形，这种钢灭弧栅同时还具有上述电动力吹弧和铁磁吹弧的作用，而且钢片对电弧还有冷却降温作用。

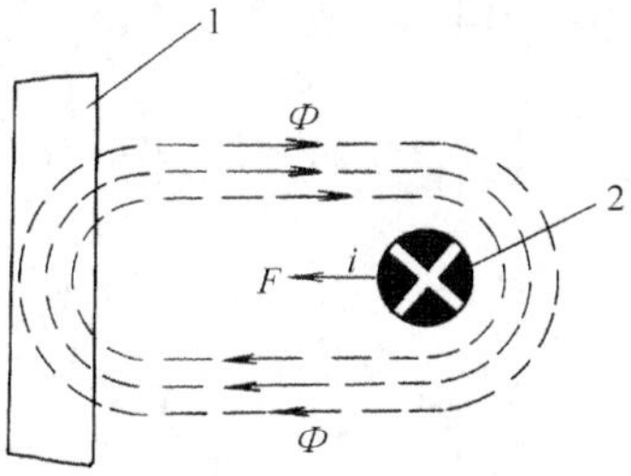

图2-4　铁磁吸弧

1—钢片　2—电弧

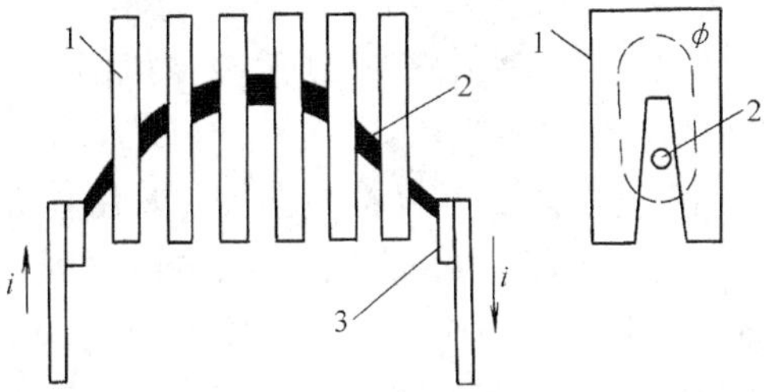

图2-5　钢灭弧栅灭弧

1—钢栅片　2—电弧　3—触头

（5）粗弧分细灭弧法　将粗大的电弧分为若干平行的细小电弧，使电弧与周围介质的接触面增大，从而改善电弧的散热条件，降低电弧的温度，使电弧中带电质点的复合和扩散均得到增强，使电弧迅速熄灭。

（6）狭沟灭弧法　使电弧在固体介质所形成的狭沟中燃烧。由于电弧的冷却条件改善，从而使电弧的去游离增强；同时介质表面带电质点的复合比较强烈，也使电弧加速熄灭。有些熔断器在熔管中充填石英砂，就是利用狭沟灭弧原理。如图2-6所示的绝缘灭弧栅，也是狭沟灭弧法的应用实例。

（7）真空灭弧法　真空具有较高的绝缘强度。处于真空中的触头只有触头分断初瞬间产生真空电弧，这种电弧在电流过零时就能自动熄灭而不致复燃。真空断路器就是利用这种原理制成的。

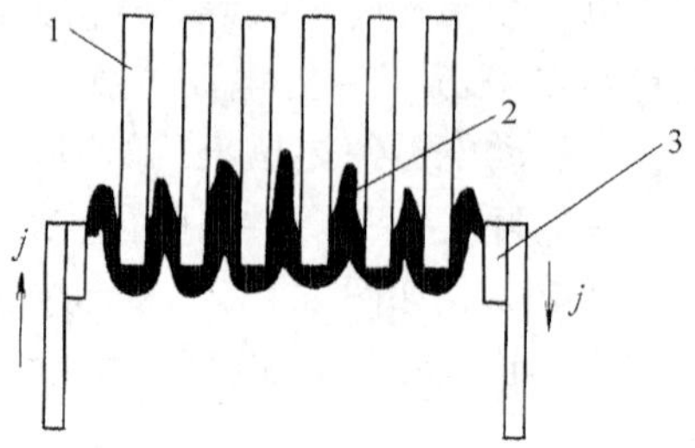

图 2-6　绝缘灭弧栅灭弧

1—绝缘栅片　2—电弧　3—触头

（8）六氟化硫（SF_6）灭弧法　SF_6 气体具有优良的绝缘性能和灭弧性能。其绝缘强度约为空气的 3 倍，其介质强度恢复速度约为空气的 100 倍。六氟化硫断路器就是利用 SF_6 气体作绝缘介质和灭弧介质，获得了较高的断开容量。

在现代的电气设备特别是开关电器中，往往是根据具体情况综合运用上述某几种灭弧方法来达到迅速灭弧的目的。

第三节　高低压熔断器

一、概述

熔断器是一种应用广泛的保护电器，当通过的电流超过额定值时，熔断器的熔体熔断从而切断电路。其功能主要是对电路及其中设备进行短路保护，但有的也可以作过负荷保护。熔断器的主要优点是结构简单、体积较小、价格便宜和维护方便。但其保护特性误差较大，可能造成非全相切断电路，而且一般是一次性的，损坏后难以修复。

二、高压熔断器

在 6～10kV 系统中，户内广泛采用 RN1、RN2 等型管式熔断器，而 XRNT 型管式熔断器为推广应用的更新换代产品；户外则较多采用 RW4、RW10—10F 等型跌开式熔断器。

1. RN1、RN2 型户内高压管式熔断器

RN1 和 RN2 的结构基本相同，都是瓷质熔管内充有石英砂填料的密闭管式熔断器。RN1 用作高压电力线路及其设备的保护，其熔体在正常情况下通过的是高压一次电路的负荷电流，因此其结构尺寸较大。RN2 只用作电压互感器的短路保护，因而其熔体额定电流一般为 0.5A，其结构尺寸较小。

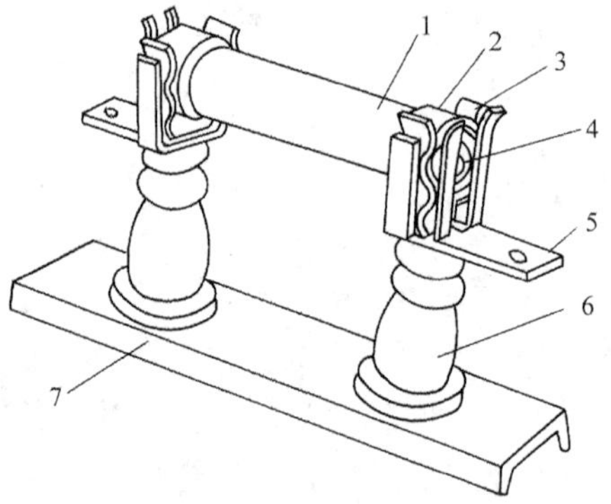

图 2-7　RN1、RN2 型高压管式熔断器外形图

1—瓷熔管　2—金属管帽　3—弹性触座　4—熔断指示器　5—接线端子　6—瓷绝缘子　7—底座

图 2-7 所示为 RN1、RN2 型高压管式熔断器的外形图，图 2-8 所示为其熔管的剖面示意图。

由图 2-8 可见，工作熔体（铜熔丝）上焊有小锡球。锡的熔点（232℃）远比铜的熔点（1083℃）低。因此，在过负荷电流通过时，锡球受热首先熔化，铜锡分子互相渗透而形成熔点较低的铜锡合金，使铜熔丝能在较低的温度下熔断，这就是所谓冶金效应。它使熔断器能在过负荷电流或较小的短路电流时动作，提高了保护的灵敏度。工作熔体采用几根铜熔

丝并联，是利用粗弧分细灭弧法来加速电弧的熄灭。熔管内充有石英砂，则是利用了狭沟灭弧法，而且石英砂对电弧也有冷却作用。因此，这种熔断器的灭弧能力很强，能在短路电流未达到冲击值之前(即短路后不到半个周期)就能完全熄灭电弧，因此这种熔断器具有限流特性。

2. RW4 型户外高压跌开式熔断器

如图 2-9 所示是 RW4—10 型高压跌开式熔断器的基本结构图。

这种熔断器串接在线路中。正常运行时，其熔管下端动触头借铜熔丝张力而拉紧，利用绝缘钩棒(俗称令克棒)将熔管上端动触头推入上静触头内锁紧，同时下动触头与下静触头也相互压紧，从而使电路接通。

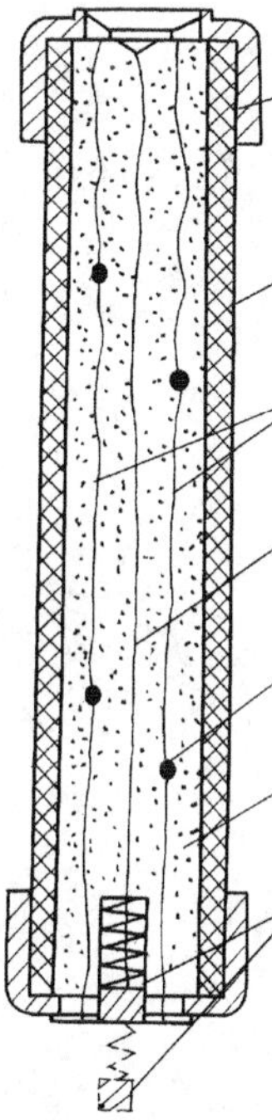

图 2-8　RN1、RN2 型高压管式熔断器的熔管剖面示意图

1—金属管帽　2—瓷熔管　3—工作熔体　4—指示熔体　5—锡球　6—石英砂填料　7—熔断指示器(虚线表示指示器在熔体熔断时弹出)

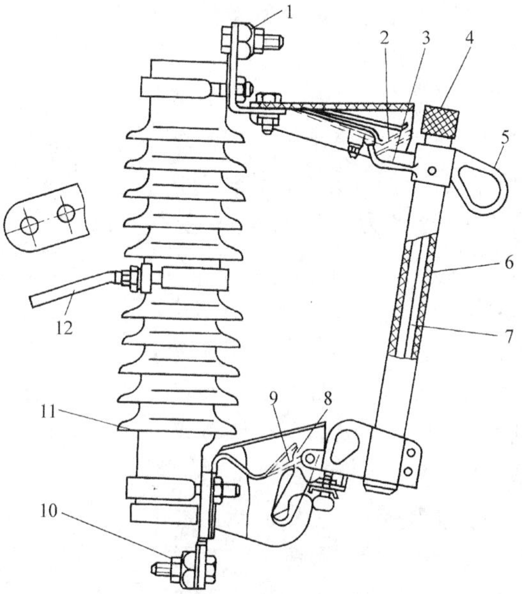

图 2-9　RW4—10 型高压跌开式熔断器

1—上接线端子　2—上静触头　3—上动触头　4—管帽(带薄膜)　5—操作环　6—熔管(外层为酚醛纸管或环氧玻璃布管,内衬纤维质消弧管)　7—铜熔丝　8—下动触头　9—下静触头　10—下接线端子　11—绝缘子　12—固定安装板

当线路中发生短路时，短路电流使铜熔丝迅速熔断，形成电弧。纤维质消弧管由于电弧燃烧而分解出大量气体，使管内压力剧增，并沿管道形成强烈的纵向吹弧。如短路电流较小，则其电弧燃烧管内壁产生的气体也较少，熔管仅向下方排气；如短路电流较大，则其电弧燃烧管内壁产生的气体较多，气压较大，将熔管上端薄膜冲开，从而向两端排气，有助于防止熔断器在分断较大短路电流时造成熔管爆裂。铜熔丝熔断后，熔管的上动触头因失去张力而下翻，锁紧机构释放熔管，在触头弹力及熔管自重的作用下，熔管回转跌开，造成明显可见的断开间隙。

这种跌开式熔断器具有两种功能：一是作为 6 ~ 10kV 线路和变压器的短路保护；二是可当作隔离开关(参看下一节)使用，也就是可用来隔离电源以保证安全检修。它没有专门的带负荷灭弧装置，因此不允许带负荷操作。我国现生产的一种 RW10—10(F)型跌开式熔断器，装有灭弧室和弧触头，因此它可以分、合额定负荷电流。

跌开式熔断器的灭弧能力不强，灭弧速度不快，因而属于非限流式熔断器。

三、低压熔断器

低压熔断器的类型很多。目前广泛应用的插入式熔断器有 RC1A 型、螺旋式熔断器有 RL6 型、无填料密封管式熔断器有 RM10 型、有填料封闭管式熔断器有 RT0 型及引进国外技术生产的 NT 型等。下面着重介绍最常见的 RT0 型和 RM10 型低压熔断器。

1. RT0 型有填料封闭管式熔断器

RT0 型低压熔断器由瓷熔管、栅状铜熔体和触头底座等部分组成，如图 2-10 所示。

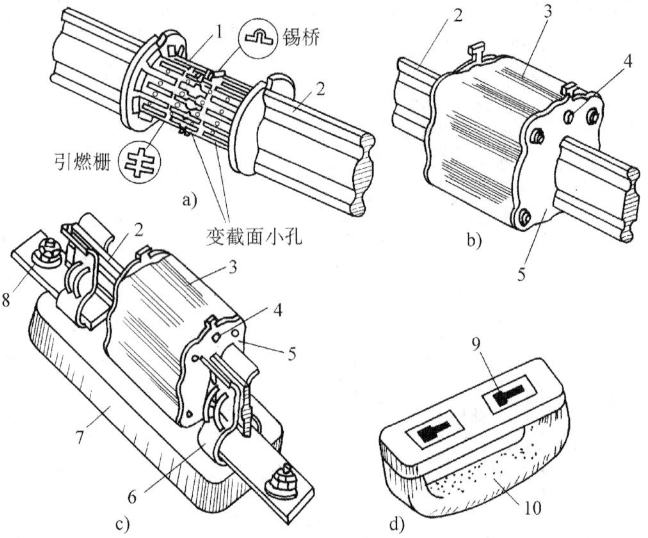

图 2-10　RT0 型低压熔断器

a）熔体　b）熔管　c）熔断器　d）绝缘操作手柄

1—栅状铜熔体　2—触刀　3—瓷熔管　4—熔断指示器　5—端面盖板　6—弹性触座　7—底座　8—接线端子　9—扣眼　10—绝缘拉手手柄

RT0 型低压熔断器具有引燃栅。由于它的等电位作用，可使熔体在短路电流通过时形成多根并联电弧（粗弧分细灭弧法）。熔体还具有若干变截面积小孔，可使其在短路电流通过时于截面积较小的小孔处熔断，形成多段短弧（长弧切短灭弧法）。加之电弧都是在石英砂中燃烧，电弧中的离子会强烈复合（狭沟灭弧法和冷却灭弧法）。因此，这种熔断器的灭弧能力很强，具有限流特性。另外，其熔体还有锡桥，即在栅状铜熔体中部弯曲处焊有锡层，可利用冶金效应来实现对较小的短路电流和过负荷电流的保护。熔体熔断后，有红色的熔断指示器弹出，便于运行人员检视。

附录表 A-1 列出了 RT0 型低压熔断器的主要技术数据及保护特性曲线，供参考。

2. RM10 型无填料密闭管式熔断器

RM10 型低压熔断器由纤维熔管、变截面积的锌熔片和触头底座等组成，如图 2-11 所示。

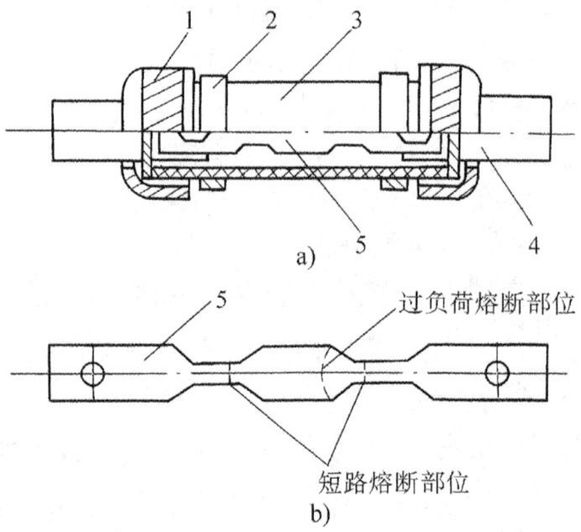

图 2-11　RM10 型低压熔断器

a）熔管　b）熔片

1—钢管帽　2—管夹　3—纤维熔管　4—触刀　5—变截面积锌熔片

将熔片冲制成宽窄不一的变截面，是为了改善熔断器的保护性能。短路时，熔片的窄部由于电阻较大而首先熔断，形成几段串联短弧，且由于各段熔片跌落，迅速拉长电弧，使短路电弧较易熄灭。过负荷时，由于加热时间较长，窄部散热较好，因此往往在其宽窄之间的斜部熔断。由此可以大致判断使熔断器熔断的故障性质。

当熔片熔断时，纤维熔管的内壁将因电弧燃烧而分解出气体，压迫电弧，加强离子的复合，从而改善灭弧性能。RM10 型灭弧断流能力大大低于 RT0 型熔断器，且属于非限流式。但由于它的结构简单及更换熔体方便，所以现仍用于某些老型号的低压配电装置中。

附录表 A-2 列出了 RM10 型低压熔断器的主要技术数据及保护特性曲线，供参考。

第四节　高、低压开关设备

一、概述

高、低压开关设备用于控制电路的通断，但由于其结构的不同，用途也不一样：有的不能带负荷操作，只能用来隔离电源以保证检修安全，如高压隔离开关和低压刀开关；有的虽可带负荷操作但不能断开短路电流，如高、低压负荷开关和带灭弧罩的低压刀开关；也有的既能带负荷操作又能断开短路电流，如高、低压断路器。因此，对于各种开关设备，应结合其结构特点，了解其功能和操作要求，并逐渐熟悉其型号、规格及用途。

二、高压开关设备

1. 高压隔离开关(QS)

高压隔离开关的结构比较简单，如图 2-12 所示为 GN8—10/600 型高压隔离开关。它断开后有明显可见的断开间隙，而且断开间隙的绝缘强度及相间绝缘强度都是足够可靠的，因此可用来隔离高压电源，以进行其他设备的安全检修。它没有专门的灭弧装置，因此不允许带负荷操作。但它可以用来通断一定的小电流，如励磁电流不超过 2A 的空载变压器、电容电流不超过 5A 的空载线路以及电压互感器和避雷器的电路等。

户内型高压隔离开关通常采用 CS6 型手力操动机构进行操作。如图 2-13 所示为 CS6 型手力操动机构与 GN8 型隔离开关配合的一种安装方式。

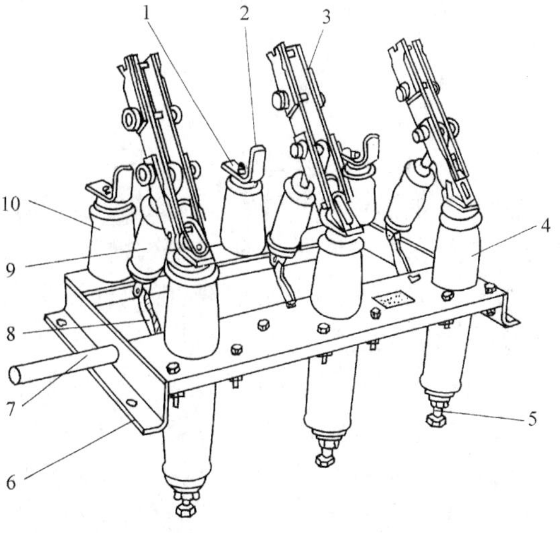

图 2-12　GN8—10/600 型高压隔离开关

1—上接线端子　2—静触头　3—闸刀　4—套管绝缘子　5—下接线端子　6—框架　7—转轴　8—拐臂　9—升降绝缘子　10—支柱绝缘子

2. 高压负荷开关(QS)

高压负荷开关具有简单的灭弧装置，能通断一定的负荷电流和过负荷电流，但不能断开短路电流，因此它必须与高压熔断器串联使用来切除短路故障。

如图 2-14 所示为 FN3—10RT 型高压负荷开关。图中上半部为负荷开关本身，外形与隔离开关相似，但其上端的绝缘子实际上是一个压气式灭弧装置，如图 2-15 所示。此绝缘子不仅起支持绝缘子作用，其内部还是一个气缸，有操动机构主轴传动的活塞，其功能类似一

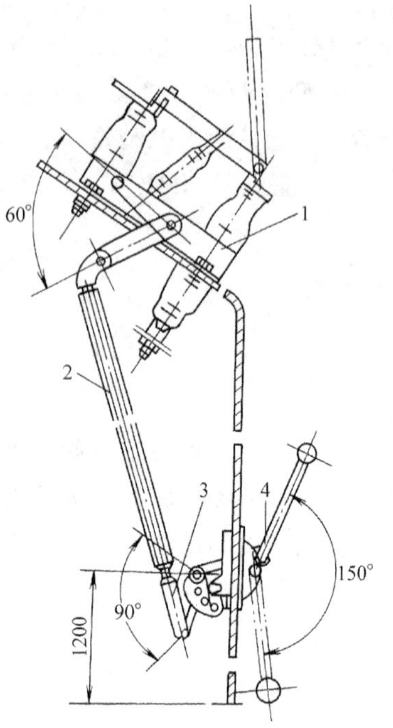

图 2-13　CS6 型手力操动机构与 GN8 型隔离开关配合的一种安装方式
1—GN8 型隔离开关　2—ϕ20mm 焊接钢管　3—调节杆　4—CS6 型手力操动机构

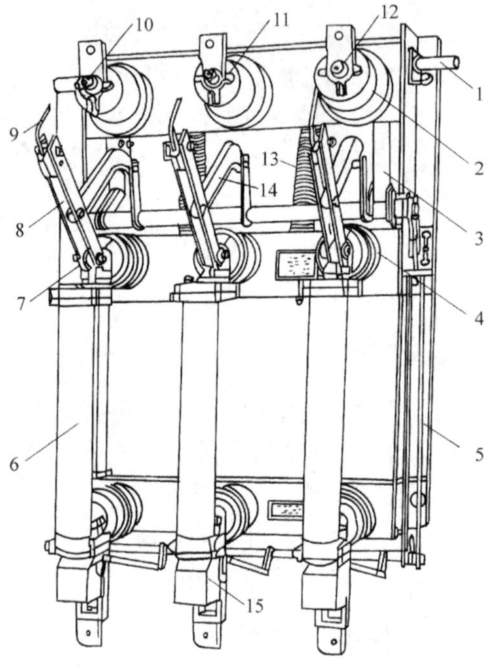

图 2-14　FN3-10RT 型高压负荷开关
1—主轴　2—上绝缘子兼气缸　3—连杆　4—下绝缘子　5—框架　6—RN1 型高压熔断器　7—下触座　8—闸刀　9—弧动触头　10—绝缘喷嘴(内有弧静触头)　11—主静触头　12—上触座　13—断路弹簧　14—绝缘拉杆　15—热脱扣器

个打气筒。当负荷开关分闸时，在闸刀一端的弧动触头与绝缘喷嘴内的弧静触头之间产生电弧。分闸时主轴转动带动活塞，压缩气缸内的空气从喷嘴向外吹弧，同时由于断路弹簧使电弧迅速拉长以及电流回路的电磁吹弧作用，电弧迅速熄灭。

负荷开关不便配以防短路的继电保护装置来自动跳闸，但热脱扣器可以在过负荷时使负荷开关自动跳闸。

负荷开关断开后具有明显可见的断开间隙，因此，它也可以用来隔离电源，保证检修安全。

图 2-16 所示为 CS2 型手力操动机构的外形及其与 FN3 型负荷开关配合的一种安装方式。

当开关自动跳闸时，CS2 型手力操动机构的跳闸指示牌会转到水平位置，以此告知值班人员。如要重新合闸，需先将手柄扳到分闸位置，指示牌掉下，然后才能合闸。

3. 高压断路器(QF)

(1) 高压断路器的功能和类型　高压断路器具有相当完善的灭弧装置，不仅能通断正常负荷电流，而且能通断一定的短路电流，还能在继电保护装置的作用下自动跳闸，切除短路故障。

高压断路器按其采用的灭弧介质分为油断路器、六氟化硫(SF_6)断路器、真空断路器等类型。

油断路器按其油量多少和油的作用，又分为多油式和少油式两大类。多油断路器的油既作灭弧介质，又作绝缘介质，因此油量多；少油断路器的油只作灭弧介质，因此油量少。少

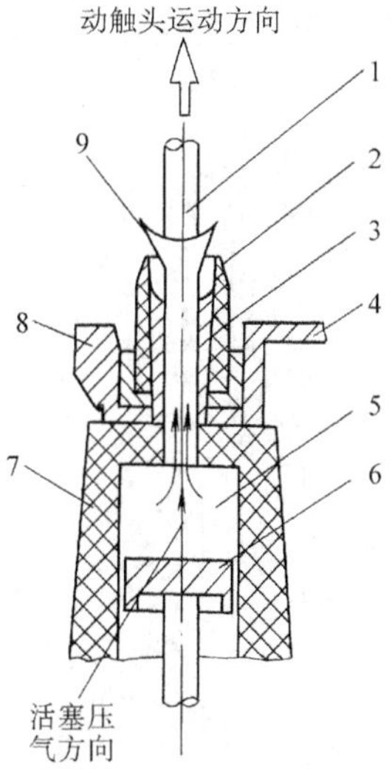

图 2-15　FN3-10 型高压负荷开关压气式灭弧装置工作示意图

1—弧动触头　2—绝缘喷嘴　3—弧静触头　4—接线端子　5—气缸　6—活塞　7—上绝缘子　8—主静触头　9—电弧

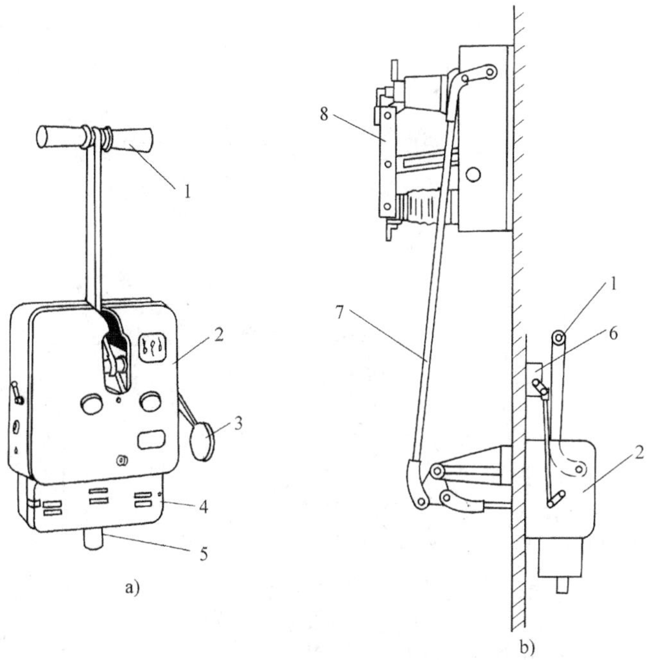

图 2-16　CS2 型手力操动机构的外形及其与 FN3 型负荷开关配合的一种安装方式

a）外形结构　b）与负荷开关配合安装

1—操作手柄　2—操动机构外壳　3—跳闸指示牌(掉牌)　4—脱扣器盒　5—跳闸铁心　6—辅助开关　7—传动杠杆　8—负荷开关的闸刀

油断路器由于油量少，比较安全，且外形尺寸小，便于在成套设备中装设，所以一般 6 ~ 35kV 户内配电装置中多采用少油断路器。

六氟化硫断路器(SF_6)利用 SF_6 气体作为灭弧介质和绝缘介质。纯净的 SF_6 是无色、无味、无毒且不易燃的惰性气体，具有优良的灭弧性能和电绝缘性能。因此 SF_6 断路器的灭弧速度快，断流能力强，适宜于频繁操作，而且没有油断路器可能燃烧爆炸的危险。但是其制造工艺要求较高，价格较贵，所以目前主要用在需频繁操作及有易燃、易爆危险的场所。

真空断路器的触头装在真空灭弧室内，它利用真空灭弧原理来灭弧。真空断路器具有体积小、重量轻、动作快、寿命长、安全可靠和便于维修等优点，适于频繁操作，但其价格也较贵。

我国中小型工厂供电系统中目前主要采用少油断路器和真空断路器。

下面着重介绍我国目前 6 ~ 10kV 系统中仍大量应用的 SN10—10 型高压户内少油断路器。

(2) SN10-10 型高压户内少油断路器　它是我国统一设计并推广应用的一种少油断路器。图 2-17 所示为 SN10-10 型高压户内少油断路器的外形，图 2-18 所示为其油箱内部结构。

这种断路器由框架、传动部分和油箱等三个主要部分组成，其中油箱是核心部分。油箱下部是高强度铸铁基座，操作动触头的转轴和拐臂等传动机构均装在基座内；油箱中部装有

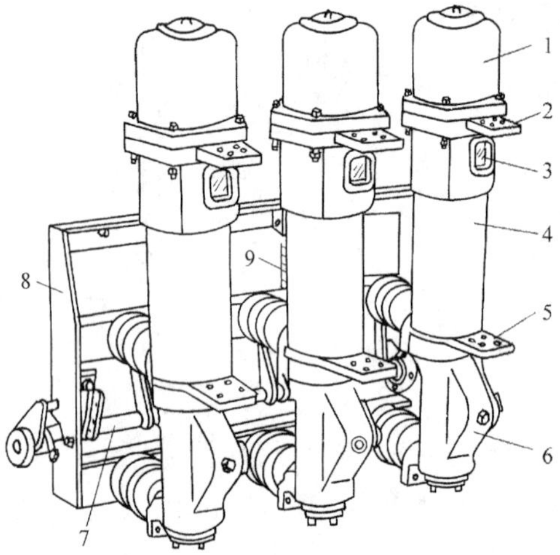

图 2-17 SN10-10 型高压户内少油断路器的外形

1—铝帽 2—上接线端子 3—油标 4—绝缘筒 5—下接线端子 6—基座 7—主轴 8—框架 9—断路弹簧

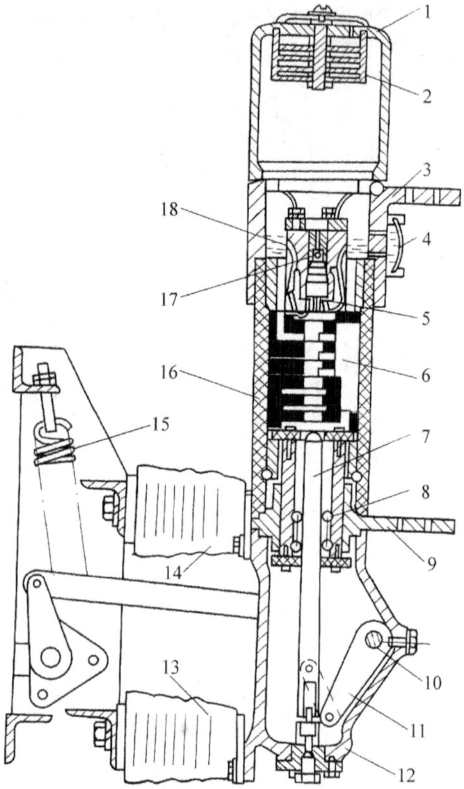

图 2-18 SN10-10 型高压少油断路器的油箱内部结构

1—铝帽 2—油气分离器 3—上接线端子 4—油标 5—静触头(插座式) 6—灭弧室 7—动触头(导电杆) 8—中间滚动触头 9—下线端子 10—转轴 11—拐臂 12—基座 13—下支柱绝缘子 14—上支柱绝缘子 15—断路弹簧 16—绝缘筒 17—止回阀 18—绝缘油

灭弧室，灭弧室外面套有高强度绝缘油筒；油箱上部是铝帽，铝帽的上部是油气分离室，下部装有插座式静触头。

断路器合闸时，动触头(导电杆)插入静触头。这时的导电回路是：上接线端子→静触头→动触头(导电杆)→中间滚动触头→下接线端子。

断路器的灭弧主要依赖于如图 2-19 所示的灭弧室。其工作示意图如图 2-20 所示，其中的吸弧铁片是用来使电弧吸向静触头中的弧触片。

断路器分闸时，动触头向下运动，产生电弧。绝缘油受热分解，形成气泡，导致静触头周围的油压骤增，迫使静触头内的单向阀(钢珠)上升堵住中心孔，于是电弧在几乎封闭的空间内燃烧，使灭弧室内压力迅速增大。当动触头继续向下运动并相继打开一、二、三道横吹沟和下面的纵吹油囊时，油气混合体强烈地横吹和纵吹电弧；同时，动触头向下运动，形成附加油流射向电弧，并使动触头端部的弧根部分不断地与下面新鲜的冷油接触，进一步改善了灭弧条件。因此，这种油断路器具有较大的断流能力。

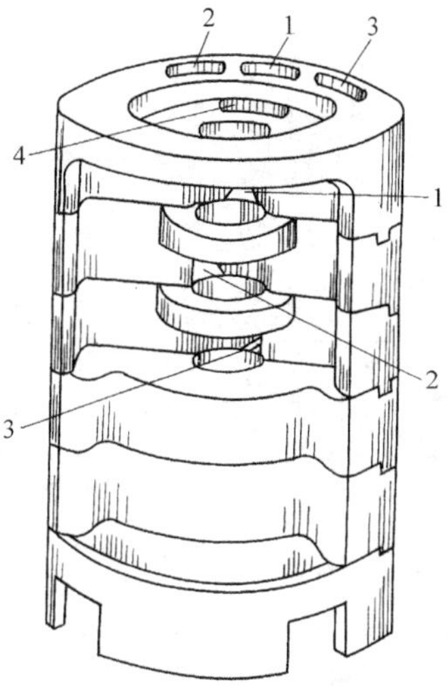

图 2-19　SN10-10 型高压少油断路器的灭弧室

1—第一道灭弧沟　2—第二道灭弧沟
3—第三道灭弧沟　4—吸弧铁片

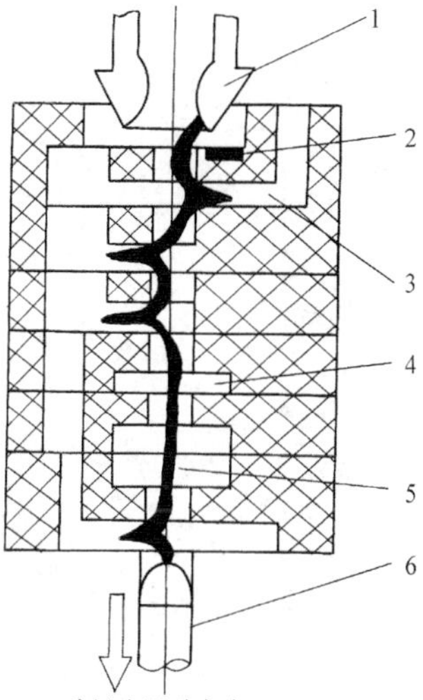

图 2-20　SN10-10 型高压少油断路器的灭弧室工作示意图

1—静触头　2—吸弧铁片　3—横吹灭弧沟
4—纵吹油囊　5—电弧　6—动触头

油箱上部的油气分离器是分离灭弧过程中产生的油气混合体的，油滴下落返回，气体则从顶部的排气孔排出。

（3）高压少油断路器的操动机构　操动机构的作用是进行分闸或合闸，并使合闸后断路器保持在合闸状态。操动机构一般由合闸机构、分闸机构和保持合闸机构等三部分组成，其辅助开关还可以实现联锁作用。SN10—10 型高压少油断路器可配用 CS2 型手力操动机构或 CD10 型等电磁操动机构或 CT7、CT8 型等弹簧操动机构。

1）CS2 型手力操动机构。CS2 型手力操动机构（如图 2-16 所示）能手动或电动分闸，但只能手动合闸，且因操作速度所限，其所操作的断路器开断的短路容量不宜大于 100MV·A；但它的结构简单、价格便宜，且为交流操作，可使控制和保护装置大为简化，因此尚应用于以前设计的一些中小型工厂供电系统中。

2）CD10 型电磁操动机构。CD10 型电磁操动机构能手动或远距离电动分闸和合闸，便于实现自动化，但需要直流操作电源。图 2-21 所示为 CD10 型电磁操动机构的外形图和剖面图，图 2-22 所示为其传动原理示意图。

跳闸时，如图 2-22a 所示，因手动或远距离控制使跳闸线圈通电，跳闸铁心上的撞头向上撞击连杆机构，破坏了连杆机构原来在合闸位置时的稳定平衡状态，使搭在 L 形搭钩上的连杆滚轴下落，主轴在断路弹簧的作用下转动，使断路器跳闸，并带动辅助开关切换。断路器跳闸后，跳闸铁心下落，正对此铁心的两连杆也回复到跳闸前的状态。

合闸时，如图 2-22b 所示，因手动或远距离控制使合闸线圈通电，合闸铁心上举，使连杆滚轴又搭在 L 形搭钩上，同时使主轴随反抗断路弹簧的作用而转动，使断路器合闸，并带动辅助开关切换，整个连杆机构又处于新的稳定平衡状态。

CD10 型电磁操动机构是目前仍在大量使用的一种操动机构，它在手动合闸时速度很慢，一般只有在检修和调整时才允许使用手动合闸。

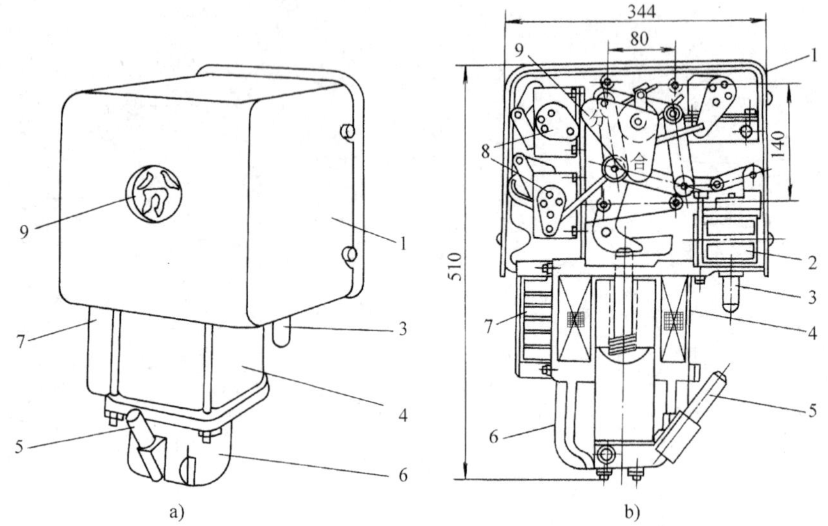

图 2-21　CD10 型电磁操动机构

a）外形图　b）剖面图

1—外壳　2—跳闸线圈　3—手动跳闸按钮(跳闸铁心)　4—合闸线圈　5—手动合闸操作手柄

6—缓冲底座　7—接线端子排　8—辅助开关　9—分合指示器

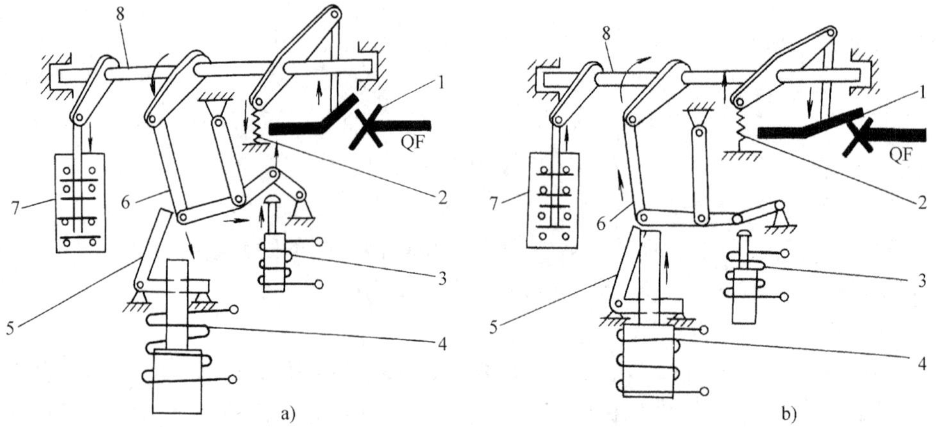

图 2-22　CD10 型电磁操动机构传动原理示意图

a）跳闸时　b）合闸时

1—高压断路器　2—断路弹簧　3—跳闸线圈(带铁心)　4—合闸线圈(带铁心)

5—L 形搭钩　6—连杆　7—辅助开关　8—操动机构主轴

3）CT7 型弹簧操动机构。CT7 型弹簧操动机构是一种弹簧储能式电动操动机构，由交直流两用串励电动机使合闸弹簧储能，在合闸弹簧释放能量的过程中将断路器合闸。弹簧操动机构可手动或远距离电动分合闸，可方便地实现一次自动重合闸，也可以交流操作，从而可使控制和保护装置简化，但结构复杂，价格较贵。图 2-23 所示是 CT7 型弹簧操动机构的外形示意图。图 2-24 所示是其传动原理示意图，由此可了解其动作原理：

① 电动机储能。储能电动机 2(如图 2-24 所示)通电转动时，通过带 1、链条 3、偏心轮

4，带动棘爪 7、棘轮 8，棘轮推动偏心凸轮 12 使合闸弹簧 6 拉伸。当凸轮过最高点一定角度后，通过掣子 15 和杠杆 16 及凸轮上的小滚轮把合闸弹簧拉伸并维持在储能状态。在储能结束瞬间，切断电动机电源。

② 手动储能。沿顺时针方向转动操作手柄 5，使合闸弹簧 6 储能。手动储能一般只在调整、检修或电源故障时使用。

③ 电动合闸。按下合闸按钮，合闸电磁铁 13 通电，掣子 15 动作。在合闸弹簧 6 作用下，偏心凸轮 12 驱动拐臂 11 动作，通过输出轴 14 带动断路器合闸。两连杆 10 和 17 构成死点，使断路器保持在合闸状态。

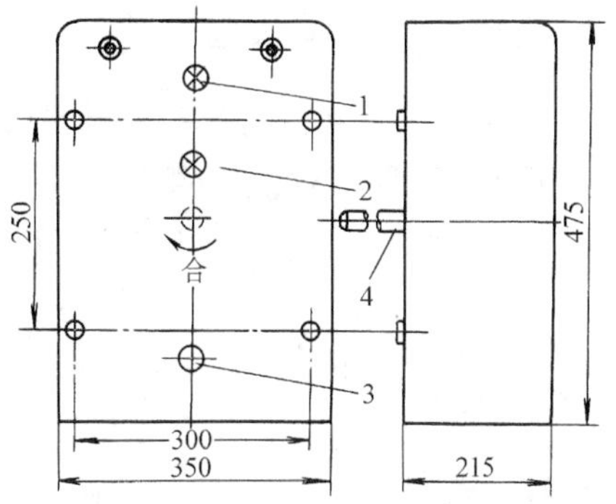

图 2-23 CT7 型弹簧操动机构外形示意图
1—储能指示灯 2—分合指示
3—手动储能转轴 4—输出轴

④ 手动合闸。转动操作手柄 5，使拉杆向上转动，带动掣子 15 向上移动，与杠杆 16 脱离，解除自锁。以下动作与上述电动合闸相同。

⑤ 电动跳闸。脱扣器 9 通电，连杆 10 动作解除死点。断路器在断路弹簧作用下跳闸。

⑥ 手动跳闸。转动操作手柄 5，通过偏心轮 4 及棘爪 7、棘轮 8 等，使连杆 10 向上转动解除死点，断路器跳闸。

⑦ 自动重合闸。当断路器合闸后，行程开关动作，接通电动机电源，使合闸弹簧 6 再一次储能，为重新合闸作好准备。

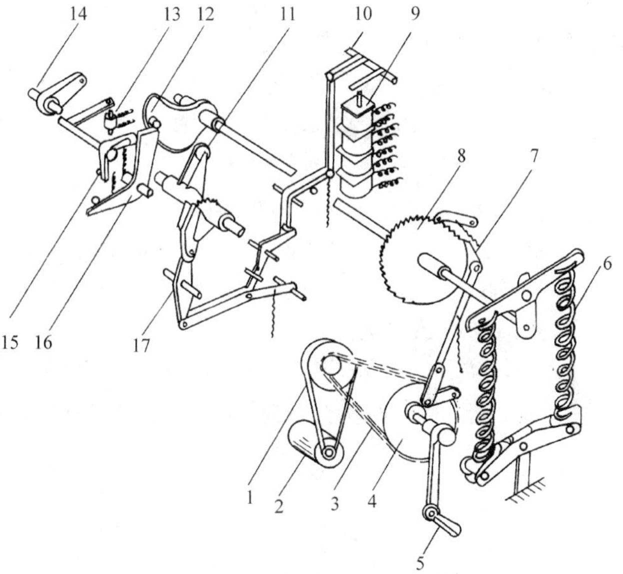

图 2-24 CT7 型弹簧操动机构传动原理示意图
1—带 2—储能电动机 3—链条 4—偏心轮 5—操作手柄
6—合闸弹簧 7—棘爪 8—棘轮 9—脱扣器 10、17—连杆
11—拐臂 12—偏心凸轮 13—合闸电磁铁 14—输出轴
15—掣子 16—杠杆

附录表 A-3 列出了 SN10—10 型高压断路器的主要技术数据，供参考。

高压少油断路器的型号表示及其含义如下所示：

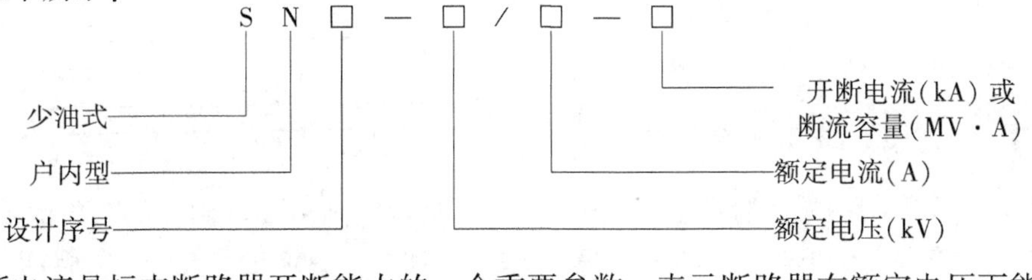

开断电流是标志断路器开断能力的一个重要参数，表示断路器在额定电压下能正常开断的最大短路电流。

三、低压开关设备

1. 低压刀开关、刀熔开关和负荷开关

低压刀开关又称低压隔离开关，常用于不经常操作的电路中。

按型式分，低压刀开关有单投（HD）和双投（HS）两类；按极数分，低压刀开关有单极、双极和三极；按灭弧结构分，低压刀开关有不带灭弧罩和带灭弧罩的两种。不带灭弧罩的刀开关不能带负荷操作，只能当隔离开关用。带灭弧罩的刀开关如图2-25所示，则可带负荷操作。

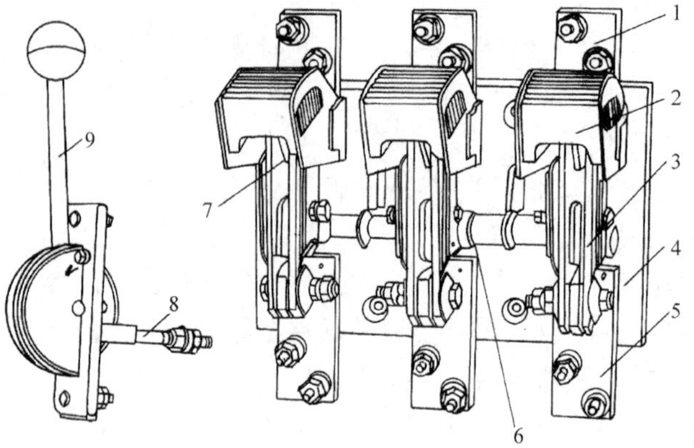

图2-25　HD13型低压刀开关示意图

1—上接线端子　2—钢栅片灭弧罩　3—闸刀　4—底座　5—下接线端子　6—主轴　7—静触头　8—连杆　9—操作手柄（中央杠杆操作）

将刀开关的闸刀换为RT0型熔断器的熔管，就构成熔断器式刀开关（HR型），简称刀熔开关如图2-26所示。它兼有刀开关和熔断器的双重功能，有利于简化配电装置的结构。

将刀开关与熔断器串联，装在金属盒内，就构成低压负荷开关（HH型），亦称铁壳开关。它兼有刀开关和熔断器的双重功能，可以带负荷操作。若将刀开关与熔断器串联并装在胶盖内，则构成所谓胶盖开关（HK型）。

2. 低压断路器（QF）

低压断路器旧称低压自动开关，既能带负荷通断电路，又能在失电压、短路和过负荷时自动跳闸，其功能类似于高压断路器。如图2-27所示为低压断路器的原理结构和结线图。

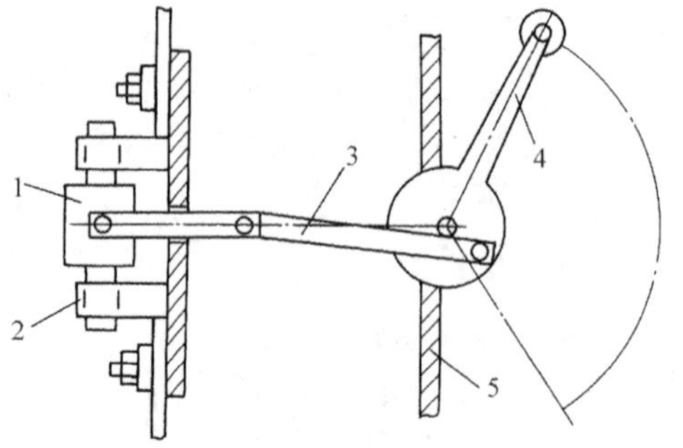

图2-26　HR型刀熔开关结构示意图

1—RT0型熔断器的熔管　2—HD型刀开关的弹性触座　3—连杆　4—操作手柄　5—配电装置面板

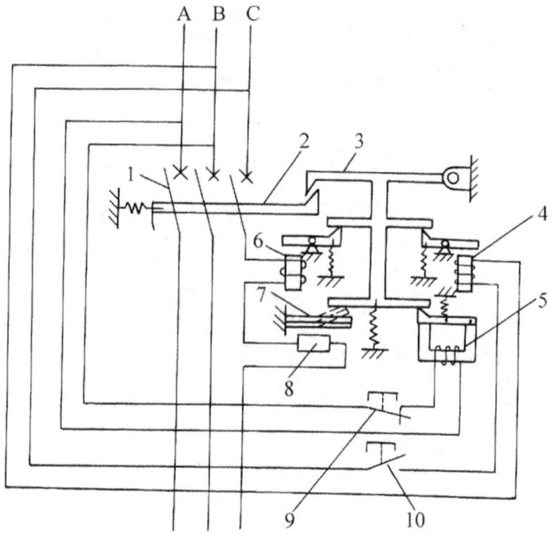

图2-27　低压断路器的原理结构和结线图

1—主触头　2—跳钩　3—锁扣　4—分励脱扣器　5—失电压脱扣器　6—过电流脱扣器　7—热脱扣器（双金属片）　8—加热电阻　9—脱扣按钮（常闭）　10—脱扣按钮（常开）

当线路中出现短路故障时，过电流脱扣器6动作，断路器跳闸。如发生过负荷时，双金属片7受热弯曲，也使断路器跳闸。当线路电压严重下降或电压消失时，失电压脱扣器5动作，同样会使断路器跳闸。如果按下脱扣按钮9或10，使失电压脱扣器5失电或使分励脱扣器4通电，都可使断路器跳闸。

低压断路器按用途分为配电用、电动机保护用、照明用和漏电保护用断路器。

配电用低压断路器按结构型式分为塑料外壳式和万能式两大类。通常800A以下多选用塑料外壳式(MCCB)，800A及以上则多选用万能式断路器(ACB)。

(1) 塑料外壳(简称塑壳)式低压断路器　旧称装置式自动空气断路器，通常装设在低压配电装置之中。

塑壳式断路器的型式很多，以前最常用的是DZ10型，较新的还有DZX10、DZ20型等以及引进技术生产的H和C45N、3VE、KFM2等系列和智能型低压断路器DZ40型等。限于篇幅，下面主要介绍DZ10型低压断路器。

图2-28所示为DZ10—250/330型塑壳式低压断路器的剖面图。

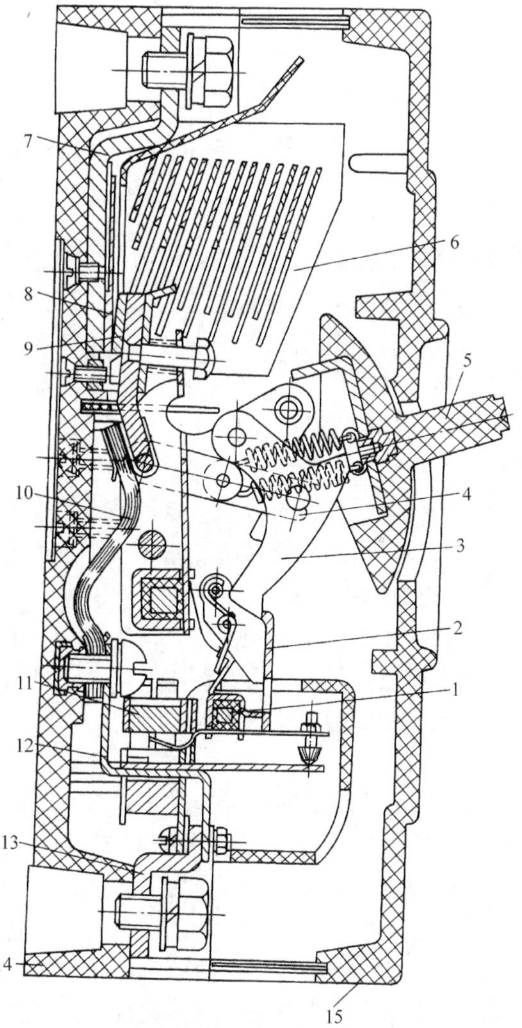

图2-28　DZ10—250/330型塑壳式低压断路器剖面图
1—牵引杆　2—锁扣　3—跳钩　4—连杆　5—操作手柄　6—灭弧室　7—引入线和接线端子　8—静触头　9—动触头　10—可挠连接条　11—电磁脱扣器　12—热脱扣器　13—引出线和接线端子　14—塑料底座　15—塑壳盖

DZ10型断路器可根据需要装设以下脱扣器：①热脱扣器，用双金属片作过负荷保护；②电磁脱扣器，只作短路保护；③复式脱扣器，可同时实现过负荷保护和短路保护，即具有两段保护特性。

图2-29所示为DZ10型断路器的操作传动原理说明。

DZ10型断路器的操作手柄有三个位置：①合闸位置，如图2-29a所示，手柄扳向上面，跳钩被锁扣扣住，主触头闭合。②自由脱扣位置，如图2-29b所示，跳钩被释放(脱扣)，手柄自动移至中间(水平)位置，主触头断开。③分闸和再扣位置，如图2-29c所示，手柄扳向下面，主触头断开，但跳钩又被锁扣扣住，从而完成了“再扣”的动作，为下一次合闸作好了准备。如果断路器自动跳闸后，不将手柄扳向再扣位置(即分闸位置)，要想直接合闸是合不上的。一般手动操作的高低压断路器都有类似的操作要求。但一些新型的断路器则无此要求。

DZ10型断路器采用了钢片灭弧栅，加之脱扣机构的脱扣速度快，因此，其灭弧时

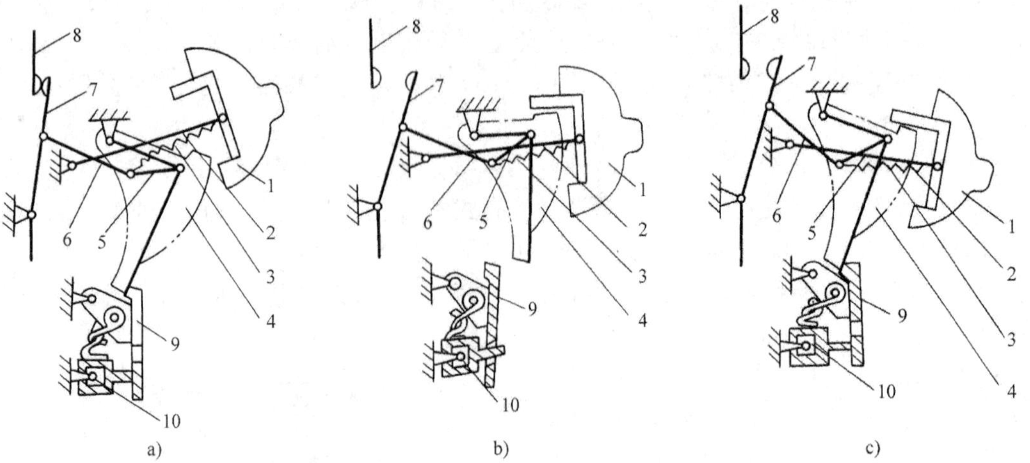

图 2-29 DZ10 型断路器的操作传动原理说明

a）合闸位置 b）自由脱扣位置 c）分闸和再扣位置

1—操作手柄 2—操作杆 3—弹簧 4—跳钩 5—上连杆 6—下连杆 7—动触头 8—静触头 9—锁扣 10—牵引杆

间短，一般断路时间不超过一个周期(0.02s)，而且断流能力也比较大。

（2）万能式低压断路器 万能式断路器的型式也很多，目前最常用的为 DW10 和 DW15 型，其他还有 DWX15、DW45、DW16 等和引进技术生产的 ME、AH、KFW2 等系列。一般说来，在要求高短路分断能力和选择性保护时，可选用具有智能型保护功能的 DW45 或 DW48 型，它能可靠地保护设备免受过负荷、欠电压、短路和单相接地等故障的危害，但价格较高；在要求有足够的短路分断能力和选择性时，宜选用 DW15，价格适中；在要求有足够的短路分断能力，只要求过载时长延时保护，短路时瞬时断开的场所，宜选用 DW16 较为经济。如果对短路分断能力要求不高，且只要求短路时瞬时断开，则可采用价格低廉且便于维护的 DW10 型。DW16 型保留了原 DW10 型结构简单、价格低廉、便于维护的优点，同时改善了技术性能，且安装尺寸与 DW10 型相同，可以很方便地取代 DW10 型。

限于篇幅，下面主要介绍 DW10 型和 DW15 型低压断路器。

（1）DW10 型低压断路器 图 2-30 所示为 DW10—200 型万能式低压断路器的外形结构图。

DW10 型断路器的合闸操作方式较多，除直接手柄操动外，还有杠杆操动、电磁铁操动和电动机操动等方式，而其过电流脱扣器一般都是瞬时动作的，即其保护性能为非选择型。

图 2-31 所示为交直流电磁铁合闸操作回路，适用于 200～600A 的 DW10 型断路器。

当利用电磁合闸线圈 YO 进行远距离电动合闸时，须按下合闸按钮 SB，合闸接触器 KMC 通电，其主触头闭合，从而使电磁合闸线圈 YO 通电，断路器合闸。但是电磁合闸线圈 YO 是按短时大功率设计的，允许通电时间不得超过 1s，因此当 QF 合闸后，应立即使 YO 断电。为此，特装设时间继电器 KT，利用其常闭延时断开触头 KT_{1-2}来实现这一要求，在按下按钮 SB 时，不仅接触器 KMC 通电，而且时间继电器 KT 同时通电。这个常闭延时断开触头 KT_{1-2}在 SB 按下、KT 和 KMC 通电达 1s 时将自动断开，使 KMC 断电，从而保证电磁合闸线圈 YO 的通电时间不致超过 1s。

如图 2-31 中断路器的辅助触头 QF_{1-2}起联锁作用，用来保证电磁合闸线圈 YO 在断路器

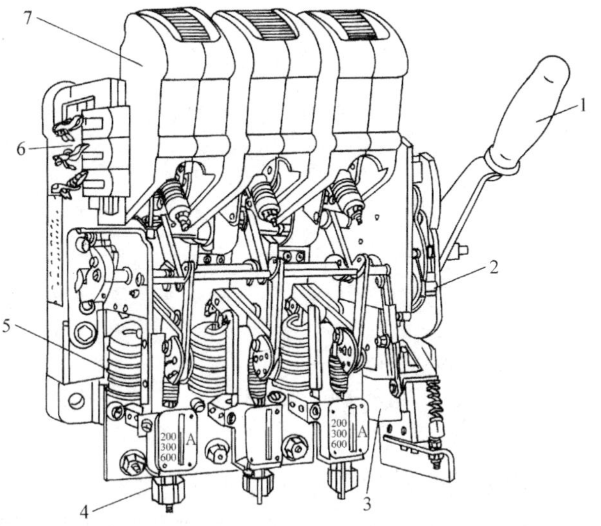

图 2-30 DW10—200 型万能式低压断路器的外形结构图
1—操作手柄 2—自由脱扣机构 3—失电压脱扣器
4—过电流脱扣器脱扣电流调节螺母 5—过电流脱扣器
6—断路器辅助触头 7—灭弧罩(内有主触头)

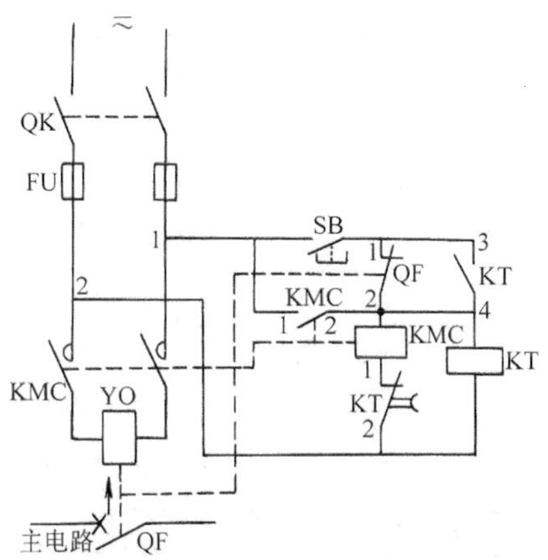

图 2-31 DW10 型低压断路器交直流电磁铁合闸操作回路
QF—DW10 型低压断路器 FU—熔断器
SB—按钮 KT—时间继电器
KMC—合闸接触器 YO—电磁合闸线圈

合闸后不致再次通电。合闸接触器的常开触头 KMC_{1-2}起自锁作用，用来保证当按钮 SB 松开后 KMC 和 KT 的线圈不致立即失电。

如果按下 SB 后，其触头粘住或卡住而不返回，而主电路上又出现永久性短路故障，则 QF 刚一合闸，其过电流脱扣器(图 2-31 中未示出,可参看图 2-27 和图 2-30)瞬时动作，使 QF 跳闸。但 QF 跳闸后，其辅助触头 QF_{1-2}返回闭合，又使 KMC 通电，QF 又合闸。由于主电路存在着永久性短路，因此过电流脱扣器又要使 QF 跳闸。……断路器如此重复地合闸—跳闸—合闸—跳闸，称之为跳动。断路器跳动很容易使触头烧坏，甚至可能扩大故障。因此必须采取相应的防跳措施。时间继电器的常开触头 KT_{3-4}就是用来防跳的。如果 SB 按下不返回，时间继电器 KT 的线圈因其常开触头 KT_{3-4}瞬时闭合而长期得电，使其延时 1s 断开的常闭触头 KT_{1-2}在 QF 合闸(未成功)以后长期保持断开，因此合闸接触器 KMC 无法再次通电，从而使断路器在故障跳闸后不会再次合闸，达到了防跳的目的。

DW10 型断路器也采用钢片灭弧栅，其灭弧断流能力也较强，但由于操作机构的影响，动作稍慢，一般断路时间在一个周期(0.02s)以上。

(2) DW15 型低压断路器* DW15 型低压断路器按操作方式分，有直接手动、电磁铁操动和电动机操作等三种方式。DW15—200、400、630 型为直接手动或电磁铁操动，可用于交流 50Hz、电压为 380V、660V 和 1140V 的电路；DW15—1000 ~ 4000 型为电动机操作，可用于交流 50Hz、电压 380V 的电路。

按保护性能分，DW15 型有选择型和非选择型两类。所谓选择型，就是断路器的动作特性可以按选择性保护要求进行调节。又可分两段保护式和三段保护式，两段保护式具有长延时和短延时或瞬时动作特性，如图 2-32a 所示；三段保护式具有长延时、短延时和瞬时动作特性，如图 2-32b 所示；而非选择型一般只具有瞬时动作特性，如图 2-32c 所示。

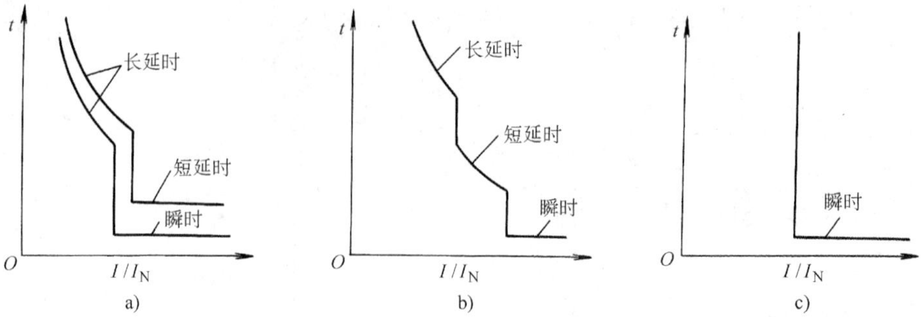

图 2-32　低压断路器的动作特性曲线

a）两段保护式　b）三段保护式　c）瞬时动作式

一般凡具有短延时动作特性的即为选择型断路器。

有的新型低压断路器还具有单相接地保护功能，称为第四段保护。但应注意：DW16 型的单相接地保护仅对 TN 系统的单相金属性对地短路有效，即仅可作为设备保护而不能作人身保护。

DW15 型断路器可装设的脱扣器类型有：过电流脱扣器、欠电压脱扣器和分励脱扣器。过电流脱扣器又有电磁式的过负荷和短路瞬时脱扣器、热-电磁式过负荷长延时及短路瞬时脱扣器、电子型过负荷长延时、短路短延时及特大短路瞬时脱扣器。

热脱扣器由速饱和电流互感器与双金属片式热继电器组成，其原理电路如图 2-33 所示。

电子型过电流脱扣器由以下 4 部分组成：电子型脱扣器本体、电源变压器、电流电压变换器组以及报警蜂鸣器。各部分之间的连接关系框图如图 2-34 所示。

电子型过电流脱扣器原理框图如图 2-35 所示。脱扣器本体由集成电路及部分晶体管混合组成。脱扣器的电源是将电源变压器输出的 50V 交流电压经过整流滤波后分成两部分：一部分作为欠电压信号，进入欠电压信号检测取样环节；一部分进入稳压电源，由稳压电源分别提供恒定的 16V 和 9V 直流电源，供整个电路使用。

该脱扣器具有显示、记忆等功能。在闭合断路器前，先要观察电源工作指示器是否发光。如不发光，应先接通电源；其次，要观察故障指示器是否发光。如发光，应排除故障后再按复位按钮，故障指示器熄光后才能闭合断路器。如需检查断路器脱扣功能是否正常，可

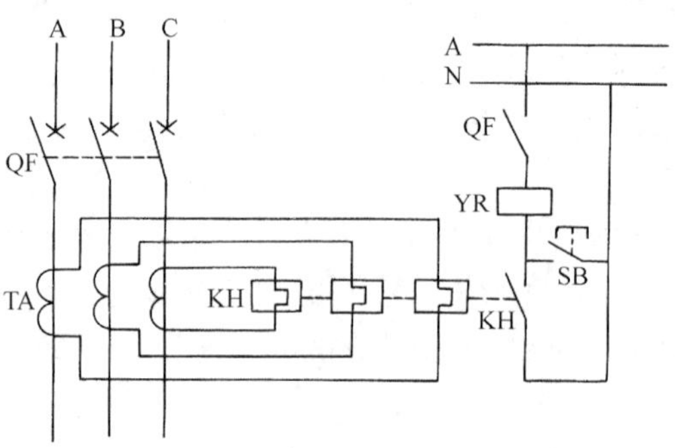

图 2-33　热式过电流脱扣器的原理电路

QF—断路器　TA—速饱和电流互感器　KH—热继电器

YR—分励脱扣器线圈　SB—分闸按钮

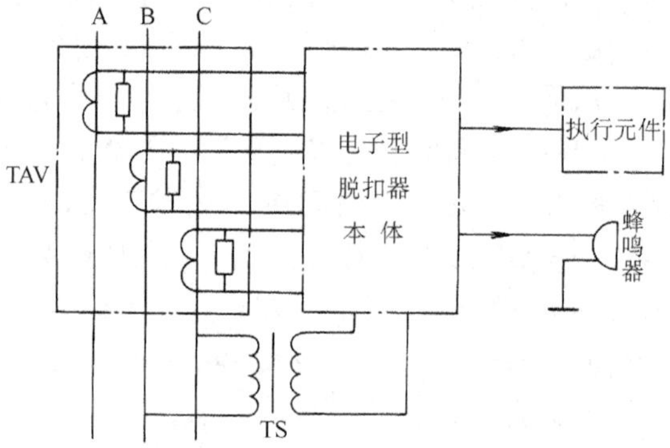

图 2-34　电子型过电流脱扣器连接关系框图

TS—电源变压器　TAV—电流电压变换器组

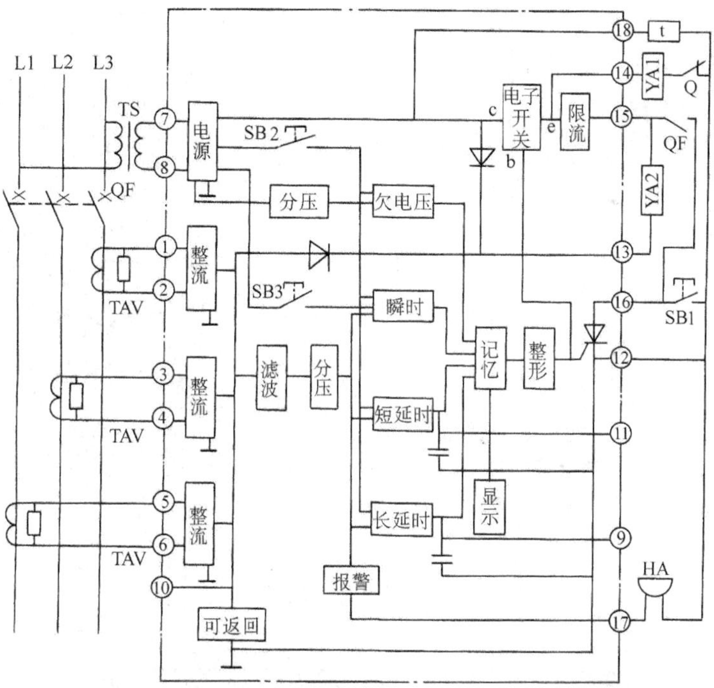

图 2-35　电子型过电流脱扣器原理框图

QF—断路器　TS—电源变压器　TAV—电流电压变换器　t—零压延时附件

YA1—欠电压脱扣线圈　Q—漏电断路器闭锁触点　YA2—分励脱扣线圈

HA—蜂鸣器　SB1—分励按钮　SB2—复位按钮　SB3—试验按钮

按试验按钮，断路器将立即跳闸。这说明断路器的机械部分及脱扣器中的瞬动、整形、放大、显示各部分电路工作都是正常的。

图 2-36 所示为电子型过电流脱扣器面板布置图。

图 2-37 所示为 DW15—200、400、630 型的结构示意图，此断路器采用手柄操作。

DW15 型断路器为立体布置，分为触头系统、操作机构和脱扣器三大部分。触头系统安装在绝缘底座上。操作机构可安装在断路器框架的正前面或右侧面，而电动操作机构则装于断路器的下部。脱扣器中的过电流脱扣器安装在断路器框架的下部，失电压脱扣器安装在操作机构底板的下方，分励脱扣器安装在操作机构的左上方。电磁操动机构和电动操作机构均另附有控制箱。

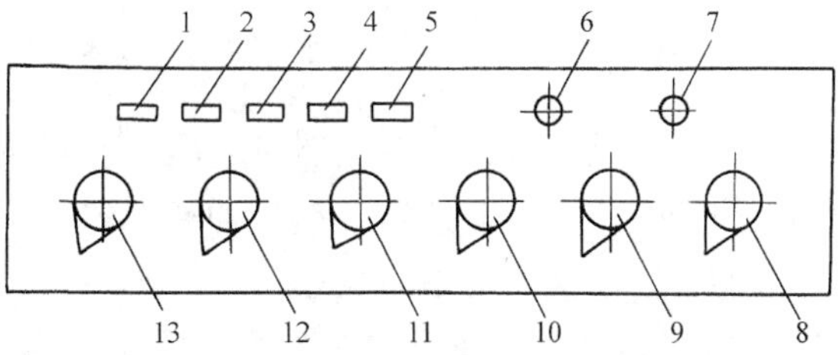

图 2-36　电子型过电流脱扣器面板布置图

1—瞬时故障指示器　2—短延时故障指示器　3—长延时故障指示器　4—欠电压故障指示器　5—电源工作指示器　6—复位按钮　7—试验按钮　8—预报警电流整定电位器　9—长延时电流整定电位器　10—长延时时间调节电位器　11—短延时电流整定电位器　12—瞬时电流整定电位器　13—欠电压时间调节电位器

断路器的操作机构，均采用弹簧储能闭合，且具有自由脱扣性能。共有三种操作位置：①储能再扣位置，利用手力操作机构或电磁、电动操作机构来实现；②闭合位置；③断开位置。

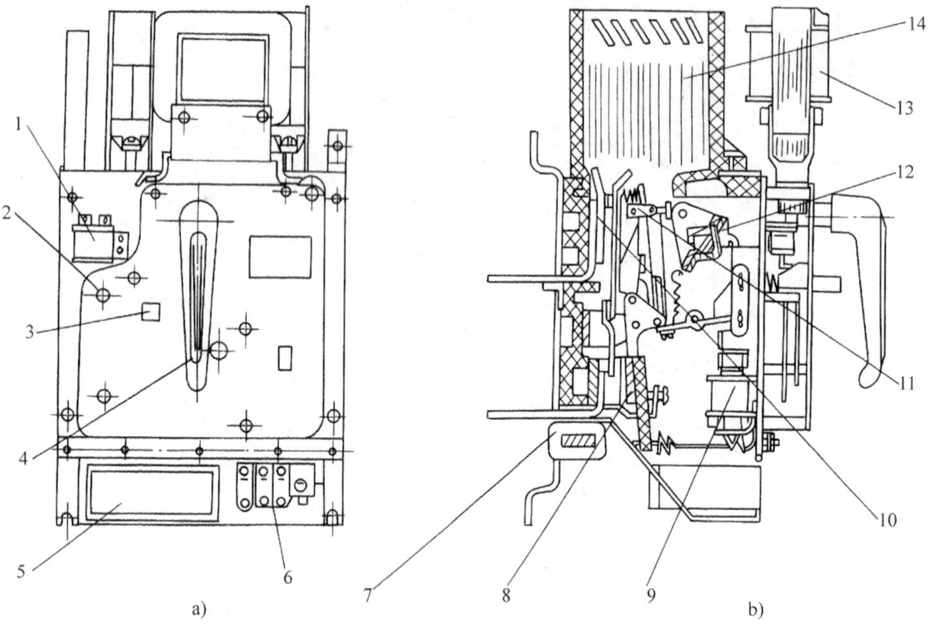

图 2-37　DW15—200、400、630 型断路器的结构示意图

a）正面　b）剖面

1—分励脱扣器　2—手动分闸按钮　3—“分”“合”指示　4—操作机构(手柄)　5—阻容延时装置　6—热脱扣器或电子脱扣器　7—速饱和互感器或电流电压变换器　8—快速电磁铁　9—失电压脱扣器　10—静触头　11—动触头　12—主轴　13—合闸电磁铁　14—灭弧罩

万能式断路器在自动跳闸后，也必须经再扣位置才能重新合闸，与塑壳式断路器的操作要求一样。

附录表 A-4 列出了 DW10 和 DW15 型低压断路器的主要技术数据，供参考。

第五节　电流互感器和电压互感器

一、概述

电流互感器又称仪用变流器，电压互感器又称仪用变压器，二者合称互感器。从基本结构和工作原理来说，互感器就是一种特殊的变压器。

互感器的功能有以下三点：

（1）安全绝缘　采用互感器作一次电路与二次电路之间的中间元件，既可避免一次电路的高电压直接引入仪表、继电器等二次设备，又可避免二次电路的故障影响一次电路，提高了两方面工作的安全性和可靠性，特别是保障了人身安全。

（2）扩大量程范围　采用互感器以后，就相当于扩大了仪表、继电器的使用范围。例如用一只 5A 的电流表，通过不同电流比的电流互感器就可测量很大的电流。同样，用一只 100V 的电压表，通过不同电压比的电压互感器就可测量很高的电压。而且，由于采用了互感器，可使二次的仪表、继电器等的电流、电压规格统一，有利于大规模生产。

（3）采用互感器可以获得多种形式的结线方案　以便满足各种测量和保护电路的要求。

二、电流互感器

1. 基本结构原理

电流互感器的基本结构原理如图 2-38 所示。其结构特点是：一次绕组匝数很少(有的利用一次导体穿过其铁心，只有一匝)，导体相当粗；而二次绕组匝数很多，导体较细。它接入电路的方式是：其一次绕组串联接入一次电路；其二次绕组则与仪表、继电器等的电流线圈串联，形成一个闭合回路。由于二次仪表、继电器等的电流线圈阻抗很小，所以电流互感器工作时二次回路接近于短路状态。二次绕组的额定电流一般为 5A。

电流互感器的一次电流 I_1 与其二次电流 I_2 之间有下列关系：

$$I_1 \approx \frac{N_2}{N_1} I_2 \approx K_i I_2 \qquad (2\text{-}1)$$

式中　N_1、N_2——电流互感器一次和二次绕组的匝数；

K_i——电流互感器的电流比，一般定义为 I_{1N}/I_{2N}，例如 200/5。

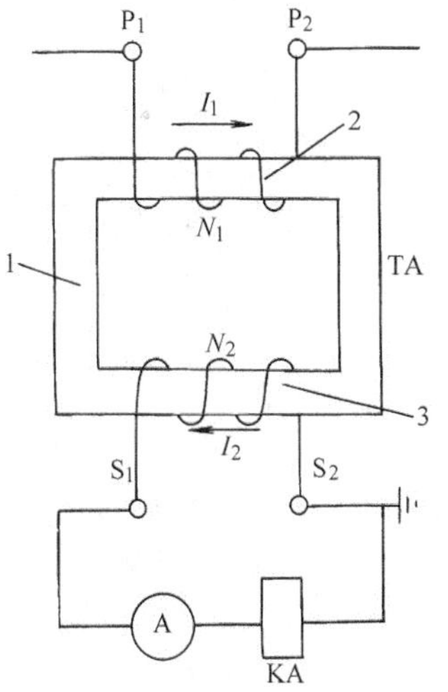

图 2-38　电流互感器结构原理图

1—铁心　2——次绕组

3—二次绕组

2. 常用结线方案

电流互感器在三相电路中常用的结线方案有：

（1）一相式结线　电流线圈通过的电流，反应一次电路对应相的电流，通常用在负荷平衡的三相电路中测量电流，或在继电保护中作为过负荷保护结线。如图 2-39a 所示。

（2）两相 V 形结线　也称为两相不完全 Y 形结线，如图 2-39b 所示。这种结线的三个电流线圈，分别反应三相电流，其中最右边的电流线圈是接在互感器二次侧的公共线上，反应的是两个互感器二次电流的相量和，正好是未接互感器那一相的二次电流(其一次电流换算值)，如图 2-40 所示。因此这种结线广泛用于中性点不接地的三相三线制电路中，供测量三个相电流之用，也可用来接三相功率表和电能表。这种结线特别广泛地用于继电保护装置中，称为两相两继电器结线(如图 6-14 所示)。

（3）两相电流差结线　也称为两相交叉结线，如图 2-39c 所示。其二次侧公共线流过的电流，由图 2-41 可知，其值为相电流的$\sqrt{3}$倍。这种结线也广泛用于继电保护装置中，称为两相一继电器结线(如图 6-15 所示)。

（4）三相 Y 形结线　这种结线的三个电流线圈，正好反应各相电流，因此广泛用于中性点直接接地的三相三线制特别是三相四线制电路中，用于测量或继电保护，如图 2-39d 所示。

由图 2-39d 中可见：三相中仅一相装电流互感器时，应装在 B 相；只有两相装电流互感器时，则应装在 A 相和 C 相。

3. 电流互感器的类型

电流互感器的类型很多。按一次绕组的匝数分，有单匝式(包括母线式、心柱式、套管式)和多匝式(包括线圈式、线环式、串级式)；按一次电压高低分，有高压和低压两大类；按

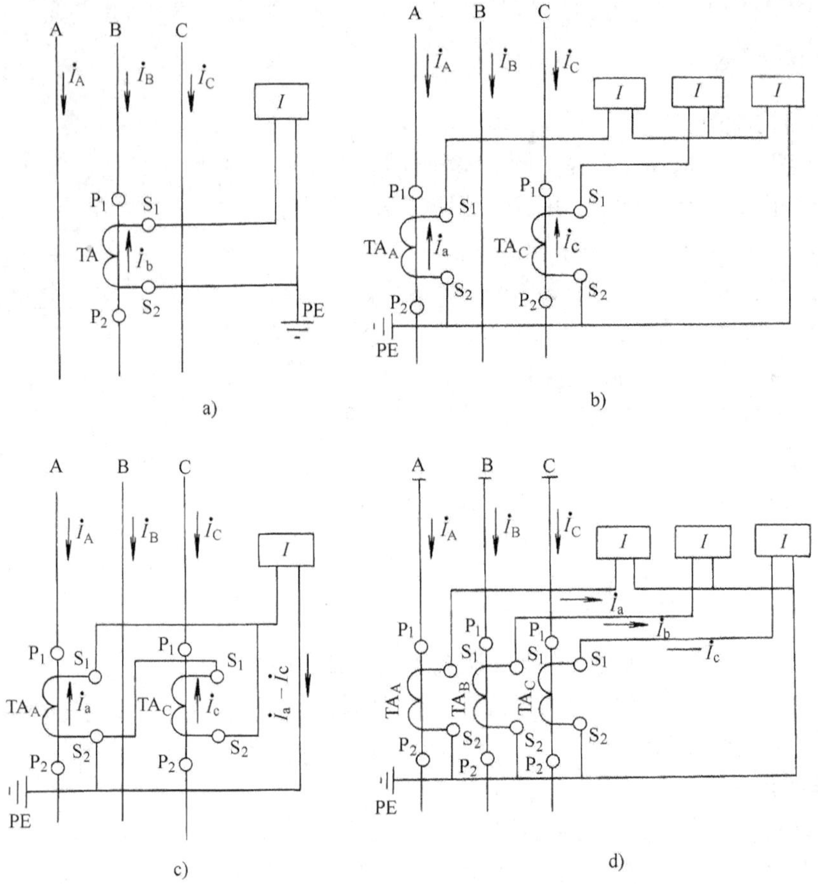

图 2-39　电流互感器的结线方案

a）一相式　b）两相 V 形　c）两相电流差　d）三相 Y 形

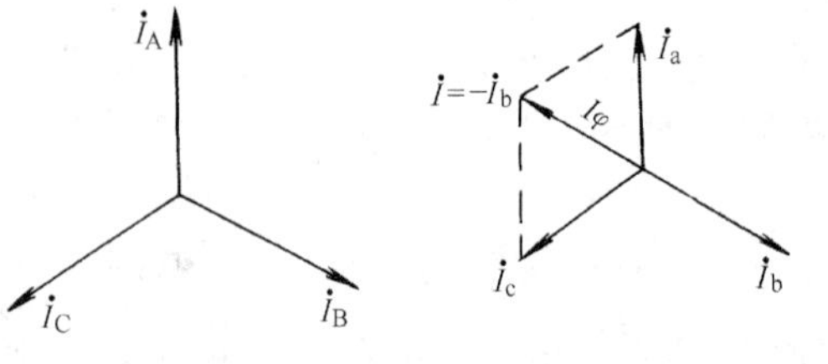

图 2-40　两相 V 形结线的电流互感器一、二次电流相量图

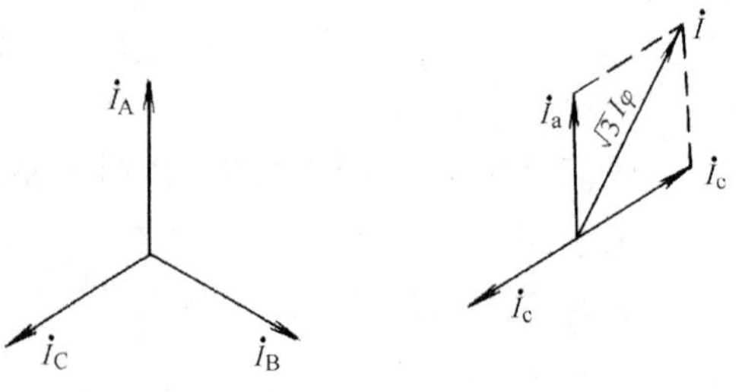

图 2-41　两相电流差结线的电流互感器一、二次电流相量图

用途分，有测量用和保护用两大类；按准确度级分，测量用电流互感器有 0.1、0.2、0.5、1、3、5 等级，保护用电流互感器有 5P 和 10P 两级。

高压电流互感器一般制成两个铁心和两个二次绕组，其中准确度等级高的二次绕组接测量仪表，准确度等级低的二次绕组接继电器。

图 2-42 所示为户内低压 500V 的 LMZJ1—0.5 型(500～800/5)母线式电流互感器的外形图。它本身没有一次绕组，母线从中孔穿过，母线就是其一次绕组(1 匝)。

图 2-43 所示为户内高压 10kV 的 LQJ—10 型线圈式电流互感器的外形图。它的一次绕组绕在两个铁心上。每个铁心都各有一个二次绕组，分别为 0.5 级和 3 级，0.5 级接测量仪表，3 级接继电保护。低压的线圈式电流互感器 LQG—0.5 型(G 为改进型)，则只有一个铁心，一个二次绕组，其一、二次绕组均绕在同一铁心上。

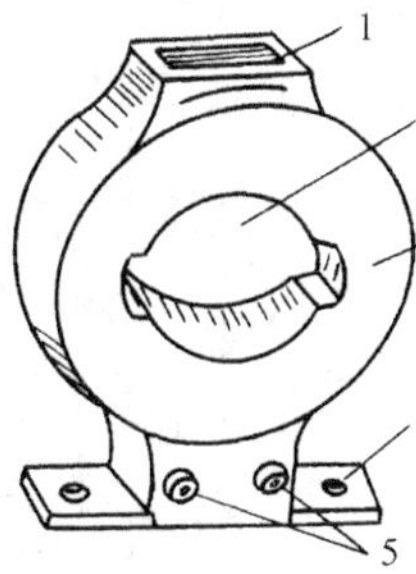

图 2-42　LMZJ1—0.5 型母线式电流互感器外形图
1—铭牌　2—一次母线穿孔
3—铁心，外绕二次绕组，环氧树脂浇注
4—安装板(底座)　5—二次接线端子

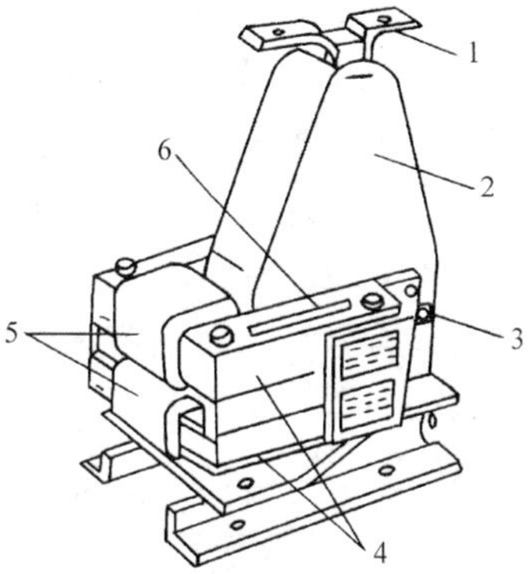

图 2-43　LQJ—10 型线圈式电流互感器外形图
1—一次接线端子　2—一次绕组，环氧树脂浇注
3—二次接线端子　4—铁心(两个)　5—二次绕组(两个)
6—警告牌(上写“二次侧不得开路”等字样)

以上两种电流互感器都是环氧树脂浇注绝缘的，要比老式的油浸式和干式电流互感器的尺寸小，性能好，因此在现在的高低压成套配电装置中广泛应用。

4. 使用注意事项

(1) 电流互感器在工作时其二次侧不得开路　电流互感器二次侧接的都是阻抗很小的电流线圈，因此它是在接近于短路状态下工作。根据磁动势平衡方程式 $\dot{I}_1N_1 - \dot{I}_2N_2 = \dot{I}_0N_1$ 可知，正常时由于 $\dot{I}_1N_1$ 绝大部分被 $\dot{I}_2N_2$ 所抵消，所以总的磁动势 $\dot{I}_0N_1$ 很小，励磁电流(即空载电流)$\dot{I}_0$ 只有一次电流 $\dot{I}_1$ 的百分之几。但是如果二次侧开路，则 $\dot{I}_2 = 0$，因此 $\dot{I}_0N_1 = \dot{I}_1N_1$，即 $\dot{I}_0 = \dot{I}_1$。由于 $\dot{I}_1$ 是一次电路负荷电流，只决定于一次侧负荷，不因互感器二次侧负荷变化而改变，因此励磁电流 $\dot{I}_0$ 就被迫增大到 $\dot{I}_1$，剧增几十倍，使得励磁的磁动势 $\dot{I}_0N_1$，也突然增大几十倍，这样将产生如下后果：①铁心过热，有可能烧毁互感器，并且产生剩磁，大大降低准确度。②更为严重的是，由于二次绕组匝数远比一次绕组匝数多，因此可在二次侧感应出危险的高电压，危及人身和设备的安全。所以电流互感器工作时二次侧绝对不许开路。为此，电流互感器安装时，其二次接线一定要牢靠和接触良好，并且不许串接熔断器和开关。

(2) 电流互感器的二次侧有一端必须接地　这是为了防止电流互感器的一、二次绕组绝缘击穿时，一次侧的高电压窜入二次侧，危及人身和设备的安全。

(3) 电流互感器在连接时，要注意其端子的极性　按照 GB 1208—1997《电流互感器》的规定，电流互感器的一次绕组端子标以 P_1、P_2，二次绕组端子标以 S_1、S_2。P_1 与 S_1 互为同名端或同极性端，P_2 与 S_2 也互为同名端或同极性端。如果某一瞬间，P_1 为高电位(电流 I_1 由 P_1 流向 P_2)，则二次侧由电磁感应产生的电动势使得 S_1 亦为高电位(电流 I_2 则由 S_2 流向 S_1，如图 2-38 所示)，这就是同名端或同极性端的含义，也叫做互感器的减极性标号法。在安装和使用电流互感器时，一定要注意端子的极性，否则其二次侧所接仪表、继电器中流过的电流就不是预想的电流，甚至可能引起事故。例如图 2-39b 中 C 相电流互感器的 S_1、S_2 如果接反，则公共线中的电流就不是相电流，而是相电流的$\sqrt{3}$倍，可能烧坏电流表。

三、电压互感器

1. 基本结构原理

电压互感器的基本结构原理如图 2-44 所示。其结构特点是：一次绕组匝数很多，而二次绕组匝数较少，相当于降压变压器。它接入电路的方式是：其一次绕组并联在一次电路中；而其二次绕组则并联仪表、继电器的电压线圈。由于二次仪表、继电器等的电压线圈阻抗很大，所以电压互感器工作时二次回路接近于空载状态。二次绕组的额定电压一般为 100V。

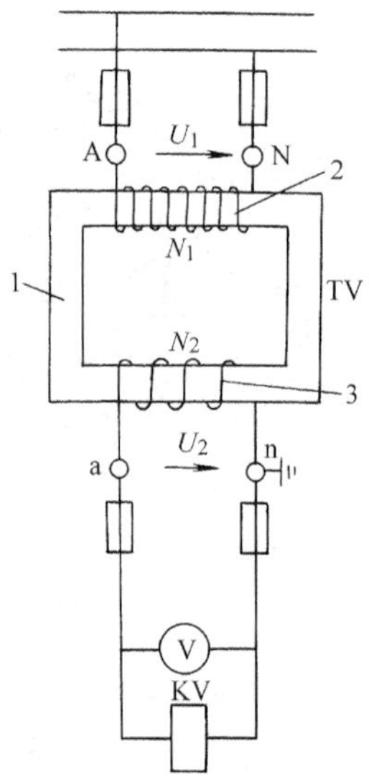

图 2-44　电压互感器结构原理图

1—铁心　2—一次绕组　3—二次绕组

电压互感器的一次电压 U_1 与其二次电压 U_2 之间有以下关系

$$U_1 \approx \frac{N_1}{N_2} U_2 \approx K_u U_2 \tag{2-2}$$

式中　N_1、N_2——电压互感器一次和二次绕组的匝数；

K_u——电压互感器的变压比，一般定义为 U_{1N}/U_{2N}，例如 10000/100。

2. 常用结线方案

电压互感器在三相电路中常用的结线方案有：

1）一个单相电压互感器的结线——供仪表、继电器接于一个线电压，如图 2-45a 所示。

2）两个单相电压互感器接成 V/V 形——供仪表、继电器接于三相三线制电路的各个线电压，它广泛地应用在 6～10kV 的高压配电装置中，如图 2-45b 所示。

3）三个单相电压互感器接成 Y_0/Y_0 形——供电给要求线电压的仪表、继电器，并供电给接相电压的绝缘监察电压表。如图 2-45c 所示。由于小电流接地的电力系统在发生单相接地时，另外两完好相的对地电压要升高到线电压（相电压的$\sqrt{3}$倍），所以绝缘监察电压表不能接入按相电压选择的电压表，否则在一次电路发生单相接地时，电压表可能被烧坏。

4）三个单相三绕组电压互感器或一个三相五心柱三绕组电压互感器接成 $Y_0/Y_0/\triangle$（开口三角）形——接成 Y_0 的二次绕组，供电给需线电压的仪表、继电器及作绝缘监察的电压表；而接成△的辅助二次绕组，供电给用作绝缘监察的电压继电器（参看第六章第七节）。一次电路正常工作时，开口三角形（△）两端的电压接近于零，当某一相接地时，开口三角形两端将出现近 100V 的零序电压，使电压继电器动作，发出信号，如图 2-45d 所示。

3. 电压互感器的类型

电压互感器按绝缘的冷却方式分，有干式和油浸式。现已广泛采用环氧树脂浇注绝缘的干式互感器。

图 2-46 所示为单相三绕组、环氧树脂浇注绝缘的户内用 JDZJ—10 型电压互感器的外形图。三个 JDZJ—10 型互感器联成图 2-45d 所示 $Y_0/Y_0/\triangle$形的结线，可供小电流接地的电力系统作电压电能测量及单相接地的绝缘监察之用。

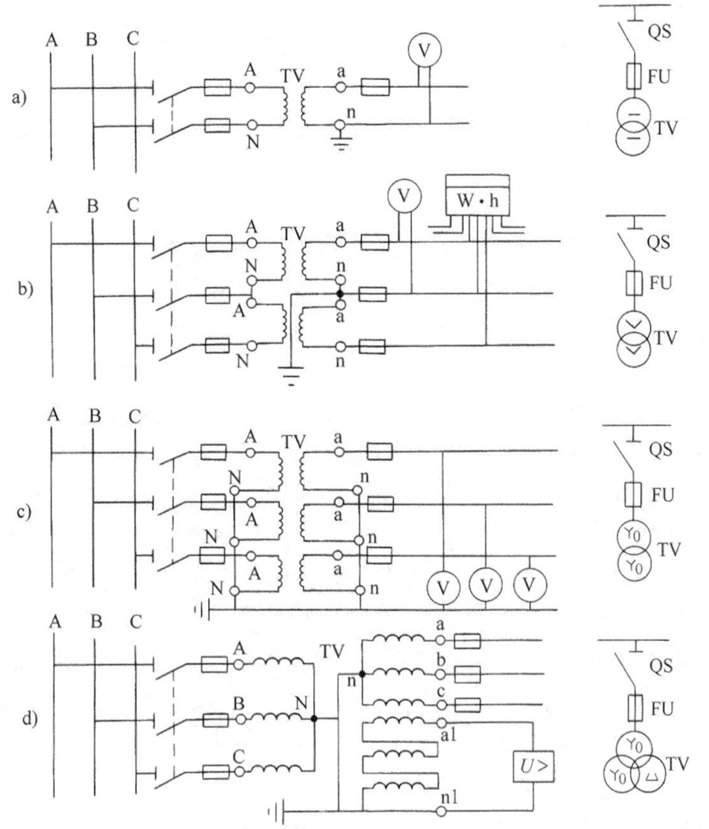

图 2-45 电压互感器的结线方案

a）一个单相电压互感器 b）两个单相电压互感器接成 V/V 形 c）三个单相电压互感器接成 Y_0/Y_0 形

d）三个单相三绕组电压互感器或一个三相五心柱三绕组电压互感器接成 $Y_0/Y_0/△$形

4. 使用注意事项

（1）电压互感器的一、二次侧必须加熔断器保护 由于电压互感器是并联接入一次电路的，二次侧的仪表、继电器也是并联接入互感器二次回路的，因此互感器的一、二次侧均必须装设熔断器，以防发生短路烧毁互感器或影响一次电路的正常运行。

（2）电压互感器的二次侧有一端必须接地 这也是为了防止电压互感器的一、二次绕组绝缘击穿时，一次侧的高电压窜入二次侧，危及人身和设备的安全。它属于保护接地。

（3）电压互感器在连接时，也要注意其端子的极性 按照 GB 1207—1997《电压互感器》的规定，单相电压互感器的一次绕组端子标以 A、N，二次绕组端子标以 a、n，A 与 a 及 N 与 n 分别为同名端或同极性端。三相电压互感器，一次绕组端子分别标以 A、B、C、N，二次绕组端子则对应地标以 a、b、c、n。这里 A 与 a、B 与 b、C 与 c 及 N 与 n 分别为同名端或同极性端。电压互感器连接时，如端子极性弄错，也可能引发事故。

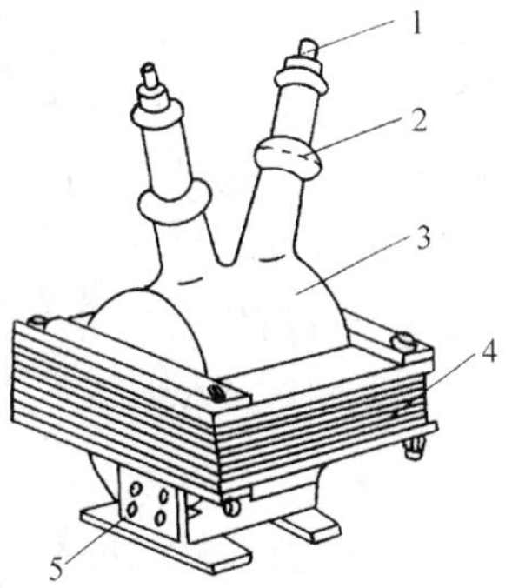

图 2-46 JDZJ—10 型电压互感器外形图

1——次接线端子 2—高压绝缘套管 3——、二次绕组，环氧树脂浇注 4—铁心 5——、二次接线端子

第六节　高低压成套配电装置

一、概述

成套配电装置就是按照一定的线路方案将有关一、二次设备组装为一体的配电装置，用于供配电系统中作为受电或配电的控制、保护和监察测量。成套配电装置按电压及用途分，有高压开关柜、低压配电屏及动力、照明配电箱和终端组合电器等。

二、高压开关柜

高压开关柜有固定式和手车式两大类型。固定式高压开关柜中的所有元器件都是固定安装的。手车式高压开关柜中的主要元器件如高压断路器、电压互感器和避雷器等，是安装在可移开的手车上面的，因此手车式又称移开式。固定式开关柜较为简单经济，而手车式开关柜则可大大缩短检修停电时间和保证检修安全，提高供电可靠性。当断路器这些主要设备发生故障或需要检修时，可随时拉出，再推入同类备用手车，即可恢复供电。但在一般中小型机械类工厂中，仍以采用较为经济的固定式开关柜为主。

图 2-47 所示为装有 SN10—10 型少油断路器的 GG-1A(F)—07S 型㊀高压开关柜的外形结构图。该型开关柜是在原 GG—1A 型基础上采取措施达到五防要求的防误型产品。所谓五防，即防止误分、误合高压断路器，防止带负荷拉、合隔离开关，防止带电挂接地线，防止带接地线合隔离开关，防止人员误入带电间隔。

近年来，我国设计生产了一些技术性能指标接近或达到国际电工委员会(IEC)标准的新型高压开关柜，固定式有 KGN—10 型等交流金属铠装固定式开关柜；手车式(移开式)有 KYN—10 型交流金属铠装移开式开关柜和 JYN2—10 型交流金属封闭型移开式开关柜等。

三、低压配电屏

低压配电屏(柜)有固定式和抽屉式两大类型。固定式中的所有元器件是固定安装的。而抽屉式中的主要元器件按一定线路方案组成若干功能单元，然后灵活组装而成配电屏(柜)，各功能单元类似抽屉，可按需要抽出或推入，因此又称为抽出式。由于固定式比较简单经济，在一般中小型机械类工厂中，广泛采用的仍是固定式低压配电屏，离墙安装，双面维护。

我国目前仍在大量使用的固定式低压配电屏，主要为 PGL1、PGL2、PGL3 和 GGD 型等。这类固定式低压配电屏，技术较先进，结构合理、安全可靠，取代了过去普遍应用的

㊀ 高压开关柜型号的含义

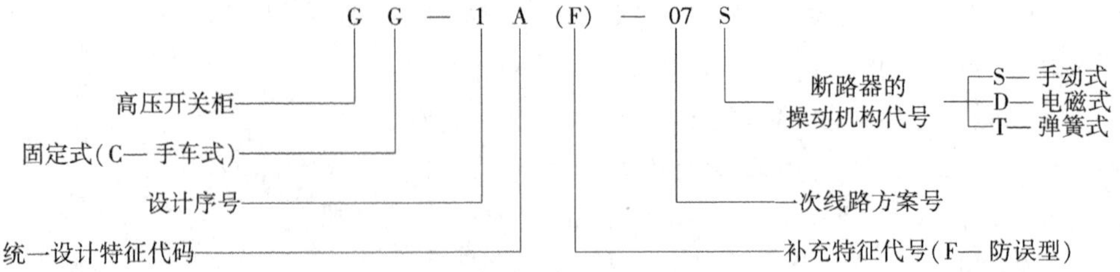

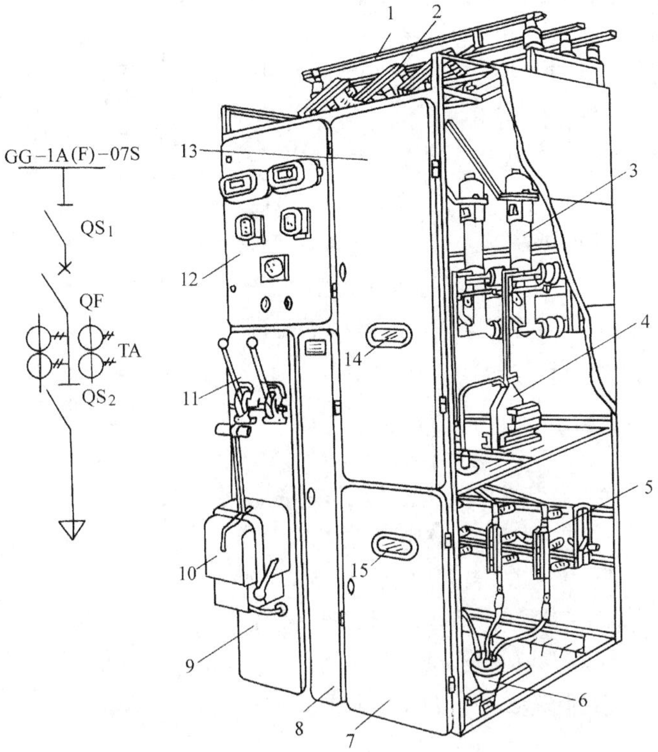

图 2-47　GG—1A(F)—07S 型高压开关柜的外形结构图

1—母线　2—母线侧隔离开关(QS_1,GN8—10 型)　3—少油断路器(QF,SN10—10 型)

4—电流互感器(TA,LQJ—10 型)　5—线路侧隔离开关(QS_2,GN6—10 型)　6—电缆头

7—下检修门　8—端子箱门　9—操作板　10—断路器的手力操动机构(CS2 型)

11—隔离开关操作手柄(CS6 型)　12—仪表继电器屏　13—上检修门　14、15—观察窗孔

BSL 型。这种配电屏的母线安装在屏后骨架上方的绝缘框上，并在母线上方装有母线防护罩；其保护接地系统也较完善，提高了防触电的能力；另外线路方案也更为完善合理，大多数线路方案都有几个辅助方案，便于用户选用。

图 2-48 所示为 PGL_2^1 型低压配电屏的外形结构图。新的 PGL1 型采用的低压断路器为 DW16 型或 DZ20 型，而 PGL2 型采用的低压断路器为 DW15 型或 DZX20 型，断流能力较强，其他元器件基本相同。PGL3 型采用的低压断路器为 ME、DWX15 等型，分断能力达 50kA。

另外一种 GGL 型低压配电屏，设计也较先进，技术性能指标符合 IEC 标准。由于它采用了 ME 型低压断路器等新型元器件，因此它比 PGL 型配电屏的断流能力更高，短路稳定性更好，运行也更安全可靠。

我国目前应用的抽屉式低压配电屏，主要有 BFC 型和 GCL、GCS 型等，可用作动力中心(PC)和电动机控制中心(MCC)。它们采用 NT 型高分断能力熔断器和 ME 型断路器等新型元器件，性能较好，但价格较贵。

四、动力和照明配电箱

上述低压配电屏装设在变电所的低压配电室内，向各个车间或建筑物配电。而在各个车间或建筑物内，通常还要装设动力和照明配电箱，以向各个用电设备配电。动力配电箱可用于向动力设备配电；而照明配电箱主要用于照明配电，但也可配电给一些小容量的实验设备和家用电器。

动力和照明配电箱的类型很多。按安装方式分，有靠墙式、悬挂式和嵌入式等。靠墙式是靠墙安装，悬挂式是挂墙明装，嵌入式是嵌墙暗装。动力配电箱的型号一般标为XL，照明配电箱的型号一般标为XM；如为嵌入式，有的在型号后面加一“R”来表示，如XMR，但也不完全如此。限于篇幅，这里不作详细介绍。

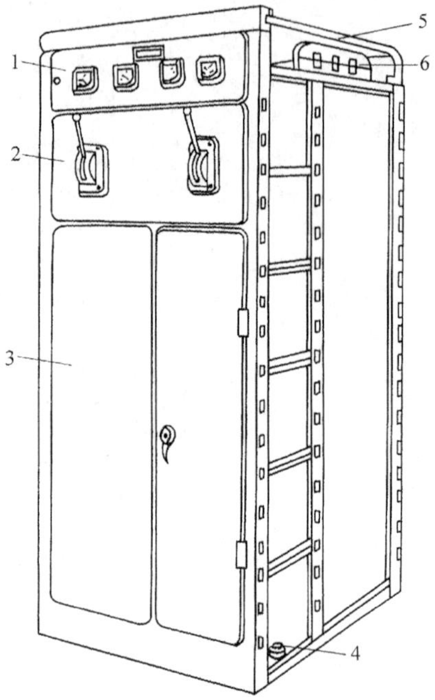

图2-48　PGL_2^1型低压配电屏的外形结构图

1—仪表板　2—操作板　3—检修门
4—中性母线绝缘子　5—母线绝缘框
6—母线防护罩

五、终端组合电器

终端组合电器是一种安装终端电器(低压断路器、插座、开关等)的装置，一般用于额定电压为220V或380V、负载电流不大于100A的末端电路中，作为对用电电器和设备进行配电、控制，并可对线路过载、短路和漏电起保护作用的一种成套装置。

目前生产的PZ30系列模数化终端组合电器具有以下结构特点：

1）尺寸模数化，电器元件的安装尺寸均为9mm，便于组合，互换性好。

2）安装轨道化，电器元件统一安装在一根TH35顶帽型标准化轨道上，拆装组合方便。

3）功能多样化，可选用不同功能和容量的电器元件进行组合，功能多样，可适应不同性质的用户。常用的终端电器有C45N型断路器、AC30型模数化插座、HG30型熔断器式隔离器等。

模数化终端组合电器功能多样、经济安全，可用于高层建筑、住宅、各种公共建筑和工矿企业等场合。

第七节　电力变压器

一、电力变压器的结构类型

电力变压器是变电所中最关键的设备，又称主变压器。电力变压器由铁心和绕组等两个基本部分组成，利用互感原理，用来升高或降低电源电压。工厂变电所应用的电力变压器均为降压变压器。电力变压器按相数分，有单相和三相两种，一般采用三相电力变压器。电力变压器按冷却介质分，有干式和油浸式两大类。油浸式变压器按其冷却方式分，又有油浸自冷式、油浸风冷式以及强迫油循环风冷或水冷式等，后者只用于大型变压器。一般工厂变电所采用的中小型变压器多为油浸自冷式。但在防火要求高的车间或建筑物内则应采用干式变压器。电力变压器按其绕组导体材质分，有铜绕组和铝绕组两种。一般情况下可优先采用铝绕组变压器，以节约用铜。目前广泛应用的三相油浸式铝绕组电力变压器，主要为 SL7 系列低损耗变压器。而推广应用的三相油浸式铜绕组电力变压器，主要为 S9 系列低损耗变压器。

附录中表 A-5 列出了 SL7 和 S9 系列低损耗电力变压器的主要技术数据，供参考。

如图 2-49 所示为三相油浸式电力变压器的结构图。

二、电力变压器的联结组标号

6～10kV 电力变压器在其低压(400V)侧为三相四线制系统时，其联结组别有 Yyn0(即 Y/Y_0-12)和 Dyn11(即 $\triangle/Y_0$-11)两种。

我国过去采用 Yyn0 联结的变压器较多，但现在国际上一些国家的这类变压器是采用 Dyn11 联结。究其原因，是由于变压器采用 Dyn11 联结较之采用 Yyn0 联结有以下优点：

1）对 Dyn11 联结变压器来说，其 $3n$ 次(n 为正整数)谐波励磁电流在其 D 结线的一次绕组内形成环流，不致注入公共的高压电网中去，这比一次绕组 Y 联结的 Yyn0 联结的变压器更有利于抑制高次谐波电流(参见第一章第三节)。

2）Dyn11 联结变压器的零序阻抗比 Yyn0 联结变压器的小得多，从而更有利于低压单相接地短路故障的切除。

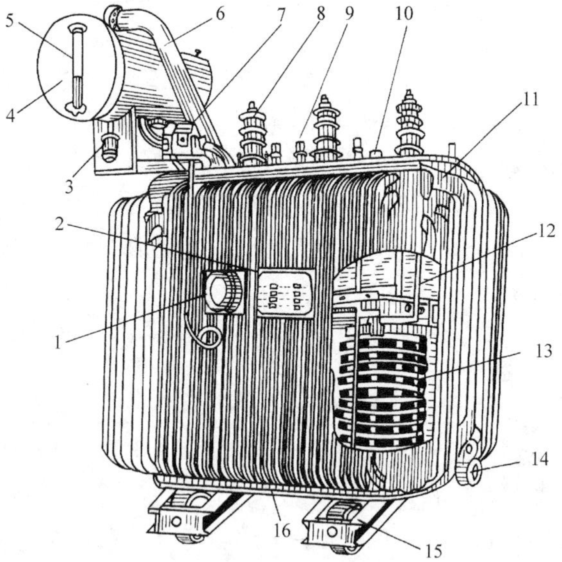

图 2-49　三相油浸式电力变压器的结构图

1—信号温度计　2—铭牌　3—吸湿器　4—储油柜　5—油位计
6—防爆管　7—气体继电器　8—高压套管　9—低压套管
10—分接开关　11—油箱　12—铁心　13—绕组及绝缘
14—放油阀　15—小车　16—接地端子

3）Dyn11 联结变压器承受单相不平衡负荷的能力远比 Yyn0 联结变压器高得多。Yyn0 联结变压器的中性线电流一般规定不得超过其低压绕组额定电流的 25%，而 Dyn11 联结变压器的中性线电流可允许达低压绕组额定电流的 75% 以上。

因此，我国最新国家标准《供配电系统设计规范》(GB 50052—1995)规定：在 TN 及 TT 系统接地型式的低压电网中，宜选用 Dyn11 联结的三相变压器作为配电变压器。同时规定：在 TN 及 TT 系统接地型式的低压电网中，如选用 Yyn0 联结的三相变压器时，其由单相不平衡负荷引起的中性线电流不得超过低压绕组额定电流的 25%，且其一相的电流在满载时不得超过额定电流值。

由此可见，除三相负荷基本平衡的变压器可采用 Yyn0 联结外，一般(特别是单相不平衡负荷比较突出的场合)宜采用 Dyn11 联结的变压器。

三、干式变压器

S9、S11 系列油浸式电力变压器是全国统一设计的第二代节能产品。它具有体积小、重量轻、损耗小、效率高等优点，是目前国内技术经济指标处于领先地位的配电变压器。

在一些具有爆炸、火灾危险或者特殊需要的场合，不允许使用油浸式电力变压器。SC、SCB 系列环氧树脂绝缘干式变压器具有难燃、防尘、耐潮、抗雷电冲击性能好等优点，已在工业与民用建筑中大量采用，更在高层建筑中广泛使用。但干式变压器耐受过负荷的能力较低，使用时应特别注意这一点。按照规定，当干式变压器容量为630kVA及以上时，应装有温度测量装置。

思考题

2-1 什么叫一次电路，什么叫二次电路？一次电路的设备按其功用分有哪几类？

2-2 电弧是一种什么现象、其主要特点是什么，它对电气设备的安全运行有哪些影响？

2-3 产生电弧的根本原因是什么？它包含哪些游离方式？

2-4 熄灭电弧的根本条件是什么？灭弧的去游离方式有哪些？开关电器中有哪些常用的灭弧方法，其中最常用最基本的灭弧方法是什么？

2-5 熔断器的主要功能是什么？什么叫熔体的冶金效应？什么叫熔断器的限流特性？

2-6 常用的RN1型和RN2型高压熔断器各适用于什么场合？RN2型的熔体额定电流一般为多少？

2-7 高压跌开式熔断器与一般高压熔断器(如RN1型)在功能和性能方面有何相同点和不同点？

2-8 RT0型和RM10型低压熔断器在结构和性能方面各有何特点？

2-9 高压隔离开关有哪些功能，它为什么可用来隔离电源保证安全检修？它为什么不能带负荷操作？

2-10 高压负荷开关有哪些功能？在什么情况下可自动跳闸？在采用负荷开关的高压电路中，采取什么措施来作短路保护？

2-11 高压断路器有哪些功能？少油断路器中的油和多油断路器中的油各起什么作用？

2-12 高压断路器的操动机构常用的有哪些类型？各有哪些功能？

2-13 低压断路器有哪些功能？配电用低压断路器按结构型式分有哪两大类？各有何结构特点？

2-14 图2-31所示DW10型低压断路器电磁合闸操作回路中，时间继电器的触头KT_{1-2}和KT_{3-4}各起什么作用？断路器辅助触头QF_{1-2}起什么作用？

2-15 什么叫选择型和非选择型的保护特性？DW15型低压断路器可装设哪些过电流保护？

2-16 电流互感器和电压互感器具有哪些功能？各有何结构特点？

2-17 电流互感器采用V形结线(见图2-39b)和采用两相电流差结线(见图2-39c)，在通过仪表、继电器的电流各与其互感器二次电流有什么关系？

2-18 高压电流互感器一般有两个二次绕组，各应用于什么情况？

2-19 电流互感器在工作时二次侧为什么不能开路？如开路有什么严重后果？

2-20 接成$Y_0/Y_0/\triangle$(开口三角)的电压互感器各应用于哪些情况？

2-21 试标出图2-50所示电流和电压互感器二次端子的极性标号。

2-22 高压开关柜有哪两大类型？一般常用的固定式开关柜是什么型号？什么叫五防？

2-23 低压配电屏有哪两大类型？一般推广应用的低压配电屏是什么型号？有何结构特点？

2-24 我国6～10/0.4kV的电力变压器有哪两种常用的联结组别？哪些场合宜于应用Dyn11联结的电力变压器？

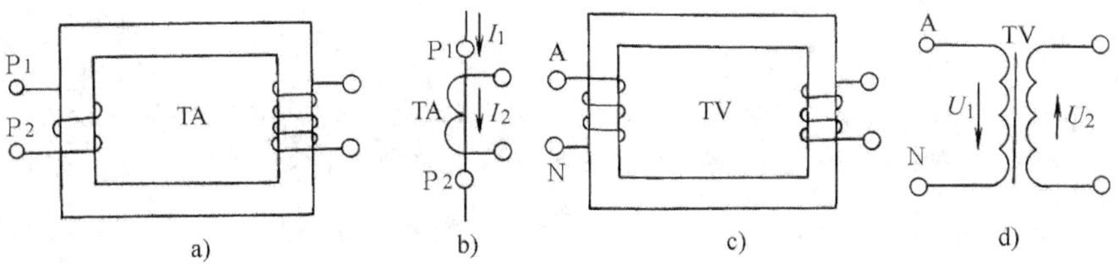

图 2-50　思考题 2-21 的图

a)、b) 电流互感器(TA)　c)、d) 电压互感器(TV)

2-25　图 2-47 所示为 GG-1A(F)-07S 型高压开关柜，试分析说明合闸和分闸时其开关(QS1、QF、QS2)的正确操作次序。

第三章　工厂供电系统的结线和结构

本章首先提出对变配电所主结线的基本要求，然后分别介绍工厂高压配电所、总降压变电所和车间（或小型工厂）变电所的一些典型主结线方案，讲述工厂变配电所的地址选择、车间变电所的类型以及变配电所的基本结构、布置和安装图，接着介绍工厂电力线路的一些典型结线方式，最后介绍架空线路、电缆线路和车间线路的结构与敷设。

第一节　工厂变配电所的主结线方案

一、概述

工厂变配电所的电路图，按功能可分为以下两种：一种是表示变配电所的电能输送和分配路线的电路图，称为主电路图或一次电路图；另一种是表示用来控制、指示、测量和保护一次电路及其设备运行的电路图，称为二次电路图或二次回路图。

对变配电所主电路的结线（简称主结线）方案一般有以下基本要求：

（1）安全性　要符合国家标准和有关技术规范的要求，能充分保证人身和设备的安全。例如，在高压断路器的电源侧及可能反馈电能的负荷侧，必须装设高压隔离开关；对低压断路器也有类似的要求；架空线路末端及变配电所高压母线上，必须装设避雷器以防护过电压等。

（2）可靠性　要满足各级电力负荷对供电可靠性的要求。因事故被迫中断供电的机会越少、停电时间越短、影响范围越小，主结线的可靠性就越高。因此，变配电所的主结线方案，必须与其负荷级别相适应。

（3）灵活性　能适应系统所需要的各种运行方式，便于操作维护，并能适应负荷的发展，有扩充和改建的可能性。

（4）经济性　在满足以上要求的前提下，尽量使主结线简单、投资少、运行费用低，并节约电能。例如，选用技术先进、经济适用的节能产品等。

二、高压配电所的主结线图

高压配电所担负着从电力系统受电并向各车间变电所及某些高压用电设备配电的任务。

图 3-1 所示的是图 1-1 所示中型工厂供电系统中高压配电所及其附设 2 号车间变电所的主结线图。下面详细介绍并分析此图。

1. 电源进线

配电所有两路 10kV 电源进线。最常见的进线方案是一路电源来自电力系统变电站，作为正常工作电源；另一路电源则来自邻近单位的高压联络线，作为备用电源。

图中的 No. 101 和 No. 112 是专用的电能计量柜。GB J63—1990《电力装置的电测量仪表装置设计规范》规定：“装设在 63kV 以下的电力用户处电能计量点的计费电能表，应设置专用的互感器”。“电力用户处的电能计量装置，宜采用全国统一标准的电能计量柜”。图中的 GG—1A—J 型专用电能计量柜，实际上就是连接计费电能表的专用电压互感器和电流互感器柜。凡由地区变电站用专线供电的工厂变配电所，其专用电能计量柜宜装设在进线开关柜的前面，如图 3-1 所示。如果工厂变配电所接在电力系统的公共干线上，则专用电能计量柜宜装在进线开关柜的后面。这样，当计量柜发生短路故障时，可由进线开关柜中的断路器跳闸，不致影响公共干线的正常运行。

图中的进线开关柜(No. 102 和 No. 111)采用 GG—1A(F)—11 型，内装 SN10—10 型高压断路器，便于切换操作，并可配以继电保护和自动装置，使供电可靠性较高。

2. 母线

母线又名汇流排，它是各级电压配电装置的中间环节，其作用是汇集、分配和传送电能。

工厂高压配电所的母线，通常采用单母线制。若为双电源进线，则一般采用单母线分段制。要求分段开关带负荷通断时，必须使用断路器(其两侧装隔离开关)。如不要求带负荷通断时，则分段开关可采用隔离开关(例如图 3-1 中的 GN6—10/400)。分段隔离开关可安装在墙上或母线桥上，也可采用专门的分段柜(亦称联络柜,例如 GG—1A(F)—119 型)。

如图 3-1 所示，高压配电所通常采用一路电源工作，另一路电源备用的运行方式，即母线分段开关闭合，两段母线并列运行。当工作电源失电时，可手动或自动地投入备用电源，具有较好的可靠性和灵活性。

为了监测、保护和控制主电路设备，母线上接有电压互感器，进线和出线上均串接有电流互感器。为便于了解高压侧的三相电压情况及有无单相接地故障，应装设 $Y_0/Y_0/\triangle$结线的电压互感器。如果只要了解三相电压情况或计量三相电能，则可装设 V/V 结线的电压互感器。为了了解各条线路的三相负荷情况及实现相间短路保护，高压侧应在 A、C 两相装设电流互感器；低压侧总出线及照明出线因三相负荷可能不均衡而应在三相都装设电流互感器，而低压动力回路则可只在一相装设电流互感器。

另外，高压架空线路的末端及高压母线上，均应装设高压避雷器以防止雷电波沿线路侵入变配电所。高压母线上的避雷器还有抑制内部过电压的作用(详见第七章第一节)。

3. 高压配电出线

该配电所共有 6 路高压出线。其中至 2 号车间变电所的两条出线分别来自两段母线。由于配电出线为母线侧来电，因此只需在断路器的母线侧装设隔离开关，相应高压柜的型号为 GG—1A(F)—03(电缆出线)。

图中的 2 号车间变电所有两台变压器，这类降压变压器宜采用 Dyn11 联结组别，例如 S9、S11 系列。

4. 工厂变配电所的装置式主电路图

工厂变配电所的主电路图有两种绘制方式。如图 3-1 所示为系统式主电路图，该图中的高低压开关柜只显示了相互连接关系，未显示具体安装位置。这种主电路图主要用于教学和运行。在工程设计图样中广泛采用的是另一种装置式主电路图，该图中的高低压开关柜要按其实际相对排列位置绘制。如图 3-2 所示是图 1-1 所示高压配电所的装置式主电路图，实际设计图样中标注表格的内容应更为详细。阅读装置式主电路图，可对成套装置的内部设备和结线以及各成套装置之间的相互连接和排列位置一目了然。

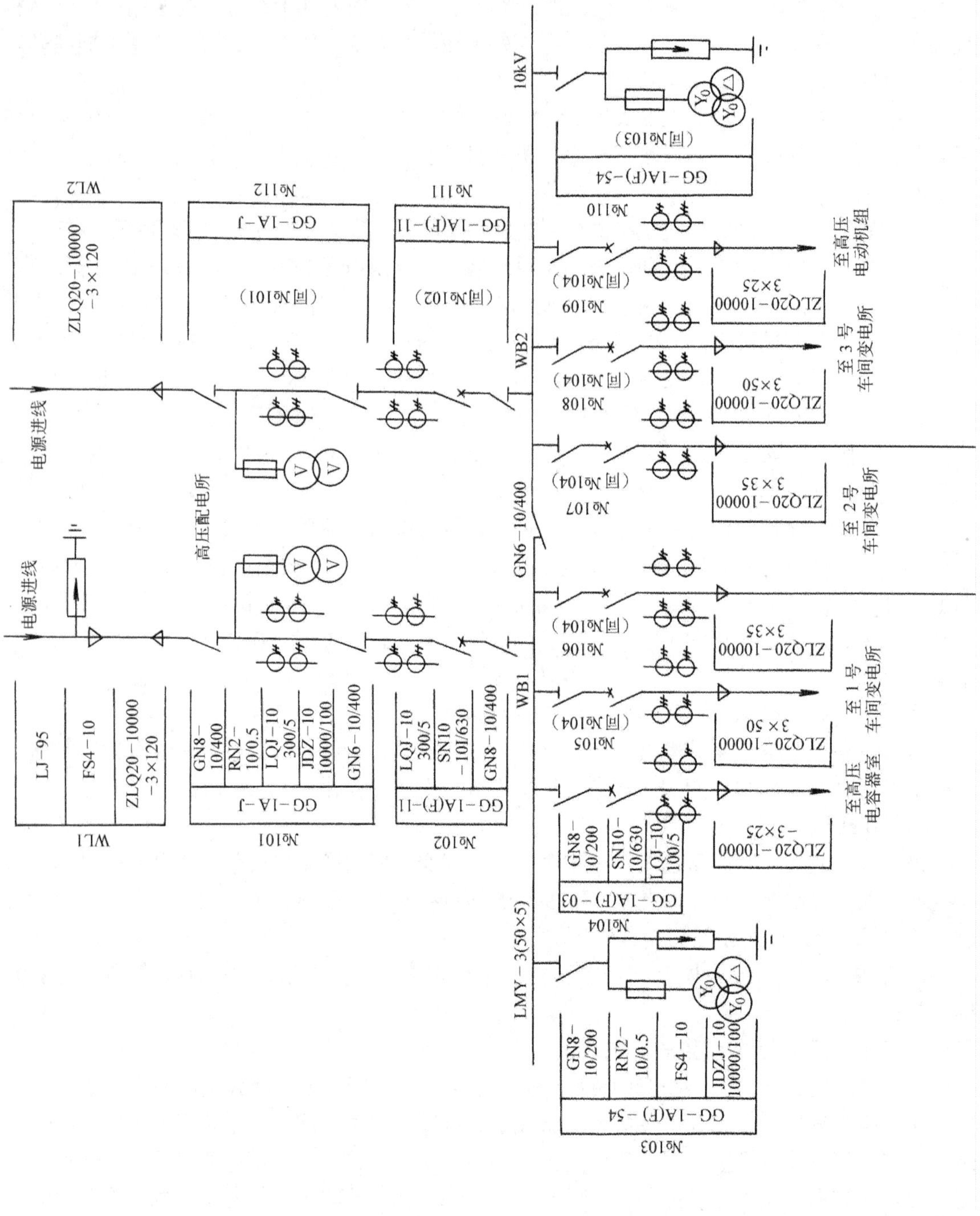
电源进线
电源进线
高压配电所
WL1
WL2
LJ-95
FS4-10
ZLQ20-10000
-3×120
№101
№102
№111
№112
GG-1A-J
GG-1A(F)-11
GN8-10/400
RN2-10/0.5
LQJ-10 300/5
JDZ-10 10000/100
GN6-10/400
SN10-10I/630
GN8-10/400
(同№101)
(同№102)
WB1
WB2
GN6-10/400
LMY-3(50×5)
10kV
№103
GG-1A(F)-54
JDZJ-10 10000/100
(同№103)
№104
GG-1A(F)-03
GN8-10/200
SN10-10/630
LQJ-10 100/5
№105
№106
№107
№108
№109
№110
(同№104)
ZLQ20-10000
-3×25
3×50
3×35
3×25
至高压电容器室
至1号车间变电所
至2号车间变电所
至3号车间变电所
至高压电动机组

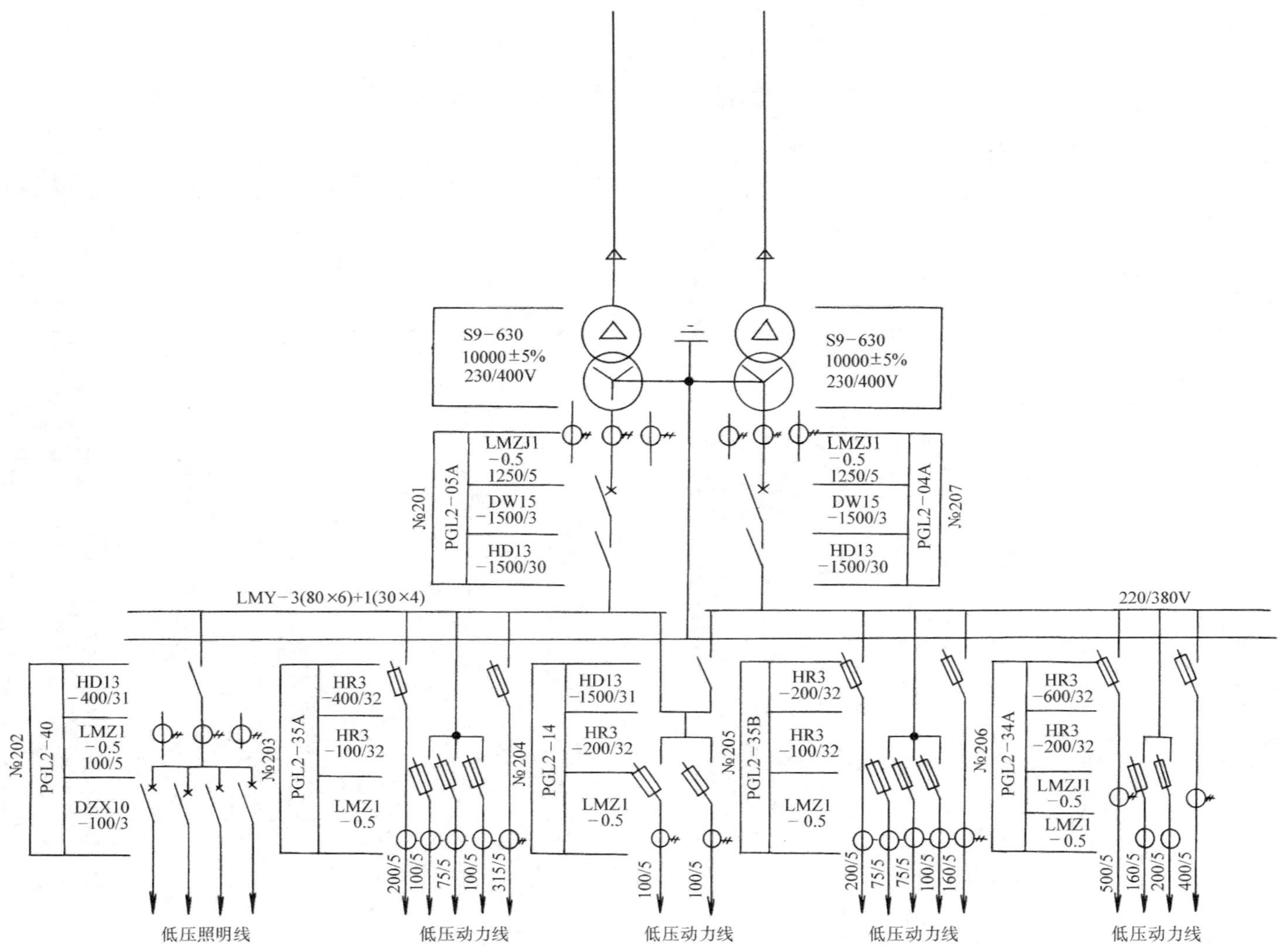

图 3-1　图 1-1 所示高压配电所及其附设 2 号车间变电所的主结线图

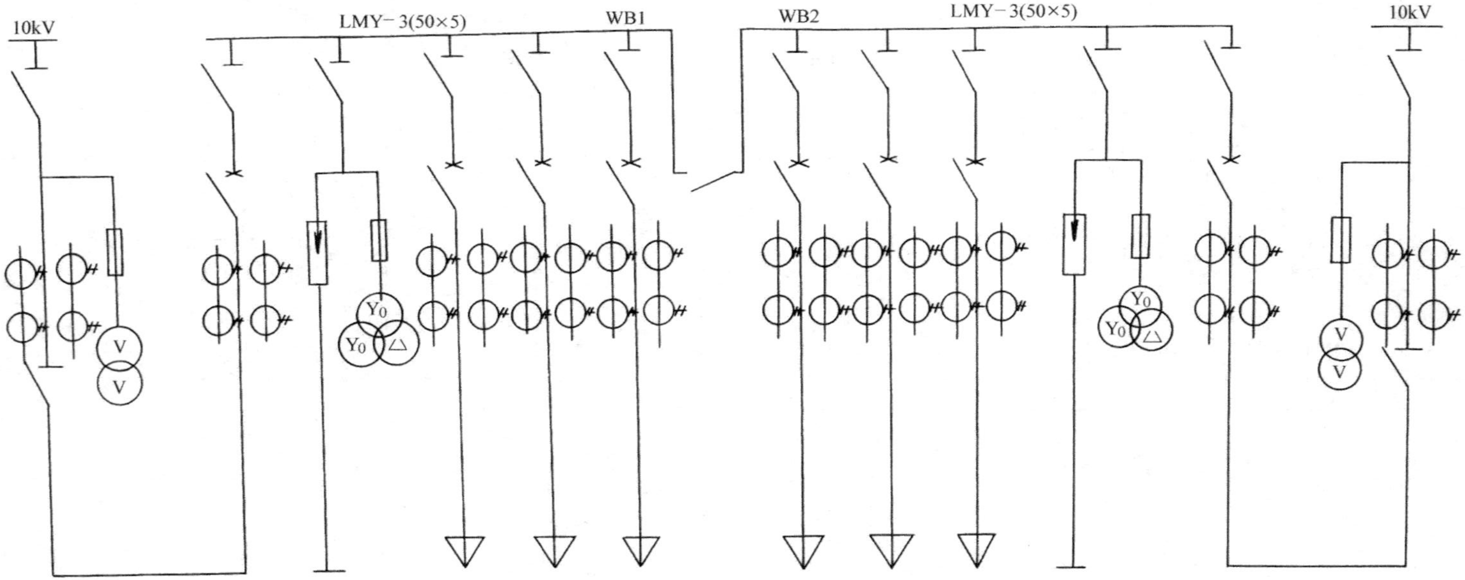

No.101	No.102	No.103	No.104	No.105	No.106	GN6－10/400	No.107	No.108	No.109	No.110	No.111	No.112
电能计量柜	1号进线开关柜	避雷器及电压互感器	出线柜	出线柜	出线柜		出线柜	出线柜	出线柜	避雷器及电压互感器	2号进线开关柜	电能计量柜
GG－1A－J	GG－1A(F)－11	GG－1A(F)－54	GG－1A(F)－03	GG－1A(F)－03	GG－1A(F)－03		GG－1A(F)－03	GG－1A(F)－03	GG－1A(F)－03	GG－1A(F)－54	GG－1A(F)－11	GG－1A－J

图 3-2　图 1-1 所示高压配电所的装置式主电路图

三、车间(或小型工厂)变电所的主结线方案

车间(或小型工厂)变电所，是将高压(6~10kV)降为一般用电设备所需低压(如220/380V)的终端变电所，这类变电所的主结线比较简单。其高压侧主结线方案分两种情况：一种是有工厂总降压变电所或高压配电所的车间变电所，其高压侧的开关电器，保护装置和测量仪表等，通常就安装在高压配电线路的首端，即总降压变电所或配电所的6~10kV配电室内，而车间变电所的高压侧可不装开关设备，或只装简单的隔离开关、高压跌开式熔断器或避雷器等，如图3-3所示。这类车间变电所只设变压器室和低压配电室。由图3-3可以看出，凡是高压架空进线，均需装设避雷器以防雷电波沿架空线侵入变电所毁坏变压器及其他设备的绝缘。

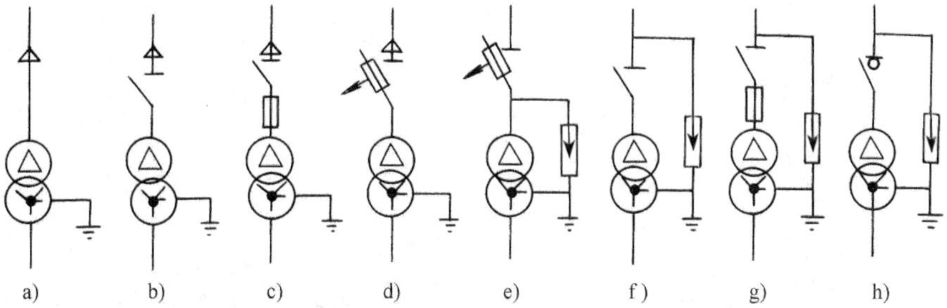

图3-3　车间变电所高压侧主结线方案(示例)

a）高压电缆进线，无开关　b）高压电缆进线，装隔离开关　c）高压电缆进线，装隔离开关-熔断器(室内)
d）高压电缆进线，装跌开式熔断器(室外)　e）高压架空进线，装跌开式熔断器和避雷器(室外)
f）高压架空进线，装隔离开关和避雷器(室内)　g）高压架空进线，装隔离开关-熔断器和避雷器(室内)
h）高压架空进线，装负荷开关和避雷器(室内)

另一种是工厂内无总降压变电所或配电所时，其车间变电所往往就是工厂的降压变电所，高压侧必须配置足够的开关设备。

电力变压器发生故障时，需要迅速切断电源，因此应采用快速切断电源的保护装置。对于较小容量的变压器，只要运行操作符合要求，可以优先采用简单经济的熔断器保护。

下面介绍小型工厂变电所的几种常用的主结线方案(注意:未绘出计量柜主电路)。

1. 只装有一台主变压器的小型变电所

根据其高压侧所用开关电器的不同，有以下三种典型的主结线方案：

(1) 高压侧采用隔离开关-熔断器或跌开式熔断器的变电所主电路图　如图3-3中的c、d、e、g所示它们均采用熔断器来保护变电所的短路故障。由于隔离开关和跌开式熔断器受切断空载变压器容量的限制，一般只用于500kVA及以下容量的变压器。这类主结线都简单经济，但供电可靠性不高，仅适用于供三级负荷的小容量变电所。

(2) 高压侧采用负荷开关-熔断器的变电所主电路图　如图3-4所示，由于负荷开关能带负荷操作，使变电所停电和送电的操作较为灵活简便。现在有一种环网柜，内装有新型高压熔断器和负荷开关，它能可靠地保护变压器，并能方便地实现环形结线，从而大大提高供电的可靠性。

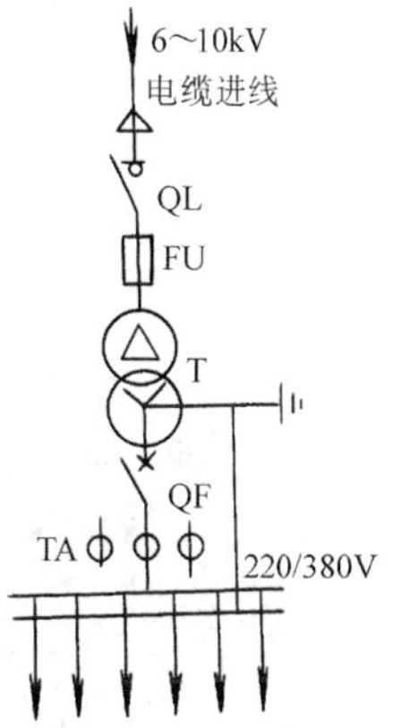

图3-4　高压侧采用负荷开关-熔断器的变电所主电路图

(3) 高压侧采用隔离开关-断路器的变电所主电路图　如图3-5所示，由于采用了高压断路器，从而使变压器的切换操作非常灵活方

便。在短路和过负荷时，继电保护装置能实现自动跳闸，而在短路故障和过负荷情况消除后，又可直接迅速合闸，从而使恢复供电的时间大大缩短。

2. 装有两台主变压器的小型变电所

（1）高压侧无母线、低压单母线分段的变电所主电路图　如图 3-6 所示，当任一主变压器或任一电源停电检修或发生故障时，通过倒闸操作闭合低压母线分段开关 QF_5，即可恢复供电，因而具有较高的供电可靠性。

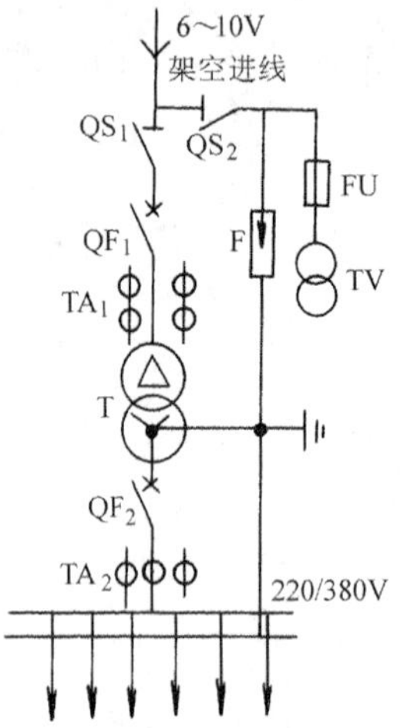

图 3-5　高压侧采用隔离开关-断路器的变电所主电路图

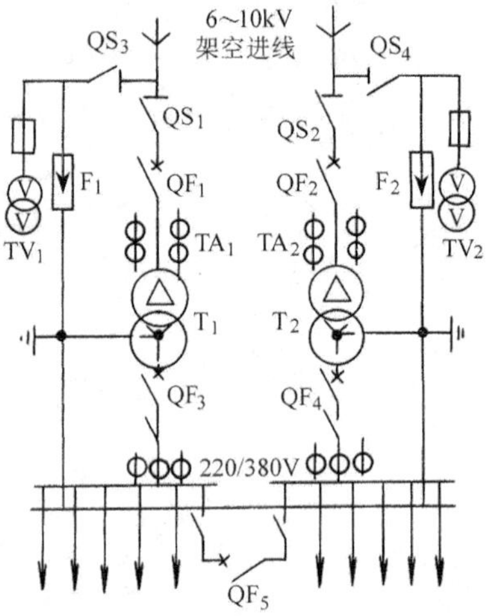

图 3-6　高压侧无母线、低压单母线分段的变电所主电路图

（2）高压采用单母线、低压单母线分段的变电所主电路图　如图 3-7 所示，这种主结线适用于装有两台及以上主变压器或具有多路高压出线的变电所。当任一台变压器检修或发生故障时，通过切换操作，仍能很快恢复供电。

（3）高低压侧均为单母线分段的变电所主电路图　如图 3-8 所示，这种主电路的两段高

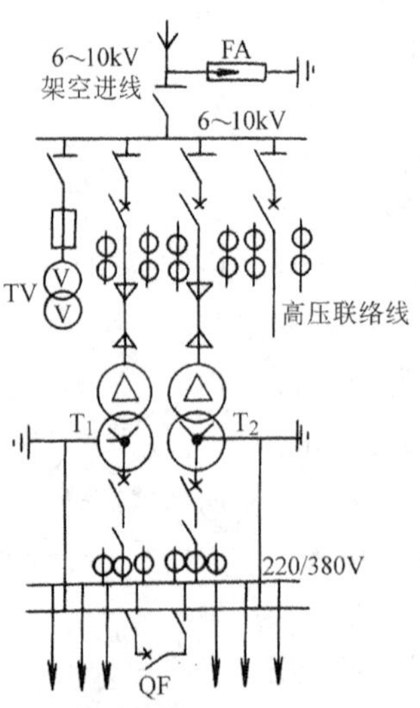

图 3-7　高压采用单母线、低压单母线分段的变电所主电路图

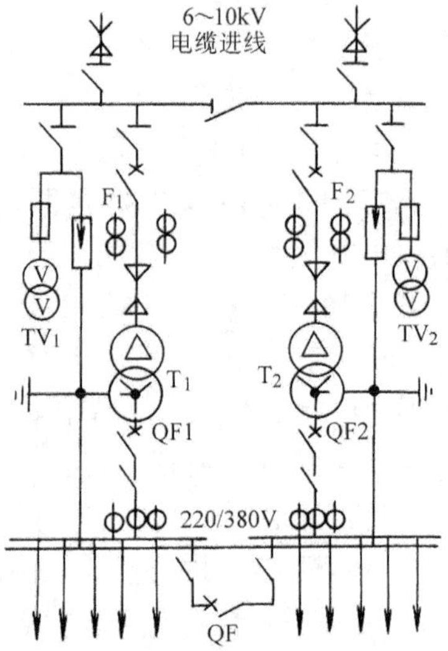

图 3-8　高低压侧均为单母线分段的变电所主电路图

压母线在正常时可以接通运行，也可以分段运行。当发生故障时，通过切换，可切除故障部分，恢复对整个变电所供电，因此供电可靠性很高，可供一、二级负荷。

四、工厂总降压变电所的主结线方案

电源进线电压为35kV及以上的大中型工厂，一般需两级降压，即先经总降压变电所将电压降为6～10kV的高压配电电压，然后经车间变电所降为一般低压用电设备所需的电压(如220/380V)。

1. 单台变压器的总降压变电所

如图3-9所示，在主变压器的两侧装设断路器 QF_1 和 QF_2，用于正常通断及故障时自动切断电路。二次侧各路出线也都经过断路器送出。在6～10kV母线上还应装设一组 $Y_0/Y_0/\triangle$ 结线或 Y_0/Y_0 结线的电压互感器(图3-9中未绘出)，用于监视6～10kV系统的单相接地故障。这种结线的优点是简单经济，但供电可靠性不高，只适于供三级负荷。

2. 两台主变压器的总降压变电所

当负荷在数千千伏安以上，且具有大量重要负荷时，通常采用双电源两台主变压器的总降压变电所，如图3-10所示。

这种双电源两台主变压器的变电所，其电源侧通常采用桥式结线，即在两路电源进线之间跨接一台桥路开关 QF_{10}(其两侧有隔离开关 QS_{101}、QS_{102})，犹如一座桥梁。这样增加投资不多，却可以大大提高供电的灵活性和可靠性，可适用于一、二级负荷的工厂。桥式结线分外桥式与内桥式两种。

图3-10a所示为外桥式结线，它的桥路开关 QF_{10} 接在高压断路器 QF_{11} 和 QF_{12} 的外侧。

图3-10b所示为内桥式结线，它的桥路开关 QF_{10} 接在高压断路器 QF_{11} 和 QF_{12} 的内侧。

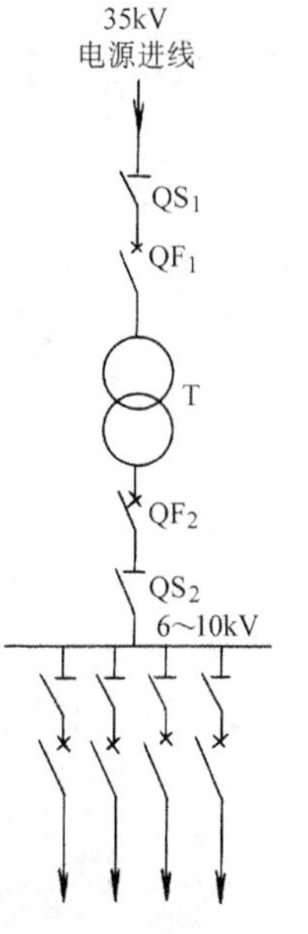

图3-9 单台变压器的总降压变电所主电路图

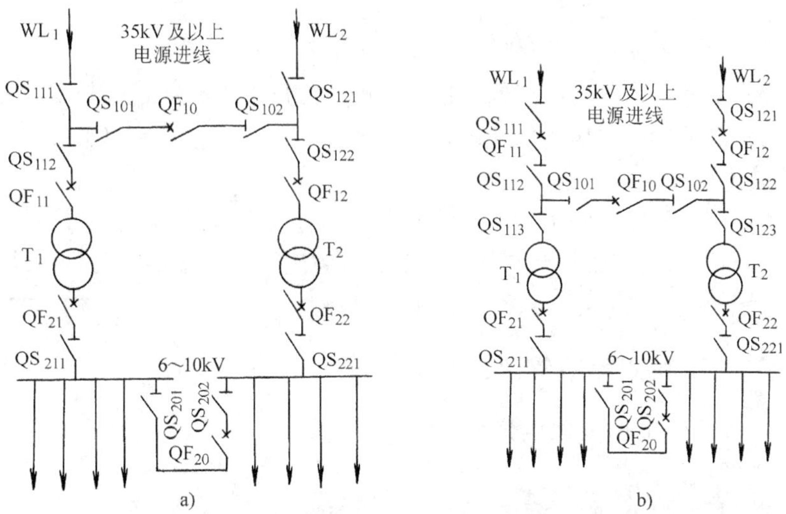

图3-10 桥式结线的总降压变电所主电路图

a）外桥式结线 b）内桥式结线

（1）外桥式结线的运行操作　如图3-10a所示，如果要停用主变压器T_1，只要断开QF_{11}和QF_{21}即可。如果要停用主变压器T_2，只要断开QF_{12}和QF_{22}即可，操作均较简便。如果要检修电源进线WL_1，则需先断开QF_{11}和QF_{10}，然后断开QS_{111}，再合上QF_{11}和QF_{10}，使两台主变压器均由电源进线WL_2供电，显然操作比较麻烦。因此，外桥式结线多用于电源线路较短，故障和检修机会较少而变电所负荷变动较大、适于经济运行需经常切换的总降压变电所。

（2）内桥式结线的运行操作　如图3-10b所示，如果电源进线WL_2失电或检修时，只要断开QF_{12}和QS_{122}、QS_{121}，然后合上QF_{10}（其两侧的QS应先合上），即可使两台主变压器均由电源进线WL_1供电，操作比较简便。如果要停用变压器T_2，则需先断开QF_{12}、QF_{22}及QF_{10}，然后断开QS_{123}、QS_{221}，再合上QF_{12}和QF_{10}，使变压器T_1仍可由两路电源进线供电，显然操作比较麻烦。因此，内桥式结线多用于电源线路较长，故障和检修机会较多而主变压器不需经常切换的总降压变电所。

第二节　工厂变配电所的结构与布置

一、变配电所地址的选择

变配电所地址的选择是否合理，直接影响到供电系统的造价和运行。工厂变配电所地址的选择，应考虑以下原则：

1）深入或接近负荷中心，以便减少电压损耗、电能损耗和有色金属消耗量。

2）进出线方便，特别是采用架空进出线时应着重考虑进出线条件。

3）尽量靠近电源侧，对总降压变电所和配电所要特别考虑这一点。

4）尽量不设在多尘和有腐蚀性气体的场所，若无法远离时则应设在污染源的上风侧。

5）避免设在有剧烈震动的场所。

6）尽量不设在低洼积水场所及其下方。

7）交通运输方便，以便于运送和吊装变压器、开关柜等较重、较大的设备。

8）与易燃易爆场所保持规定的安全距离，详见GB 50058—2014《爆炸和火灾危险环境电力装置设计规范》。

9）高压配电所应尽量与车间变电所或有大量高压用电设备的厂房合建。

10）不应妨碍工厂或车间的发展，并且适当考虑今后扩建的可能性。

以上各点，往往不可兼得，但应力求兼顾。

二、车间变电所的类型

按变压器的安装地点分类，车间变电所有以下型式：

（1）附设变电所　变电所的一面或数面墙与车间的墙共用，且变压器室的门和通风窗向车间外开，如图3-11中的1～4。图中1和2是内附式，3和4是外附式。

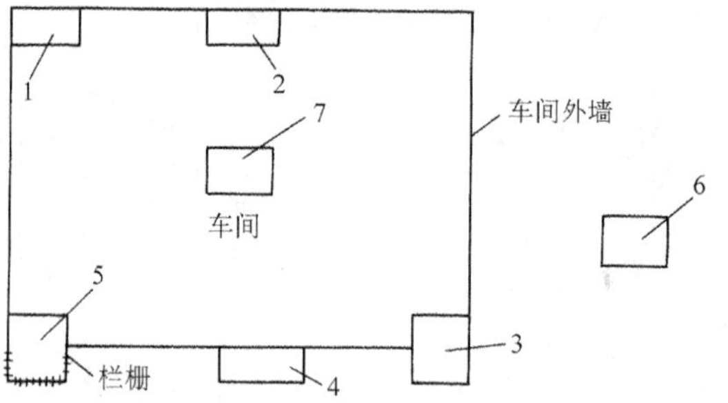

图3-11　车间变电所类型

1、2—内附式　3、4—外附式　5—露天式
6—独立式　7—车间内变电所

（2）露天变电所　变压器位于露天地面

上，如图3-11中的5。如果变压器的上方设有顶板或挑檐，则称为半露天变电所。

（3）独立变电所　变电所为一独立建筑物，如图3-11中的6。

（4）车间内变电所　位于车间内部的变电所，且变压器室的门向车间内开，如图3-11中的7。

（5）杆上变电站　变压器装在室外的电杆上面。

（6）地下变电所　整个变电所装设在地下的设施内。

上述附设变电所、独立变电所、车间内变电所及地下变电所，统称为室内型变电所；而露天、半露天变电所及杆上变电站，统称为室外型变电所。

车间变电所的类型选用，应根据用电负荷的状况和周围环境的具体情况来确定。

在负荷大而集中且设备布置比较稳定的大型生产厂房内，可以考虑采用车间内变电所以便尽量深入或靠近车间的负荷中心。

对生产面积比较紧张或生产流程要经常调整的车间，宜采用附设变电所。

露天变电所简单经济，可用于周围环境条件正常的场合。

独立变电所一般只用于负荷小而分散的情况，或者需远离易燃、易爆和有腐蚀性物质等情况的场合。

杆上变电站一般用于容量在315kVA及以下的变压器，且多用于生活区供电。

地下变电所的建筑费用较高，但不占地面，不碍观瞻，一般只用于有特殊需要的情况。

三、变配电所的总体布置

1. 变配电所总体布置的要求

变配电所的总体布置应满足以下要求：

（1）便于运行维护　有人值班的变配电所，一般应设置值班室。值班室应尽量靠近高低压配电室，且有门直通。

（2）保证运行的安全　值班室内不得有高压设备。高压电容器组一般应装设在单独的房间内。变配电所各室的大门都应朝外开。所有带电部分离墙和离地的尺寸以及各室的维护操作通道的宽度，均应符合有关规程要求，以确保安全。具体数据如表3-1～表3-3所示。长度大于7m的配电室应设两个出口，并尽量布置在配电室的两端，低压配电屏的长度大于6m时，其屏后通道应设两个出口。

表3-1　可燃油油浸变压器外廓与变压器室墙壁和门的最小净距　（单位：mm）

变压器容量/kVA	100～1000	1250及以上
变压器外廓与后壁、侧壁净距	600	800
变压器外廓与门净距	800	1000

表3-2　高压配电室内各种通道最小宽度（据JGJ 16—2008）　（单位：mm）

开关柜布置方式	柜后维护通道	柜前操作通道	
		固　定　式	手　车　式
单排布置	800	1500	单车长度+1200
双排面对面布置	800	2000	双车长度+900
双排背对背布置	1000	1500	单车长度+1200

注：1. 当建筑物墙面遇有柱类局部凸出时，凸出部位的通道宽度可减小0.2m。

2. 各种布置方式，屏端通道宽度不应小于0.8m。

表 3-3　配电屏前、后通道最小宽度(据 JGJ 16—2008)　(单位:mm)

形　式	布置方式	屏前通道	屏后通道
固定式	单排布置	1500	1000
	双排面对面布置	2000	1000
	双排背对背布置	1500	1500
抽屉式	单排布置	1800	1000
	双排面对面布置	2300	1000
	双排背对背布置	1800	1000

(3) 便于进出线　高压架空进线时，高压配电室宜位于进线侧。低压配电室宜靠近变压器室。开关柜下面一般要设置电缆沟。若低压母线采用上出线方式，则开关柜下面可不设置电缆沟。此时宜采用密集式母线槽。

(4) 节约土地与建筑费用　高压配电所应尽量与车间变电所合建。高压开关柜数量较少时，可以与低压配电屏装设在同一配电室内，但其裸露带电导体之间的净距不应小于2m。

(5) 适当考虑发展　高低压配电室内均应留有适当数量开关柜的备用位置。变压器室应考虑有更换大一级容量变压器的可能。既要考虑到变配电所留有扩建的余地，又要不妨碍车间或工厂今后的发展。

2. 变配电所总体布置的方案

变配电所总体布置的方案应因地制宜、合理设计，拟出几种可行的方案进行技术经济比较后确定。如图 3-12 所示为图 3-1 所示高压配电所及其附设 2 号车间变电所的平面图和剖面图。读者可根据上述对变配电所总体布置的要求，仔细阅读体会。并且对照图 3-1，将高压开关柜、变压器、低压配电屏等设备在图 3-12 中对号入座，体会变配电所的平、剖面图是如何具体地表示出变配电所的总体布置和一次设备的安装位置的。

如图 3-13 所示是工厂高压配电所与附设式车间变电所合建的几种平面布置方案，粗线表示墙，缺口表示门。如图 3-13a、c、e 所示的变压器装在室内；如图 3-13b、d、f 所示的变压器是露天安装的。

如果工厂没有总降压变电所和高压配电所，则其高压开关柜的数量较少，高压配电室也相应较小，但布置方案可与图 3-13 相类似。

如果既无高压配电室又无值班室，则车间变电所的平面布置方案更为简单，如图 3-14 所示。

四、变配电所的结构

为了运行维护的安全，有关设计规范对变配电所的结构有不少规定和要求。例如上述表 3-1 ~ 表 3-3 等对变配电所总体布置的要求，在 GB 50053—1994《10kV 及以下变电所设计规范》中都有具体规定。为了加快设计进度，提高设计质量，我国建设部编绘有一套《全国通用建筑标准设计 · 电气装置标准图集》，其中的 88D263、88D264、86D265、86D266 是适用于 6 ~ 10/0.4kV、1600kVA 以下的各种类型变电所的标准图，97D267 则适用于 35/0.4kV，可供设计参考或选用。

1. 室外变压器装置的结构

如图 3-15 所示是一露天变电所变压器台的结构图(摘自 86D266—26)。该变电所为一路

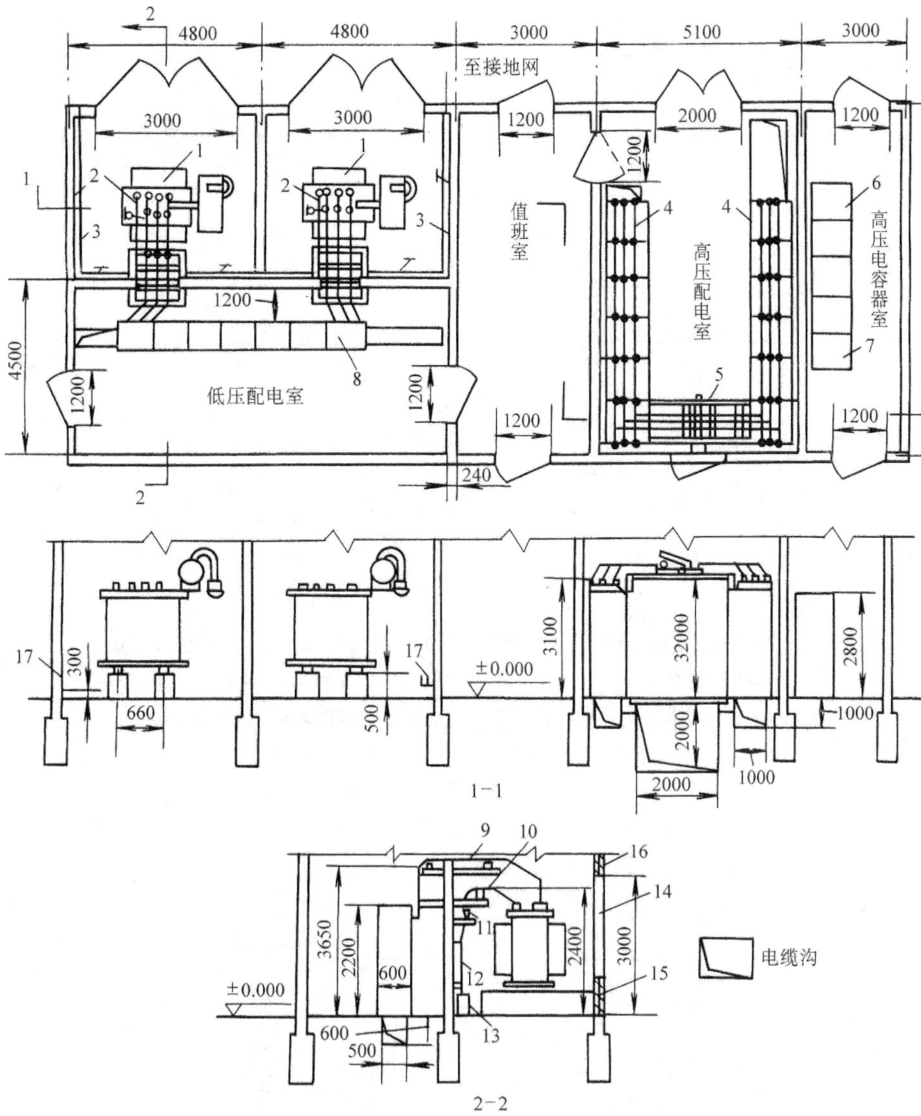

图 3-12　图 3-1 所示高压配电所及其附设 2 号车间变电所的平面图和剖面图

1—S9-630/10 型电力变压器　2—PEN 线　3—PE 线　4—GG-1A(F)型高压开关柜
5—分段隔离开关及母线桥　6—GR-1 型高压电容器柜　7—GR-1 型高压电容器的放电互感器柜
8—PGL2 型低压配电屏　9—低压母线及支架　10—高压母线及支架　11—电缆头
12—电缆　13—电缆保护管　14—大门　15—进风口(百叶窗)
16—出风口(百叶窗)　17—PE 线及其固定钩

架空进线，高压侧装有可带负荷操作的 RW10-10(F)型跌开式熔断器和避雷器。图中标出了变压器中心线与电杆及围墙的距离、围墙的高度、低压母线及中性母线的安装高度等。其中的避雷器、变压器的 0.4kV 中性点及变压器外壳采用共同接地，并将变压器的接地中性线(PEN 线)引入低压配电室内。

当变压器容量为 315kVA 及以下、环境条件正常且满足供电可靠性要求时，可采用杆上变电站，设计时可参考电气装置标准图集 86D265《杆上变电站》。

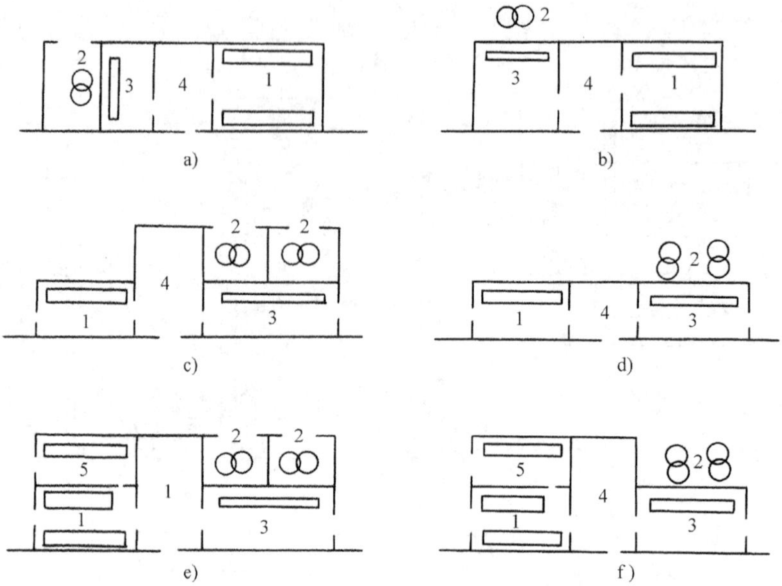

图 3-13　工厂高压配电所与附设式车间变电所合建的平面布置方案(示例)

a）户内型，有值班室，一台变压器　b）户外型，有值班室，一台变压器

c）户内型，有值班室，两台变压器　d）户外型，有值班室，两台变压器

e）户内型，有值班室和高压电容器室，两台变压器

f）户内型，有值班室和高压电容器室，两台变压器

1—高压配电室　2—变压器室或户外变压器装置　3—低压配电室　4—值班室　5—高压电容器室

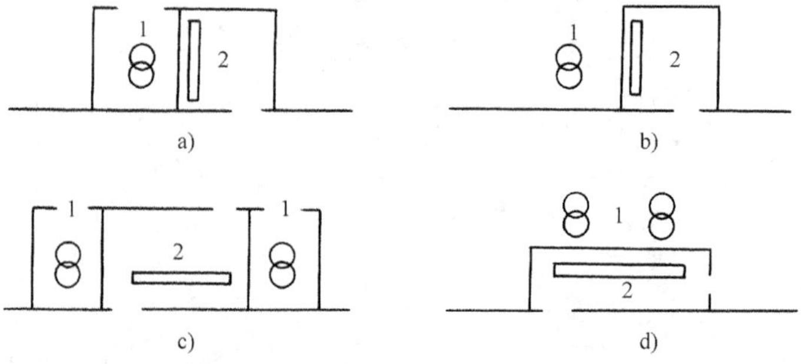

图 3-14　无高压配电室和值班室的车间变电所平面布置方案(示例)

a）户内型，一台变压器　b）户外型，一台变压器

c）户内型，两台变压器　d）户外型，两台变压器

1—变压器室或户外变压器装置　2—低压配电室

2. 室内变压器装置的结构

变压器室的结构型式，决定于变压器的型式、容量、放置方式、主结线方案及进出线的方式和方向等，并应考虑变压器室的建筑应为一级耐火等级，其门窗材料都应该是不燃的。门的大小应按变压器推进面的外廓尺寸加 0.5m 考虑，门要向外开。新设计的变压器室尺寸，宜按变压器容量增大一级考虑。变压器室不设采光窗，只设通风窗。通风窗的面积应根据变压器的容量、进风温度等因素确定，变压器室在夏季的出风温度不宜高于 45℃，进出

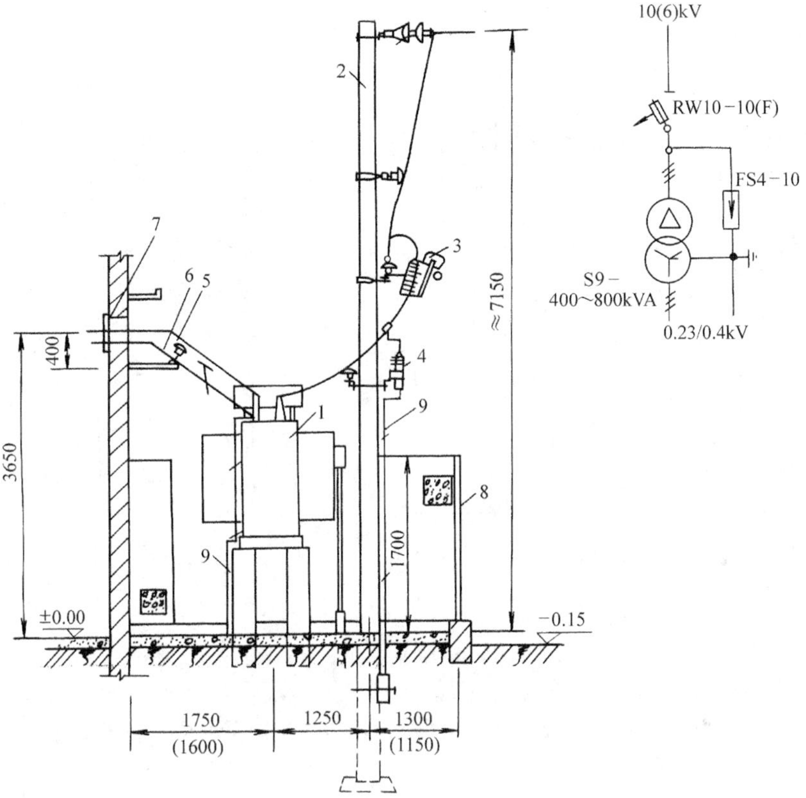

图 3-15 露天变电所变压器台结构图

1—电力变压器 2—电杆 3—RW10-10(F)型跌开式熔断器 4—避雷器

5—低压母线 6—中性母线 7—穿墙隔板 8—围墙 9—接地线

附注：括号内尺寸用于容量为 630kVA 及以下的变压器

风温差不宜大于 15℃。

变压器室的布置方式，按变压器推进方向，分为宽面推进式和窄面推进式两种。

变压器室的地坪，按变压器的通风要求，分为地坪抬高和不抬高两种形式。

如图 3-16 所示是一室内变电所变压器室的结构图(摘自 88D264—35)。该变压器高压侧为高压负荷开关-熔断器(或隔离开关-熔断器)。本变压器室的特点为：高压电缆左侧进线，窄面推进式，室内地坪不抬高，低压母线右侧出线。

3. 配电室的结构

高低压配电室的结构，主要决定于高低压开关柜的型式和数量。配电室的高度与开关柜的高度及进出线方式有关；配电室的长度则与开关柜的数量及布置(单列或双列)有关。此外，还应留有足够的操作维护通道，以保证运行维护的安全和方便；还应预留适当数量的开关柜位置，供负荷发展时使用。

如图 3-17 所示为装有 GG-1A(F)型高压开关柜、采用电缆进出线的高压配电室剖面图(摘自 88D263—4)。图 a 为单列布置，柜前操作通道不小于 1.5m；图 b 为面对面双列布置，柜前操作通道为 2～3.5m，两侧开关柜通过柜顶高压母线桥联络，开关柜下方及前面地下设有电缆沟，供敷设电缆用。GG-1A(F)型开关柜高度为 3.1m。此处为电缆进出线，配电室高

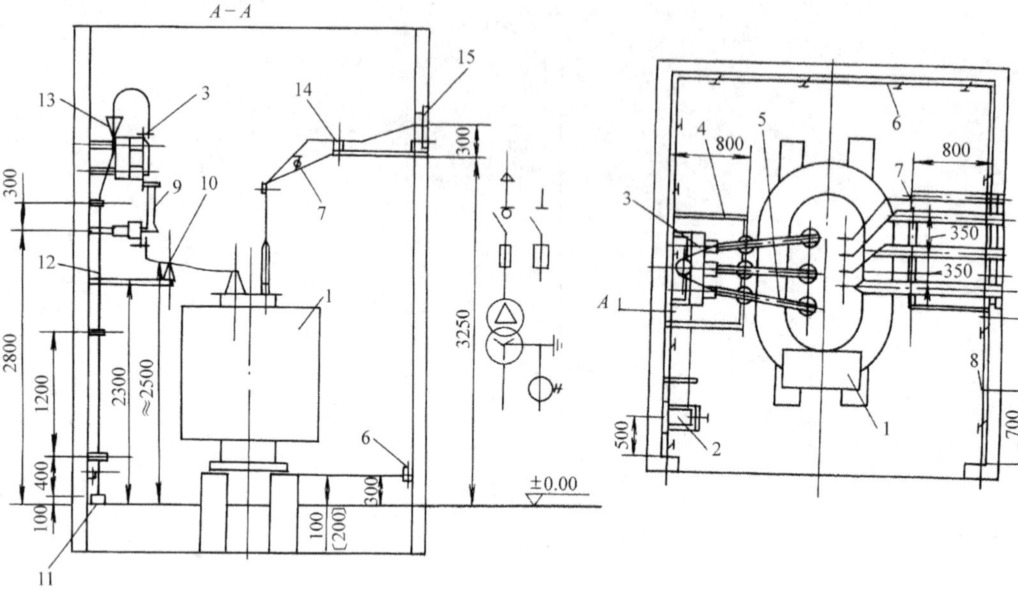

图 3-16　室内变电所变压器室结构图(示例)

1—变压器　2—负荷开关操动机构　3—负荷开关　4—高压母线支架　5—高压母线
6—接地线(PE 线)　7—中性母线　8—临时接地接线柱　9—熔断器　10—高压绝缘子
11—电缆保护管　12—高压电缆　13—电缆头　14—低压母线　15—穿墙隔板

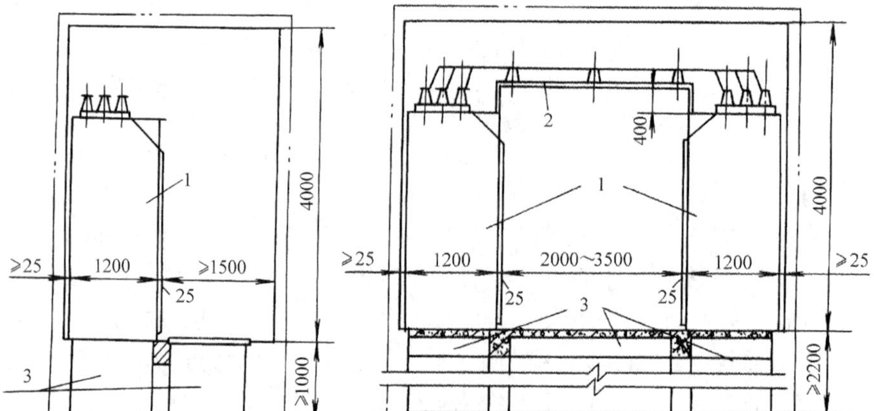

a)　　　b)

图 3-17　高压配电室剖面图(示例)

a) 单列布置　b) 双列布置(面对面)

1—GG-1A(F)型高压开关柜　2—高压母线桥　3—电缆沟

度为 4m；若为架空进出线，则高度应大于 4. 2m。

如图 3-18 所示为装有 PGL 型低压配电屏的低压配电室剖面图(摘自 88D263—7)。图中示出变压器母线从离地不低于 3. 4m 处穿过绝缘隔板 1 进入低压配电室，经过墙上的隔离开关 2 和电流互感器 3 后直接接于配电屏低压母线 4 上。屏前操作通道不小于 1. 5m，屏后通道不小于1m。PGL型低压配电屏高2.2m。低压配电室高4m。为便于布线和检修，在配电屏的下面及后面地下设有电缆沟。

高、低压配电室的耐火等级应分别不低于二级和三级。

4. 电容器室的结构

室内高压电容器装置宜设置在单独的高压电容器室内；而低压电容器装置一般可设置在低压配电室内。高、低压电容器室的耐火等级应分别不低于二、三级。电容器室应有良好的自然通风，通风量应根据电容器允许温度，按夏季排风温度不超过电容器所允许的最高环境温度计算。当自然通风不能满足排热要求时，可增设机械排风。电容器室应设温度指示装置。

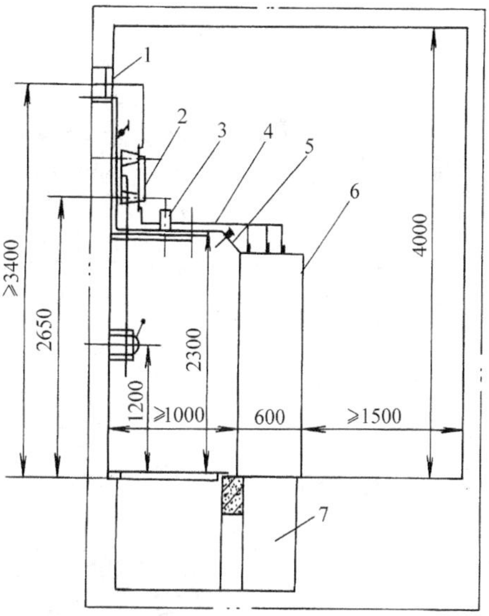

图3-18 低压配电室剖面图(示例)

1—绝缘隔板 2—隔离开关 3—电流互感器 4—低压母线 5—中性母线 6—低压配电屏 7—电缆沟

五、组合式成套变电所简介

组合式成套变电所又叫箱式变电所。它的各个单元部分都是由制造厂成套供应，便于在现场组合安装。组合式成套变电所不需建造变压器室和高低压配电室，并且易于深入负荷中心，从而可以免去土建工程，简化供电系统的设计。它一般采用无油或少油电器，因此更为安全。组合式成套变电所占地面积小、绝缘水平高、安全可靠性高、维护工作量小，且单元方案多样化，可根据需要而组合，已在国内外的高层建筑中得到了广泛的应用。随着我国经济建设的发展与制造水平的提高，组合式成套变电所将成为工厂变电所的一个新的发展方向。

组合式成套变电所可分为户内式和户外式两类。户外式适用于工矿企业、公共建筑和住宅小区供电；户内式目前则主要用于高层建筑或民用建筑群的供电。

我国设计制造的用于6~10kV供电系统的组合式成套变电所，户外式有上海华通开关厂的XZW-1型和锦州新生开关厂的XPW型等；户内式则有北京开关厂的BZNG-1型和上海华通开关厂的XZN-1型等。

上海华通开关厂生产的XZN-1型户内组合式成套变电所，其电气设备分为三部分：

①高压柜：采用GFC-10A型手车式高压开关柜，其手车上装ZN4-10C型真空断路器；②变压器柜：主要装配SCL型环氧树脂浇注干式变压器，防护式可拆装结构，变压器装有滚轮，便于取出检修；③低压柜：采用BFC-10A型抽屉式低压配电柜，主要装配ME型低压断路器等。

某XZN-1型户内组合式成套变电所的平面布置图如图3-19所示，变电装置的高度为2.2m，其对应的高、低压结线系统图如图3-20所示。

六、变配电所的电气安装图

电气安装图又称电气施工图，是设计单位提供给施工单位进行电气安装的技术图样，也是运行单位进行竣工验收以及运行维护和检修试验的重要依据。

绘制电气安装图，必须遵循有关国家标准的规定。例如，图形符号必须按照GB 4728

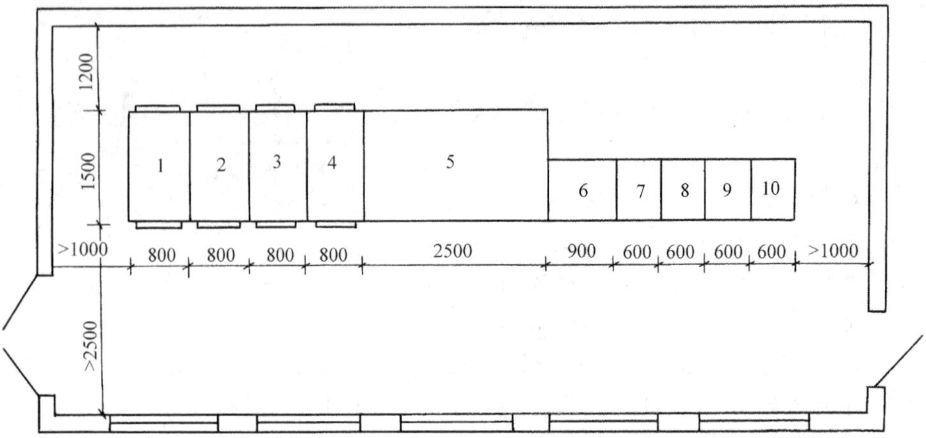

图 3-19　某 XZN-1 型户内组合式成套变电所的平面布置图
1 ~4—4 台 GFC-10A 型手车式高压开关柜　5—变压器柜
6—低压总进线柜　7 ~10—4 台 BFC-10A 型抽屉式低压柜

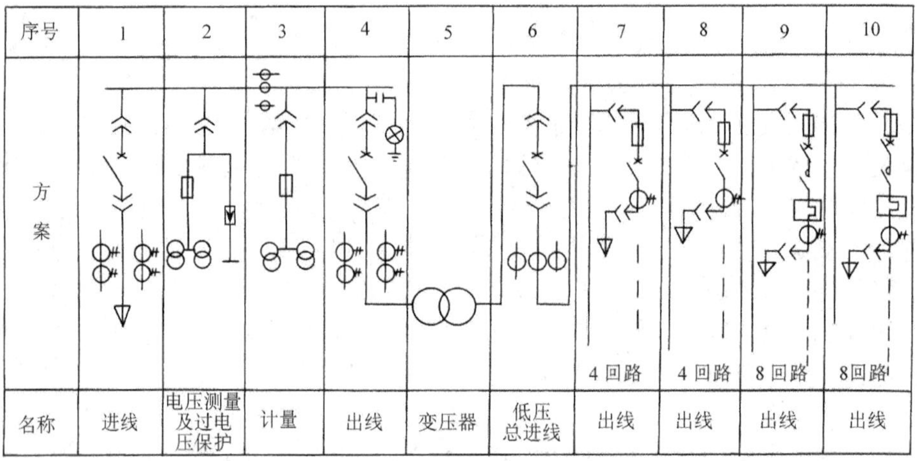

图 3-20　图 3-19 所示 XZN-1 型户内成套变电所的高、低压结线系统图

《电气图用图形符号》，文字符号必须按照 GB 7159《电气技术中的文字符号制定通则》。

变配电所的电气安装图包括：变配电所一次系统电路图、变配电所平面图和剖面图、变配电所二次系统电路图和接线图、变配电所电气照明平面图、变配电所接地平面图以及无标准图样的构件安装大样图等。

（1）变配电所一次系统电路图　例如图 3-1 和图 3-2。

（2）变配电所平面图和剖面图　用适当的比例(如 1∶20 或 1∶50)绘制，具体表示出变配电所的总体布置和一次设备的安装位置，例如图 3-12。设计时可尽量参考国家的标准图集。

（3）无标准图样的构件安装大样图　对于在制作和安装上有特殊要求而无标准图样的一些构件，应绘制专门的大样图，注明尺寸，比例及有关材料和技术要求，以便按图制作和安装。

（4）变配电所接地平面图　例如图7-33。

关于变配电所二次回路的电路图和接线图，将在第六章介绍，例如图6-45、图6-46。

关于电气照明平面图，将在第八章介绍，例如图8-16。

第三节　工厂电力线路的结线方式

一、概述

电力线路是电力系统的重要组成部分，担负着输送和分配电能的任务。

工厂电力线路的结线方式与工厂的电源进线电压有关。采用380V电压为电源进线电压的小型工厂，只有低压电力线路的结线方式问题；采用6～10kV或更高电压为电源进线电压的工厂，则还有高压电力线路的结线方式问题。

二、高压电力线路的结线方式

高压电力线路的结线方式，可按单电源供电、双电源供电和环形供电等几种形式来讨论。

1. 单电源供电的结线方式

主要有放射式和树干式两种。这两种结线方式的对比分析，如表3-4所示。

表3-4　放射式结线与树干式结线对比

名　称	放射式结线	树干式结线
结线图	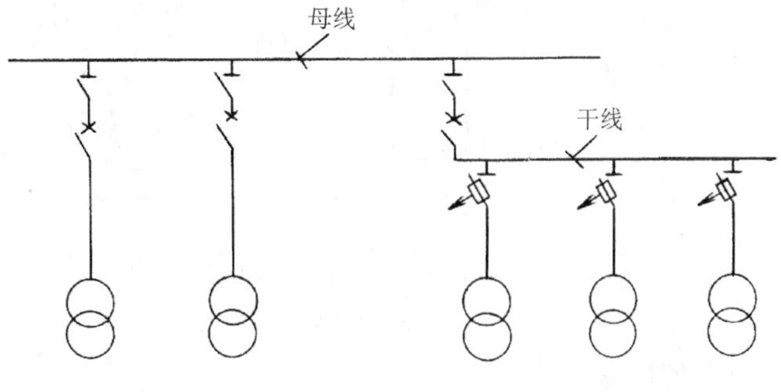	
特点	每个用户由独立线路供电	多个用户由一条干线供电
优点	可靠性高，线路故障时只影响一个用户；操作、控制灵活	高压开关设备少，耗用导线也较少，投资省；易于适应发展，增加用户时不必另增线路
缺点	高压开关设备多，耗用导线也多，投资大；不易适应发展，增加用户时，要增加较多线路和设备	可靠性较低，干线故障时全部用户停电；操作、控制不够灵活
适用范围	离供电点较近的大容量用户；供电可靠性要求高的重要用户	离供电点较远的小容量用户；不太重要的用户
提高可靠性的措施	改为双放射式结线，每个用户由两条独立线路供电；或增设公共备用干线	改为双树干式结线，重要用户由两路干线供电；或改为环形供电

2. 双电源供电的结线方式

主要有双放射式、双树干式和公共备用干线的结线等。

(1) 双放射式结线　即一个用户由两条放射式线路供电，如图 3-21a 所示。当一条线路故障或失电时，用户可由另一条线路保持供电，多用于容量较大的重要负荷。

(2) 双树干式结线　即一个用户由两条不同电源的树干式线路供电，如图 3-21b 所示。供电可靠性高于单电源供电的树干式，而投资又低于双电源供电的放射式，多用于容量不太大且离供电点较远的重要负荷。

(3) 公共备用干线式结线　即各个用户由单放射式线路供电，而从公共备用干线上取得备用电源，如图 3-21c 所示。每个用户都可获得双电源，又能节约投资，可用于容量不太大的多个重要负荷。

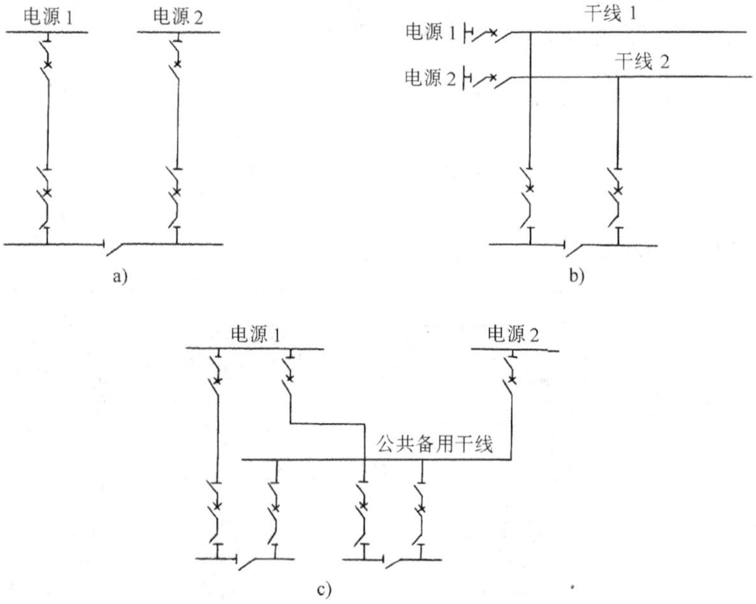

图 3-21　双电源供电的结线方式

a) 双放射式　b) 双树干式　c) 公共备用干线式

3. 环形供电的结线方式

如图 3-22 所示，将两段母线 WB1 和 WB2 上引出的两条链式干线的末端(例如 B 点和 D 点)，用线路 WL5 联络起来。一般情况下 QS 4 或 QS8 是断开的，两条线路开环运行。当任何一段线路故障或检修时，只须经短时间的停电切换，即可恢复供电。读者可自行分析当线路 WL2 故障时的停电切换过程(图中 WB1 和 WB2 之间的母线联络开关也可以采用负荷开关或者断路器)。

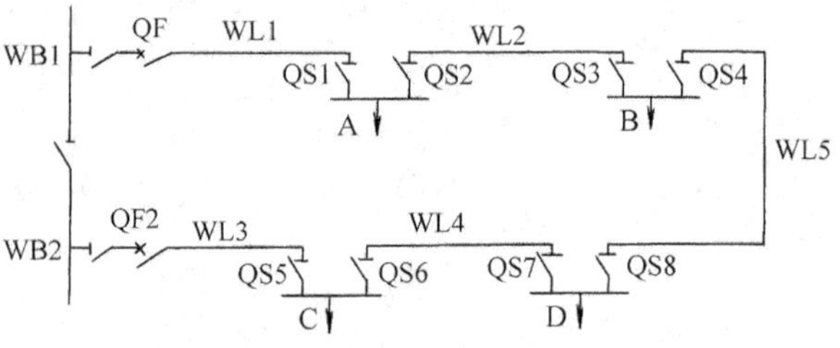

图 3-22　环形供电的结线方式

环形结线一般用于二、三级负荷。

一种采用环网开关柜实现的环形供电方式已经得到广泛的应用。在城市电网中采用环网供电技术具有很好的经济效益和技术指标。

4．工厂供电系统举例

图 3-23 所示是某重型机器厂的平面图，各厂房的计算负荷已标在图中。图 3-24 所示是该厂主电路图，其中铸钢车间、氧气站、水压机车间及煤气站均有一级负荷，其他车间为三级负荷。

下面具体分析该厂供电系统。

（1）厂区配电电压　由于本厂具有多台 6kV 高压电动机，而且本厂厂区范围不大，因此厂区高压配电电压采用 6kV。（若可采用 10kV 高压电动机，则配电电压可采用技术经济指标较好的 10kV 级）。

（2）电源进线电压　由于全厂计算负荷达 8100kVA，而且本厂离系统电源 12km，超出 6kV 线路合理输送功率和距离，因此采用 35kV 作为电源进线电压，在厂区设总降压变电所，降为 6kV 后送往各个车间变电所。又因本厂具有相当数量的一级负荷，所以采用两路 35kV 线路供电，取得两个独立电源，以满足一级负荷对供电电源的要求。

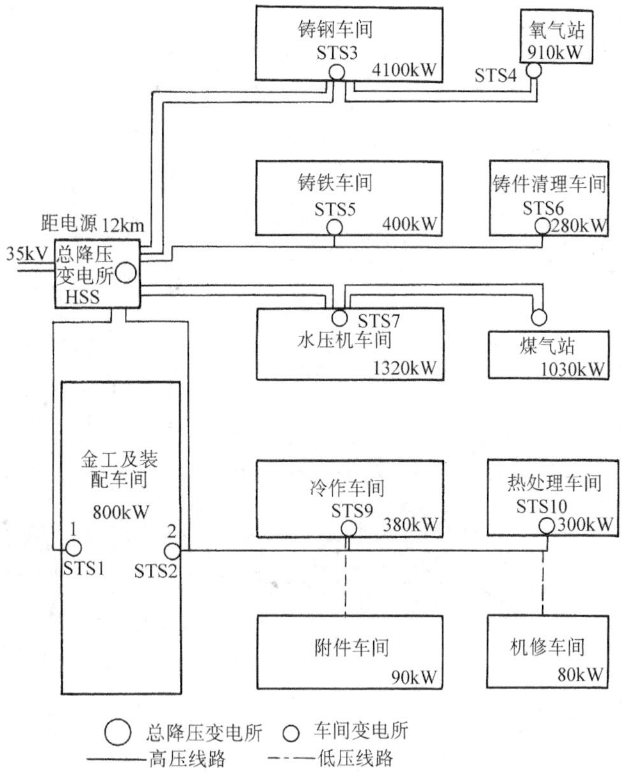

图 3-23　某重型机器厂平面图

总降压变电所设两台 8000kVA 变压器，这样，每台单独运行时都能满足全厂一、二级负荷的要求。

总降压变电所的 35kV 侧采用外桥式结线。6kV 侧采用分段单母线，分段开关采用断路器，可以带负荷通断。

（3）厂区高压电力线路的结线方式　铸钢车间和氧气站都为一级负荷，而且两车间距离不远，如果分别采用双放射式供电，那么总降压变电所就需要装 4 台 6kV 开关柜，在厂区需敷设 4 条 6kV 线路。如果采用双树干式对这两个车间供电，则对每个车间来说，仍为双电源供电，但总降压变电所只要装两台 6kV 开关柜，则可节省两台 6kV 开关柜，少敷设两条 6kV 线路，后一方案既满足负荷对供电可靠性的要求，又简化总降压变电所主电路和厂区高压电力线路，节省投资，是最佳方案。由于高压电动机绝缘强度不如电力变压器，为避免雷击危害高压电动机，所以从总降压变电所到这两个车间的 6kV 线路，不采用架空线路，而采用电缆线路。

水压机车间及煤气站，都为一级负荷，两个车间距离也不远，因此也可采用双树干式供电。同时，由于有高压电动机，同样也采用电缆线路。

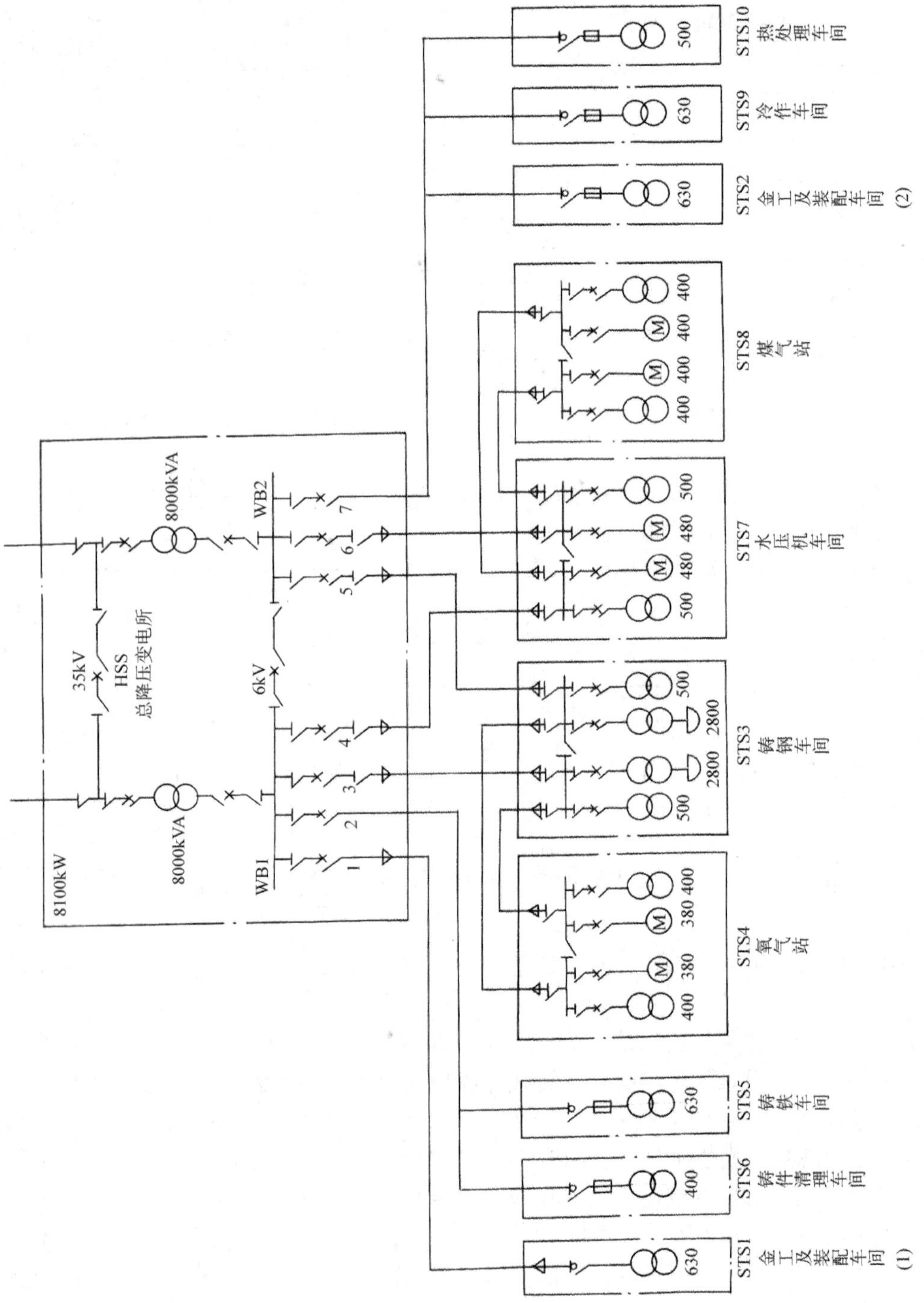

图 3-24　某重型机器厂主电路图

铸铁车间及铸件清理车间变电所，由于是三级负荷，所以采用一路树干式线路供电。

金工及装配车间，由于负荷重、面积大，为减少 380V 线路的电压损耗及电能损耗，可分设两个车间变电所，如图 3-23 所示。

附件车间，由于负荷很小，所以由冷作车间变电所以 380V 电压供电。同理，机修车间则由热处理车间变电所供电。

金工车间的 STS2 与冷作车间的 STS9、热处理车间的 STS10 等三个车间变电所，都是功率不大的三级负荷，而且彼此靠近，因此可以采用一条树干式线路供电。由于这一条干线上没有高压电动机，所以采用架空线路，既便于分支，又可节省投资。

金工车间的另一变电所 STS1，因没有顺路的 6kV 线路，只好由总降压变电所以放射式供电。由于此线路不长，故采用电缆线路。

（4）各车间变电所高压开关的选择　铸钢车间、氧气站、水压机车间及煤气站等车间变电所，由于都是一级负荷，所以其车间变电所的变压器高压侧都采用高压断路器控制，便于装设继电保护和自动切换装置。

金工车间的车间变电所 STS1，因在总降压变电所侧已装有控制此变压器的专用高压断路器及保护装置，所以在车间变电所这一端，只装一台隔离开关，用于检修时隔离高压电源。

三、低压电力线路的结线方式

低压电力线路基本的结线方式有放射式，树干式及链式等三种，各自的结线特点和适用范围如表 3-5 所示。链式结线实质上是一种特殊的树干式结线。

表 3-5　低压电力线路常用的结线方式

名　称	放　射　式	树　干　式	链　　式
结线图	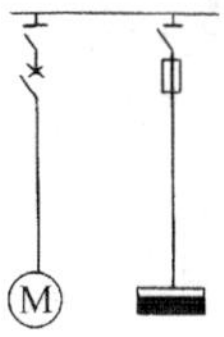	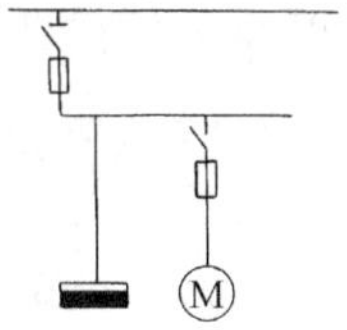	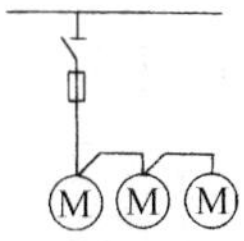
特点	每个负荷由单独线路供电	多个负荷由一条干线供电	后面设备的电源引自前面设备的端子
优点	线路故障时影响范围小，因此可靠性较高；控制灵活，易于实现集中控制	线路少，因此有色金属消耗量少，投资省；易于适应发展	线路上无分支点，适合穿管敷设或电缆线路；节省有色金属消耗量
缺点	线路多，有色金属消耗量大；不易适应发展	干线故障时影响范围大，因此供电可靠性较差	线路检修或故障时，相连设备全部停电，因此供电可靠性较差
适用范围	供大容量设备，或供要求集中控制的设备，或供要求可靠性高的重要设备	适用于明敷线路，也适用于供可靠性要求不高的或较小容量的设备	适用于暗敷线路，也适用于供可靠性要求不高的小容量设备；链式相连的设备不宜多于 5 台，总容量不宜超过 10kW，单台设备容量不宜超过 7kW

有些机械加工车间，为了适应生产工艺的经常改变和设备位置的频繁调整，可采用变压器-干线式结线，如图 3-25 所示。它是一种特殊的树干式结线。在变压器低压侧不设低压配电屏，只在车间墙上装设低压断路器。总干线采用载流量很大的母线，贯穿整个车间，再从总干线经熔断器(或低压断路器)引至各分干线。这样，大容量设备可直接接在总干线上，而小容量设备则接在分干线上，因此可非常灵活地适应设备位置的调整。但是干线检修或故障时停电范围大，供电可靠性不很高，变压器-干线式结线主要用于设备位置需经常调整的机械加工车间。

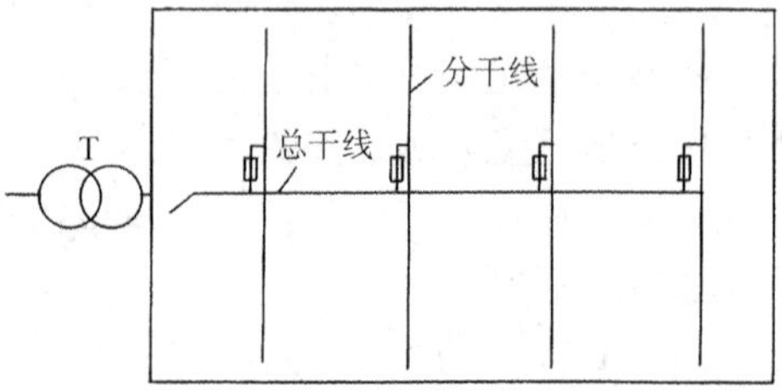

图 3-25　变压器-干线式结线

在实际的工厂低压配电系统中，往往是以上几种结线方式的组合。

总的来说，工厂电力线路的结线应力求简单。运行经验证明：工厂供配电系统如果结线复杂，层次过多，不仅浪费投资和不便管理，而且由于串联元件过多，因元件故障和操作错误而发生事故的可能性也随之增加，且处理事故和恢复供电的操作也比较麻烦，从而延长了停电时间。同时由于配电级数多，继电保护级数也相应增多，对供配电系统的故障保护十分不利。因此，《供配电系统设计规范》(GB 50052—1995)规定："供电系统应简单可靠，同一电压供电系统的配电级数不宜多于两级"。

第四节　工厂电力线路的结构与敷设

一、概述

工厂电力线路按结构型式来分，有架空线路、电缆线路和车间线路等三类。

架空线路是利用电杆架空敷设裸导线的户外线路。其特点是投资少、易于架设，维护检修方便，易于发现和排除故障；但它要占用地面位置，有碍交通和观瞻，且易受环境影响，安全可靠性较差。

电缆线路是利用电力电缆敷设的线路。电缆线路与架空线路相比，虽然具有成本高、不便维修、不易发现和排除故障等缺点，但却具有运行可靠、不易受外界影响、不需架设电杆、不占地面、不碍交通和观瞻等优点，特别是在有腐蚀性气体和易燃易爆场所，以及需要防止雷电波沿线路侵入，不宜采用架空线路时，只有敷设电缆线路。因此，在现代化的工厂中，电缆线路得到越来越广泛的应用。

车间线路是指车间内外敷设的各类配电线路，包括车间内用裸线(包括母线)和电缆敷设的线路，用绝缘导线沿墙、沿屋架和沿顶篷明敷的线路，用绝缘导线穿管沿墙、沿屋架或埋地敷设的线路，也包括车间之间用绝缘导线敷设的低压线路。

二、架空线路的结构和敷设

架空线路的结构如图 3-26 所示。它由电杆、横担、绝缘导线以及避雷线(架空地线)、拉线等组成。

1. 架空线路的导线

架空线路一般采用裸导线。截面积 10mm² 以上的导线都是多股绞合的，称为绞线。工厂里最常用的是 LJ 型铝绞线。在机械强度要求较高的和 35kV 及以上的架空线路上，则多采用 LGJ 型钢心铝绞线，其截面如图 3-27 所示。其中的钢心主要承受机械载荷，外围的铝线部分用于载流。钢心铝绞线型号（如 LGJ-95）中表示的截面积（95mm²）就是指铝线部分的截面积。

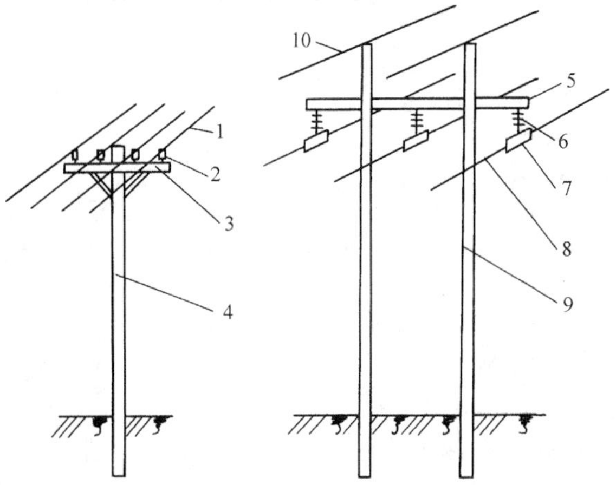

a)　　b)

图 3-26　架空线路的结构

a）低压架空线路　b）高压架空线路

1—低压导线　2—针式绝缘子　3、5—横担　4—低压电杆

6—绝缘子串　7—线夹　8—高压导线　9—高压电杆　10—避雷线

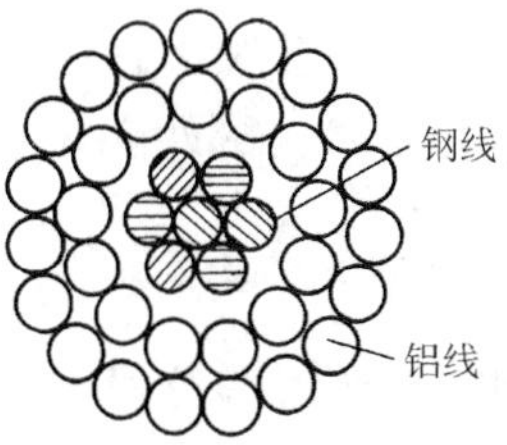

图 3-27　钢心铝绞线的截面

根据机械强度的要求，架空裸导线的最小截面如附录表 A-11 所示。

2. 电杆、横担和拉线

电杆是用来支持和架设导线的。对电杆的要求，主要是要有足够的机械强度，并保证导线对地有足够的距离，如表 3-6 所示。

表 3-6　架空导线离地最小距离　　（单位：m）

线路经过地区	线路电压	
	高压（6～10kV）	低压（1kV 及以下）
居民区、厂区	6.5	6.0
非居民区	5.5	5.0
交通困难地区	4.5	4.0

电杆按其采用的材料分类，有木杆、水泥杆和铁塔等。现在厂区电杆最常用的是水泥杆。因为采用水泥杆可大量节约木材和钢材，而且经久耐用，维护简单，也比较经济。常用圆形钢筋混凝土电杆的规格如表 3-7 所示。

表 3-7　圆形钢筋混凝土电杆规格

杆长/m	7	8		9		10		11	12	13
梢径/mm	150	150	170	150	190	150	190	190	190	190
底径/mm	240	256	270	270	310	283	323	337	350	363
埋深/mm	1200	1500		1600		1700		1800	1900	2000

注：表中埋深系按一般土质情况。

电杆按其在线路中的地位和作用分类，有直线杆、耐张杆、转角杆、终端杆、跨越杆和分支杆等型式。如图 3-28 所示是上述各种杆型在低压架空线路上应用的示意图。

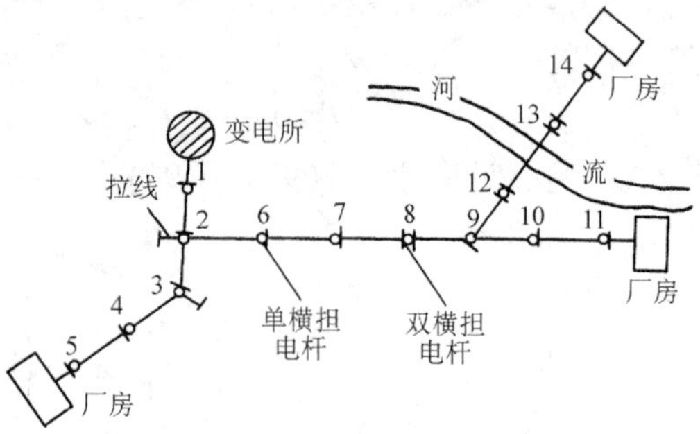

图 3-28　各种杆型在低压架空线路上的应用

1、5、11、14—终端杆　2、9—分支杆　3—转角杆　4、6、7、10—直线杆　8—耐张杆(分段杆)　12、13—跨越杆

横担用来固定绝缘子以支承导线，并保持各相导线之间的距离。

目前常用的横担有铁横担和瓷横担。铁横担由角钢制成。10kV 线路多采用∟63mm × 6mm 的角钢，380V 线路多采用∟50mm ×5mm 的角钢。铁横担的机械强度高，应用广泛。瓷横担兼有横担和绝缘子的双重作用，能节约钢材并提高线路绝缘水平，但机械强度较低，一般仅用于较小截面导线的架空线路，多用于农村电力线路。

拉线是为了平衡电杆各方面的受力，防止电杆倾倒用的，如转角杆、耐张杆、终端杆等，往往都装有拉线。拉线一般采用镀锌钢绞线，依靠花篮螺钉来调节拉力，如图 3-29 所示。

3. 线路绝缘子和金具

线路绝缘子俗称瓷瓶，用来固定导线并使导线与电杆绝缘。如图 3-30 所示为常见的几种高压线路绝缘子。

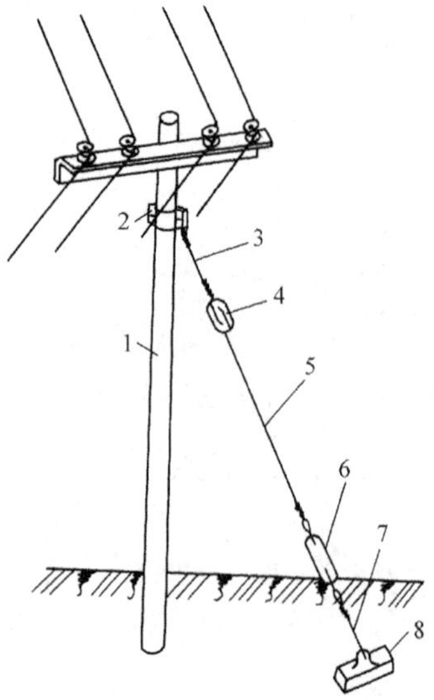

图 3-29　拉线的结构

1—电杆　2—拉线抱箍　3—上把　4—拉线绝缘子　5—腰把　6—花篮螺钉　7—底把　8—拉线底盘

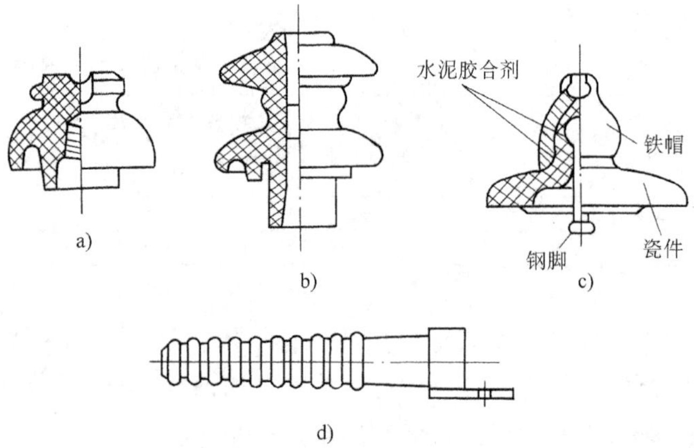

图 3-30　高压线路绝缘子

a）针式　b）蝴蝶式　c）悬式　d）瓷横担

线路金具是用来连接导线、安装横担和绝缘子的金属附件，包括安装针式绝缘子的直脚（如图 3-31a 所示）和弯脚（如图 3-31b 所示），安装蝴蝶式绝缘子的穿心螺钉（如图 3-31c 所示），将横担或拉线固定在电杆上的 U 形抱箍（如图 3-31d 所示），调节松紧的花篮螺钉（如图 3-31e 所示），以及悬式绝缘子串的挂环、挂板、线夹（如图 3-31f 所示）等。

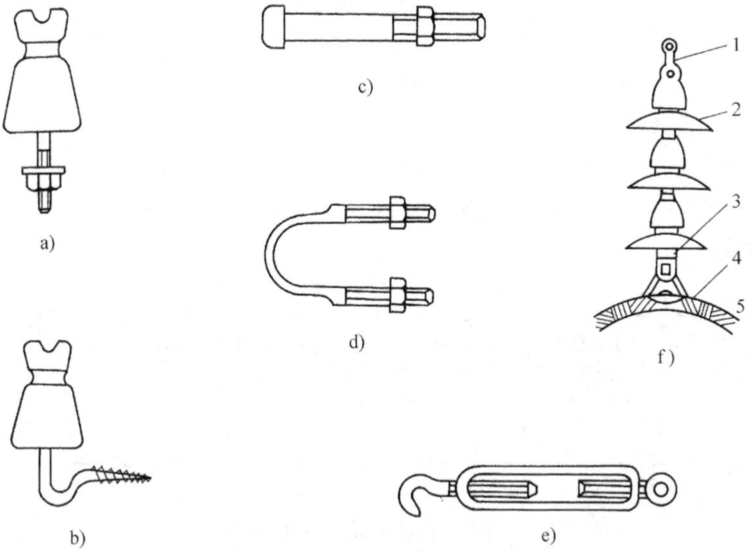

图 3-31　线路用金具

a）直脚及绝缘子　b）弯脚及绝缘子　c）穿心螺钉

d）U 形抱箍　e）花篮螺钉　f）悬式绝缘子串及金具

1—球形挂环　2—绝缘子　3—碗头挂板　4—悬垂线夹　5—导线

4. 架空线路的敷设

敷设架空线路，要严格遵守有关技术规程的规定。在施工过程中，要特别注意安全，防止发生事故。

导线在电杆上的排列方式，如图 3-32 所示：有水平排列（如图 3-32a、f 所示），三角形排列（如图 3-32b、c 所示），三角、水平混合排列（如图 3-32d 所示）和双回路垂直排列（如图

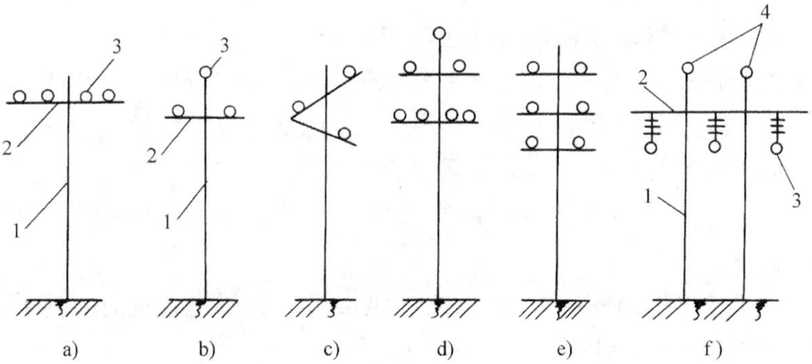

图 3-32　导线在电杆上的排列方式

1—电杆　2—横担　3—导线　4—避雷线

3-32e所示。低压三相四线水平排列时，面向负荷从左侧起，导线排列相序一般为A、N、B、C。电压不同的线路同杆架设时，电压较高的线路应在上面。

架空线路的档距（跨距）是同一线路上相邻两电杆之间的水平距离，导线的弧垂则是导线的最低点与档距两端电杆上的导线悬挂点之间的垂直距离，如图3-33所示。对于各种架空线路，有关规程对其档距和弧垂都有一些具体的规定。

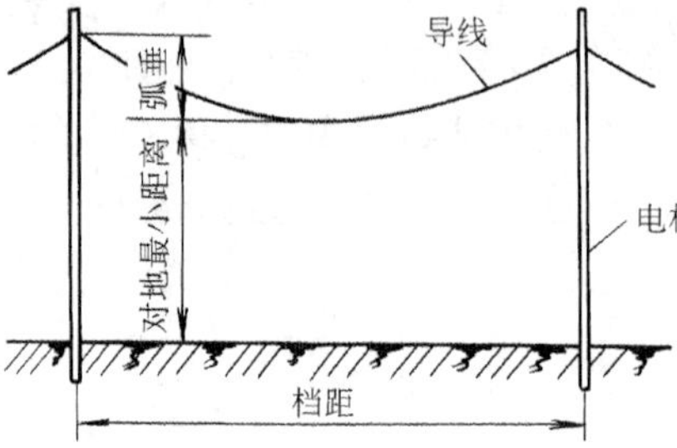

图3-33　架空线路的档距和弧垂

为了防止架空导线之间相碰短路，架空线路一般要满足最小线间距离要求，如表3-8所示，同时上下横担之间也要满足最小垂直距离要求，如表3-9所示。

表3-8　架空电力线路最小线间距离　（单位：m）

线路电压 \ 档距	<40	40～50	50～60	60～70	70～80
3～10kV	0.6	0.65	0.7	0.75	0.85
≤1kV	0.3	0.4	0.45	0.5	—

表3-9　横担间最小垂直距离　（单位：m）

导线排列方式	直线杆	分支或转角杆
高压与高压	0.8	0.6
高压与低压	1.2	1
低压与低压	0.6	0.3

三、电缆线路的结构和敷设

1. 电缆和电缆头

电力电缆是传输和分配电能的一种特殊导线，它主要由导体、绝缘层和保护层三部分组成。

导体即电缆线芯，一般由多根铜线或铝线绞合而成。

绝缘层作为相间及对地的绝缘，其材料随电缆种类不同而异。如油浸纸绝缘电缆是以油浸纸作绝缘层，塑料电缆是以聚氯乙烯或交联聚乙烯塑料作绝缘层。

保护层又分内护层和外护层。内护层用来直接保护绝缘层，常用的材料有铅、铝和塑料等。外护层用以防止内护层免受机械损伤和腐蚀，通常为钢丝或钢带构成的钢铠，外覆沥青、麻被或塑料护套。

表3-10为电力电缆型号中各符号的含义，供参考。选择电缆时还应考虑环境条件和敷设方式的要求，详见有关设计手册。

图3-34和图3-35所示分别为油浸纸绝缘电力电缆和交联聚乙烯绝缘电力电缆的结构图。

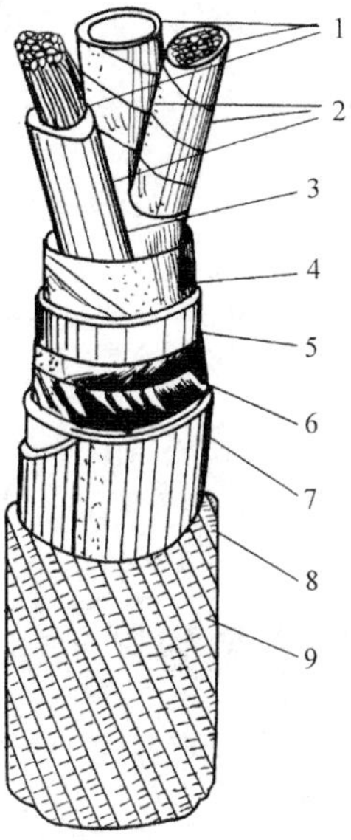

图 3-34　油浸纸绝缘电力电缆结构图

1—铝心（或铜心）　2—油浸纸绝缘层　3—麻筋（填料）　4—油浸纸统包绝缘层　5—铅包（或铝包）　6—涂沥青的纸带（内护层）　7—浸沥青的麻被（内护层）　8—钢铠（外护层）　9—麻被（外护层）

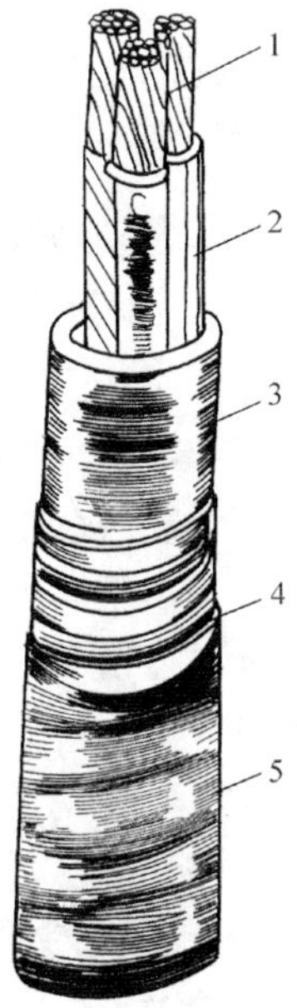

图 3-35　交联聚乙烯绝缘电力电缆结构图

1—铝心（或铜心）　2—交联聚乙烯绝缘层　3—聚氯乙烯护套（内护层）　4—钢铠（或铝铠，外护层）　5—聚氯乙烯外壳（外护层）

表 3-10　电力电缆型号中各符号的含义

项目	型号	含　义	旧型号	项目	型号	含　义	旧型号
类别	Z	油浸纸绝缘	Z	外护层	(21)	钢带铠装纤维外被	2，12
	V	聚氯乙烯绝缘	V		22	钢带铠装聚氯乙烯套	22，29
	YJ	交联聚乙烯绝缘	YJ		23	钢带铠装聚乙烯套	
	X	橡皮绝缘	X		30	裸细钢丝铠装	30，130
导体	L	铝心	L		(31)	细圆钢丝铠装纤维外被	3，13
	T	铜心（一般不注）	T		32	细圆钢丝铠装聚氯乙烯套	23，39
内护套	Q	铅包	Q		33	细圆钢丝铠装聚乙烯套	
	L	铝包	L		(40)	裸粗圆钢丝铠装	50，150
	V	聚氯乙烯护套	V		41	粗圆钢丝铠装纤维外被	5，15
特征	P	滴干式	P		(42)	粗圆钢丝铠装聚氯乙烯套	59，25
	D	不滴流式	D				
	F	分相铅包式	F		(43)	粗圆钢丝铠装聚乙烯套	
外护套	02	聚氯乙烯套	—				
	03	聚乙烯套	1，11		441	双粗圆钢丝铠装纤维外被	
	20	裸钢带铠装	20，120				

（续）

项目	型号	含　义	旧　型　号
电力电缆全型号表示示例		ZLQ20—10000—3 × 120 铝心纸绝缘铅包裸钢带铠装电力电缆（ZLQ20） 额定电压(V)（10000） 三芯（3） 线芯额定截面(mm^2)（120）	
备注		1. 表中“外护层”型号，系按国家标准 GB 2952—1982 规定 2. “外护层”型号外加括号者，系不推荐使用的产品	

电缆头包括联接两条电缆的中间接头和电缆终端的封端头。图 3-36 所示为 1 ~ 10kV 电缆环氧树脂中间头。图 3-37 所示为户内式环氧树脂终端头(封端头)。环氧树脂电缆头具有工艺简便、绝缘和密封性能好、体积小、重量轻、耐老化等优点，因此在工厂 10kV 及以下的配电装置中得到了广泛的应用。另外，还有一种利用热缩材料作电缆封端的技术，该技术发展很快，已经取代传统电缆头作法。近几年又有一种使用冷缩材料的电缆封端技术问世。

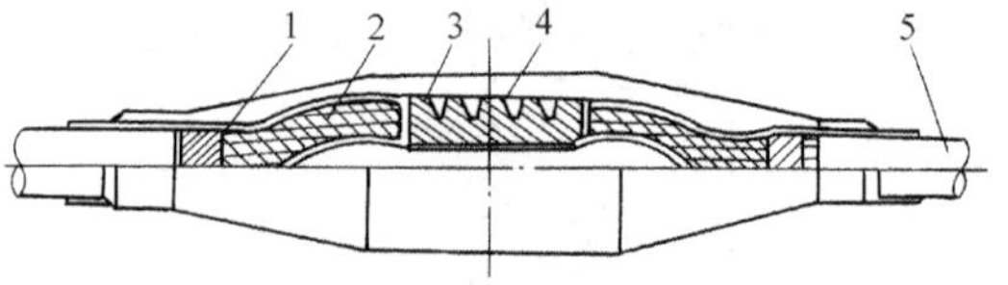

图 3-36　1 ~ 10kV 电缆环氧树脂中间头
1—统包绝缘层　2—芯线绝缘　3—扎锁管(压接管)　4—扎锁管涂包层　5—铝(或铅)包

电缆头是电缆线路的薄弱环节，在施工和运行中应特别注意。

2. 电缆的敷设

(1) 电缆的敷设方式　工厂中采用的电缆敷设方式有直接埋地、电缆沟敷设、沿墙敷设和电缆桥架敷设等几种。此外，在大型发电厂和变电所等电缆密集的场合，还采用电缆隧道和电缆排管等方式。

1) 直接埋地。如图 3-38 所示，这种敷设方式，投资省、散热好，但不便检修和查找故障，且易受外来机械损伤和水土侵蚀，一般用于户外电缆不多的场合。

2) 电缆沟敷设。如图 3-39 所示，沟内可敷设多根电缆，占地少，且便于维修。

3) 沿墙敷设。如图 3-40 所示，一般用于室内环境正常的场合。

4) 电缆梯架敷设。如图 3-41 所示为电缆梯架的一种，它由支架、托臂、线槽及盖板组成。电缆梯架在户内和户外均可使用。采用电缆梯架敷设的线路，整齐美观、便于

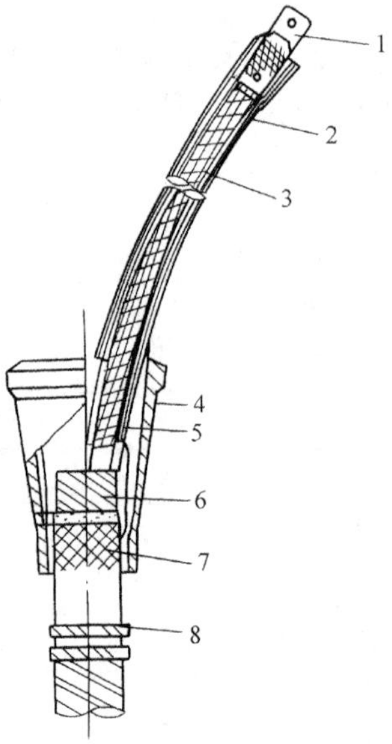

图 3-37　户内式环氧树脂终端头
1—引线鼻子　2—芯线绝缘　3—电缆芯线(外包绝缘层)　4—预制环氧外壳(可以代铁皮模具)　5—环氧混合胶(现场浇注)　6—统包绝缘　7—铝(或铅)包　8—接地线卡子

维护，槽内可以使用价廉的无铠装的全塑电缆。无上盖的电缆梯架则称电缆托盘。

（2）电缆敷设的一般要求　敷设电缆时应严格遵守有关技术规程的规定和设计要求。竣工之后，要按规定的要求进行检查和试验，确保线路的质量。部分重要的技术要求如下：

1）为防止电缆在地形发生变化时受过大的拉力，电缆在直埋敷设时要比较松弛，可作波浪形埋设。电缆长度可考虑1.5%～2%的余量，以便检修。

2）下列地点的电缆应穿管保护：电缆引入或引出建筑物或构筑物；电缆穿过楼板及主要墙壁处；从电缆沟道引出至电杆、或沿墙敷设的电缆距地面2m以下及地下0.3m深度的一段；电缆与道路、铁路交叉的一段。所用保护管内径不得小于电缆外径的1.5倍。

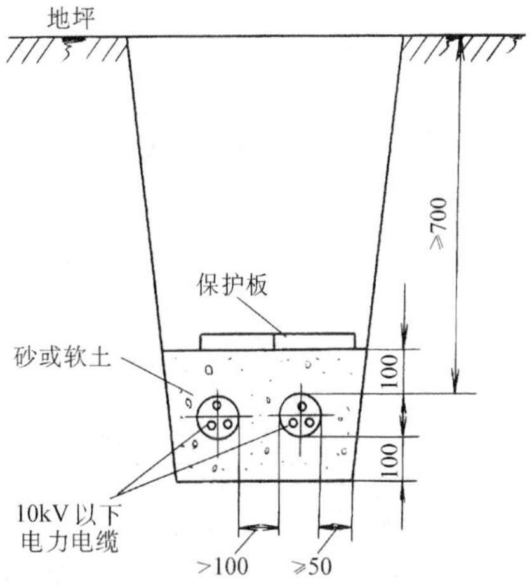

图3-38　电缆直接埋地

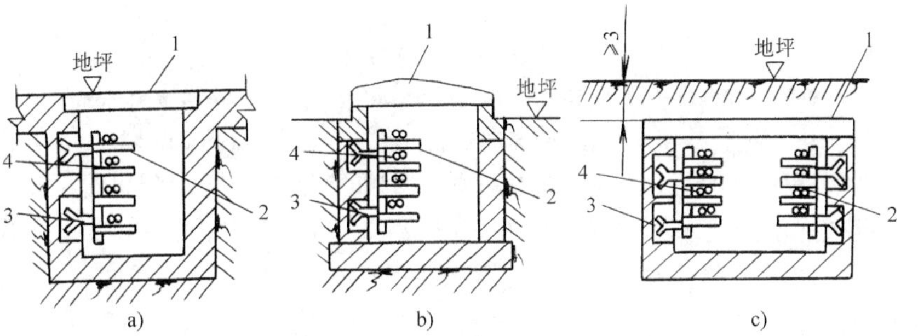

图3-39　电缆沟

a）户内的　b）户外的　c）厂区的

1—盖板　2—电缆支架　3—预埋铁件　4—电缆

3）电缆与不同管道一起敷设时，应满足以下要求：不允许在敷设煤气管、天然气管及液体燃料管路的沟道中敷设电缆；在热力管道的明沟或隧道中，一般不要敷设电缆；个别情况下，如不致使电缆过热时，允许少数电缆敷设在热力管道的沟道中，但应分隔在不同侧，或将电缆安放在热力管道的下面。

4）直埋电缆埋地深度不得小于0.7m，其壕沟离建筑物基础不得小于0.6m。直埋于冻土地区时，宜埋在冻土层以下。

5）电缆沟的结构应考虑到防火和防水。电缆沟从厂区进入厂房处及隧道连接处应设置防火隔板。电缆沟的排水坡度不得小于0.5%，而且不能排向厂房内侧。

6）电缆的金属外皮和金属电缆头及保护钢管和金属支架等，均应可靠接地。

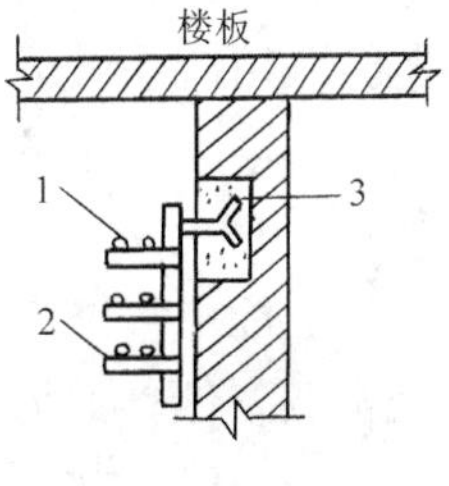

图3-40　电缆沿墙敷设

1—电缆　2—支架

3—预埋铁件

四、车间线路的结构和敷设

1. 车间电力线路敷设的安全要求

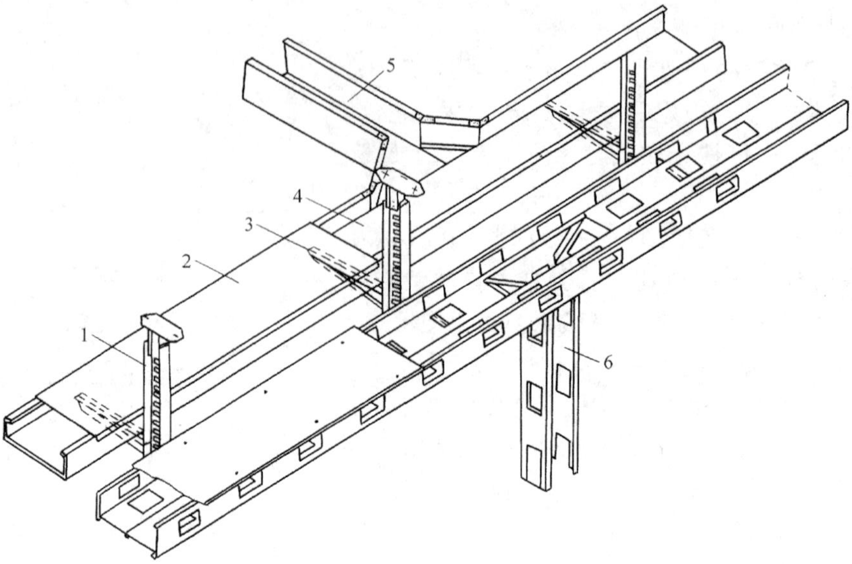

图 3-41　电缆梯架

1—支架　2—盖板　3—支臂　4—线槽　5—水平分支线槽　6—垂直分支线槽

1）离地面 3.5m 以下的电力线路应采用绝缘导线，离地面 3.5m 以上允许采用裸导线。

2）离地面 2m 以下的导线必须加机械保护，例如穿钢管或穿硬塑料管保护。

3）根据机械强度的要求，绝缘导线的芯线截面应不小于附录表 A-12 所列数值。

4）车间电力线路的敷设方式应根据环境条件和敷设要求确定，详见有关设计手册。

2. 绝缘导线

绝缘导线按线芯材料分，有铜心和铝心两种。铜心绝缘导线在机械强度和载流量等方面都具有优势，但价格较贵。在易燃、易爆或其他有特殊要求的场所应采用铜心绝缘导线。

绝缘导线按其外皮的绝缘材料分橡皮绝缘和塑料绝缘两种。塑料绝缘导线绝缘性能良好，且价格较低，在户内明敷或穿管敷设时可取代橡皮绝缘导线。但塑料绝缘在高温时易软化，在低温时又会变硬变脆，故不宜在户外使用。

3. 裸导线和封闭型母线

车间内常用的裸导线为 LMY 型硬铝母线。在干燥、无腐蚀性气体的高大厂房内，当工作电流较大时，可采用 LMY 型硬铝母线作载流干线。按规定，裸导线 A、B、C 三相涂漆的颜色分别对应为黄、绿、红三色。

车间内的吊车滑触线过去多采用角钢，新型安全滑触线的载流导体则为铜排，且外面有保护罩。

车间配电线路中还有一种封闭型母线（插接式母线），适用于设备布置均匀紧凑而又需要经常调整位置的场合。

4. 车间电力线路常用的敷设方式

图 3-42 所示为几种常用的车间电力线路敷设方式。

此外，如果车间电力线路采用电缆，则应采用相应的电缆敷设方式。例如图 3-40 所示的电缆沿墙敷设和图 3-41 所示的电缆梯架等。

五、车间电气动力平面布线图

车间电气动力平面布线图是表示供电系统对车间动力设备配电的电气平面布线图。

所谓电气平面布线图，就是在建筑平面图上，应用国家标准规定的有关图形符号和文字符号，按照电气设备的安装位置及电气线路的敷设方式、部位和路径绘出的电气布置图。

图 3-43 所示是某机械加工车间(局部)的动力电气平面布线图。它按照实际位置及规定的图形符号和文字符号表示出车间的墙、门、窗和用电设备的位置以及配电线路的路径、导线型号、截面及敷设方式等。

表 3-11 是 GB 4728. 11—1985《电气图用图形符号·电力、照明和电信布置》中规定的电力设备的标注方法。

表 3-12 为线路的敷设方式的文字代号。

表 3-13 为敷设部位的文字代号。

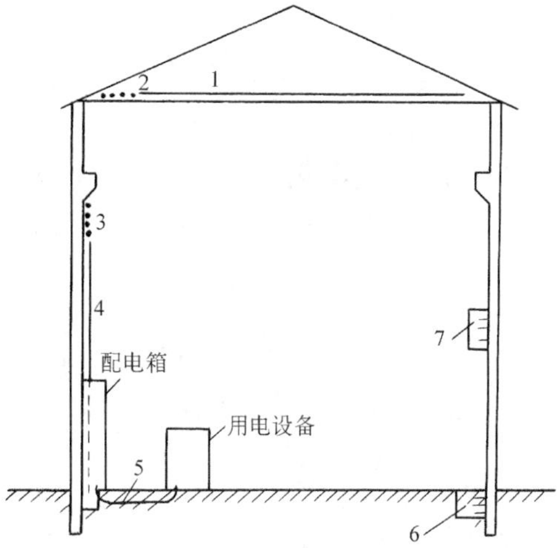

图 3-42 车间电力线路敷设方式示意图

1—沿屋架横向明敷 2—跨屋架纵向明敷
3—沿墙或沿柱明敷 4—穿管明敷
5—地下穿管暗敷 6—地沟内敷设
7—封闭型母线(插接式母线)

表 3-11 电力设备的标注方法

标注方式	说明
$\frac{a}{b}$ $\frac{a \mid b}{c \mid d}$	用电设备 a—设备编号 b—设备功率(kW) c—线路首端熔体或低压断路器脱扣器的电流(A) d—标高(m)
一般标注方法 $a\frac{b}{c}$ $a-b-c$ 当需要标注引入线的规格时 $a\frac{b-c}{d(e\times f)-g}$	配电设备 a—设备编号 b—设备型号 c—设备功率(kW) d—导线型号 e—导线根数 f—导线截面(mm^2) g—导线敷设方式及部位
一般标注方法 $a\frac{b}{c/i}$ $a-b-c/i$ 当需要标注引入线的规格时 $a\frac{b-c/i}{d(e\times f)-g}$	开关及熔断器 a—设备编号 b—设备型号 c—额定电流(A) i—整定电流(A) d—导线型号 e—导线根数 f—导线截面(mm^2) g—导线敷设方式

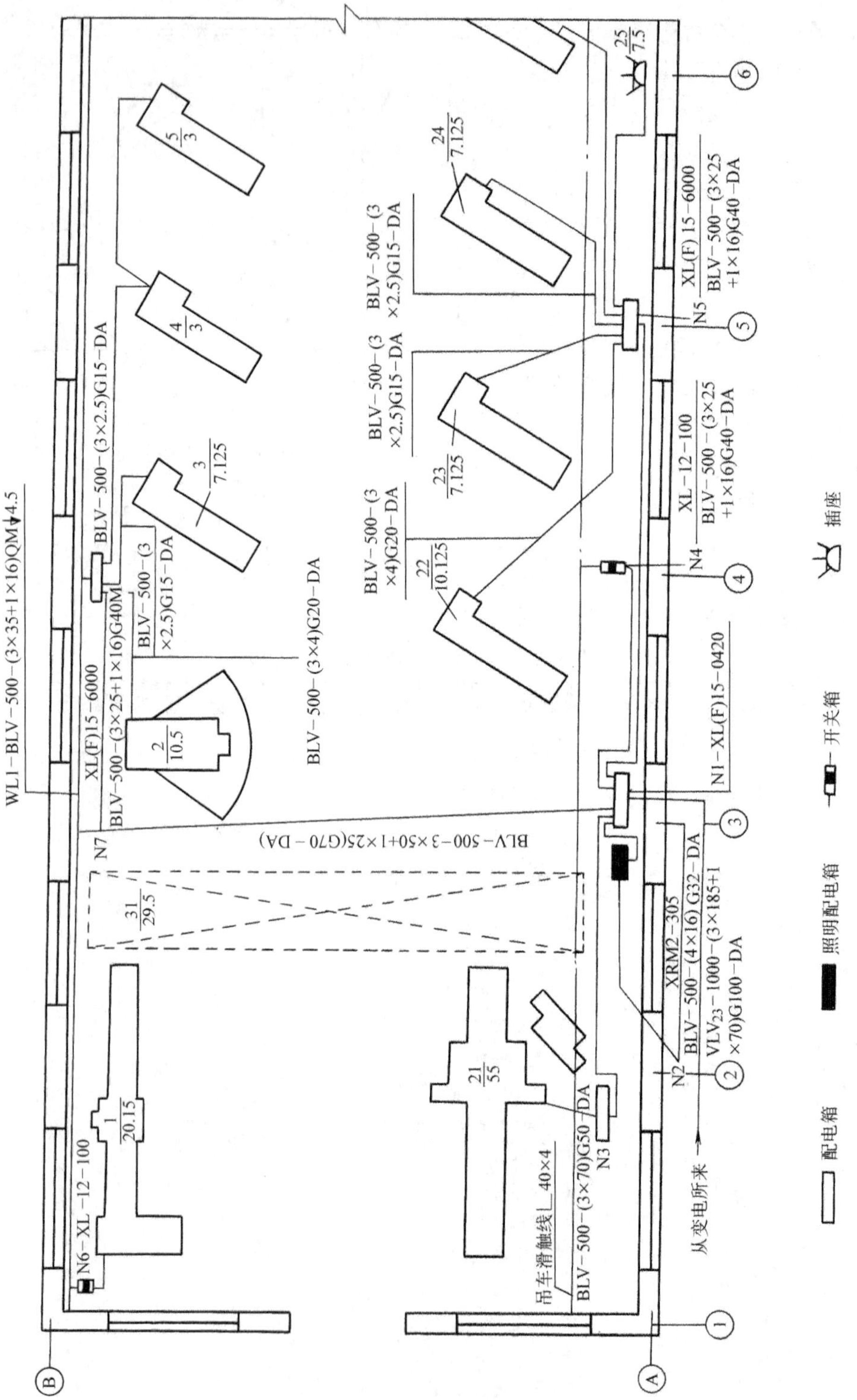

图3-43　某机械加工车间(局部)动力电气平面布线图

表 3-12　电力线路敷设方式的文字代号

敷设方式	代号	敷设方式	代号
明敷	M	用卡钉敷设	QD
暗敷	A	用槽板敷设	CB
用钢索敷设	S	穿焊接钢管敷设	G
用瓷瓶或瓷珠敷设	CP	穿电线管敷设	DG
瓷夹板或瓷卡敷设	CJ	穿塑料管敷设	VG

表 3-13　电力线路敷设部位的文字代号

敷设部位	代号	敷设部位	代号
沿梁下弦	L	沿天花板(顶棚)	P
沿柱	Z	沿地板	D
沿墙	Q		

上述电力线路敷设方式的文字代号和敷设部位的文字代号是用拼音字母表示的。现在还有一种用英文字母表示的方法，详见国家建筑标准设计图集 OODX001，此略。

从图 3-43 中可以看出，总配电箱 N1 安装在 3 号轴线与 A 轴线的交叉处，其型号是 XLF—15—0420，从有关资料上可以查到该配电箱装有 4 回路 100A 及 2 回路 200A 熔断器。N1 配电箱的电源来自变电所，引入电缆的型号是 VLV_{23}—1000，即铝心塑料绝缘、塑料护套、钢带铠装电力电缆，额定工作电压为 1kV，截面为$(3\times185+1\times70)\mathrm{mm}^2$，穿直径 100mm 的钢管埋地暗敷。

图中 N2 为照明配电箱，其电源来自总配电箱 N1。N2 的电源也可以直接来自变电所的照明专用回路，这样便于动力和照明分别计量，也可以避免动力和照明的相互影响。

21 号设备功率较大，故由 N1 配电箱放射式配电到该设备的控制箱 N3，导线采用 BLV—500—(3×70)穿直径 50mm 的钢管埋地暗敷。

31 号设备为桥式吊车。为了操作方便和维修安全，吊车滑触线设有专用开关箱 N4，其电源直接来自 N1 配电箱。开关箱宜位于滑触线中部。

22 ~ 25 号用电设备由 N5 配电箱供电。该配电箱装有 6 回路 60A 的熔断器。25 号设备为三相插座，供接临时用电设备，容量按 7.5kW 考虑。从配电箱到各用电设备的导线型号、截面及敷设方式均已在图中标明。

1 ~ 20 号用电设备功率均较小，由干线 WL1 供电，WL1 采用 BLV—500—$(3\times35+1\times16)$绝缘导线沿墙明敷，高度为 4.5m。1 号设备经开关箱 N6 直接接于干线。2 ~ 5 号设备由 N7 配电箱供电，其中 4 号和 5 号设备功率较小，采用链式供电。

动力配电箱都留有备用回路，供增加设备或临时供电时使用。

如图 3-43 所示仅为车间动力电气平面布线图的一种表示方法。当设备台数较多时，为了使图面清晰美观，可在平面布线图上只标出干线、配电箱及所供用电设备的编号。从配电箱到各用电设备的导线型号、截面、敷设方式及保护元件等，则可用配线表或系统图的形式表示，或用文字加注说明。

思考题

3-1　设计工厂变配电所主结线方案时应考虑哪些因素？

3-2　双电源配电所的电源断路器为什么要双侧装隔离开关？

3-3　如图3-10a所示的外桥结线，在一条电源进线检修时应如何操作，才能转为一条进线、两台变压器并列运行的工作状态？

3-4　哪些车间适合采用单台变压器变电所？哪些车间宜采用双台变压器变电所？

3-5　变配电所所址选择应考虑哪些原则？

3-6　车间附设式变电所与车间内变电所区别何在？各有何优缺点？各适用于什么场所？

3-7　高压、低压配电室的操作通道、维护通道及变压器室的维护通道的最小尺寸是多少？

3-8　某工厂 $S_{30}=5000\text{kVA}$，工厂附近有380V、10kV及35kV三种电压的电源，问该厂宜从哪一种电压电网取得电源？为什么？

3-9　试比较放射式与树干式供电的优缺点，并说明其适用范围。

3-10　导线LJ—150和LGJ—150各表示什么型号导线？两个150各表示什么？

3-11　架空线路的电杆有哪几种？工厂架空线路中常用哪种电杆？为什么？

3-12　架空线路的横担起什么作用、一般常用的横担有哪些？

3-13　从机械强度上考虑，380V及10kV架空导线的最小截面是多少？

3-14　导线的弧垂是什么？与哪些因素有关？

3-15　试比较架空线路和电缆线路的优缺点及适用范围。

3-16　敷设电缆应注意哪些事项？

3-17　车间电力线路有哪些敷设方式？各自的适用范围如何？

3-18　采用钢管穿线时，可否分相穿管？为什么？

3-19　某电气平面布线图上，某一线路旁标注有BLV—500(3×70+PEN35)G70—QM，请说明各文字符号的含义。

第四章　负荷计算和短路计算

本章首先简介电力负荷的有关概念，然后着重讲述负荷和尖峰电流的计算；接着概述供电系统短路的有关概念，然后重点讲述供电系统的短路计算及短路电流的效应问题。本章是进行供电设计计算、选择校验有关电器和导体的基础。

第一节　电力负荷和负荷曲线的有关概念

一、电力负荷的有关概念

电力负荷，既可指用电设备或用电单位(用户)，也可指用电设备或用户所耗用的电功率或电流，视具体情况而定，本章所指为后者。

1. 工厂用电设备按工作制的分类

工厂的用电设备，按其工作制分以下三类：

(1) 长期连续工作制　这类设备长期连续运行(通常每次带负荷运行 2h 以上)，负荷比较稳定，如通风机、水泵、空气压缩机、电炉和照明等。机床电动机的负荷虽然变动较大，但大多也是长期连续工作的。

(2) 短时工作制　这类设备的工作时间较短(通常每次带负荷运行 10～120min)，而停歇时间相对较长，例如机床上的某些辅助电动机(如进给电动机、升降电动机等)。

(3) 断续周期工作制　这类设备周期性地工作—停歇—工作，如此反复运行，而工作周期一般不超过 10min，例如电焊机和起重机械等。

2. 用电设备的额定容量、负荷持续率及负荷系数

(1) 用电设备的额定容量　用电设备的额定容量，是指用电设备在额定电压下，在规定的使用寿命内能连续输出或耗用的最大功率。对于电动机，额定容量指其轴上正常输出的最大功率，因此其耗用的(即从电网吸取的)功率应为其额定容量除以其效率。对于电灯和电炉等，额定容量则是指其在额定电压下耗用的功率，而不是指其输出的功率。

对于电动机、电炉、电灯等设备，额定容量均用有功功率 P_N 表示，单位为瓦(W)或千瓦(kW)。

对于变压器和电焊机等设备，额定容量则一般用视在功率 S_N 表示，单位为伏安(VA)或千伏安(kVA)。

对于电容器类设备，额定容量则用无功功率 Q_C 表示，单位为乏(var)或千乏(kvar)。

必须注意：对断续周期工作制的设备来说，其额定容量是对应于一定的负荷持续率的。

(2) 负荷持续率　负荷持续率又称暂载率或相对工作时间，符号为 ε，用一个工作周期内工作时间 t 与工作周期 T 的百分比来表示

$$\varepsilon = \frac{t}{T} \times 100\% = \frac{t}{t + t_0} \times 100\% \tag{4-1}$$

式中 T——工作周期(s);

t——工作周期内的工作时间(s);

t_0——工作周期内的停歇时间(s)。

同一设备在不同的负荷持续率下工作时，其输出功率是不同的。例如某设备在 ε_1 时的设备容量为 P_1，那么该设备在 ε_2 时的设备容量 P_2 是多少呢？这就需要进行“等效”换算，即按同一周期内相同发热条件来进行换算。

假设设备的内阻为 R，则电流 I 通过设备在 t 时间内产生的热量为 I^2Rt。因此在 R 不变而产生的热量又相等的条件下，$I\propto 1/\sqrt{t}$。当电压相同时，设备容量 $P\propto I$，因此 $P\propto 1/\sqrt{t}$。而由式(4-1)可知，同一周期的负荷持续 $\varepsilon\propto t$。由此可得 $P\propto 1/\sqrt{\varepsilon}$，即设备容量与负荷持续率的平方根成反比关系。因此

$$P_2 = P_1\sqrt{\frac{\varepsilon_1}{\varepsilon_2}} \tag{4-2}$$

(3) 用电设备的负荷系数 用电设备的负荷系数(负荷率)为设备在最大负荷时输出或耗用的功率 P 与设备额定容量 P_N 的比值，用 K_L(或 β)表示，即

$$K_L = \frac{P}{P_N} \tag{4-3}$$

负荷系数的大小表征了设备容量利用的程度。

二、负荷曲线的有关概念

1. 负荷曲线的绘制及类型

负荷曲线是表征电力负荷随时间变动情况的图形。它绘在直角坐标上，纵坐标表示负荷功率，横坐标表示负荷变动所对应的时间。

负荷曲线按负荷对象分，有工厂的、车间的或某台设备的负荷曲线；按负荷的功率性质分，有有功和无功负荷曲线；按所表示的负荷变动时间分，有年的、月的、日的或工作班的负荷曲线；按绘制的方式分，有依点连成的负荷曲线(如图 4-1a 所示)和梯形负荷曲线(如图4-1b 所示)。

年负荷曲线，通常是根据典型的冬日和夏日负荷曲线来绘制的。这种曲线的负荷从大到

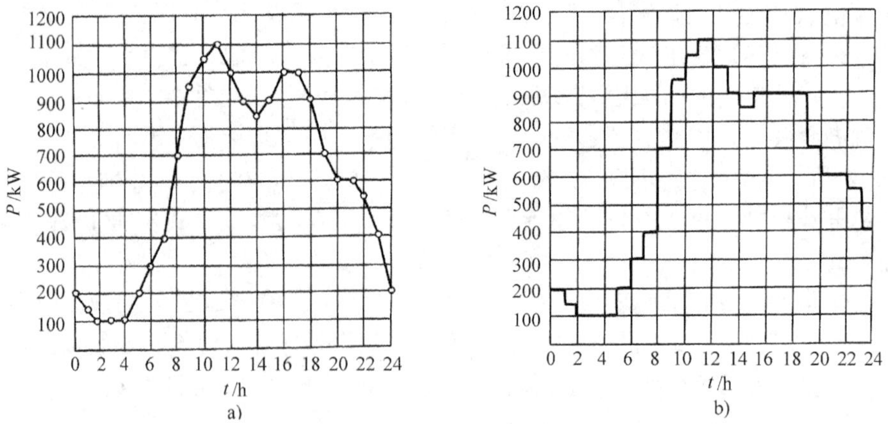

图 4-1 日有功负荷曲线

a) 依点连成的负荷曲线 b) 梯形负荷曲线

小依次排列，反映了全年负荷变动与对应的负荷持续时间（全年按 8760h 计）的关系。这种年负荷曲线全称为年负荷持续时间曲线，如图 4-2a 所示。另一种年负荷曲线，是按全年每日的最大半小时平均负荷来绘制的，全称为年每日最大负荷曲线，如图 4-2b 所示。这种年负荷曲线，主要用来确定经济运行方式，即用来确定何段时间宜多投入变压器台数而另一段时间又宜少投入变压器台数，使供电系统的能耗达到最小，以获得最大的经济效益。

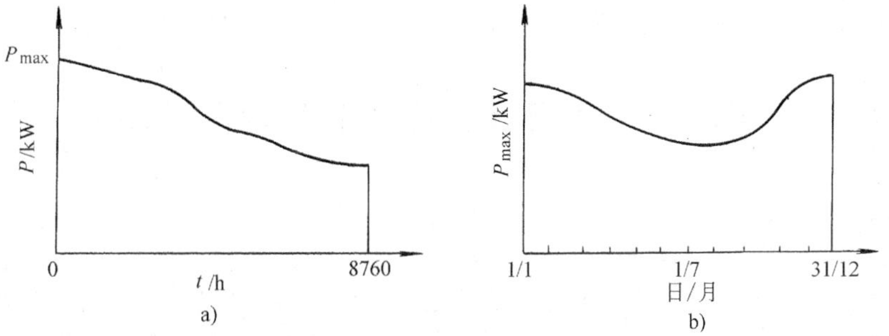

图 4-2　年负荷曲线

a）年负荷持续时间曲线　b）年每日最大负荷曲线

2. 与负荷曲线有关的物理量

（1）年最大负荷和年最大负荷利用小时　年最大负荷 P_{max} 就是全年中有代表性的最大负荷班的最大半小时平均负荷 P_{30}。

年最大负荷利用小时 T_{max} 是假设电力负荷按年最大负荷 P_{max} 持续运行时，在此时间内电力负荷所耗用的电能恰与电力负荷全年实际耗用的电能相同，如图 4-3 所示。因此年最大负荷利用小时是一个假想时间，按下式计算

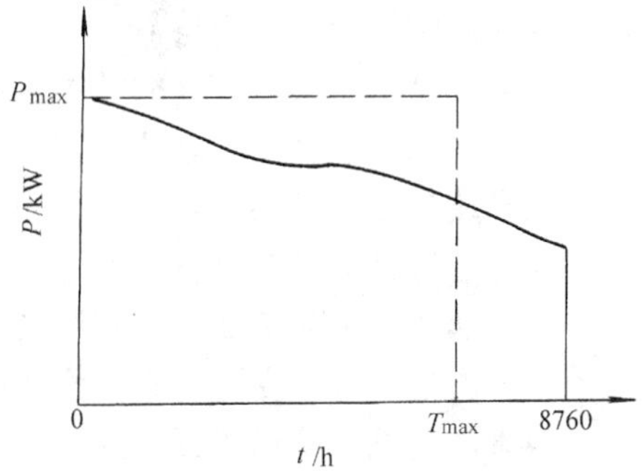

图 4-3　年最大负荷和年最大负荷利用小时

$$T_{max} = \frac{W_a}{P_{max}} \tag{4-4}$$

式中　W_a——全年实际耗用的电能（kWh）。

年最大负荷利用小时是反映电力负荷时间特征的重要参数，它与工厂的生产班制有关。例如一班制工厂，$T_{max} \approx 1800 \sim 2500$h；两班制工厂，$T_{max} \approx 3500 \sim 4500$h；三班制工厂，$T_{max} \approx 5000 \sim 7000$h。附录表 A-7 列出部分工厂的年最大有功负荷利用小时参考值，供参考。

（2）平均负荷和负荷曲线填充系数　平均负荷 P_{av}，就是电力负荷在一定时间 t 内平均耗用的功率，即

$$P_{av} = \frac{W_t}{t} \tag{4-5}$$

式中　W_t——t 时间内耗用的电能（kWh）。

年平均负荷 P_{av}，就是电力负荷全年平均耗用的功率，如图 4-4 所示。

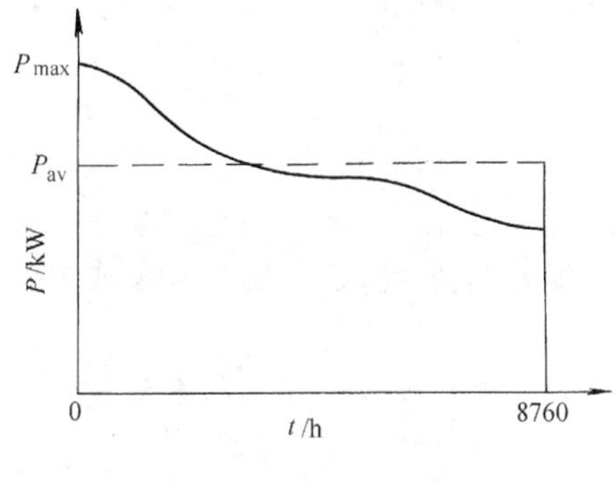

图 4-4　年平均负荷

负荷曲线填充系数就是将起伏波动的负荷曲线“削峰填谷”，求出平均负荷 P_{av}。此平均负荷 P_{av} 与最大负荷 P_{max} 的比值，亦称负荷率或负荷系数，通常用 β 表示(亦可表示为 K_L)，其定义式为

$$\beta = \frac{P_{av}}{P_{max}} \tag{4-6}$$

负荷曲线填充系数表征了负荷曲线不平坦的程度，亦即负荷变动的程度。从发挥整个电力系统能效来说，应尽量设法提高 β 值，因此，工厂供电系统在运行中必须实行负荷调整。

第二节　用电设备组计算负荷的确定

一、概述

计算负荷是通过统计计算求出的、用来按发热条件选择供电系统中各元件的负荷值。按计算负荷选择的电气设备和导线电缆，如以计算负荷持续运行，其发热温度不至超出允许值，因而也不会影响其使用寿命。

由于导体通过电流达到稳定温升的时间大约为 $(3\sim4)\tau$，τ 为发热时间常数，而截面积在 $16mm^2$ 以上的导体的 τ 均在10min以上，也就是载流导体大约经30min后可达到稳定的温升值，因此通常取半小时平均最大负荷 P_{30}(亦即年最大负荷 P_{max})作为计算负荷。

计算负荷是供电设计计算的基本依据。如果计算负荷确定过大，将使设备和导线选择偏大，造成投资和有色金属的浪费。如果计算负荷确定过小，又将使设备和导线选择偏小，造成设备和导线运行时过热，增加电能损耗和电压损耗，甚至使设备和导线烧毁，造成事故。因此正确确定计算负荷具有重要的意义。但是由于负荷的情况非常复杂，影响计算负荷的因素很多，虽然各类负荷的变化有一定规律可循，但准确确定计算负荷却十分困难。实际上，负荷也不可能是一成不变的，它与设备的性能、生产的组织以及能源供应的状况等多种因素有关，很难准确地定量描述，因此负荷计算也只能力求接近实际。

确定计算负荷的方法有多种，下面主要介绍简便实用的需要系数法和二项式法。

二、按需要系数法确定计算负荷

1. 需要系数法的基本公式及其应用

需要系数 K_d，是用电设备组(或用电单位)在最大负荷时需要的有功功率 P_{30} 与其总的设备容量(备用设备的容量不计入)P_e 的比值，即

$$K_d = \frac{P_{30}}{P_e} \tag{4-7}$$

因此，按需要系数法确定三相用电设备组有功计算负荷的基本公式为(常用单位为kW)

$$P_{30} = K_d P_e \tag{4-8}$$

确定无功计算负荷的基本公式为(常用单位为kvar)

$$Q_{30} = P_{30}\tan\varphi \tag{4-9}$$

确定视在计算负荷的基本公式为(常用单位为kVA)

$$S_{30} = \frac{P_{30}}{\cos\varphi} \tag{4-10}$$

确定计算电流的计算公式为(常用单位为 A)

$$I_{30}=\frac{S_{30}}{\sqrt{3}U_{N}} \tag{4-11}$$

式中 U_N——用电设备的额定电压(kV)。

附录表 A-6 列出了用电设备组的需要系数 K_d 及相应的 $\cos\varphi$、$\tan\varphi$ 数值，供参考。

必须指出：附录表 A-6 所列需要系数值特别是其中机床电动机的需要系数值，是按车间范围内的设备情况来确定的，若设备台数较多，则需要系数值较小，例如冷加工机床组的需要系数平均只有 0.2 左右。如果所计算的用电设备台数较少，需要系数值宜适当取大。如只有 1 ~2 台设备，宜取 $K_d=1$，即 $P_{30}=P_e$。而对于电动机，由于它本身损耗较大，而其额定容量 P_N 为输出功率，因此一台的计算负荷 $P_{30}=P_N/\eta$，式中 η 为电动机的效率。在 K_d 适当取大的同时，$\cos\varphi$ 也宜适当取大。

这里还要指出：需要系数值与用电设备的类别和工作状态关系极大，因此计算时首先要正确判明用电设备的类别和工作状态，否则将造成错误。例如机修车间的金属切削机床电动机，应属小批生产的冷加工机床电动机；压塑机、拉丝机和锻锤等，应属热加工机床；起重机、电葫芦、卷扬机等，实际上都属于起重机类。

例 4-1 已知某机修车间的金属切削机床组，拥有额定电压 380V 的三相电动机 15kW—1 台，11kW—3 台，7.5kW—8 台，4kW—15 台，其他更小容量电动机总容量 35kW。试用需要系数法确定其计算负荷 P_{30}、Q_{30}、S_{30}和 I_{30}。

解 此机床组电动机的总容量为

$$P_e=15\text{kW}\times1+11\text{kW}\times3+7.5\text{kW}\times8+4\text{kW}\times15+35\text{kW}=203\text{kW}$$

查附录表 A-6“小批生产的金属冷加工机床电动机”项，得 $K_d=0.16\sim0.2$(取 0.2)，$\cos\varphi=0.5$，$\tan\varphi=1.73$。因此按式(4-8) ~式(4-11)计算可得

有功计算负荷 $P_{30}=0.2\times203\text{kW}=40.6\text{kW}$

无功计算负荷 $Q_{30}=40.6\text{kW}\times1.73=70.2\text{kvar}$

视在计算负荷 $S_{30}=\dfrac{40.6\text{kW}}{0.5}=81.2\text{kVA}$

计算电流 $I_{30}=\dfrac{81.2\text{kVA}}{\sqrt{3}\times0.38\text{kV}}=123\text{A}$

例 4-2 某380V线路配电给 1 台 132kW 的 Y 型三相电动机，其效率 $\eta=91\%$，功率因数 $\cos\varphi=0.9$。试确定此线路的计算负荷。

解 因只有 1 台电动机，故取 $K_d=1$，由此可得

有功计算负荷 $P_{30}=\dfrac{132\text{kW}}{0.91}=145\text{kW}$

无功计算负荷 $Q_{30}=145\tan(\text{arc}\cos0.9)\text{kW}=70.2\text{kvar}$

视在计算负荷 $S_{30}=\dfrac{145\text{kW}}{0.9}=161\text{kVA}$

计算电流 $I_{30}=\dfrac{132\text{kW}}{\sqrt{3}\times0.38\text{kV}\times0.9\times0.91}=245\text{A}$

或 $I_{30}=\dfrac{161\text{kVA}}{\sqrt{3}\times0.38\text{kV}}=245\text{A}$

2. 设备容量的计算

式(4-8)中的设备容量 P_e 不包括备用设备的容量，而且要注意 P_e 的计算与设备组的工作制有关。

(1) 长期连续工作制和短时工作制的三相设备容量　这两类三相设备的设备容量 P_e，就取所有设备(备用设备不计)的额定容量之和。

(2) 断续周期工作制的三相设备容量

1) 电焊机组。一般要求设备容量统一换算到 $\varepsilon_{100}=100\%$。设备铭牌的容量为 P_N，其负荷持续率为 ε_N，因此由式(4-2)可得对应于 ε_{100} 的设备容量为

$$P_e=P_N\sqrt{\frac{\varepsilon_N}{\varepsilon_{100}}}=S_N\cos\varphi\sqrt{\frac{\varepsilon_N}{\varepsilon_{100}}}$$

即

$$P_e=P_N\sqrt{\varepsilon_N}=S_N\cos\varphi\sqrt{\varepsilon_N} \tag{4-12}$$

式中　P_N、S_N——电焊机的铭牌容量，前者为有功容量(kW)，后者为视在容量(kVA)，电焊机大多标的容量为后者；

ε_N——铭牌容量对应的负荷持续率，计算中换算为小数。

2) 吊车电动机组。一般要求设备容量统一换算到 $\varepsilon_{25}=25\%$，设铭牌的容量为 P_N，其负荷持续率为 ε_N，因此由式(4-2)可得对应于 ε_{25} 的设备容量为

$$P_e=P_N\sqrt{\frac{\varepsilon_N}{\varepsilon_{25}}}=2P_N\sqrt{\varepsilon_N} \tag{4-13}$$

式中　ε_N——P_N 对应的负荷持续率，计算中换算为小数。

(3) 单相用电设备的等效三相设备容量的换算

1) 接于相电压的单相设备容量换算。按最大负荷相所接的单相设备容量 $P_{e\cdot m\varphi}$ 乘以3来计算其等效三相设备容量为

$$P_e=3P_{e\cdot m\varphi} \tag{4-14}$$

2) 接于线电压的单相设备容量换算。由于容量为 $P_{e\cdot\varphi}$ 的单相设备接在线电压上产生的电流 $I=P_{e\cdot\varphi}/(U\cos\varphi)$，这一电流应与等效三相设备容量 P_e 产生的电流 $I'=P_e/(\sqrt{3}\times U\cos\varphi)$ 相等，因此其等效三相设备容量为

$$P_e=\sqrt{3}P_{e\cdot\varphi} \tag{4-15}$$

3. 多组用电设备计算负荷的确定

在确定拥有多组用电设备的干线上或车间变电所低压母线上的计算负荷时，应考虑各组用电设备的最大负荷不同时出现的因素。因此在确定低压干线上或低压母线上的计算负荷时，可结合具体情况对其有功和无功计算负荷计入一个同时系数(又称参差系数或综合系数)K_Σ。对于车间干线，可取 $K_\Sigma=0.85\sim0.95$。对于低压母线，由用电设备组计算负荷直接相加来计算时，可取 $K_\Sigma=0.8\sim0.9$；由车间干线计算负荷直接相加来计算时，可取 $K_\Sigma=0.9\sim0.95$。

总的有功计算负荷

$$P_{30}=K_\Sigma\sum P_{30\cdot i} \tag{4-16}$$

总的无功计算负荷

$$Q_{30}=K_\Sigma\sum Q_{30\cdot i} \tag{4-17}$$

总的视在计算负荷

$$S_{30}=\sqrt{P_{30}^2+Q_{30}^2} \tag{4-18}$$

总的计算电流

$$I_{30}=\frac{S_{30}}{\sqrt{3}U_N} \tag{4-19}$$

式(4-16)和式(4-17)中的$\sum P_{30\cdot i}$和$\sum Q_{30\cdot i}$，分别表示所有各组设备的有功和无功计算负荷之和。

注意：由于各组设备的$\cos\varphi$不一定相同，因此总的视在计算负荷和计算电流一般不能用各组的视在计算负荷或计算电流之和乘以K_Σ来计算。

顺便说明：在计算多组设备总的计算负荷时，为了简化和统一，各组设备的台数不论多少，各组的计算负荷均可按附录表 A-6 所列K_d和$\cos\varphi$数值来计算。

例 4-3 某机械加工车间380V线路上，接有流水作业的金属切削机床组电动机 30 台共85kW(其中较大容量电动机 11kW—1 台,7.5kW—3 台,4kW—6 台,其他为更小容量电动机)。另有通风机 3 台，共 5kW；电葫芦 1 个，3kW($\varepsilon=40\%$)。试确定各组及总的计算负荷。

解 先求各组的计算负荷

(1) 机床组 查附录表 A-6，得$K_d=0.18\sim0.25$(取$K_d=0.25$)，$\cos\varphi=0.5$，$\tan\varphi=1.73$，因此

$$P_{30(1)}=0.25\times85\text{kW}=21.3\text{kW}$$

$$Q_{30(1)}=21.3\text{kW}\times1.73=36.8\text{kvar}$$

$$S_{30(1)}=\frac{21.3\text{kW}}{0.5}=42.6\text{kVA}$$

$$I_{30(1)}=\frac{42.6\text{kVA}}{\sqrt{3}\times0.38\text{kV}}=64.7\text{A}$$

(2) 通风机组 查附录表 A-6，得$K_d=0.7\sim0.8$(取$K_d=0.8$)，$\cos\varphi=0.8$，$\tan\varphi=0.75$，因此

$$P_{30(2)}=0.8\times5\text{kW}=4\text{kW}$$

$$Q_{30(2)}=4\text{kW}\times0.75=3\text{kvar}$$

$$S_{30(2)}=\frac{4\text{kW}}{0.8}=5\text{kVA}$$

$$I_{30(2)}=\frac{5\text{kVA}}{\sqrt{3}\times0.38\text{kV}}=7.6\text{A}$$

(3) 电葫芦 查附录表 A-6 中“机加车间起重机”项，得$K_d=0.1\sim0.15$(取$K_d=0.15$)，$\cos\varphi=0.5$，$\tan\varphi=1.73$，而$\varepsilon=25\%$，故

$$P_{e(\varepsilon=25\%)}=2\times3\text{kW}\times\sqrt{\frac{40}{100}}=3.79\text{kW}$$

因此

$$P_{30(3)}=0.15\times3.79\text{kW}=0.569\text{kW}$$

$$Q_{30(3)}=0.569\text{kW}\times1.73=0.984\text{kvar}$$

$$S_{30(3)}=\frac{0.569\text{kW}}{0.5}=1.138\text{kVA}$$

$$I_{30(3)}=\frac{1.138\text{kVA}}{\sqrt{3}\times0.38\text{kV}}=1.73\text{A}$$

则总计算负荷(取$K_\Sigma=0.95$)为

$$P_{30}=0.95\times(21.3+4+0.569)\text{kW}=24.6\text{kW}$$

$$Q_{30}=0.95\times(36.8+3+0.984)\text{kvar}=38.8\text{kvar}$$

$$S_{30}=\sqrt{24.6^2+38.8^2}\text{kVA}=45.9\text{kVA}$$

$$I_{30}=\frac{45.9\text{kVA}}{\sqrt{3}\times 0.38\text{kV}}=69.7\text{A}$$

为了使人一目了然，便于审核，实际工程设计中常采用计算表格形式，如表4-1所示。

表4-1　例4-3的电力负荷计算表(按需要系数法)

序号	用电设备名称	台数	设备容量 P_e/kW	K_d	$\cos\varphi$	$\tan\varphi$	计算负荷 P_{30}/kW	Q_{30}/kvar	S_{30}/kVA	I_{30}/A
1	机床组	30	85	0.25	0.5	1.73	21.3	36.8	42.6	64.7
2	通风机	3	5	0.8	0.8	0.75	4	3	5	7.6
3	电葫芦	1	3($\varepsilon=40\%$) 3.79($\varepsilon=25\%$)	0.15 ($\varepsilon=25\%$)	0.5	1.73	0.569	0.984	1.138	1.73
总计		—	—	—	—	—	25.9	40.8	—	—
总计		取 $K_\Sigma=0.95$			0.536	—	24.6	38.8	45.9	69.7

注：总的 $\cos\varphi=P_{30}/S_{30}=24.6/45.9=0.536$。

三、按二项式法确定计算负荷

1. 二项式法的基本公式及其应用

二项式法的基本公式为

$$P_{30}=bP_e+cP_x \tag{4-20}$$

式中　bP_e——用电设备组的平均负荷，其中 P_e 为用电设备组的设备总容量(kW)，其计算方法如前所述；

cP_x——用电设备组中 x 台容量最大的设备投入运行时增加的附加负荷，其中 P_x 是 x 台最大容量设备的设备容量之和(kW)；

b、c——二项式系数。

其余的计算负荷 Q_{30}、S_{30} 和 I_{30} 的计算公式与前述需要系数法相同。

二项式系数 b、c 及最大容量的设备台数 x 和 $\cos\varphi$、$\tan\varphi$ 等值，亦可查附录表A-6。

必须注意：按二项式法确定计算负荷时，如果设备总台数 $n<2x$ 时，则 x 宜相应地取小一些，建议取为 $x=n/2$，且按“四舍五入”的修约规则取为整数。例如某机床电动机组的电动机只有7台，而附录表A-6规定 $x=5$，但这里 $n=7<2x=10$，因此可取 $x=7/2\approx4$ 来计算，即取其中4台最大容量电动机的容量来计算 P_x。

如果用电设备组只有1~2台设备时，就可认为 $P_{30}=P_e$，即 $b=1$，$c=0$。对于单台电动机，则 $P_{30}=P_N/\eta$。在设备台数较少时，$\cos\varphi$ 也宜相应地适当取大。

由于二项式法确定的计算负荷，不仅考虑了用电设备组的平均最大负荷，而且考虑了少数(x 台)大容量设备投入运行时对总计算负荷的附加影响。因此二项式法较需要系数法更适用于确定设备台数较少而容量差别较大的低压干线和分支线的计算负荷。

例4-4　试用二项式法确定例4-1所述机修车间的金属切削机床组的计算负荷。

解　由附录表A-6查得 $b=0.14$，$c=0.4$，$x=5$，$\cos\varphi=0.5$，$\tan\varphi=1.73$。而设备容量为　　$P_e=203\text{kW}$　(见例4-1)

x 台最大容量设备的设备容量为

$$P_x = P_5 = 15\text{kW} \times 1 + 11\text{kW} \times 3 + 7.5\text{kW} \times 1 = 55.5\text{kW}$$

因此按式(4-20)可求得其有功计算负荷为

$$P_{30} = 0.14 \times 203\text{kW} + 0.4 \times 55.5\text{kW} = 50.6\text{kW}$$

按式(4-9)可求得其无功计算负荷为

$$Q_{30} = 50.6\text{kW} \times 1.73 = 87.5\text{kvar}$$

按式(4-10)可求得其视在计算负荷为

$$S_{30} = \frac{50.6\text{kW}}{0.5} = 101\text{kVA}$$

按式(4-11)可求得计算电流为

$$I_{30} = \frac{101\text{kVA}}{\sqrt{3} \times 0.38\text{kV}} = 153\text{A}$$

比较例4-1和例4-4的计算结果可以看出，按二项式法计算的结果比按需要系数法计算的结果大。供电设计的经验说明，选择低压干线和分支线时，按需要系数法确定的计算负荷往往偏小，故以采用二项式法为宜。实际中也可按需要系数法计算后适当取大。

2. 多组用电设备计算负荷的确定

按二项式法确定多组用电设备总的计算负荷时，也应考虑各组用电设备的最大负荷不同时出现的因素。因此在确定总计算负荷时，只需考虑一组最大的有功附加负荷作为总计算负荷的附加负荷，再加上所有各组的平均负荷。总的有功和无功计算负荷分别为

$$P_{30} = \Sigma(bP_e)_i + (cP_x)_{max} \tag{4-21}$$

$$Q_{30} = \Sigma(bP_e\tan\varphi)_i + (cP_x)_{max}\tan\varphi_{max} \tag{4-22}$$

式中 $\Sigma(bP_e)_i$——各组有功平均负荷之和(kW)；

$\Sigma(bP_e\tan\varphi)_i$——各组无功平均负荷之和(kvar)；

$(cP_x)_{max}$——各组中最大的一个有功附加负荷(kW)；

$\tan\varphi_{max}$——$(cP_x)_{max}$的那一组设备的正切值。

总的视在计算负荷 S_{30} 和总的计算电流 I_{30}，则分别按式(4-18)和式(4-19)计算。

必须注意：按二项式法计算多组设备总的计算负荷时，为了简化和统一，不论各组设备台数多少，各组的计算系数 b、c、x 和 $\cos\varphi$ 等均按附录表A-6所列数值来计算。

例4-5 试用二项式法确定例4-3所述机械加工车间380V线路上各组及总的计算负荷。

解 先求各组的 bP_e、cP_x 及其计算负荷

(1) 机床组 查附录表A-6得：$b = 0.14$、$c = 0.5$、$x = 5$、$\cos\varphi = 0.5$、$\tan\varphi = 1.73$，故

$$bP_{e(1)} = 0.14 \times 85\text{kW} = 11.9\text{kW}$$

$$cP_{x(1)} = 0.5 \times (11\text{kW} \times 1 + 7.5\text{kW} \times 3 + 4\text{kW} \times 1) = 18.8\text{kW}$$

因此

$$P_{30(1)} = 11.9\text{kW} + 18.8\text{kW} = 30.7\text{kW}$$

$$Q_{30(1)} = 30.7\text{kW} \times 1.73 = 53.1\text{kvar}$$

$$S_{30(1)} = \frac{30.7\text{kW}}{0.5} = 61.4\text{kVA}$$

$$I_{30(1)} = \frac{61.4\text{kVA}}{\sqrt{3} \times 0.38\text{kV}} = 93.3\text{A}$$

（2）通风机组　查附录表 A-6 得：$b=0.65$、$c=0.25$、$x=5$、$\cos\varphi=0.8$、$\tan\varphi=0.75$，故

$$bP_{e(2)}=0.65\times5\text{kW}=3.25\text{kW}$$

$$cP_{x(2)}=0.25\times5\text{kW}=1.25\text{kW}$$

因此

$$P_{30(2)}=3.25\text{kW}+1.25\text{kW}=4.5\text{kW}$$

$$Q_{30(2)}=4.5\text{kW}\times0.75=3.38\text{kvar}$$

$$S_{30(2)}=\frac{4.5\text{kW}}{0.8}=5.63\text{kVA}$$

$$I_{30(2)}=\frac{5.63\text{kVA}}{\sqrt{3}\times0.38\text{kV}}=8.55\text{A}$$

（3）电葫芦　查附录表 A-6 得：$b=0.06$、$c=0.2$、$x=3$、$\cos\varphi=0.5$、$\tan\varphi=1.73$，故

$$bP_{e(3)}=0.06\times3.79\text{kW}=0.227\text{kW}$$

$$cP_{x(3)}=0.2\times3.79\text{kW}=0.758\text{kW}$$

因此

$$P_{30(3)}=0.227\text{kW}+0.758\text{kW}=0.985\text{kW}$$

$$Q_{30(3)}=0.985\text{kW}\times1.73=1.70\text{kvar}$$

$$S_{30(3)}=\frac{0.985\text{kW}}{0.5}=1.97\text{kVA}$$

$$I_{30(3)}=\frac{1.97\text{kVA}}{\sqrt{3}\times0.38\text{kV}}=2.99\text{A}$$

比较以上各组的 cP_x 可知，机床组 $cP_{x(1)}=18.8\text{kW}$ 为最大。则总计算负荷为

$$P_{30}=(11.9+3.25+0.227)\text{kW}+18.8\text{kW}=34.2\text{kW}$$

$$Q_{30}=(11.9\times1.73+3.25\times0.75+0.227\times1.73)\text{kvar}+18.8\times1.73\text{kvar}=55.9\text{kvar}$$

$$S_{30}=\sqrt{34.2^2+55.9^2}\text{kVA}=65.5\text{kVA}$$

$$I_{30}=\frac{65.5\text{kVA}}{\sqrt{3}\times0.38\text{kV}}=99.5\text{A}$$

以上计算亦可直接列成负荷计算表，见表 4-2 所示。

表 4-2　例 4-5 的电力负荷计算表（按二项式法）

序号	用电设备名称	设备台数	设备容量		二项式系数	$\cos\varphi$	$\tan\varphi$	计算负荷			
		n 或 n/x	$\frac{P_e}{\text{kW}}$	$\frac{P_x}{\text{kW}}$	b/c			$\frac{P_{30}}{\text{kW}}$	$\frac{Q_{30}}{\text{kvar}}$	$\frac{S_{30}}{\text{kVA}}$	$\frac{I_{30}}{\text{A}}$
1	机床组	30/5	85	37.5	0.14/0.5	0.5	1.73	119+18.8=30.7	53.1	61.4	93.3
2	通风机	3	5		0.65/0.25	0.8	0.75	3.25+1.25=4.5	3.38	5.63	8.55
3	电葫芦	1	3（ε=40%） 3.79（ε=25%）		0.06/0.2 （ε=25%）	0.5	1.73	0.227+0.758=0.985	1.70	1.97	2.99
总计		—	—		—	0.522	—	(11.9+3.25+0.227) +18.8=34.2	55.9	69.5	99.5

注：总的 $\cos\varphi=P_{30}/S_{30}=34.2/65.5=0.522$。

第三节　工厂计算负荷的确定

一、概述

工厂的计算负荷是按发热条件选择工厂电源进线及有关电气设备的主要依据，也是用来计算工厂功率因数和确定无功功率补偿容量的基本依据。

确定工厂计算负荷的方法，有逐级计算法、需要系数法及按年产量或年产值估算法等。

二、按逐级计算法确定工厂计算负荷

工厂计算负荷的确定，可从确定各用电设备的计算负荷开始，逐级向工厂进线方向计算，如图 4-5 所示。例如 $P_{30\cdot5}$，应为其所有出线上的计算负荷(这里均以有功功率为例) $P_{30\cdot6}$等之和，乘以同时系数 K_Σ。而 $P_{30\cdot4}=P_{30\cdot5}+\Delta P_{WL2}$，这里 ΔP_{WL2} 为线路 WL2 的功率损耗。变压器 T 低压侧计算负荷 $P_{30.3}$，则应为低压母线所有出线的计算负荷 $P_{30.4}$等之和，再乘以同时系数 K_Σ。变压器高压进线 WL1 首端的计算负荷 $P_{30.2}=P_{30.3}+\Delta P_T+\Delta P_{WL1}$，这里 ΔP_T 和 ΔP_{WL1}分别为变压器 T 和线路 WL1 的功率损耗。工厂总的计算负荷 $P_{30.1}$，则为高压配电所所有出线的计算负荷 $P_{30.2}$等之和，也需乘以同时系数 K_Σ。上述各级负荷的同时系数 K_Σ 值依具体情况确定，范围可为 0.8 ~0.95。

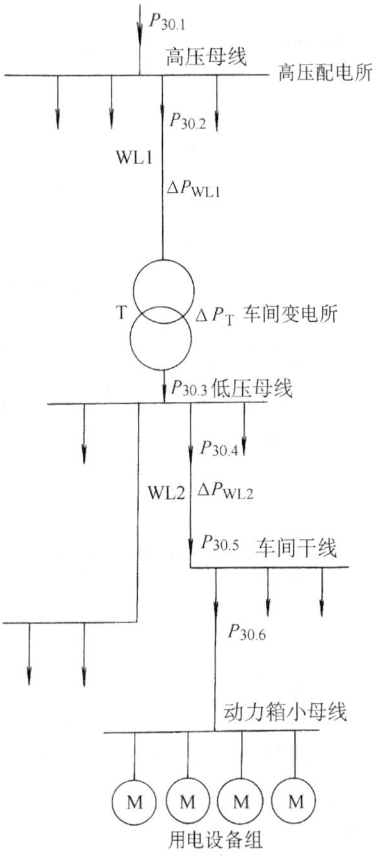

图 4-5　工厂供电系统中各部分的计算负荷和功率损耗(只示出有功部分)

对中小型工厂来说，厂内高低压配电线路一般不长，其功率损耗可略去不计。

电力变压器的功率损耗，在一般的负荷计算中，可采用简化公式来近似计算。对 SL7、S9 等系列的低损耗配电变压器来说，可采用下列简化公式

有功功率损耗　　$\Delta P_T \approx 0.015 S_{30}$　　(4-23)

无功功率损耗　　$\Delta Q_T \approx 0.06 S_{30}$　　(4-24)

式中　S_{30}——变压器二次侧的视在计算负荷(kVA)。

三、按需要系数法确定工厂计算负荷

将全厂用电设备的总容量 P_e(备用设备容量不计)乘以一个需要系数 K_d，即得全厂总的有功计算负荷 P_{30}。因此确定工厂计算负荷的公式为

有功计算负荷(单位为 kW)

$$P_{30}=K_d P_e \tag{4-25}$$

无功计算负荷(单位为 kvar)

$$Q_{30}=P_{30}\tan\varphi \tag{4-26}$$

视在计算负荷(单位为 kVA)

$$S_{30}=\frac{P_{30}}{\cos\varphi} \tag{4-27}$$

计算电流(单位为 A)

$$I_{30}=\frac{S_{30}}{\sqrt{3}U_N} \tag{4-28}$$

式中 K_d——工厂的需要系数，可查附录表 A-7；

$\cos\varphi$、$\tan\varphi$——工厂的功率因数及其正切值，亦可查附录表 A-7；

U_N——工厂进线的额定电压(kV)。

四、按年产量或年产值估算工厂计算负荷

1. 按年产量估算工厂计算负荷

将工厂年产量 A 乘以单位产品耗电量 a，即得工厂全年的需用电量

$$W_a=Aa \tag{4-29}$$

各类工厂的单位产品耗电量 a，可由有关设计单位根据实测统计资料确定，也可查有关设计手册。

在求出工厂的年需用电量 W_a 后，即可按下式求得工厂的有功计算负荷

$$P_{30}=\frac{W_a}{T_{max}} \tag{4-30}$$

式中 T_{max}——工厂的年最大有功负荷利用小时，亦可查附录表 A-7。

Q_{30}、S_{30}和 I_{30}的计算，仍按式(4-26)～式(4-28)求得。

2. 按年产值估算工厂负荷

将工厂年产值 B 乘以单位产值耗电量 b，即得到工厂全年的需用电量

$$W_a=Bb \tag{4-31}$$

各类工厂的单位产值耗电量 b 也可由有关设计单位根据实测统计资料确定，也可查有关设计手册。

在求出年需用电量 W_a 后，即可按式(4-30)及式(4-26)、式(4-27)、式(4-28)分别求得 P_{30}、Q_{30}、S_{30}和 I_{30}。

五、工厂的功率因数、无功补偿及补偿后的工厂计算负荷

1. 工厂的功率因数

工厂的功率因数($\cos\varphi$)有以下几种：

(1) 瞬时功率因数　瞬时功率因数可由装设在工厂总配变电所控制室或值班室的功率因数表(相位计)直接读出。它可用来了解和分析工厂供电系统运行中无功功率变化的情况，以便考虑采取适当的补偿措施。

(2) 平均功率因数　平均功率因数是指某一规定时间内(例如一个月内)功率因数的平均值，按下式计算

$$\cos\varphi_{av}=\frac{W_p}{\sqrt{W_p^2+W_q^2}}=\frac{1}{\sqrt{1+\left(\frac{W_q}{W_p}\right)^2}} \tag{4-32}$$

式中 W_p——某一时间(例如一个月)内耗用的有功电能，由有功电能表读出(kW·h)；

W_q——某一时间(例如一个月)内耗用的无功电能，由无功电能表读出(kvar·h)。

我国电业部门每月向工业用户收取电费时，就规定要按月平均功率因数的高低来调整电费。一般是 $\cos\varphi > 0.85$ 时，适当少收电费；$\cos\varphi < 0.85$ 时，适当多收电费。此措施用以鼓励用户提高功率因数，从而增强电力系统运行的经济性。

(3) 最大负荷时的功率因数　最大负荷时的功率因数是指在年最大负荷(即计算负荷)时的功率因数，按下式计算

$$\cos\varphi = \frac{P_{30}}{S_{30}} \tag{4-33}$$

我国有关规程规定：高压供电的工厂，最大负荷时的功率因数不得低于0.9，其他工厂则不得低于0.85。如果达不到上述要求，则必须进行无功补偿。

2. 无功补偿

一般情况下，由于工厂生产所需的大量动力负荷如异步电动机、电焊机、电弧炉等，都是感性负荷，使得功率因数偏低，达不到上述要求，因此需采用无功补偿措施来提高功率因数。

如图4-6所示表示功率因数提高与无功功率和视在功率变化的关系(有功功率固定不变条件下)。当功率因数由 $\cos\varphi$ 提高到 $\cos\varphi'$时，无功功率 Q_{30} 和视在功率 S_{30} 将分别减小为 Q'_{30} 和 S'_{30}(P_{30}不变条件下)，从而使负荷电流相应减小。这就可使供电系统的电能损耗和电压损耗降低，并可选用较小容量的电气元件如电力变压器、开关设备和较小截面积的导体等，从而减少投资和节约有色金属。因此提高功率因数对整个供电系统大有好处。

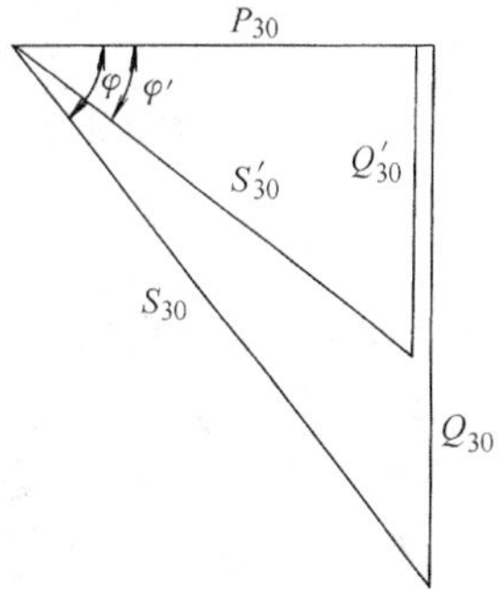

图4-6　功率因数的提高与无功功率和视在功率变化的关系

要使功率因数由 $\cos\varphi$ 提高到 $\cos\varphi'$，通常需装设人工补偿装置。由图4-6可知，无功补偿容量应为

$$Q_C = P_{30}(\tan\varphi - \tan\varphi') \tag{4-34}$$

或

$$Q_C = \Delta q_C P_{30} \tag{4-35}$$

式中的 $\Delta q_C = \tan\varphi - \tan\varphi'$，称为无功补偿率，或比补偿容量，单位为kvar/kW。无功补偿率表示要使1kW的有功功率由 $\cos\varphi$ 提高到 $\cos\varphi'$所需的无功补偿(kvar)值，附录表A-8列出了无功补偿率，可利用补偿前后的功率因数直接查出，必要时可利用三角函数计算。

人工补偿设备最常用的为并联电容器。在确定了总的补偿容量后，就可根据选定的并联电容器的单个容量 q_C 来确定电容器的个数

$$n = \frac{Q_C}{q_C} \tag{4-36}$$

由式(4-36)计算所得的电容器个数 n，对于单相电容器来说，应取3的倍数，以便三相均衡分配。实际工作中一般可根据计算出的无功补偿容量 Q_C 直接选用电容器柜。

3. 无功补偿后工厂计算负荷的确定

工厂(或车间)装设了无功补偿设备后，则在确定补偿设备装设地点前的总计算负荷时，应扣除无功补偿容量。因此补偿后的总的无功计算负荷为(注意 P_{30}不变)。

$$Q'_{30} = Q_{30} - Q_C \tag{4-37}$$

总的视在计算负荷为

$$S'_{30} = \sqrt{P_{30}^2 + (Q_{30} - Q_C)^2} \tag{4-38}$$

总的计算电流为

$$I'_{30} = \frac{S'_{30}}{\sqrt{3}U_N} \tag{4-39}$$

式中　U_N——补偿地点的系统额定电压(kV)。

例 4-6　某厂拟建一降压变电所，装设一台 10kV/0.4kV 的 S9 型低损耗变压器。已求出变电所低压侧的有功计算负荷为 540kW，无功计算负荷为 730kvar。按规定，工厂变电所高压侧的功率因数不得低于 0.9。问此变电所还需无功补偿吗？如需采取低压补偿，则补偿容量需多少？补偿后工厂变电所高压侧的计算负荷 P_{30}、Q_{30}、S_{30}和 I_{30}又为多少？

解　(1) 补偿前变电所高压侧的功率因数计算　变电所低压侧的视在计算负荷为

$$S_{30(2)} = \sqrt{540^2 + 730^2}\text{kVA} = 908\text{kVA}$$

降压变压器的功率损耗为

$$\Delta P_T \approx 0.015 S_{30(2)} = 0.015 \times 908\text{kVA} = 13.6\text{kW}$$
$$\Delta Q_T \approx 0.06 S_{30(2)} = 0.06 \times 908\text{kVA} = 54.5\text{kvar}$$

高压侧的计算负荷为

$$P_{30(1)} = 540\text{kW} + 13.6\text{kW} = 553.6\text{kW}$$
$$Q_{30(1)} = 730\text{kvar} + 54.5\text{kvar} = 784.5\text{kvar}$$
$$S_{30(1)} = \sqrt{553.6^2 + 784.5^2}\text{kVA} = 960.2\text{kVA}$$

因此高压侧的功率因数为

$$\cos\varphi_{(1)} = \frac{553.6}{960.2} = 0.577$$

此功率因数远小于规定的 0.9，所以需要进行无功补偿。

(2) 无功补偿容量的计算　按题意，在低压侧装设无功补偿电容器。现高压侧的功率因数要求不低于 0.9，考虑到变压器的无功损耗远大于其有功损耗，因此低压侧的功率因数一般不得低于 0.91～0.92 才行，这里暂按 $\cos\varphi = 0.92$ 要求。现低压侧 $\cos\varphi_{(2)} = P_{30(2)}/S_{30(2)} = 540/908 = 0.595$，因此低压侧无功补偿容量应为

$$Q_C = 540 \times [\tan(\arccos 0.595) - \tan(\arccos 0.92)]\text{kvar}$$
$$= 540 \times (1.35 - 0.43)\text{kvar} = 497\text{kvar}$$

取为　$Q_C = 500\text{kvar}$

(3) 补偿后工厂计算负荷和功率因数的计算　变电所低压侧补偿后的视在计算负荷为

$$S'_{30(2)} = \sqrt{540^2 + (730 - 500)^2}\text{kVA} = 587\text{kVA}$$

补偿后变压器的功率损耗为

$$\Delta P'_T \approx 0.015 \times 587\text{kVA} = 8.805\text{kW}$$
$$\Delta Q'_T \approx 0.06 \times 587\text{kVA} = 35.22\text{kvar}$$

因此补偿后工厂变电所高压侧的计算负荷为

$$P'_{30(1)} = 540\text{kW} + 8.805\text{kW} = 548.8\text{kW}$$
$$Q'_{30(1)} = (730 - 500)\text{kvar} + 35.2\text{kvar} = 265.2\text{kvar}$$
$$S'_{30(1)} = \sqrt{548.8^2 + 265.2^2}\text{kVA} = 609.5\text{kVA}$$
$$I'_{30(1)} = \frac{609.5\text{kVA}}{\sqrt{3} \times 10\text{kV}} = 35.2\text{A}$$

无功补偿后高压侧(即工厂)的功率因数为

$$\cos'\varphi_{(1)}=\frac{548.8}{609.5}=0.9004$$

正好满足规定的要求。

第四节 尖峰电流及其计算

一、概述

尖峰电流是指只持续1～2s的短时最大负荷电流。它用来计算电压波动、选择熔断器和低压断路器及整定继电保护装置等。

二、单台用电设备尖峰电流的计算

单台用电设备(如电动机)的尖峰电流 I_{pk} 就是其起动电流 I_{st}，即

$$I_{pk}=I_{st}=K_{st}I_N \tag{4-40}$$

式中 I_N——用电设备的额定电流(A)；

K_{st}——用电设备的起动电流倍数：笼型异步电动机为5～7，绕线转子异步电动机为2～3，电焊变压器为3或稍大。

三、多台用电设备尖峰电流的计算

引至多台用电设备的线路上的尖峰电流，按下列公式计算

$$I_{pk}=K_{\Sigma}\sum_{i=1}^{n-1}I_{N\cdot i}+I_{st\cdot max} \tag{4-41}$$

或

$$I_{pk}=I_{30}+(I_{st}-I_N)_{max} \tag{4-42}$$

式中 $I_{st\cdot max}$和$(I_{st}-I_N)_{max}$——分别为用电设备中起动电流与额定电流之差为最大的那台设备的起动电流及起动电流与额定电流之差(A)；

$\sum_{i=1}^{n-1}I_{N\cdot i}$——将起动电流与额定电流之差为最大的那台设备除外的其他 $(n-1)$ 台设备的额定电流之和(A)；

K_{Σ}——$(n-1)$台设备的同时系数，按台数多少选取，一般为0.7～1；

I_{30}——全部设备正常运行时线路的计算电流(A)。

例4-7 某分支线路供电给如表4-3所示的5台电动机，该线路的计算电流为50A。试计算线路的尖峰电流。

表4-3 例4-7的负荷资料

参数	电动机				
	M1	M2	M3	M4	M5
额定电流 I_N/A	8	15	10	25	18
起动电流 I_{st}/A	40	36	58	46	65

解　由表4-3可知，M3的 $I_{st}-I_N=58A-10A=48A$ 为最大，因此按式(4-42)可得线路尖峰电流为

$$I_{pk}=50A+(58A-10A)=98A$$

第五节　短路及短路电流的有关概念

一、短路的有关概念

短路是指不同电位的导体之间的电气短接，这是电力系统中最常见的一种故障，也是电力系统中最严重的一种故障。为了确保电力系统安全运行，有必要研究短路及有关问题。

1. 短路的原因

电力系统出现短路故障的原因，主要有以下三个方面：

(1) 电气绝缘损坏　这可能是由于设备长期运行，其绝缘件自然老化而损坏；也可能是由于设备本身质量不好，绝缘强度不够而被正常电压击穿；也可能是设备绝缘件受外力损伤或因异物跨接而导致短路。

(2) 误操作　例如带负荷误拉高压隔离开关，很可能导致三相弧光短路；又如误将较低电压的设备投入较高电压的电路中而造成设备绝缘击穿短路。

(3) 鸟兽害　例如鸟类及蛇鼠等小动物跨越在裸露的不同电位的导体之间，或者咬坏设备或导体的绝缘层，都会引起短路故障。

2. 短路的后果

电路短路后，其阻抗值比正常负荷时电路的阻抗值小得多，因此短路电流往往比正常负荷电流大很多倍。在大容量电力系统中，短路电流可高达几十千安培或几百千安培。如此大的短路电流对电力系统将产生极大的危害。

(1) 短路的电动效应和热效应　短路电流将产生很大的电动力和很高的温度，可能造成电路及其中的设备损坏。

(2) 电压骤降　短路将造成系统电压骤降，越靠近短路点电压越低，这将严重影响电气设备的正常运行。

(3) 造成停电事故　短路时，电力系统的保护装置动作，使开关跳闸或熔断器熔断，从而造成停电事故。越靠近电源短路，引起停电的范围越大，从而给国民经济造成的损失也越大。

(4) 影响系统稳定　严重的短路可使并列运行的发电机组失去同步，造成电力系统解列，破坏电力系统的稳定运行。

(5) 产生电磁干扰　单相接地短路电流，可对附近的通信线路、信号系统及电子设备等产生电磁干扰，使之无法正常工作，甚至引起误动作。

由此可见，短路的后果是非常严重的，因此供电系统在设计、安装和运行中，都应尽力设法消除可能引起短路的一切因素。

3. 短路的形式

在三相系统中，短路的形式有以下各种：

(1) 三相短路　如图4-7a所示。三相短路用文字符号 $k^{(3)}$ 表示，三相短路电流则写作 $i_k^{(3)}$。

(2) 两相短路　如图4-7b所示。两相短路用文字符号 $k^{(2)}$ 表示，两相短路电流则写作 $i_k^{(2)}$。

（3）单相短路　如图4-7c、d所示。单相短路用文字符号 $k^{(1)}$ 表示，单相短路电流则写作 $i_k^{(1)}$。

（4）两相接地短路　如图4-7e所示。指由中性点不接地的电力系统中两不同相的单相接地所形成的两相短路，也指两相短路又接地的情况，如图4-7f所示。都用文字符号 $k^{(1.1)}$ 表示，短路电流则写作 $i_k^{(1.1)}$。两相接地短路实质上与两相短路相同。

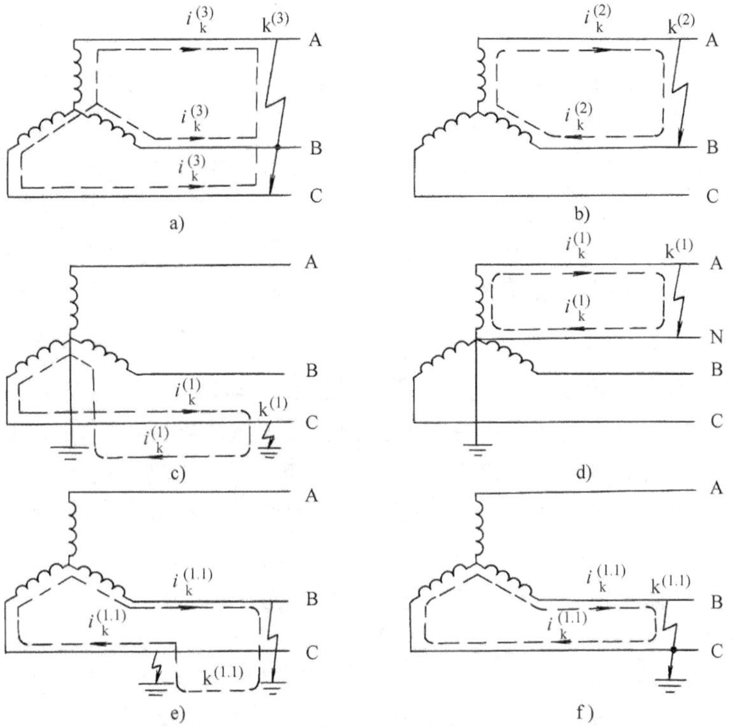

图4-7　短路的形式

（虚线表示短路电流的途径）

a）三相短路　b）两相短路　c）单相短路

d）单相短路　e）两相接地短路　f）两相接地短路

上述三相短路，属对称性短路；其他形式的短路，均属不对称性短路。

电力系统中，发生单相短路的可能性最大；但一般情况下，以三相短路的短路电流最大，从而造成的危害也最为严重。因此作为选择与校验电器和导体依据的短路电流，通常采用三相短路电流。所以下面介绍的短路计算也以三相短路为主。

二、无限大容量电力系统三相短路的概念

1. 无限大容量电力系统

无限大容量电力系统，是指其容量相对于单个用户（例如一个工厂）的用电设备容量大得多的电力系统，以致馈电给用户的线路上无论负荷如何变动甚至发生短路时，系统变电站馈电母线上的电压能始终维持基本不变。

实际上，电力系统的容量总是有限的，但工程上可采取某些措施，使得短路时系统母线电压基本不变。通过计算发现，如果电力系统容量大于所研究的用户用电设备容量的50倍时，

即可将此系统看作无限大容量电源系统。

一般来说，中小型工厂甚至某些大型工厂的用电容量相对于现代大型电力系统来说是很小的，因此在计算工厂供电系统的短路电流时，可以认为电力系统是无限大容量的电源。

2. 无限大容量系统三相短路的物理过程

如图 4-8a 所示为无限大容量电源供电的三相电路中发生三相短路的电路图。由于三相对称，因此这个三相电路可用图 4-8b 所示的等效单相电路图来表示。图中，$Z=R+jX_L$ 为从电源至短路点的阻抗；$Z'=R'+jX'_L$ 为从短路点至负荷的阻抗。

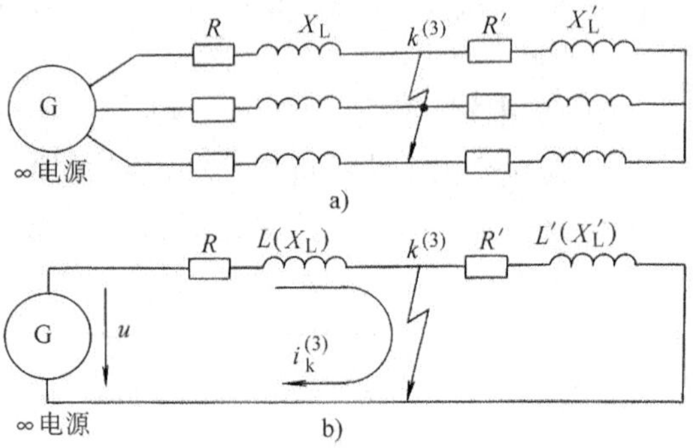

图 4-8　无限大容量系统中三相短路的电路图

a）三相电路图　b）等效单相电路图

系统正常运行时，电路中的负荷电流 I 按照欧姆定律，取决于电源电压 U 和电路阻抗 $(Z+Z')$，即 $I=U/(\sqrt{3}\,|Z+Z'|)$。当系统中发生三相短路时，由于短路点至负荷的阻抗 Z' 被短路，而短路电路阻抗 $Z \ll Z'$，因此按照欧姆定律，短路电流 $I_k=U/(\sqrt{3}\,|Z|)\gg I$，比正常负荷电流要突然增大几十倍甚至上百倍。然而，由于短路电路中存在着电感，而且感抗通常远大于电阻，按照楞次定律，电路电流不可能突变。短路电流从正常负荷电流转变为短路稳态电流过程中，存在一个过渡过程，即短路暂态过程(或称短路瞬变过程)。

如图 4-9 所示为无限大容量系统中发生三相短路前后的电压、电流变化曲线。此曲线假设在 $t=0$ 时发生三相短路。$t=0$ 以前为正常运行状态。由于电源为无限大容量电力系统，所以短路前后的电源电压始终是不变的。由图 4-9 可以看出，在短路暂态过程中，短路电流 i_k 是由一个周期性电流 i_p 和一个非周期性电流 i_{np} 两部分组成的，其中 i_{np} 是衰减性的。当 i_{np} 衰减完毕后，短路电流就进入稳定状态。下面将分别分析短路有关的电流量。

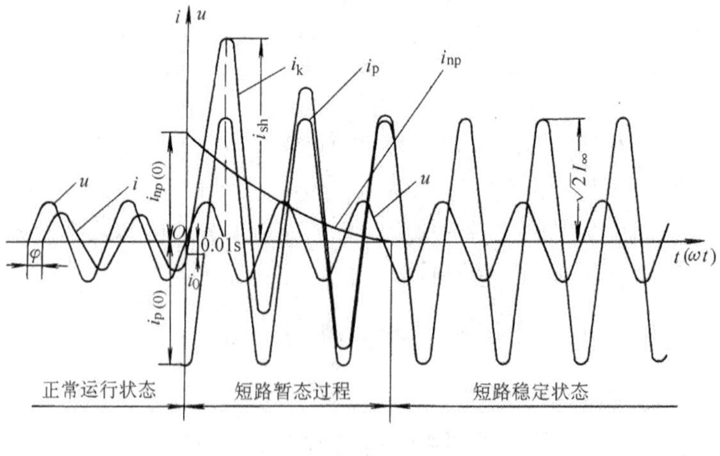

图 4-9　无限大容量系统中发生三相短路时的电压、电流变化曲线

3. 短路有关的电流量

（1）短路电流周期分量　短路电流周期分量是按欧姆定律由短路电路的电压和阻抗所决定的一个短路电流，即图 4-9 中的 i_p。在无限大容量系统中，由于电源电压不变，因此 i_p

是一个幅值恒定的正弦交流电流。

假设在电压瞬时值 $u=0$ 时发生短路，而系统正常运行时设 i 滞后于 u 一个相位角 φ，因此在短路初瞬间（$t=0$ 时）电流瞬时值 i_0 为负值。系统短路后，由于短路电路的感抗远大于电阻，因此短路电路可近似地看作一个纯电感电路。当短路初瞬间（$t=0$ 时）的电压 $u=0$ 时，电流 i_p 则要突然增大到幅值 $i_{p(0)}=-\sqrt{2}I''$。这里 I''为短路后第一个周期的短路电流周期分量 i_p 的有效值，称为短路次暂态电流有效值（暂态过程的第一个周波所对应的参数皆冠以“次”字）。

（2）短路电流非周期分量　短路电流非周期分量是按楞次定律在突然短路时短路电路中出现自感电动势而产生的一个短路电流，即图 4-9 中的 i_{np}。正因为有这样一个电流 i_{np}，才使得短路前后的电流不致突变。

非周期分量 i_{np}的初始绝对值为

$$i_{np(0)}=|i_0-i_{p(0)}|\approx\sqrt{2}I'' \tag{4-43}$$

由于短路电路中还有电阻，所以 i_{np}要逐渐衰减。电路中的电阻越大和电感越小，i_{np}的衰减越快。非周期分量 i_{np}是按指数函数衰减的，其表达式为

$$i_{np}=i_{np(0)}e^{-t/\tau}\approx\sqrt{2}I''e^{-t/\tau} \tag{4-44}$$

式（4-44）中的 τ 称为非周期分量的衰减时间常数，计算公式为

$$\tau=\frac{L_\Sigma}{R_\Sigma}=\frac{X_\Sigma}{314R_\Sigma} \tag{4-45}$$

式中　R_Σ、L_Σ、X_Σ——分别为短路电路的总电阻、总电感、总电抗。

（3）短路全电流　任一瞬间的短路全电流（即短路电流瞬时值）i_k，为该瞬间短路电流周期分量 i_p 和非周期分量 i_{np}的迭加，如图 4-9 所示，即

$$i_k=i_p+i_{np} \tag{4-46}$$

某一瞬间 t 的短路全电流有效值 $I_{k(t)}$，是以时间 t 为中点的一个周期内的 i_p 有效值 $I_{p(t)}$ 和 i_{np}在 t 时的瞬时值 $i_{np(t)}$ 的平方和的平方根值，即

$$I_{k(t)}=\sqrt{I_{p(t)}^2+i_{np(t)}^2} \tag{4-47}$$

（4）短路冲击电流　如图 4-9 所示的短路电流曲线可以看出，短路后经过半个周期（即 0.01s）时的短路全电流瞬时值，是整个短路过程中的最大瞬时电流。这一最大的瞬时短路电流称为短路冲击电流或冲击短路电流，用 i_{sh}表示。

短路冲击电流计算公式为

$$i_{sh}=i_{p(0.01)}+i_{np(0.01)}\approx\sqrt{2}I''(1+e^{-0.01/\tau})=K_{sh}\sqrt{2}I'' \tag{4-48}$$

式中 K_{sh}称为短路冲击系数，计算公式为

$$K_{sh}=1+e^{-0.01/\tau}=1+e^{-0.01R_\Sigma/L_\Sigma} \tag{4-49}$$

当 $R_\Sigma\to0$ 时，$K_{sh}\to2$；当 $L_\Sigma\to0$ 时，$K_{sh}\to1$。因此 $1<K_{sh}<2$。

短路全电流的最大有效值，是短路后第一个周期的短路全电流有效值，通称短路冲击电流有效值，用 I_{sh}表示。将 $t=0.01s$ 代入式（4-47）可得

$$I_{sh}=\sqrt{I_{p(0.01)}^2+i_{np(0.01)}^2}\approx\sqrt{I''^2+(\sqrt{2}I''e^{-0.01/\tau})^2}$$

或

$$I_{sh}\approx\sqrt{1+2(K_{sh}-1)^2}I'' \tag{4-50}$$

计算高压电路的短路时，一般可取 $K_{sh}=1.8$，因此

$$i_{sh}=2.55I'' \tag{4-51}$$

$$I_{sh}=1.51I''\tag{4-52}$$

计算低压电路的短路时，一般可取 $K_{sh}=1.3$，因此

$$i_{sh}=1.84I''\tag{4-53}$$

$$I_{sh}=1.09I''\tag{4-54}$$

（5）短路稳态电流　短路电流非周期分量 i_{np} 衰减完毕以后（一般约经 0.1～0.2s）的短路全电流，称为短路稳态电流或稳态短路电流，其有效值习惯上用 I_∞ 表示。

在无限大容量系统中，短路电流周期分量有效值（习惯上用 I_k 表示）在短路全过程中始终是恒定不变的，因此

$$I''=I_\infty=I_k\tag{4-55}$$

第六节　短路电流的计算

一、概述

短路电流的计算方法，有欧姆法、标幺制法和短路容量法等。这里只介绍前两种方法，其中欧姆法属最基本的短路计算法，而标幺制法在工程设计中应用较广。

考虑到短路电流的特点，工程设计的短路计算通常采用的物理量单位为：电流用 kA，电压用 kV，短路容量和断流容量均用 MVA，设备容量用 kW 或 kVA，阻抗用 Ω（低压电路有时用 mΩ）。但必须说明：本书计算公式中的物理单位除个别经验公式或特别注明单位的以外，一般均采用国际单位制（SI 制）的基本单位 A、V、VA、W、Ω 等。因此后面所导出的各个公式中一般不再注明其物理量的单位。如果采用工程设计的常用单位进行计算时，则需注意单位的换算。

二、采用欧姆法进行三相短路的计算

欧姆法，又称有名单位制法，因其短路计算中的阻抗都采用有名单位“欧姆”（Ω）而得名。

1. 欧姆法短路计算的有关公式

在无限大容量系统中发生三相短路时，其三相短路电流周期分量有效值 $I_k^{(3)}$（亦即三相短路稳态电流）可按三相电路欧姆定律计算，即

$$I_k^{(3)}=\frac{U_c}{\sqrt{3}\,|Z_\Sigma|}=\frac{U_c}{\sqrt{3}\sqrt{R_\Sigma^2+X_\Sigma^2}}\tag{4-56}$$

式中　U_c——短路点的短路计算电压（亦称平均额定电压）。由于线路首端短路时最为严重，因此通常按线路首端电压考虑，即短路计算电压取为比线路额定电压 U_N 高 5%；按我国的电压标准（见表 1-1），U_c 有 0.4kV、0.69kV、3.15kV、6.3kV、10.5kV、37kV 等。

在高压电路的短路计算中，通常总电阻远比总电抗小，因此往往只计电抗，不计电阻。在计算低压电路短路时，如果 $R_\Sigma > X_\Sigma/3$ 时，则需计入电阻。

如果不计电阻，则三相短路电流周期分量有效值为

$$I_k^{(3)}=\frac{U_c}{\sqrt{3}X_\Sigma}\tag{4-57}$$

三相短路容量为

$$S_k^{(3)}=\sqrt{3}U_cI_k^{(3)} \tag{4-58}$$

下面分别讲述供电系统中三个主要部分即电力系统、电力变压器和电力线路的阻抗计算。至于供电系统中的母线、线圈型电流互感器的一次绕组、低压断路器的过电流脱扣线圈以及开关触头等的阻抗，相对来说很小，因此在短路计算中可忽略不计。当然，由于短路计算中只计及上述三大元件阻抗而略去了其他一些元件阻抗，会使计算出来的短路电流较实际值有些偏大；但用稍偏大的短路电流来选择、校验电器和导体，正好可以使选用的电器和导体工作更为安全可靠。

（1）电力系统的阻抗计算　电力系统的电阻相对于电抗来说很小，一般略去不计。

电力系统的电抗，可由电力系统变电站高压馈电线路出口断路器（参看图 4-10 的 QF）的断流容量 S_{oc} 来估算，可将其看作是电力系统的极限短路容量 S_k，因此电力系统的电抗为

$$X_S=\frac{U_c^2}{S_{oc}} \tag{4-59}$$

式中　U_c——电力系统馈电线路的短路计算电压。但为了便于计算短路电路的总阻抗（后面将要讲到，短路电路中所有元件阻抗都要换算到短路计算点的电压后才能求其总阻抗），省去阻抗换算的麻烦，因此，式中的 U_c 宜直接采用短路计算点的短路计算电压；

S_{oc}——电力系统出口断路器的断流容量，可查有关设计手册或产品样本，SN10-10 型断路器的 S_{oc} 可查附录表 A-3。

（2）电力变压器的阻抗计算

1）电力变压器的电阻。变压器的电阻 R_T，可由变压器的短路损耗 ΔP_k 近似地求得

因

$$\Delta P_k\approx 3I_N^2R_T=3\left(\frac{S_N}{\sqrt{3}U_c}\right)^2R_T$$

故

$$R_T\approx\Delta P_k\left(\frac{U_c}{S_N}\right)^2 \tag{4-60}$$

式中　U_c——短路计算点的短路计算电压；

S_N——电力变压器的额定容量；

ΔP_k——电力变压器的短路损耗，可查有关设计手册或产品样本，SL7 和 S9 系列变压器的 ΔP_k 可查附录表 A-5。

2）电力变压器的电抗。变压器的电抗 X_T，可由变压器的短路电压（即阻抗电压）百分值 $U_k\%$ 近似地求得。

因

$$U_k\%\approx\frac{\sqrt{3}I_NX_T}{U_c}\times 100=\frac{S_NX_T}{U_c^2}\times 100$$

故

$$X_T\approx\frac{U_k\%\,U_c^2}{100S_N} \tag{4-61}$$

式中　$U_k\%$——电力变压器的短路电压百分值（即阻抗电压百分值 $U_k\%$），可查有关设计手册或产品样本，SL7 和 S9 系列变压器的 $U_k\%$ 可查附录表 A-5。

（3）电力线路的阻抗计算

1）电力线路的电阻。线路的电阻 R_{WL}，可由已知截面的导体或电缆的单位长度电阻 R_0 值求得

$$R_{WL}=R_0 l \tag{4-62}$$

式中　R_0——线路的单位长度电阻值(Ω)，可查有关设计手册或产品样本，LJ 和 LGJ 型铝绞线的 R_0 可查附录表 A-13，户内明敷及穿管的绝缘导线(BLX、BLV)的 R_0 可查附录表 A-15；

l——线路的长度(m)。

2）电力线路的电抗。线路的电抗 X_{WL}，可由已知截面和线距的导线或已知截面和电压电缆的单位长度电抗 X_0 值求得

$$X_{WL}=X_0 l \tag{4-63}$$

式中　X_0——导线或电缆的单位长度电抗，可查有关设计手册或产品样本，附录表 A-13 和表 A-15 中可分别查 LJ 型、LGJ 型及 BLX、BLV 型导线的 X_0，也可利用后面的式(5-59)进行计算。如果线路的结构数据不详，可按表 4-4 所示取其电抗平均值，这是因为同类线路不论导线或电缆截面及线间几何均距如何变化，电抗值变化的幅度都不会很大，这可从式(5-59)或附录表 A-13 及表 A-15 看出。

表 4-4　电力线路每相的单位长度电抗平均值

线路结构	单位长度电抗平均值 $\frac{X_0}{\Omega\cdot km^{-1}}$	
	6～10kV	220/380V
架空线路	0.38	0.32
电缆线路	0.08	0.066

在求出短路电路各主要元件的阻抗后，就可按照《电工基础》讲的网络化简的方法(对工厂供电系统来说,一般只需采用阻抗串并联化简网络的方法)求出短路电路的总阻抗，然后按照式(4-56)或式(4-57)计算其短路稳态电流 $I_k^{(3)}$。接着可按式(4-51)～式(4-55)分别求出其他各短路电流量，必要时再按式(4-58)求出其短路容量 $S_k^{(3)}$。

必须注意：在计算短路电路的阻抗时，假如电路内含有电力变压器，则电路内各元件的阻抗都应统一换算到短路计算点的短路计算电压。阻抗等效换算的条件是元件的功率损耗不变。由 $\Delta P=U^2/R$ 和 $\Delta Q=U^2/X$ 的关系可知，元件的阻抗值是与电压平方成正比的，因此阻抗换算的公式为

$$R'=R\left(\frac{U'_c}{U_c}\right)^2 \tag{4-64}$$

$$X'=X\left(\frac{U'_c}{U_c}\right)^2 \tag{4-65}$$

式中　R、X、U_c——换算前元件的电阻、电抗、所在处的短路计算电压；

R'、X'、U'_c——换算后元件的电阻、电抗、所在处的短路计算电压。

就短路计算中计及的几个元件的阻抗来说，实际上只在计算低压侧的短路电流时，高压侧的电力线路阻抗才需进行换算；而电力系统和变压器的阻抗，由于它们的计算公式中均含有 U_c^2，因此在计算阻抗时只需将 U_c 直接代以短路点的短路计算电压即可。

最后必须指出：短路计算得是否合理，关键在于短路计算点的选择是否合理。因为短路计算的目的，主要是用来选择与校验电器和导体。为了使电器和导体选择得安全可靠，作为选择校验用的短路计算点应选择为使电器和导体可能通过最大短路电流的地点。一般来讲，用来选择校验高压侧设备的短路计算，应选高压母线为短路计算点；用来选择校验低压侧设备的短路计算，应选低压母线为短路计算点。但如果线路上装设有限流电抗器（专用来限制短路电流的电抗器），则用来选择校验该线路设备的短路计算点，应选在限流电抗器之后。

2. 欧姆法短路计算的步骤和示例

（1）欧姆法短路计算的步骤　按欧姆法进行短路计算的步骤大致如下：

1）绘制短路计算电路图，并根据短路计算的目的确定短路计算点，如图 4-10 所示。

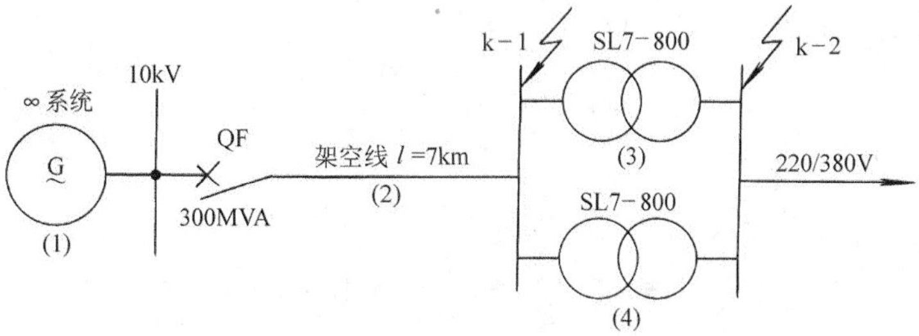

图 4-10　短路计算电路图

2）针对短路计算点绘制短路电路的等效电路图，此图只需表示出计及阻抗的元件，并且分子标明元件序号或代号，分母用来标明其阻抗，如图 4-11 所示。

3）按照短路计算点的短路计算电压来计算各元件的阻抗，并将计算结果标注在等效电路图上。

4）按照网络化简方法求等效电路的总阻抗。

5）计算短路点的三相短路电流周期分量 $I_k^{(3)}$ 及其他短路电流如 $I''^{(3)}$、$I_\infty^{(3)}$、$i_{sh}^{(3)}$ 和 $I_{sh}^{(3)}$ 等。

6）计算短路点的三相短路容量 $S_k^{(3)}$。

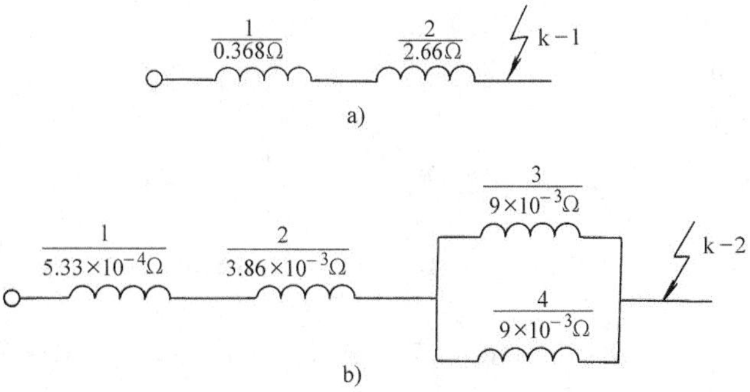

图 4-11　短路电路的等效电路图（欧姆法）

a）k-1 点短路　b）k-2 点短路

（2）欧姆法短路计算示例

例 4-8　某供电系统如图 4-10 所示，无限大容量电力系统出口断路器 QF 的断流容量为 300MVA，工厂变电所装有两台并列运行的 SL7—800/10 型配电变压器。试用欧姆法计算该变电所 10kV 母线上 k-1 点短路和 380V 母线上 k-2 点短路的三相短路电流和短路容量。

解　1. k-1 点的短路计算（U_{c1} = 10. 5kV）

（1）计算短路电路中各元件的电抗和总电抗（等效电路如图 4-11a 所示）

1）电力系统的电抗

$$X_1=\frac{U_{c1}^2}{S_{oc}}=\frac{(10.5\text{kV})^2}{300\text{MVA}}=0.368\Omega$$

2）架空线路的电抗。由表4-4查得 $X_0=0.38\Omega/\text{km}$，因此

$$X_2=X_0l=0.38\Omega\cdot\text{km}^{-1}\times 7\text{km}=2.66\Omega$$

3）短路电路总电抗

$$X_{\Sigma(k-1)}=X_1+X_2=0.368\Omega+2.66\Omega=3.028\Omega\approx 3.03\Omega$$

（2）计算k－1点的三相短路电流和短路容量

1）三相短路电流周期分量有效值为

$$I_{k-1}^{(3)}=\frac{U_{c1}}{\sqrt{3}X_{\Sigma(k-1)})}=\frac{10.5\text{kV}}{\sqrt{3}\times 3.03\Omega}=2.0\text{kA}$$

2）三相次暂态短路电流和短路稳态电流为

$$I''^{(3)}_{k-1}=I^{(3)}_{\infty(k-1)}=I^{(3)}_{k-1}=2\text{kA}$$

3）三相短路冲击电流为

$$i^{(3)}_{sh(k-1)}=2.55I''^{(3)}_{k-1}=2.55\times 2\text{kA}=5.1\text{kA}$$

$$I^{(3)}_{sh(k-1)}=1.51I''^{(3)}_{k-1}=1.51\times 2\text{kA}=3.02\text{kA}$$

4）三相短路容量为

$$S^{(3)}_{k-1}=\sqrt{3}U_{c1}I^{(3)}_{k-1}=\sqrt{3}\times 10.5\text{kV}\times 2\text{kA}=36.4\text{MVA}$$

2. k－2点的短路计算（$U_{c2}=0.4\text{kV}$）

（1）计算短路电路中各元件的阻抗和总阻抗（等效电路如图4-11b所示）

1）电力系统的电抗为

$$X'_1=\frac{U_{c2}^2}{S_{oc}}=\frac{(0.4\text{kV})^2}{300\text{MVA}}=5.33\times 10^{-4}\Omega$$

2）架空线路的电抗为

$$X'_2=X_0l\left(\frac{U_{c2}}{U_{c1}}\right)^2=0.38\Omega\cdot\text{km}^{-1}\times 7\text{km}\times\left(\frac{0.4\text{kV}}{10.5\text{kV}}\right)^2=3.86\times 10^{-3}\Omega$$

3）变压器的阻抗。由附录表A-5查得 $\Delta P_k=9900\text{W}$，$U_k\%=4.5$，因此

$$R_3=R_4\approx\Delta P_k\left(\frac{U_{c2}}{S_N}\right)^2=9900\text{W}\times\left(\frac{0.4\text{kV}}{800\text{kVA}}\right)^2=2.475\times 10^{-3}\Omega$$

$$X_3=X_4\approx\frac{U_k\%U_{c2}^2}{100S_N}=\frac{4.5}{100}\times\frac{(0.4\text{kV})^2}{800\text{kVA}}=9\times 10^{-3}\Omega$$

4）短路电路总阻抗为

$$R_{\Sigma(k-2)}=R_3//R_4=\frac{R_3}{2}=\frac{2.475\times 10^{-3}\Omega}{2}=1.238\times 10^{-3}\Omega$$

$$X_{\Sigma(k-2)}=X'_1+X'_2+X_3//X_4$$

$$=5.33\times 10^{-4}\Omega+3.86\times 10^{-3}\Omega+\frac{9\times 10^{-3}\Omega}{2}=8.893\times 10^{-3}\Omega$$

由于 $R_{\Sigma(k-2)} < X_{\Sigma(k-2)}/3$，故可只计电抗。

（2）计算 k－2 点的三相短路电流和短路容量

1）三相短路电流周期分量有效值为

$$I_{k-2}^{(3)} = \frac{U_{c2}}{\sqrt{3}X_{\Sigma(k-2)}} = \frac{0.4\text{kV}}{\sqrt{3} \times 8.893 \times 10^{-3}\Omega} = 26\text{kA}$$

2）三相次暂态短路电流和短路稳态电流为

$$I''^{(3)}_{k-2} = I^{(3)}_{\infty(k-2)} = I^{(3)}_{k-2} = 26\text{kA}$$

3）三相短路冲击电流为

$$i^{(3)}_{sh(k-2)} = 1.84I''^{(3)}_{k-2} = 1.84 \times 26\text{kA} = 47.8\text{kA}$$

$$I^{(3)}_{sh(k-2)} = 1.09I''^{(3)}_{k-2} = 1.09 \times 26\text{kA} = 28.3\text{kA}$$

4）三相短路容量为

$$S^{(3)}_{k-2} = \sqrt{3}U_{c2}I^{(3)}_{k-2} = \sqrt{3} \times 0.4\text{kV} \times 26\text{kA} = 18\text{MVA}$$

在工程设计中，往往只列短路计算表，如表 4-5 所示。

表 4-5　例 4-8 的短路计算表

短路计算点	短路电流/kA					短路容量/MVA
	$I_k^{(3)}$	$I''^{(3)}$	$I_\infty^{(3)}$	$i_{sh}^{(3)}$	$I_{sh}^{(3)}$	$S_k^{(3)}$
k－1	2	2	2	5.1	3.02	36.4
k－2	26	26	26	47.8	28.3	18

三、采用标么制法进行三相短路计算

标么制法，又称相对单位制法，因其短路计算中的阻抗、电流、电压等物理量均采用标么值(相对单位制)而得名。

1. 标么值的定义及其基准

某一物理量的标么值 A_d^*，是该物理量的实际值 A 与所选定的基准值 A_d 的比值，即

$$A_d^* = \frac{A}{A_d} \tag{4-66}$$

按标么制法进行短路计算时，首先应选定基准容量 S_d 和基准电压 U_d。

基准容量，工程设计中通常取 $S_d = 100\text{MVA}$。

基准电压，通常就取短路计算元件所在电路的短路计算电压，即取 $U_d = U_c$。U_c 比所在电路额定电压 U_N 约高 5%，即 $U_c = 1.05U_N$。

基准电流计算公式为

$$I_d = \frac{S_d}{\sqrt{3}U_d} \tag{4-67}$$

基准电抗计算公式为

$$X_d = \frac{U_d}{\sqrt{3}I_d} = \frac{U_d^2}{S_d} \tag{4-68}$$

2. 标么制法短路计算的有关公式

在无限大容量系统中发生三相短路时，其三相短路电流周期分量有效值(即三相短路稳

态电流）的标么值 $I_k^{(3)*}$ 可按式(4-69)计算⊖

$$I_k^{(3)*}=\frac{I_k^{(3)}}{I_d}=\frac{U_c}{\sqrt{3}X_\Sigma I_d}=\frac{X_d}{X_\Sigma}=\frac{1}{X_\Sigma^*} \tag{4-69}$$

由此可得三相短路电流周期分量有效值（即三相短路稳态电流）为

$$I_k^{(3)}=I_k^{(3)*}I_d=\frac{I_d}{X_\Sigma^*} \tag{4-70}$$

求出 $I_k^{(3)}$ 后，就可利用前面的有关公式求出 $I''^{(3)}$、$I_\infty^{(3)}$、$i_{sh}^{(3)}$ 和 $I_{sh}^{(3)}$ 等。而三相短路容量的计算公式为

$$S_d^{(3)}=\sqrt{3}U_cI_k^{(3)}=\frac{\sqrt{3}U_cI_d}{X_\Sigma^*}=\frac{S_d}{X_\Sigma^*} \tag{4-71}$$

下面分别讲述供电系统中三个主要元件的电抗标么值计算（取 $S_d=100\text{MVA}$，$U_d=U_c$）

（1）电力系统的电抗标么值计算

$$X_s^*=\frac{X_s}{X_d}=\frac{U_c^2S_d}{S_{oc}U_d^2}=\frac{S_d}{S_{oc}} \tag{4-72}$$

式中　S_{oc}——电力系统出口断路器的断流容量（MVA）。

（2）电力变压器的电抗标么值计算

$$X_T^*=\frac{X_T}{X_d}=\frac{U_k\%U_c^2S_d}{100S_NU_d^2}=\frac{U_k\%S_d}{100S_N} \tag{4-73}$$

式中　$U_k\%$——电力变压器的短路电压（即阻抗电压）百分值；

S_N——电力变压器的额定容量。

（3）电力线路的电抗标么值计算

$$X_{WL}^*=\frac{X_{WL}}{X_d}=X_0l\frac{S_d}{U_d^2}=\frac{X_0lS_d}{U_c^2} \tag{4-74}$$

式中　X_0——线路的单位长度电抗（Ω）；

l——线路的长度（m）。

求出短路电路中各主要元件的电抗标么值后，就可利用其等效电路分别针对各个短路计算点进行电路化简，按不同的短路计算点分别计算其总的电抗标么值 X_Σ^*。由于所有元件电抗都采用相对值，与短路计算电压无关，因此计算总电抗标么值时，不同电压的元件阻抗值无需进行换算，这也是标么制法较欧姆法优越之处。

3. 标么制法短路计算的步骤和示例

（1）标么制法短路计算的步骤　按标么制法进行短路计算的步骤大致如下：

1）绘制短路计算电路图，并根据短路计算的目的确定短路计算点，如图 4-10 所示。

2）选定标么值的基准，$S_d=100\text{MVA}$，$U_d=U_c$，并求出所有短路计算点电压下的 I_d。

3）计算短路电路中所有主要元件的电抗标么值。

⊖ 此式略去了电阻。如果计入电阻，则式中 X_Σ^* 应换为 $|Z_\Sigma^*|$，$|Z_\Sigma^*|=\sqrt{R_\Sigma^{*2}+X_\Sigma^{*2}}$。以下式(4-70)和式(4-71)亦同。

4）绘制短路电路的等效电路图，用分子标明元件序号或代号，分母标明计算出的电抗标么值，并在等效电路图上标出所有短路计算点，如图 4-12 所示。

5）针对各短路计算点分别简化电路，求出其总电抗标么值，然后按有关公式计算所有的短路电流和短路容量。

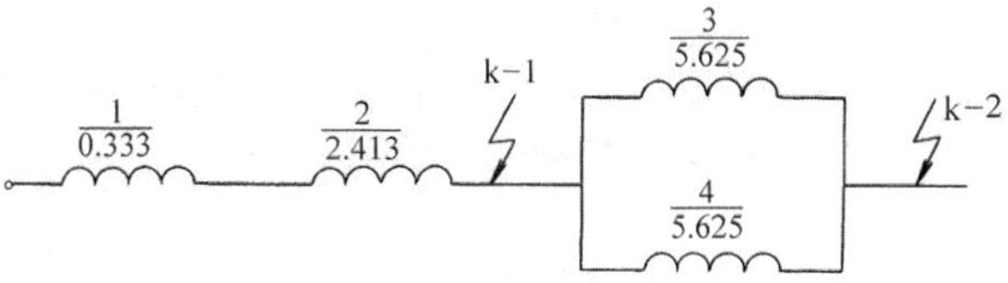

图 4-12　例 4-9 的短路等效电路(标么制法)

（2）标么制法短路计算示例

例 4-9　试用标么制法重新计算例 4-8 所示供电系统中 k－1 点和 k－2 点(如图 4-10 所示)的三相短路电流和短路容量。

解　1. 确定标么值的基准

取　$S_d = 100\text{MVA}$，$U_{d1} = 10.5\text{kV}$，$U_{d2} = 0.4\text{kV}$

故

$$I_{d1} = \frac{S_d}{\sqrt{3}U_{d1}} = \frac{100\text{MVA}}{\sqrt{3} \times 10.5\text{kV}} = 5.50\text{kA}$$

$$I_{d2} = \frac{S_d}{\sqrt{3}U_{d2}} = \frac{100\text{MVA}}{\sqrt{3} \times 0.4\text{kV}} = 144\text{kA}$$

2. 计算短路电路中各主要元件的电抗标么值

（1）电力系统　已知 $S_{oc} = 300\text{MVA}$，因此

$$X_1^* = \frac{100\text{MVA}}{300\text{MVA}} = 0.333$$

（2）架空线路　由表 4-4 查得 $X_0 = 0.38\Omega \cdot \text{km}^{-1}$，因此

$$X_2^* = 0.38\Omega \cdot \text{km}^{-1} \times 7\text{km} \times \frac{100\text{MVA}}{(10.5\text{kV})^2} = 2.413$$

（3）电力变压器　由附录表 A-5 查得 $U_k\% = 4.5$，因此

$$X_3^* = X_4^* = \frac{4.5 \times 100 \times 10^3\text{kVA}}{100 \times 800\text{kVA}} = 5.625$$

然后绘制短路电路的等效电路如图 4-12 所示。

3. 计算 k－1 点的短路电路总电抗标么值及三相短路电流和短路容量

（1）总电抗标么值为

$$X_{\Sigma(k-1)}^* = X_1^* + X_2^* = 0.333 + 2.413 = 2.75$$

（2）三相短路电流周期分量有效值为

$$I_{k-1}^{(3)} = \frac{I_{d1}}{X_{\Sigma(k-1)}^*} = \frac{5.50\text{kA}}{2.75} = 2\text{kA}$$

（3）其他短路电流为

$$I''^{(3)}_{k-1} = I_{\infty(k-1)}^{(3)} = I_{k-1}^{(3)} = 2\text{kA}$$

$$i_{sh(k-1)}^{(3)} = 2.55 I''^{(3)}_{k-1} = 2.55 \times 2\text{kA} = 5.1\text{kA}$$

$$I_{sh(k-1)}^{(3)} = 1.51 I''^{(3)}_{k-1} = 1.51 \times 2\text{kA} = 3.02\text{kA}$$

（4）三相短路容量为

$$S_{k-1}^{(3)} = \frac{S_d}{X_{\Sigma(k-1)}^*} = \frac{100\text{MVA}}{2.75} = 36.4\text{MVA}$$

4. 计算 k－2 点的短路电路总电抗标么值及三相短路电流和短路容量

（1） 总电抗标么值

$$X^*_{\Sigma(k-2)} = X^*_1 + X^*_2 + X^*_3 // X^*_4 = 0.333 + 2.413 + 5.625/2 = 5.558$$

（2） 三相短路电流周期分量有效值

$$I^{(3)}_{k-2} = \frac{I_{d2}}{X^*_{\Sigma(k-2)}} = \frac{144\text{kA}}{5.558} \approx 25.9\text{kA}$$

（3） 其他短路电流

$$I''^{(3)}_{k-2} = I^{(3)}_{\infty(k-2)} = I^{(3)}_{k-2} \approx 25.9\text{kA}$$

$$i^{(3)}_{sh(k-2)} = 1.84 I''^{(3)}_{k-2} \approx 1.84 \times 25.9\text{kA} = 47.7\text{kA}$$

$$I^{(3)}_{sh(k-2)} = 1.09 I''^{(3)}_{k-2} \approx 1.09 \times 25.9\text{kA} = 28.2\text{kA}$$

（4） 三相短路容量

$$S^{(3)}_{k-2} = \frac{S_d}{X^*_{\Sigma(k-2)}} = \frac{100\text{MVA}}{5.558} \approx 18\text{MVA}$$

全部计算结果与例 4-8 计算结果（见表 4-5）基本相同。

四、两相短路电流的计算

如图 4-13 所示，在无限大容量系统中发生两相短路时，其两相短路电流周期分量有效值为

$$I^{(2)}_k = \frac{U_c}{2|Z_\Sigma|} \tag{4-75}$$

式中　$|Z_\Sigma| = \sqrt{R^2_\Sigma + X^2_\Sigma}$——短路回路每相的总阻抗[模]。

其他两相短路电流 $I''^{(2)}$、$I^{(2)}_\infty$、$i^{(2)}_{sh}$ 和 $I^{(2)}_{sh}$ 均可按前面对应的三相短路电流计算公式计算。

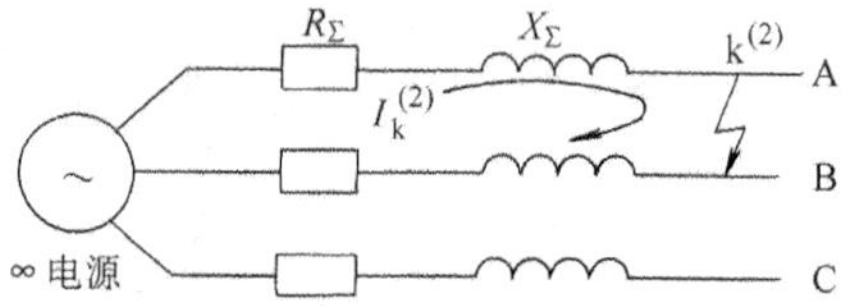

图 4-13　无限大容量系统中发生两相短路

由于 $I^{(2)}_k = U_c/(2|Z_\Sigma|)$，而 $I^{(3)}_k = U_c/(\sqrt{3}|Z_\Sigma|)$

因此

$$I^{(2)}_k : I^{(3)}_k = \frac{\sqrt{3}}{2} \tag{4-76}$$

由式（4-76）即可得到由三相短路电流求两相短路电流的公式

$$I^{(2)}_k = \frac{\sqrt{3}}{2} I^{(3)}_k = 0.866 I^{(3)}_k \tag{4-77}$$

由式（4-77）可以看出，在无限大容量系统中，$I^{(3)}_k > I^{(2)}_k$，所以在短路电流校验时，一般只考虑三相短路。

五、单相短路电流的计算*

在三相四线制（TN 或 TT）的低压配电系统中，相线与中性线（N 线）之间或相线与保护线（PE 线）或与保护中性线（PEN 线）之间发生短路，均形成单相短路，这时应使熔断器熔断或低压断路器跳闸。

单相短路电流应按以下公式计算

$$I^{(1)}_k = \frac{U_\varphi}{|Z_{\varphi-0}|} \tag{4-78}$$

或 $$I_k^{(1)}=\frac{U_\varphi}{|Z_{\varphi-PE}|} \tag{4-79}$$

或 $$I_k^{(1)}=\frac{U_\varphi}{|Z_{\varphi-PEN}|} \tag{4-80}$$

式中 U_φ——线路的相电压(V)；

$|Z_{\varphi-0}|$——相线与N线短路回路的阻抗[模](Ω)；

$|Z_{\varphi-PE}|$——相线与PE线短路回路的阻抗[模](Ω)；

$|Z_{\varphi-PEN}|$——相线与PEN线短路回路的阻抗[模](Ω)。

以上单相短路回路的阻抗计算应包括配电变压器二次绕组的阻抗。例如$|Z_{\varphi-0}|$的阻抗计算公式为

$$|Z_{\varphi-0}|=\sqrt{(R_T+R_{\varphi-0})^2+(X_T+X_{\varphi-0})^2} \tag{4-81}$$

式中 R_T——配电变压器二次绕组的电阻(Ω)；

X_T——配电变压器二次绕组的电抗(Ω)。

第七节 短路电流的效应

一、短路电流的电动效应及短路动稳定度的校验

1. 短路电流的电动效应

由《电工基础》知，处在空气中的两平行导体分别通过电流单位为i_1、i_2(单位为A)，而导体间的轴线距离为a，导体的两支持点间距离即档距为l，则导体间所产生的电磁互作用力即电动力F(单位为N)为

$$F=\frac{\mu_0 i_1 i_2 l}{2\pi a} \tag{4-82}$$

式中 μ_0——空气的磁导率，其值为$4\pi\times10^{-7}\mathrm{N/A^2}$。

如果三相线路中发生两相短路，则两相短路冲击电流$i_{sh}^{(2)}$(单位为A)通过两相导体时产生的电动力(单位为N)为最大。其电动力为

$$F^{(2)}=\mu_0 i_{sh}^{(2)2}\frac{l}{2\pi a} \tag{4-83}$$

如果三相线路中发生三相短路，则三相短路冲击电流$i_{sh}^{(3)}$(单位为A)在中间相所产生的电动力(单位为N)为最大。其电动力为

$$F^{(3)}=\frac{\sqrt{3}}{2}\mu_0 i_{sh}^{(3)2}\frac{l}{2\pi a} \tag{4-84}$$

上式中代入$\mu_0=4\pi\times10^{-7}\mathrm{N/A^2}$，即得

$$F^{(3)}=\sqrt{3}i_{sh}^{(3)2}\frac{l}{a}\times10^{-7}\mathrm{N/A^2} \tag{4-85}$$

由于$i_{sh}^{(2)}=\frac{\sqrt{3}}{2}i_{sh}^{(3)}$，因此代入式(4-83)可得$F^{(2)}=(\sqrt{3}/2)^2\mu_0 i_{sh}^{(3)2}l/(2\pi a)$，再将此$F^{(2)}$与式(4-84)的$F^{(3)}$相比较，可得

$$F^{(2)}:F^{(3)}=\frac{\sqrt{3}}{2} \tag{4-86}$$

由式(4-86)可见，三相线路发生三相短路时中间相导体所受的电动力比两相短路时导体所受的电动力大，因此校验电器和导体的动稳定度时，一般应采用三相短路冲击电流 $i_{sh}^{(3)}$ 或 $I_{sh}^{(3)}$。

2. 短路动稳定度的校验

电器和导体的动稳定度校验，依校验的对象不同而采用不同的具体条件和方法。

（1）一般电器的动稳定度校验条件　一般电器（包括开关电器、电流互感器等）的动稳定度校验条件为

$$i_{max}\geqslant i_{sh}^{(3)} \tag{4-87}$$

或

$$I_{max}\geqslant I_{sh}^{(3)} \tag{4-88}$$

式中　i_{max}——电器的极限通过电流（峰值）(A)，或称动稳定电流（峰值）；

I_{max}——电器的极限通过电流（有效值）(A)，或称动稳定电流（有效值）。

以上 i_{max} 和 I_{max} 均可由电器产品样本查得，附录表 A-3 列出的 SN10-10 型高压少油断路器的主要技术数据中，就有 i_{max} 值，可供参考。

（2）绝缘子的动稳定度校验条件　绝缘子的产品样本中通常给出其机电破坏负荷值，其动稳定度校验条件为

$$0.6F_{wk}\geqslant F_c^{(3)} \tag{4-89}$$

式中　F_{wk}——绝缘子的机电破坏负荷值(N)，其前面的 0.6 为允许负荷系数，即绝缘子的允许负荷 $F_{al}=0.6F_{wk}$；

$F_c^{(3)}$——三相短路时作用于绝缘子上的计算力(N)；如果如图 4-14a 所示，母线在绝缘子上为平放，此 $F^{(3)}$ 按式(4-85)计算，即 $F_c^{(3)}=F^{(3)}$；如果如图 4-14b 所示，母线在绝缘子上为竖放，则 $F_c^{(3)}=1.4F^{(3)}$。

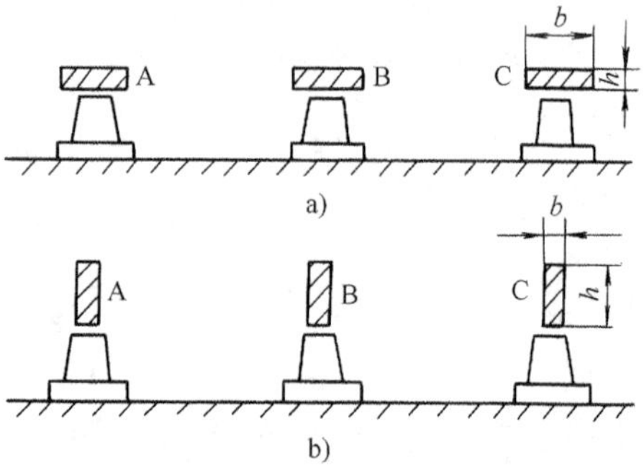

图 4-14　母线在绝缘子上的放置方式
a）平放　b）竖放

（3）母线的动稳定度校验条件　对母线等硬导体，一般按短路时所受的最大应力来校验其动稳定度，满足的条件为

$$\sigma_{al}\geqslant\sigma_c \tag{4-90}$$

式中　σ_{al}——母线材料的最大允许应力(MPa)，硬铜的 $\sigma_{al}=140\text{MPa}$，硬铝的 $\sigma_{al}=70\text{MPa}$，$1\text{Pa}=1\text{N/m}^2$；

σ_c——母线通过三相短路冲击电流 $i_{sh}^{(3)}$ 时受到的最大计算应力(MPa)。

母线的最大计算应力按下式计算

$$\sigma_c=\frac{M}{W} \tag{4-91}$$

式中　M——母线通过 $i_{sh}^{(3)}$ 时受到的弯曲力矩(N·m)。当母线的档数为 1~2 时，$M=F^{(3)}l/8$；当档数大于 2 时，$M=F^{(3)}l/10$。这里 $F^{(3)}$ 按式(4-85)计算，l 为母线档距，对开关柜（屏）上的母线来说，l 即柜（屏）的宽度(m)；

W——母线的截面系数(m^3)。母线采取如图4-14所示放置方式时，$W=b^2h/6$，式中 b 为母线截面的水平宽度，h 为母线截面的垂直高度(m)。

这里必须指出：当短路计算点附近(约20m范围内)有单台或多台交流电动机，其额定电流之和超过短路电流的1%时，应计入电动机反馈电流的影响⊖。如图4-15所示电路发生短路时，不仅电力系统向短路点 k 供给短路电流，而且由于短路时电动机端电压骤降，这时电动机定子电动势反高于外加电压，也向短路点 k 反馈短路电流，从而使短路计算点的短路电流增大。

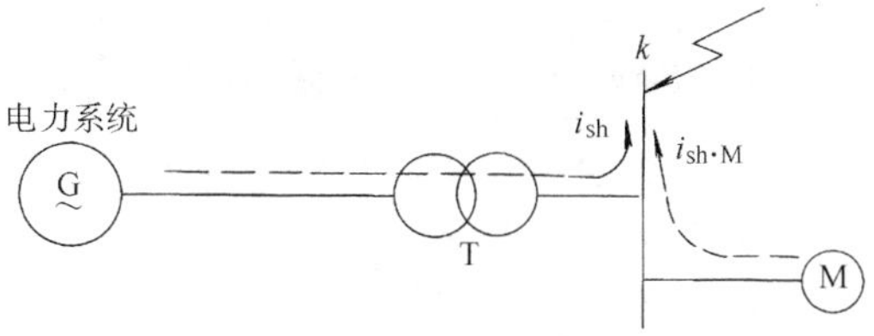

图4-15 电动机向短路点反馈电流示意图

由于交流电动机在外电路短路后很快受到制动而停转，它产生的反馈电流衰减极快，因此只在校验动稳定度考虑短路冲击电流影响时才需计入电动机的反馈电流。

交流电动机在附近发生三相短路时，它反馈的最大短路电流瞬时值(即电动机反馈冲击电流)可按下式计算

$$i_{sh \cdot M}=\sqrt{2}\,\frac{E''^{*}_{M}}{X''^{*}_{M}}K_{sh \cdot M}I_{N \cdot M}=C\,K_{sh \cdot M}I_{N \cdot M} \tag{4-92}$$

式中 E''^{*}_{M}——电动机次暂态电动势标么值(见表4-6)；

X''^{*}_{M}——电动机次暂态电抗标么值(见表4-6)；

C——电动机反馈冲击倍数(见表4-6)；

$K_{sh \cdot M}$——电动机短路电流冲击系数，对高压电动机可取1.4~1.6，对低压电动机可取1；

$I_{N \cdot M}$——电动机额定电流。

表4-6 交流电动机的 E''^{*}_{M}、X''^{*}_{M} 和 C

类　别	E''^{*}_{M}	X''^{*}_{M}	C	类　别	E''^{*}_{M}	X''^{*}_{M}	C
异步电动机	0.9	0.2	6.5	同步补偿机	1.2	0.16	10.6
同步电动机	1.1	0.2	7.8	综合性负荷	0.8	0.35	3.2

例4-10 设例4-8所示工厂变电所低压母线上接有380V异步电动机250kW，平均 $\cos\varphi=0.7$，效率 $\eta=0.75$。该母线采用LMY—100×10的硬铝母线，水平平放，档距为900mm，档数大于2，相邻两相母线的轴线距离为160mm。试求该母线三相短路时所受的最大电动力，并校验其动稳定度。

解 (1) 计算母线短路时所受到的最大电动力

由例4-8的计算知380V侧母线短路时，电力系统供给的 $I_k^{(3)}=26kA$，$i_{sh}^{(3)}=47.8kA$。而母线上所接异步电动机的额定电流之和为

$$I_{N \cdot M}=\frac{250kW}{\sqrt{3}\times 380V\times 0.7\times 0.75}=0.724kA$$

⊖ GB 50054—2011《低压配电设计规范》规定：“验算电器在短路条件下的通断能力，应采用安装处预期短路电流周期分量的有效值。当短路点附近所接电动机额定电流之和超过短路电流的1%时，应计入电动机反馈电流的影响。”

大于 $I_k^{(3)}$ 的 1%，因此计算母线上的短路冲击电流时应计及所接异步电动机反馈电流的影响。

所接异步电动机的反馈冲击电流(由表 4-6 查得 $c=6.5$，而 $K_{sh \cdot M}=1$)为

$$i_{sh \cdot M}=6.5\times 1\times 0.724\text{kA}=4.7\text{kA}$$

因此 380V 母线在三相短路时所受的最大电动力为

$$F^{(3)}=\sqrt{3}(47.8\times 10^3\text{A}+4.7\times 10^3\text{A})^2\times(0.9\text{m}/0.16\text{m})\times 10^{-7}\text{N}\cdot\text{A}^{-2}=2685\text{N}$$

(2) 校验母线短路时的动稳定度

母线在 $F^{(3)}$ 作用下受到的弯曲力矩为

$$M=\frac{F^{(3)}l}{10}=2685\text{N}\times 0.9\text{m}/10=241.65\text{N}\cdot\text{m}$$

母线的断面系数为

$$W=\frac{b^2h}{6}=(0.1\text{m})^2\times\frac{0.01\text{m}}{6}=1.667\times 10^{-5}\text{m}^3$$

故母线在三相短路时所受到的计算应力为

$$\sigma_c=\frac{M}{W}=\frac{241.65\text{N}\cdot\text{m}}{1.667\times 10^{-5}\text{m}^3}=14.5\text{MPa}$$

而硬铝母线的允许应力为

$$\sigma_{al}=70\text{MPa}>\sigma_c=14.5\text{MPa}$$

因此该母线满足短路动稳定度的要求。

二、短路电流的热效应及短路热稳定度的校验

1. 短路电流的热效应

导体通过负荷电流时，由于导体具有电阻，因此要产生电能损耗，这种电能损耗转换为热能，一方面使导体温度升高，另一方面向周围介质散热。当导体内产生的热量与导体向周围介质散发的热量相等时，导体就维持在一定的温度值。

当线路发生短路时，短路电流将使导体温度迅速升高。但是短路后线路的保护装置很快动作，切除短路故障，因此短路电流通过导体的时间很短，通常不会超过 2~3s。所以在短路过程中，可不考虑导体向周围介质散热，即可近似地认为在短路时间内导体与周围介质是绝热的，短路电流在导体中产生的热量，完全用来使导体的温度升高(绝热过程)。

图 4-16 所示为短路前后导体的温升变化情况。导体在短路前正常负荷时的温度为 θ_L。设在 t_1 时发生短路，导体温度按指数规律迅速升高，而到达 t_2 时，线路保护装置动作，切除短路故障，这时导体的温度已升高到最高值 θ_k。短路被切除后，线路断电，导体不再产生热量，而只向周围介质按指数规律散热，直到导体温度等于周围介质温度为止。

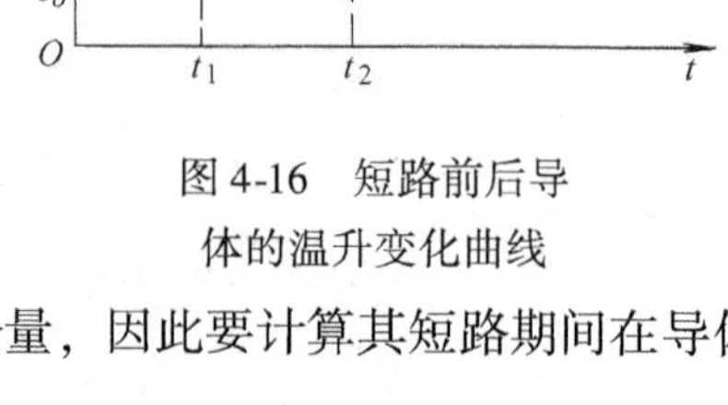

图 4-16　短路前后导体的温升变化曲线

导体短路时的最高发热温度不得超过附录表 A-10 规定的允许值。例如铝母线，正常时的最高允许温度为 70℃，而短路时的最高允许温度为 200℃。

由于短路电流是一个变动的电流，而且含有非周期分量，因此要计算其短路期间在导体

内产生的热量 Q_k 和达到的最高温度 θ_k 是相当困难的。为此，引出一个“短路发热假想时间” t_{ima}，假设在此时间内以恒定的短路稳态电流 I_∞ 通过导体产生的热量，恰好与实际短路电流 i_k 或 $I_{k(t)}$ 在实际短路时间 t_k 内通过同一导体产生的热量相等，如图 4-17 所示。

短路发热假想时间可用下式近似地计算

$$t_{ima} = t_k + 0.05\left(\frac{I''}{I_\infty}\right)^2 \text{s} \tag{4-93}$$

在无限大容量系统中发生短路，由于 $I'' = I_\infty$，因此

$$t_{ima} = t_k + 0.05\text{s} \tag{4-94}$$

式中所有时间的单位均为 s。

当 $t_k > 1\text{s}$ 时，可认为

$$t_{ima} = t_k \tag{4-95}$$

短路时间 t_k 为短路保护装置实际最长的动作时间 t_{op} 与断路器的断路时间 t_{oc} 之和，即

$$t_k = t_{op} + t_{oc} \tag{4-96}$$

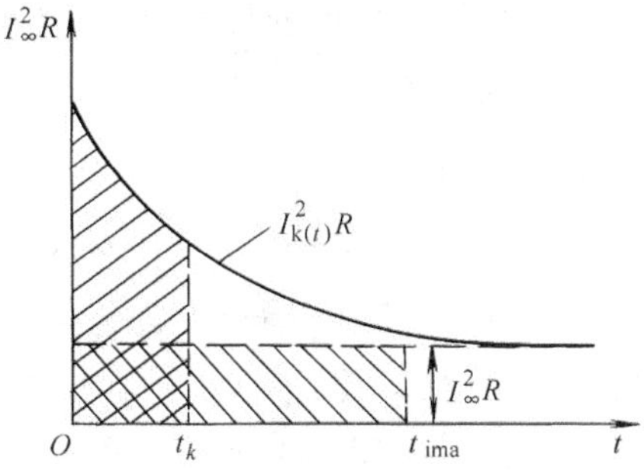

图 4-17　短路产生的热量与短路发热假想时间

断路器的断路时间 t_{op} 包括断路的固有分闸时间和灭弧时间两部分。对一般高压断路器，可取 $t_{op} = 0.2\text{s}$；对高速断路器（如真空断路器），可取 $t_{op} = 0.1 \sim 0.15\text{s}$。

因此，实际短路电流 $I_{k(t)}$ 通过导体在短路时间 t_k 内产生的热量为

$$Q_k = \int_0^{t_k} I_{k(t)}^2 R\text{d}t = I_\infty^2 R t_{ima} \tag{4-97}$$

2. 短路热稳定度的校验

电器和导体的热稳定度校验，也依校验对象的不同而采用不同的条件和方法。

（1）一般电器的热稳定度校验条件　一般电器（包括开关电器、电流互感器等）的热稳定度校验条件为

$$I_t^2 t \geqslant I_\infty^{(3)2} t_{ima} \tag{4-98}$$

式中　I_t——电器的热稳定度试验电流（有效值）（A）；

t——电器的热稳定试验时间（s）。

以上的 I_t 和 t 均可由产品样本查得，SN10-10 型高压少油断路器的 I_t 和 t 可由附录表 A-3 查得。

（2）母线、电缆和绝缘导线的热稳定度校验条件　母线、电缆和绝缘导线的热稳定度本来可按短路时最高发热温度 θ_k 是否不超过短路时最高允许温度 $\theta_{k \cdot max}$ 来校验，但由于 θ_k 的确定比较麻烦，通常采用最小热稳定截面积来进行校验。满足热稳定度的条件为

$$A \geqslant A_{min} = \frac{I_\infty^{(3)}}{C}\sqrt{t_{ima}} \tag{4-99}$$

式中　C——导体的短路热稳定系数（$\text{A}\sqrt{\text{s}} \cdot \text{mm}^{-2}$），可查附录表 A-10；

A_{min}——导体的最小热稳定截面积（mm^2）；

A——满足短路热稳定度的导体实际截面积（mm^2）。

例 4-11　试校验例 4-10 所示工厂变电所 380V 侧铝母线的短路热稳定度。已知该母线的短路保护实际动作时间为 0.6s，低压断路器的断路时间为 0.1s。

解　已知 $I_\infty^{(3)} = I_k^{(3)} = 26\text{kA}$，并由附录表 A-10 查得 $C = 87\text{A}\sqrt{\text{s}} \cdot \text{mm}^{-2}$，而 $t_{ima} = 0.6\text{s} +$

0.1s+0.05s=0.75s，因此最小热稳定截面积为

$$A_{min}=\frac{26\times10^{3}\,\mathrm{A}}{87\mathrm{A}\sqrt{\mathrm{s}}\cdot\mathrm{mm}^{-2}}\times\sqrt{0.75\mathrm{s}}=259\mathrm{mm}^{2}$$

由于母线的实际截面积为 $A=100\mathrm{mm}\times10\mathrm{mm}=1000\mathrm{mm}^2$ 大于 $A_{min}=259\mathrm{mm}^2$，因此该母线满足短路热稳定度要求。

思考题

4-1　工厂用电设备按工作制分为哪几类？各有何工作特点？

4-2　什么叫负荷持续率？它表征哪类设备的工作特性？如某设备在 ε_1 时的容量为 P_{N1}，则它在 ε_2 时的容量 P_{N2} 该为多少？

4-3　什么叫年最大负荷和年最大负荷利用小时？

4-4　什么叫用电设备的负荷系数(负荷率)？什么叫负荷曲线填充系数？

4-5　什么叫计算负荷？确定计算负荷的需要系数法和二项式法各有什么特点？各适用哪些场合？

4-6　在确定多组用电设备总的视在计算负荷和计算电流时，可不可以将各组的视在计算负荷和计算电流分别直接相加？为什么？

4-7　什么叫无功功率补偿？这对电力系统有什么好处？

4-8　什么叫尖峰电流？尖峰电流与计算电流同为最大负荷电流，各在性质上和用途上有哪些区别？

4-9　什么叫无限大容量电力系统？其基本特点是什么？在无限大容量电力系统中发生短路时，电流将如何变化？能不能突变？为什么？

4-10　什么叫短路冲击电流 i_{sh}、短路次暂态电流 I'' 和短路稳态电流 I_∞？在无限大容量系统中，i_{sh}、I'' 和 I_∞ 三者之间各有什么关系？

4-11　什么叫短路计算电压？它与电网额定电压有什么关系？

4-12　什么叫短路电流的电动效应？应采用什么短路电流来校验电器和导体的短路动稳定度？

4-13　什么情况下应计及短路点附近交流电动机反馈电流的影响？

4-14　什么叫短路电流的热效应？为什么热效应要采用 I_∞ 和假想时间 t_{ima} 来计算？假想时间的含义是什么？如何计算？

习题

4-1　有一380V线路，供电给机修车间的冷加工机床电动机容量共150kW，行车容量5.1kW($\varepsilon=15\%$)，通风机容量7kW。试用需要系数法确定各设备组和380V线路的计算负荷 P_{30}、Q_{30}、S_{30} 和 I_{30}。

4-2　某220V/380V的TN-C线路，供电给大批生产的冷加工机床电动机，总容量为105kW，其中较大容量的电动机有：7.5kW 2台，5.5kW 1台，4kW5台。试分别用需要系数法和二项式法计算其计算负荷 P_{30}、Q_{30}、S_{30} 和 I_{30}。

4-3　现有9台220V单相电阻炉，其中4台1kW，3台1.5kW，2台2kW。试合理分配上列各电阻炉于220/380V的TN-C线路上，并计算其计算负荷 P_{30}、Q_{30}、S_{30} 和 I_{30}。

4-4　已知某厂 10/0.4kV 变电所装有一台主变压器，其低压侧的计算负荷 $P_{30(2)}$ = 610kW，$Q_{30(2)}$ = 480kvar。试计算该厂高压侧的计算负荷 $P_{30(1)}$、$Q_{30(1)}$、$S_{30(1)}$和 $I_{30(1)}$及该厂最大负荷时的功率因数 $\cos\varphi_{(1)}$。

4-5　某电器开关厂拥有用电设备总容量 2470kW。试按需要系数法计算其视在计算负荷。

4-6　为使习题 4-4 所示工厂的功率因数由现在的 $\cos\varphi_{(1)}$提高到 $\cos\varphi'_{(1)}$ = 0.9，拟在高压母线上装设 BW10.5-12-1 型并联电容器，问需装设多少个？总容量为多少？

4-7　某线路供电给如表 4-7 所示的 4 台电动机。试计算其尖峰电流（建议 K_{Σ} = 0.9）。

4-8　有一地区变电站通过一条长 5km 的 10kV 电缆线路供电给某厂一台 SL7-1000 型降压变压器，低压侧电压为 380V。地区变电站出口断路器为 SN10-10Ⅱ型。试分别用欧姆法和标幺制法计算该厂变压器高压侧和低压侧的短路电流 $I_k^{(3)}$、$I''^{(3)}$、$I_\infty^{(3)}$、$i_{sh}^{(3)}$、$I_{sh}^{(3)}$及三相短路容量 $S_k^{(3)}$，并列出短路计算表。

表 4-7　习题 4-7 的负荷资料

电动机参数	M1	M2	M3	M4
额定电流 I_N/A	35	14	56	20
起动电流 $I_{st/A}$	148	85	160	135

4-9　有一地区变电站通过 8km 的双回路向某厂 10kV 高压配电所供电。这双回路均采用 LJ—120 型铝铰线架空线路，均垂直排列，线间距离 1m。系统阻抗可忽略不计。试用欧姆法计算该厂高压配电所母线的三相短路电流 $I_k^{(3)}$、$i_{sh}^{(3)}$、$I_{sh}^{(3)}$和三相短路容量 $S_k^{(3)}$，并列出短路计算表。

4-10　某变电所低压母线发生三相短路时由无限大容量系统供给的三相短路电流 $I_k^{(3)}$ = 36.5kA。现低压母线上又接有一台 500kW 的同步电动机，其 $\cos\varphi = 1$ 时，$\eta = 94\%$。问此母线发生三相短路时，母线上通过的短路冲击电流 $i_{sh\cdot\Sigma}$为多少？

4-11　某变电所 10kV 高压进线采用三相铝芯聚氯乙烯绝缘电缆，线芯为 50mm²。已知该电缆首端装有高压少油断路器的继电保护动作时间为 1.2s，电缆首端的三相短路电流 $I_k^{(3)}$ = 2.1kA。试校验此电缆的短路热稳定度。

第五章　电器和导体的选择与校验

本章首先介绍电力变压器的容量和过负荷能力的概念，然后讲述工厂变电所主变压器台数和容量的选择，接着讨论高低压电器的选择与校验，最后讲述工厂电力线路导线和电缆的选择与校验。

第一节　电力变压器的容量和过负荷能力

一、电力变压器的额定容量

电力变压器的额定容量（铭牌容量）是指它在规定的环境温度条件下，户外安装时，在规定的使用年限（20 年）内所能连续输出的最大视在功率（kVA）。

按 GB 1094—1996《电力变压器》规定，电力变压器正常使用的环境温度条件为：最高气温 +40℃，最高日平均气温 +30℃，最高年平均气温 +20℃，最低气温为：对户外变压器 -30℃，对户内变压器 -5℃。油浸式变压器顶层油的温升，规定不得超过周围气温 55℃。如按规定的最高气温 +40℃，则变压器顶层油温不得超过 +95℃。

变压器的使用年限，主要取决于变压器绕组绝缘的老化速度，而绝缘的老化速度又取决于绕组最热点的温度。变压器的绕组导体和铁心，一般可以长期经受较高的温升而不致损坏。但绕组长期受热时，其绝缘的弹性和机械强度要逐渐减弱，这就是绝缘的老化现象。绝缘老化严重时，绕组绝缘层就会变脆、裂纹和脱落。试验表明，在规定的环境温度条件下，如果变压器绕组最热点的温度一直维持 95℃，则变压器可持续安全运行 20 年；但如果变压器绕组温度升高到 120℃时，则变压器只能运行 2 年左右。这说明其绕组温度对变压器的使用寿命有着极大的影响，而绕组的温度又与绕组通过的电流大小有直接的关系。

二、电力变压器的正常过负荷能力

电力变压器在运行中，其负荷电流总是不断变化的，不均匀的。如果变压器容量是按最大负荷来选择的话，那么变压器在很大一部分时间内实际上是在低于额定容量的负荷下运行，因此从维持变压器规定的使用寿命（20 年）来说，变压器在必要时完全可以过负荷运行。

油浸式变压器允许的正常过负荷包括以下两部分：

（1）由于昼夜负荷不均匀而允许的变压器过负荷　可根据典型日负荷曲线的填充系数（即日负荷率）β 和最大负荷持续时间 t，查图 5-1 所示曲线，即得变压器的允许过负荷系数 $K_{OL(1)}$。

（2）由于季节负荷不均匀而允许的变压器过负荷

如果夏季的平均日负荷曲线中的最大负荷 S_m 低于变压器容量 $S_{N.T}$时，则每低 1%，变压器在冬季可过负荷 1%（1% 规则）。但此项过负荷不得超过 15%，即此项过负荷系数为

$$K_{OL(2)} = 1 + \frac{S_{N.T} - S_m}{S_{N.T}} \leqslant 1.15 \qquad (5\text{-}1)$$

以上两项过负荷可同时考虑，即变压器在冬季时的最大正常过负荷系数为

$$K_{OL} = K_{OL(1)} + K_{OL(2)} - 1 \qquad (5\text{-}2)$$

但是按规定：户内变压器，正常过负荷最大不得超过 20%；户外变压器，正常过负荷最大不得超过 30%。因此变压器最大的正常过负荷能力(最大出力)为

$$S_{T(OL)} = K_{OL} S_{N.T} \leqslant (1.2 \sim 1.3) S_{N.T} \qquad (5\text{-}3)$$

式中系数 1.2 适于户内变压器，系数 1.3 适于户外变压器。干式变压器则一般不考虑正常过负荷运行。

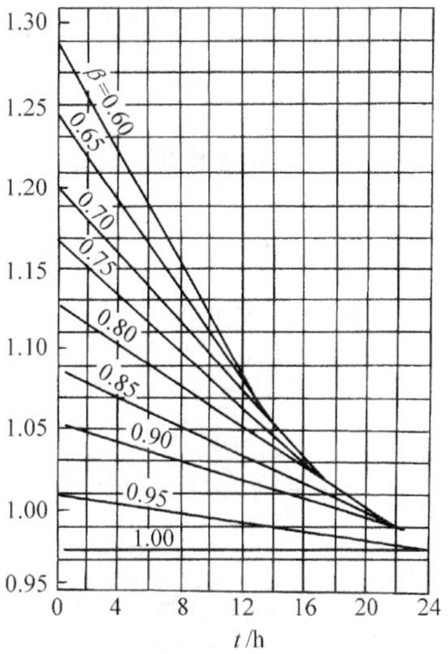

图 5-1　变压器允许过负荷系数 K_{OL} 与日负荷率 β 及最大负荷持续时间 t 的关系曲线

三、电力变压器的事故过负荷能力

电力变压器在事故状态下(例如两台并列运行的变压器在一台被切除时)，为了保证重要负荷的继续供电，可允许短时间较大幅度的过负荷运行。油浸式变压器事故过负荷运行的过负荷值与允许时间的关系如表 5-1 所示。

表 5-1　油浸式变压器事故过负荷的允许时间

过负荷值	30%	45%	60%	75%	100%	200%
允许时间	2h	80min	45min	20min	10min	90s

干式变压器事故过负荷的允许时间另有规定，其值大大低于油浸式变压器。

变压器的事故过负荷能力是以牺牲变压器的寿命为代价的，应慎用。

第二节　工厂变电所主变压器台数和容量的选择

一、工厂变电所主变压器台数的选择

选择主变压器台数时，应考虑以下原则：

1）应满足负荷对供电可靠性的要求。对供有大量一、二级负荷的变电所，应选用两台变压器。对只有少量二级而无一级负荷的变电所，如低压侧有与其他变电所相连的联络线作为备用电源时，亦可只采用一台变压器。

2）季节性负荷变化较大而宜于采用经济运行方式(参看第九章第三节)的变电所，可选用两台变压器。

3）一般供三级负荷的变电所，可只采用一台变压器。但集中负荷较大者，虽为三级负荷，亦可选用两台变压器。

4）在确定变电所主变压器台数时，应适当考虑负荷的发展，留有一定的余地。

二、工厂变电所主变压器容量的选择

1. 只装有一台主变压器的变电所

主变压器的额定容量 $S_{N.T}$ 应满足全部用电设备总的计算负荷 S_{30} 的需要，即

$$S_{N.T} \geqslant S_{30} \tag{5-4}$$

2. 装有两台主变压器的变电所

每台主变压器的额定容量 $S_{N.T}$ 应同时满足以下两个条件：

1）任一台变压器单独运行时，应能满足不小于总计算负荷60%的需要[⊖]，即

$$S_{N.T} \geqslant 0.6S_{30} \tag{5-5}$$

2）任一台变压器单独运行时，应能满足全部一、二级负荷 $S_{30(\text{I}+\text{II})}$ 的需要，即

$$S_{N.T} \geqslant S_{30(\text{I}+\text{II})} \tag{5-6}$$

3. 单台主变压器(低压为0.4kV)的容量上限

低压为0.4kV的单台主变压器容量，一般不宜大于1250kVA。这一方面是受现在通用的低压断路器的断流能力及短路稳定度要求的限制，另一方面也是考虑到可以使变压器更接近负荷中心，以减少低压配电系统的电能损耗和电压损耗，如果负荷比较集中、容量较大而运行合理时，在采用断流能力更大、短路稳定度更高的新型低压断路器(如ME型等)的情况下，也可选用单台容量较大的配电变压器。

此外，主变压器容量的确定，应适当考虑发展。一个单位的变压器容量的等级不宜太多。主变压器的台数和容量的最后确定，应结合变电所主结线方案的选择，择优而定。

例5-1 某10/0.4kV降压变电所，总计算负荷为1400kVA，其中一、二级负荷为760kVA。试初步选择该变电所主变压器的台数和容量。

解 根据题目所给条件，有一、二级负荷，因此应选两台主变压器。

每台主变压器的容量应满足以下两个条件：

① $S_{N.T} \geqslant 0.6 \times 1400\text{kVA} = 840\text{kVA}$

② $S_{N.T} \geqslant 760\text{kVA}$

因此每台主变压器的容量应选1000kVA。

三、变压器容量与全压起动的笼型电动机最大功率

笼型电动机起动时，其端子电压应能保证被拖动机械要求的起动转矩，且在配电系统中引起的电压下降不应影响其他用电设备的工作。一般而言，当电动机起动时，配电母线上的电压不应低于系统额定电压的90%(频繁起动时)或85%(不频繁起动时)，当配电母线上未接照明负荷时可为80%。

若变压器高压侧短路容量 $S_k^{(3)}$ 比变压器的额定容量 $S_{N.T}$ 大50倍以上(无限大容量系统)，则允许全压起动的笼型电动机最大功率 P(kW)大致为 $0.2S_{N.T}$(频繁起动时)或 $0.3S_{N.T}$(不频繁起动时)。

此值亦可作为选择10(6)/0.4kV变压器容量的一个条件。

⊖ 按GB 50059—2011《35kV～110kV变电站设计规范》规定。但考虑到适当过负荷下能基本上满足全部负荷 S_{30} 的要求，可按 $S_{N.T} \approx 0.7S_{30}$ 选择。

笼型电动机全压起动是最简单、最可靠、最经济的起动方式，应优先采用。但全压起动时起动电流大，在配电母线上引起的电压下降也大。减压起动时则起动电流小，但起动转矩也小，且起动时间延长，绕组发热比全压起动时更为严重，起动电器也相对复杂，故仅当不符合全压起动条件时才宜采用。实际上，当变压器容量够大时，75kW 以下的电动机一般都可以采用全压起动。

常用的减压起动方式有电抗器减压起动、自耦变压器减压起动、星—三角减压起动等。此外，还有一些新型减压起动设备，例如微处理器控制的软起动器等。

当有大量一、二级负荷并采用自起动柴油发电机作保安电源时，全压起动的笼型电动机最大功率则主要受该柴油发电机容量的限制。

第三节　高低压电器的选择与校验

一、概述

高低压电器的选择，必须满足其在一次电路正常条件下和短路故障条件下工作的要求，同时设备应工作安全可靠，运行维护方便，投资经济合理。

高低压电器按正常条件下工作选择，就是要考虑电气设备的环境条件和电气要求。环境条件是指电器的使用场所(户内或户外)、环境温度、海拔高度以及有无防尘、耐腐蚀、防火、防爆等要求。电气要求是指电器在电压、电流、频率等方面的要求，对一些开断电流的电器(如熔断器、断路器和负荷开关等)，还包括对其断流能力的要求。

高低压电器按短路故障条件下工作选择，就是要校验其短路时能否满足动稳定度和热稳定度的要求。

表 5-2 为高低压电器的选择校验项目和条件一览表，供参考。

二、熔断器的选择与校验

1. 熔断器熔体电流的选择

(1) 保护电力线路的熔断器熔体电流的选择　保护电力线路的熔体电流，应满足以下条件：

表 5-2　高低压电器的选择校验项目和条件

电器名称	电压/V	电流/A	断流能力/kA	短路电流校验	
				动稳定度	热稳定度
熔断器	✓	✓	✓	—	—
高压隔离开关	✓	✓	—	✓	✓
高压负荷开关	✓	✓	✓	✓	✓
高压断路器	✓	✓	✓	✓	✓
低压刀开关	✓	✓	✓	✗	✗
低压负荷开关	✓	✓	✓	—	—
低压断路器	✓	✓	✓	✗	✗
电流互感器	✓	✓	—	✓	✓

（续）

电器名称	电压/V	电流/A	断流能力/kA	短路电流校验	
				动稳定度	热稳定度
电压互感器	✓	—	—	—	—
并联电容器	✓	—	—	—	—
母线	—	✓	—	✓	✓
绝缘导线、电缆	✓	✓	—	—	✓
支柱绝缘子	✓	—	—	✓	—
套装绝缘子	✓	✓	—	✓	✓
应满足的条件	电器的额定电压应不低于所在电路的额定电压	电器的额定电流应不小于所在电路的计算电流	电器的最大开断电流应不小于它可能开断的最大电流	按 $I_{sh}^{(3)}$ 或 $i_{sh}^{(3)}$ 校验，满足式(4-87)或式(4-88)要求，或式(4-89)、或式(4-90)要求	按 $I_{\infty}^{(3)}$ 及 t_{ima} 校验，满足式(4-98)或式(4-99)要求

注：1. 表中"✓"表示必须校验；"—"表示不必校验；"✗"表示一般可不校验。
2. 对并联电容器，还应按容量(μF 或 var)选择；对互感器，还应考虑准确度等级。
3. 表中未列频率项目，电器的额定频率应与所在电路的频率相适应。

1）熔体额定电流 $I_{N.FE}$ 应不小于线路的计算电流 I_{30}，以使熔体在线路正常最大负荷下运行时也不致熔断，即

$$I_{N.FE} \geqslant I_{30} \tag{5-7}$$

式中 I_{30} 对并联电容器来说，由于其合闸涌流较大，应取其额定电流 1.43～1.55 倍。

2）熔体额定电流 $I_{N.FE}$ 还应躲过线路的尖峰电流 I_{pk}，以使熔体在线路出现尖峰电流时也不致熔断。由于尖峰电流为短时最大电流，而熔体熔断需经一定时间，因此满足的条件为

$$I_{N.FE} \geqslant KI_{pk} \tag{5-8}$$

式中　K——小于或等于 1 的计算系数，对供单台电动机的线路，如起动时间 $t_{st}<3s$(轻载起动)，宜取 0.25～0.35；$t_{st}\approx 3～8s$(重载起动)，宜取 0.35～0.5；$t_{st}>8s$ 及频繁起动或反接制动，宜取 0.5～0.6，对供多台电动机的线路，视线路上最大一台电动机的起动情况、线路计算电流与尖峰电流的比值及熔断器的特性而定，取为 0.5～1；如线路计算电流与尖峰电流比值接近于 1，则 K 可取为 1。

3）熔断器保护还应与被保护的线路相配合，使之不致发生因线路出现过负荷或短路引起绝缘导线或电缆过热甚至起燃而熔断器熔体不熔断的事故，因此还应满足以下条件

$$I_{N.FE} \leqslant K_{OL} I_{al} \tag{5-9}$$

式中　I_{al}——绝缘导线和电缆的允许载流量(A)；

K_{OL}——绝缘导线和电缆的允许短时过负荷系数。如熔断器只作短路保护时，对电缆和穿管绝缘导线，取 2.5；对明敷绝缘导线，取 1.5。如熔断器不只作短路保护，而且要求作过负荷保护时，如居住建筑、重要仓库和公共建筑中的照明线路，有可能长时间过负荷的动力线路以及在可燃建筑物构架上明敷的有延燃性外皮的绝缘导线线路，则应取为 1。

如果按式(5-7)和式(5-8)两个条件选择的熔体电流不满足式(5-9)的配合要求，则应改选熔断器的型号规格，或者适当增大导线和电缆的线芯截面。因此，这一条件也可以视为选择载流导体截面积的一个条件。

(2) 保护电力变压器的熔断器熔体电流的选择　保护电力变压器的熔体电流，应满足下式要求

$$I_{N.FE}=(1.5\sim2)I_{IN.T} \tag{5-10}$$

式中　$I_{IN.T}$——电力变压器的额定一次电流(A)。

上式既考虑到熔体电流要躲过变压器允许的正常过负荷电流，又考虑到熔体电流要躲过变压器的尖峰电流和励磁涌流。尖峰电流可由变压器低压侧电动机自起动所引起。励磁涌流是指变压器空载合闸时所出现的涌浪式电流，又称空载合闸电流，最大值可达(8～10)$I_{IN\cdot T}$，但历时不长，类似起动电流性质，励磁涌流衰减稍慢。

(3) 保护电压互感器的熔断器熔体电流的选择　由于电压互感器二次侧的负荷很小，因此，保护电压互感器的RN2等型熔断器的熔体电流一般均为0.5A。

2. 熔断器规格的选择与校验

熔断器规格的选择与校验应满足以下条件：

1) 熔断器的额定电压$U_{N.FU}$应不低于所在线路的额定电压U_N，即

$$U_{N.FU}\geqslant U_N \tag{5-11}$$

2) 熔断器的额定电流$I_{N.FU}$应不小于它本身所安装的熔体额定电流$I_{N.FE}$，即

$$I_{N.FU}\geqslant I_{N.FE} \tag{5-12}$$

3) 熔断器断流能力的校验：对于限流型熔断器(如RN1、RTO等型)，由于限流型能在短路电流达到冲击值之前灭弧，因此应满足以下条件

$$I_{OC}\geqslant I''^{(3)} \tag{5-13}$$

式中　I_{OC}——熔断器的最大分断电流(A)；

$I''^{(3)}$——熔断器安装地点的三相次暂态短路电流(有效值)(A)。

对于非限流型熔断器(如RW4、RM10等型)，由于它不能在短路电流达到冲击值之前灭弧，因此需满足以下条件

$$I_{OC}\geqslant I_{sh}^{(3)} \tag{5-14}$$

式中　$I_{sh}^{(3)}$——熔断器安装地点的三相短路冲击电流(有效值)(A)。

对具有断流能力上下限的熔断器(如RW4等跌开式熔断器)，其断流能力的上限应满足以上式(5-14)的条件，而其断流能力的下限应满足以下条件

$$I_{OC.min}\leqslant I_k^{(2)} \tag{5-15}$$

式中　$I_{OC.min}$——熔断器的最小分断电流(A)；

$I_k^{(2)}$——熔断器所保护线路末端的两相短路电流(A)。

熔断器一般不必校验其短路的动稳定度和热稳定度。根据GB 50060—2008《3～110kV高压配电装置设计规范》的规定，用熔断器保护的电压互感器回路，可不验算动稳定和热稳定度。用高压限流熔断器保护的导体和电器，可根据限流熔断器的特性验算其动稳定和热稳定度。

4) 熔断器的类型应符合安装使用条件及被保护设备的技术要求。例如：机床上宜安装不怕振动的RL0型；保护晶闸管应采用RS0型快速熔断器等。

3. 熔断器保护灵敏度的检验

为了保证熔断器在其保护范围内发生最轻微的短路故障时能可靠地熔断，熔断器保护的灵敏度必须满足以下条件：

$$S_p = \frac{I_{k \cdot min}}{I_{N \cdot FE}} \geqslant 4.5 \sim 7^{㊀} \tag{5-16}$$

式中　$I_{N \cdot FE}$——熔断器的熔体额定电流(A)；

$I_{k \cdot min}$——熔断器所保护线路末端在系统最小运行方式㊁下的单相短路电流(对中性点直接接地系统)或两相短路电流(对中性点不接地系统)(A)；对于保护降压变压器的高压熔断器来说，应取低压母线的两相短路电流换算到高压侧之值。

4. 前后熔断器之间的选择性配合问题

前后熔断器之间的选择性配合，就是在线路发生故障时，应该是最靠近故障点的熔断器最先熔断，切除故障部分，从而使系统的其他部分迅速恢复正常运行。

如图5-2a所示线路中，假设支线WL2的首端k点发生三相短路，则三相短路电流I_k要同时流过熔断器FU2和FU1。但是按保护选择性要求，应该是FU2的熔体先熔断，切除故障线路WL2，而FU1不再熔断，因此干线WL1仍旧正常运行，但是熔断器熔体的实际熔断时间与其标准保护特性曲线(安秒曲线)所查得的熔断时间可能有±30%~±50%的偏差。从最不利的情况考虑，设k点短路时，FU1的实际熔断时间t'_1比标准保护特性曲线查得的时间t_1小50%(负偏差)，即$t'_1 = 0.5t_1$，而FU2的实际熔断时间t'_2又比标准保护特性曲线查得的时间t_2大50%(正偏差)，即$t'_2 = 1.5t_2$。这时由图5-2b可以看出，要保证前后两熔断器的动作选择性，必须满足的条件为：$t'_1 > t'_2$，即$0.5t_1 > 1.5t_2$，因此保证前后两相邻熔断器之间选择性动作的条件为

$$t_1 > 3t_2 \tag{5-17}$$

如果满足不了式(5-17)的要求，则应将前一熔断器的熔体电流提高1~2级，再进行校验。

如果不用保护特性曲线来检验，则按工程上的习惯作法，一般选择前一级的熔体电流为后一级熔体电流为2~3级，才能保证其动作的选择性。

例5-2　有一台异步电动机，额定电压为380V，额定容量为18.5kW，额定电流为35.5A，起动电流倍数为7。采用10mm²的铝芯塑料线穿硬塑料管对电动机配电。采用RM10型熔断器作短路保护。短路电流$I_k^{(3)}$最大可达2000A。当地环境温度为30℃。试选择熔断器及其熔体的额定电流，并进行校验。

解　(1) 选择熔断器熔体电流及熔断器电流要求

$$I_{N \cdot FE} \geqslant I_{30} = 35.5A$$

且

$$I_{N \cdot FE} \geqslant KI_{pk} = 0.3 \times 35.5A \times 7 = 74.55A$$

因此由附录表A-2，初步选择RM10-100型熔断器，其$I_{N \cdot FU} = 100A$，而$I_{N \cdot FE} = 80A$。

(2) 校验熔断器的断流能力　由附录表A-2知，RM10-100型熔断器的最大分断电流$I_{OC} = 100kA > I_{sh}^{(3)} = 1.09 \times 2kA = 2.18kA$，因此该熔断器的断流能力是满足要求的。

㊀ 详见GB 50054—2011《低压配电设计规范》，检验熔断器保护灵敏度的最小比值。

㊁ 电力系统的最小运行方式，就是使系统短路回路阻抗为最大，短路电流为最小的一种运行方式。例如双回路供电的系统在只一回路运行时。

（3）校验导线与熔断器保护的配合　假设该电动机安装在一般车间内，熔断器只作短路保护用，因此导线与熔断器保护配合的条件为 $I_{N \cdot FE} \leqslant 2.5I_{al}$。现导线（BLV-500-1 × $10mm^2$）的允许载流量由附录表 A-14-3 查得 $I_{al} = 35A$（30℃）。$I_{N \cdot FE} = 80A < 2.5 \times 35A = 87.5A$，满足配合要求。

例 5-3　如图 5-2 所示电路中，设 FU1（RT0 型）的 $I_{N \cdot FE1} = 150A$，FU2（RM10 型）的 $I_{N \cdot FE2} = 80A$。图上 k 点发生三相短路的 $I_k^{(3)} = 2000A$。试检验这两组熔断器之间是否选择性配合。

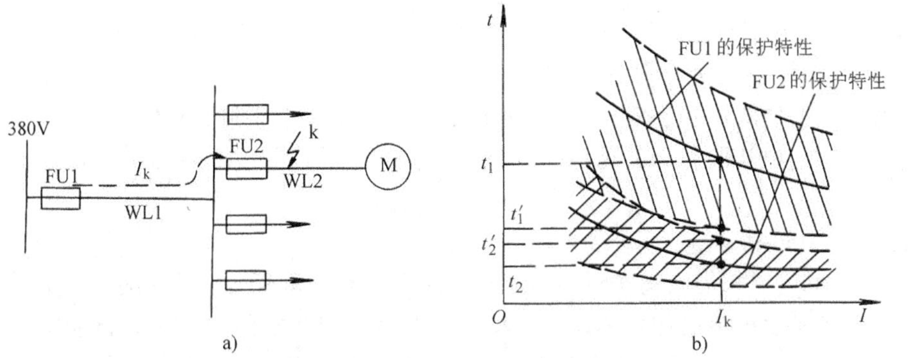

图 5-2　熔断器保护的选择性配合

a）熔断器在低压线路中的选择性配置　b）熔断器的保护特性曲线及选择性校验

（注：斜线区表示特性曲线的正负偏差范围）

解　用 $I_{N \cdot FE1} = 150A$ 和 $I_k = 2000A$ 查附录表 A-1 的曲线得 $t_1 \approx 0.2s$。

用 $I_{N \cdot FE2} = 80A$ 和 $I_k = 2000A$ 查附录表 A-2 的曲线得 $t_2 \approx 0.04s$。

$$t_1 = 0.2s > 3t_2 = 3 \times 0.04s = 0.12s$$

由此可见这两组熔断器能保证选择性动作。

三、低压断路器的选择与校验

1. 低压断路器过电流脱扣器的选择

过电流脱扣器的额定电流 $I_{N \cdot OR}$ 应不小于线路的计算电流 I_{30}，即

$$I_{N \cdot OR} \geqslant I_{30} \tag{5-18}$$

2. 低压断路器热脱扣器的选择

热脱扣器的额定电流 $I_{N \cdot TR}$ 不小于线路的计算电流 I_{30}，即

$$I_{N \cdot TR} \geqslant I_{30} \tag{5-19}$$

3. 低压断路器的选择

低压断路器的选择，应满足下列条件：

1）低压断路器的额定电压 $U_{N \cdot QF}$ 应不低于线路的额定电压 U_N，即

$$U_{N \cdot QF} \geqslant U_N \tag{5-20}$$

2）低压断路器的额定电流 $I_{N \cdot QF}$ 应不小于其所安装的脱扣器额定电流 $I_{N \cdot OR}$ 或 $I_{N \cdot TR}$，即

$$I_{N \cdot QF} \geqslant I_{N \cdot OR} \tag{5-21}$$

或

$$I_{N \cdot QF} \geqslant I_{N \cdot TR} \tag{5-22}$$

4. 低压断路器脱扣器的整定

低压断路器可根据保护要求装设瞬时、短延时和长延时等过流脱扣器及热脱扣器、失压脱扣器等，以上各种脱扣器的整定要求如下：

1）瞬时过电流脱扣器的动作电流 $I_{op(0)}$，应躲过线路的尖峰电流 I_{pk}，即

$$I_{op(0)} \geqslant K_{rel} I_{pk} \tag{5-23}$$

式中　K_{rel}——可靠系数，对动作时间在 0.02s 以上的万能式断路器，可取 1.35；对动作时间为 0.02s 及以下的塑壳式断路器，则宜取 2~2.5。

2）短延时过电流脱扣器的动作电流 $I_{op(s)}$，也应躲过线路的尖峰电流 I_{pk}，即

$$I_{op(s)} \geqslant K_{rel} I_{pk} \tag{5-24}$$

式中　K_{rel}——可靠系数，可取为 1.2。

短延时过电流脱扣器的动作时间一般分 0.2s、0.4s 和 0.6s 三种，按前后保护装置保护选择性要求来整定，应使前一级保护的动作时间比后一级保护的动作时间长一个时间级差。

3）长延时过电流脱扣器的动作电流 $I_{op(l)}$，应躲过线路的计算电流 I_{30}，即

$$I_{op(l)} \geqslant K_{op(l)} I_{30} \tag{5-25}$$

式中　$K_{op(l)}$——可靠系数，可取 1.1。

长延时过电流脱扣器的动作时间，应躲过允许短时过负荷的持续时间，以免误动作。

4）以上各种过电流脱扣器的动作电流 I_{op}，还应与被保护线路相配合，使之不致发生因出现过负荷或短路引起绝缘导线或电缆过热甚至起燃而断路器不脱扣切断线路的事故，因此还应满足以下条件：

$$I_{op} \leqslant K_{OL} I_{al} \tag{5-26}$$

式中　I_{al}——绝缘导线和电缆的允许载流量(A)；

K_{OL}——绝缘导线和电缆的允许短时过负荷系数，对瞬时和短延时过电流脱扣器，可取 4.5；对长延时过电流脱扣器，作短路保护时取 1.1，只作过负荷保护时取 1。

如不满足以上配合要求，则应改选脱扣器动作电流，或适当加大导线或电缆的线芯截面积。因此，这一条件也可以视为选择载流导体截面的一个条件。

5）低压断路器热脱扣器的动作电流 $I_{op.TR}$，应躲过线路的计算电流 I_{30}，即

$$I_{op.TR} \geqslant K_{rel} I_{30} \tag{5-27}$$

式中　K_{rel}——可靠系数，可取 1.1，但宜通过实际试验来检验。

6）低压断路器失压脱扣器的释放电压和吸合电压，通常由产品自定。释放电压通常为额定电压的 35%~40% 及以下，吸合电压通常为额定电压的 70% 及以上。

5. 低压断路器断流能力的校验

1）对动作时间在 0.02s 以上的万能式断路器，其极限分断电流 I_{oc} 应不小于通过它的三相短路电流周期分量有效值 $I_k^{(3)}$，即

$$I_{oc} \geqslant I_k^{(3)} \tag{5-28}$$

2）对动作时间在 0.2s 及以下的塑壳式断路器，其极限分断电流 I_{oc} 或 i_{oc} 应不小于通过它的三相短路冲击电流 $I_{sh}^{(3)}$ 或 $i_{sh}^{(3)}$，即

$$I_{oc} \geqslant I_{sh}^{(3)} \tag{5-29}$$

或

$$i_{oc} \geqslant i_{sh}^{(3)} \tag{5-30}$$

6. 低压断路器过电流保护灵敏度的检验

为了保证低压断路器作为短路保护的过电流脱扣器在系统最小运行方式下，当其保护范围内发生最轻微的短路故障时能可靠地动作，低压断路器保护的灵敏度必须满足以下条件

$$S_p=\frac{I_{k.\min}}{I_{\mathrm{op}}}\geqslant 1.5 \tag{5-31}$$

式中　I_{op}——过电流脱扣器的动作电流(脱扣电流)(A)；

$I_{k.\min}$——低压断路器保护的线路末端在系统最小运行方式下的单相短路电流(对中性点直接接地系统)或两相短路电流(对中性点不接地系统)(A)。

低压断路器可不校验短路的动稳定度和热稳定度；但其保护的母线应校验动稳定度和热稳定度，保护的绝缘导线和电缆应校验热稳定度。

7. 前后断路器之间及断路器与熔断器之间的选择性配合问题

(1) 前后断路器之间的选择性配合　最好按断路器的保护特性曲线来检验，偏差范围可考虑为 ±20%~ ±30%，前一级考虑负偏差，后一级考虑正偏差。但这比较麻烦，而且由于各厂产品性能出入较大，因而使之实现选择性配合有一定困难。由此，从实际出发，GB 50054—2011《低压配电设计规范》规定：对于非重要负荷，允许无选择性切断。

一般来说，要保证前后两低压断路器之间选择性动作，前一级断路器宜采用带短延时的过电流脱扣器，而且其动作电流大于后一级瞬时过电流脱扣器动作电流一级以上，至少前一级的动作电流 $I_{\mathrm{op.1}}$ 应不小于后一级动作电流 $I_{\mathrm{op.2}}$ 的 1.2 倍，即

$$I_{\mathrm{op.1}}\geqslant 1.2I_{\mathrm{op.2}} \tag{5-32}$$

(2) 断路器与熔断器之间的选择性配合　宜按它们的保护特性曲线来检验，前一级断路器可考虑 -30%~ -20% 的负偏差，后一级熔断器可考虑 +30%~ +50% 的正偏差。在后一级熔断器出口发生三相短路时，前一级的动作时间如大于后一级的动作时间，则说明能实现选择性动作。

例 5-4　有一条采用 BLX—500—1 ×50mm² 铝芯橡皮绝缘线明敷的 380V 三相三线线路，$I_{30}=130\mathrm{A}$，$I_{\mathrm{pk}}=360\mathrm{A}$，此线路首端的 $I_{\mathrm{k}}^{(3)}=5\mathrm{kA}$，末端 $I_{\mathrm{k}}^{(3)}=2\mathrm{kA}$。当地环境温度为 30℃。试选择此线路首端装设的 DW10 型低压断路器及过电流脱扣器规格，并进行校验。

解　(1) 选择低压断路器及其过电流脱扣器　由附录表 A-4 知，DW10—200 型断路器的过电流脱扣器额定电流 $I_{\mathrm{N.OR}}=150\mathrm{A}>I_{30}=130\mathrm{A}$，故初步选 DW10—200 型断路器，其 $I_{\mathrm{N.QF}}=200\mathrm{A}$，$I_{\mathrm{N.OR}}=150\mathrm{A}$。

设瞬时脱扣器的动作电流整定为其额定电流的 3 倍(由附录表 A-4 可知,其脱扣电流倍数只有 1、1.5、3)，即 $I_{\mathrm{op(0)}}=3\times150\mathrm{A}=450\mathrm{A}$。而 $K_{\mathrm{rel}}I_{\mathrm{pk}}=1.35\times360\mathrm{A}=486\mathrm{A}>I_{\mathrm{op(0)}}$，不满足式(5-23)的条件，因此将脱扣器额定电流增大为 200A。这时 $I_{\mathrm{op(0)}}=3\times200\mathrm{A}=600\mathrm{A}>1.3I_{\mathrm{pk}}=486\mathrm{A}$，从而满足脱扣要求。

(2) 校验低压断路器的断流能力　由附录表 A-4 知，所选断路器的 $I_{\mathrm{oc}}=10\mathrm{kA}>I_{\mathrm{k}}^{(3)}=5\mathrm{kA}$，故满足断路要求。

(3) 检验断路器保护的灵敏度

因　$I_{k.\min}=I_{\mathrm{k}}^{(2)}=0.866I_{\mathrm{k}}^{(3)}=0.866\times2\mathrm{kA}=1.73\mathrm{kA}$，

故 $S_{\mathrm{p}}=1.73\mathrm{kA}/0.6\mathrm{kA}=2.9>1.5$，满足要求。

(4) 校验低压断路器保护与导线的配合问题

由于 $I_{\mathrm{op(0)}}=600\mathrm{A}$，而由附录表 A-14 知，导线 BLX—500—1 ×50mm² 明敷时的允许载流量

$I_{al}=163A$(30℃时)，$I_{op(0)}=600A<4.5I_{al}=4.5\times163A=733.5A$，由此可见满足配合要求。

四、高压隔离开关、负荷开关和断路器的选择与校验

1. 电压和电流的选择

如表5-2所示，开关、断路器额定电压不得低于装设地点的电网额定电压；其额定电流不得小于通过的计算电流。

2. 断流能力的校验

高压隔离开关不允许带负荷操作，只作隔离电源用，因此不校验其断流能力。

高压负荷开关能带负荷操作，但不能切断短路电流，因此其断流能力应按切断最大可能的过负荷电流来校验，满足的条件为

$$I_{oc}\geqslant I_{OL\cdot max} \tag{5-33}$$

式中　I_{oc}——负荷开关的最大分断电流(A)；

$I_{OL\cdot max}$——负荷开关所在电路的最大可能的过负荷电流(A)，可取为$(1.5\sim3)I_{30}$，I_{30}为电路计算电流。

高压断路器可分断短路电流，其断流能力应满足的条件为

$$I_{oc}\geqslant I_k^{(3)} \tag{5-34}$$

或

$$S_{oc}\geqslant S_k^{(3)} \tag{5-35}$$

式中　I_{oc}、S_{oc}——断路器的最大开断电流和断流容量；

$I_k^{(3)}$、$S_k^{(3)}$——断路器安装地点的三相短路电流周期分量有效值和三相短路容量，$S_k^{(3)}$按式(4-58)计算。

3. 短路稳定度的校验

高压隔离开关、负荷开关和断路器均需进行短路动稳定度和热稳定度的校验。

校验动稳定度条件的公式如式(4-87)或式(4-88)所示。

校验热稳定度条件的公式如式(4-98)所示。

例5-5　试选择某10kV高压配电所进线侧的高压户内少油断路器的型号规格。已知该进线的计算电流280A，配电所母线的三相短路电流周期分量有效值$I_k^{(3)}=3.65kA$，继电保护的动作时间为1.2s。

解　根据我国目前生产的10kV高压户内少油断路器型式，可选用全国统一设计的SN10—10型。根据$I_{30}=280A$，初步选SN10—10Ⅰ/630—300型进行校验，如表5-3所示，结果全部合格，所以选用正确。

表5-3　例5-5中高压断路器的选择校验表

序号	安装地点的电气条件		SN10-10Ⅰ/630-300型断路器		
	项目	数据	项目	数据	结论
1	U_n	10kV	$U_{n.qf}$	10kV	合格
2	I_{30}	280A	$I_{n.qf}$	630A	合格
3	$I_k^{(3)}$	3.65kA	I_{oc}	16kA	合格
4	$I_{sh}^{(3)}$	$2.55\times3.65kA=9.31kA$	i_{max}	40kA	合格
5	$I_\infty^{(3)2}t_{ima}$	$3.65^2\times(1.2+0.2)=18.7$	I_t^2t	$16^2\times2=512$	合格

五、电流互感器和电压互感器的选择与校验

1. 电流互感器的选择与校验

（1）电压、电流的选择　电流互感器的额定电压应不低于装设地点电路的额定电压；其额定一次电流应不小于电路的计算电流，而其额定二次电流按其二次设备的电流负荷而定，一般为5A。

（2）按准确级要求的选择　电流互感器满足准确级要求的条件，是其二次负荷 S_2 不得大于规定准确级所对应的额定二次负荷（容量）S_{2N}，即

$$S_{2N} \geqslant S_2 \tag{5-36}$$

S_2 由互感器二次侧的阻抗 $|Z_2|$ 来决定，而 $|Z_2|$ 为其二次回路所有串联的仪表、继电器电流线圈的阻抗 $\Sigma|Z_i|$、连接导线阻抗 $|Z_{wl}|$ 与接头接触电阻 R_{XC} 之和。由于 $\Sigma|Z_i|$ 和 $|Z_{wl}|$ 中的感抗远比其中的电阻小，因此可认为

$$|Z_2| \approx \Sigma|Z_i| + |Z_{wl}| + R_{XC} \tag{5-37}$$

式中　$|Z_i|$ 由仪表、继电器产品样本查得；

$|Z_{wl}| \approx R_{wl} = l/(\gamma A)$，这里 γ 为导线的电导率，工程上一般可取铝线 $\gamma = 32\text{m}/(\Omega \cdot \text{mm}^2)$，铜线 $\gamma = 53\text{m}/(\Omega \cdot \text{mm}^2)$，$A$ 为导线截面积（mm^2），l 为二次回路的计算长度（m）；

R_{XC} 很难准确测定，可近似地取为 0.1Ω。

电流互感器二次回路的计算长度 l 与互感器结线方式有关。设从互感器二次端到仪表、继电器接线端的单向长度为 $3l_1$，则互感器二次为Y形结线时，$l = l_1$；互感器二次为V形结线时，$l = \sqrt{3}l_1$；互感器二次为一相式结线时，$l = 2l_1$。

电流互感器的二次负荷 S_2 就按下式计算

$$S_2 = I_{2N}^2|Z_2| \approx I_{2N}^2(\Sigma|Z_i| + R_{WL} + R_{XC})$$

或

$$S_2 \approx \Sigma S_i + I_{2N}^2(R_{WL} + R_{XC}) \tag{5-38}$$

如果电流互感器不满足准确级要求，则应改选较大变流比或较大二次容量的互感器，也可加大二次接线的截面。按规定，电流互感器二次接线应采用电压不低于500V、截面不小于 2.5mm^2 的铜心绝缘导线。

（3）短路动稳定度的校验　电流互感器的动稳定度的校验，应满足的条件仍为式（4-87）或式（4-88）。

但有的电流互感器产品给出的是动稳定倍数 K_{es}，因此其动稳定度校验公式亦可为

$$K_{es}\sqrt{2}I_{1N} \geqslant i_{sh}^{(3)} \tag{5-39}$$

式中　I_{1N}——电流互感器的额定一次电流（A）。

（4）短路热稳定度的校验　电流互感器的热稳定度的校验，应满足的条件仍为式(4-98)。

但有的电流互感器产品给出的是热稳定倍数 K_t，因此其热稳定度校验公式亦可为

$$(K_t I_{1N})^2 \cdot t \geqslant I_\infty^{(3)2} t_{ima}$$

即

$$K_t I_{1N} \geqslant I_\infty^{(3)} \sqrt{\frac{t_{ima}}{t}} \tag{5-40}$$

大多数电流互感器的热稳定试验时间取为1s，因此其热稳定度校验公式可改写为

$$K_t I_{1N} \geqslant I_\infty^{(3)} \sqrt{t_{ima}} \tag{5-41}$$

2. 电压互感器的选择与校验

(1) 电压的选择　电压互感器的额定一次电压应与安装地点电网的额定电压相适应，其额定二次电压一般为100V。

(2) 按准确级要求的选择　电压互感器满足准确级要求的条件，也是其二次负荷 S_2 不得大于规定准确级所对应的额定二次容量 S_{2N}，即

$$S_{2N} \geqslant S_2 \tag{5-42}$$

电压互感器的二次负荷 S_2，一般只计其二次回路中所有仪表、继电器电压线圈所消耗的视在功率，即

$$S_2 = \sqrt{(\Sigma P_u)^2 + (\Sigma Q_u)^2} \tag{5-43}$$

$\Sigma P_u = \Sigma(S_u \cos\varphi_u)$ 和 $\Sigma Q_u = \Sigma(S_u \sin\varphi_u)$ 分别为仪表、继电器电压线圈所消耗的总的有功功率和无功功率。

电压互感器的一、二次侧有熔断器保护，因此不需进行短路动稳定度和热稳定度的校验。

第四节　工厂电力线路的选择与校验

一、概述

为了保证供电系统安全、可靠、优质、经济地运行，电力线路的导线和电缆等载流导体截面积的选择必须满足以下条件：

(1) 发热条件　导线和电缆(含母线)在通过计算电流时产生的发热温度，不应超过其正常运行时的最高允许温度，见附录表A-10所列。

(2) 允许电压损耗　导线和电缆在通过计算电流时产生的电压损耗，不应超过正常运行时允许的电压损耗值。对于工厂内较短的高压线路，可不进行电压损耗的校验。

(3) 经济电流密度　35kV及以上的高压线路，宜选“经济截面积”，即按国家规定的经济电流密度来选择导线和电缆的截面积，达到“年费用支出最小”的要求。一般10kV及以下的线路，可不按经济电流密度选择。但长期运行的低压特大电流线路(例如电炉的短网和电解槽的母线)仍应按经济电流密度选择。

(4) 机械强度　导线的截面积应不小于最小允许截面积，见附录表A-11和附录表A-12所列。由于电缆的机械强度很好，因此电缆不校验机械强度，但需校验短路热稳定度。

(5) 短路时的动稳定度和热稳定度　导体的截面积应满足短路时的动稳定度和热稳定度，以保证短路时不至损坏。(此内容已在第四章第七节介绍)

(6) 导体与保护电器的配合　导体的截面积应与熔断器、低压断路器等保护电器相配合，以保证当线路上出现过负荷或短路时保护电器能可靠动作。(此内容已在本章第三节介绍,详见式(5-9)和(5-26))

此外，绝缘导线和电缆还需满足工作电压的要求，即其额定电压不得小于工作电压。

根据设计经验，低压动力线和10kV及以下的高压线，一般先按发热条件来选择截面积，然后校验机械强度和电压损耗。低压照明线，由于照明对电压水平要求较高，所以一般先按允许电压损耗来选择截面积，然后校验发热条件和机械强度。而35kV及以上的高压

线，则可先按经济电流密度来选择经济截面积，再校验发热条件、允许电压损耗和机械强度等。按以上经验进行选择，通常较易满足要求，较少返工。

二、按发热条件选择校验导线和电缆的截面积

电流通过导体(包括母线、导线和电缆,下同)，由于导体存在电阻，必然产生电能损耗，使导体发热。裸导体的温度升高时，会使接头处氧化加剧，增大接触电阻，使之进一步氧化，如此恶性循环，甚至可发展到断线。绝缘导线和电缆的温度过高时，可使绝缘损坏，甚至引起火灾。因此导体的正常发热温度不得超过附录表 A-10 所示的允许值。

1. 按发热条件选择相线截面积

按发热条件选择三相线路中的相线截面积 A_φ 时，应使其允许载流量 I_{al} 不小于通过相线的计算电流 I_{30}，即

$$I_{al} \geqslant I_{30} \tag{5-44}$$

所谓导体的允许载流量，就是在规定的环境温度条件下，导体能够连续承受而不致使其稳定温度超过规定值的最大电流。如果导体敷设地点的环境温度与导体允许载流量所采用的环境温度不同时，则导体的允许载流量应乘以温度校正系数

$$K_\theta = \sqrt{\frac{\theta_{al} - \theta'_0}{\theta_{al} - \theta_0}} \tag{5-45}$$

式中 θ_{al}——导体正常工作时的最高允许温度(℃)；

θ_0——导体允许载流量所采用的环境温度(℃)；

θ'_0——导体敷设地点实际的环境温度(℃)。

按规定，选择导体所用的环境温度：户外(含户外电缆沟)采用当地最热月的日最高气温平均值；户内(含户内电缆沟)采用当地最热月的日最高气温平均值另加 5℃；直接埋地的电缆，采用埋深处的最热月平均地温，或近似地取当地最热月平均气温。

附录表 A-13 列出 LJ 型、LGJ 型铝导体的允许载流量，附录表 A-14 列出 BLX 和 BLX 型铝芯绝缘导线明敷、穿钢管和穿硬塑料管时的允许载流量，供参考。其他导线，母线和电缆的允许载流量可查有关设计手册。

由于相同截面积(A)和相同长度(l)的铜(Cu)导体与铝(Al)导体在等效发热条件下的功率损耗相等，即

$$I_{Cu}^2 R_{Cu} = I_{Al}^2 R_{Al} \tag{5-46}$$

式中 I_{Cu}、I_{Al}——铜导体和铝导体的载流量(A)；

R_{Cu}、R_{Al}——铜导体和铝导体的电阻(Ω)。$R_{Cu} = l/(\gamma_{Cu} A)$，$R_{Al} = l/(\gamma_{Al} A)$，可取 $\gamma_{Cu} = 53\text{MS/m}$ 为铜的电导率，$\gamma_{Al} = 32\text{MS/m}$ 为铝的电导率，S 为单位“西门子”，S = 1/Ω。

由式(5-46)得

$$\frac{I_{Cu}^2 l}{\gamma_{Cu} A} = \frac{I_{Al}^2 l}{\gamma_{Al} A}$$

故

$$\frac{I_{Cu}}{I_{Al}} = \sqrt{\frac{\gamma_{Cu}}{\gamma_{Al}}} \tag{5-47}$$

因此

$$I_{Cu} \approx 1.3 I_{Al} \tag{5-48}$$

或
$$I_{Al} \approx 0.78 I_{Cu} \tag{5-49}$$
所以由附录表 A-13 查出的某截面铝导体允许载流量乘以 1.3，即可得同一截面铜导体的允许载流量。同样，如已知某截面铜导体的允许载流量，乘以 0.78 即得同一截面铝导体的允许载流量。

关于按发热条件选择导体所用的计算电流，对电力变压器高压侧的导体，应取为变压器高压侧的额定电流。而对并联电容器的引入线，计算电流应取为并联电容器组额定电流的 1.35 倍。

2. 低压线路的中性线(N 线)、保护线(PE 线)和保护中性线(PEN 线)截面积的选择

(1) 中性线截面积的选择　低压三相四线制(TN 或 TT)线路中的中性线(N 线)，按规定，其载流量不应小于线路中的最大不平衡负荷电流，同时应考虑谐波电流的影响。

一般三相负荷基本平衡的低压线路中的中性线截面积 A_0，宜不小于相线截面积 A_φ 的 50%，即
$$A_0 \geqslant 0.5 A_\varphi \tag{5-50}$$
对 3 次谐波电流突出的三相线路，由于各相的 3 次谐波电流都要通过中性线，使得中性线电流可能接近甚至等于或超过相电流，在这种情况下，中性线截面积宜选为与相线截面积相等或更大，即
$$A_0 \geqslant A_\varphi \tag{5-51}$$
对由三相线路分出的两相三线线路和单相双线线路中的中性线，由于其中性线的电流与相线电流完全相等，因此中性线截面积应与相线截面积相等，即
$$A_0 \approx A_\varphi \tag{5-52}$$
(2) 保护线截面积的选择　低压系统中的保护线(PE 线)，按 GB 50054—2011《低压配电设计规范》规定，当 PE 线材质与相线相同时，其最小截面应符合表 5-4 的要求。

表 5-4　PE 线的最小截面

相线芯线截面积	$A_\varphi \leqslant 16\text{mm}^2$	$16\text{mm}^2 < A_\varphi \leqslant 35\text{mm}^2$	$A_\varphi > 35\text{mm}^2$
PE 线最小截面积	$A_{PE} = A_\varphi$	$A_{PE} = 16\text{mm}^2$	$A_{PE} = A_\varphi/2$

但对于变压器低压侧较大截面积的 PE 线，亦可按满足热稳定度的条件，即按公式(4-99)选择或校验。

(3) 保护中性线截面积的选择　低压系统中的保护中性线(PEN 线)的截面积，应同时满足上述中性线(N 线)和保护线(PE 线)选择的条件，即
$$A_{PEN} = (0.5 \sim 1) A_\varphi \tag{5-53}$$
并且，按 GB 50054—2011《低压配电设计规范》规定，在配电线路中固定敷设的铜保护接地中性导体的截面积，不应小于 10mm^2。

例 5-6　有一条采用 BLV 型铝芯塑料线明敷的 220/380V 的 TN-S 线路，计算电流为 86A，敷设地点的环境温度为 35℃。试按发热条件选择此线路的导线截面。

解　此 TN-S 线路为具有单独 PE 线的三相四线制线路，包括相线、N 线和 PE 线。

(1) 相线截面积的选择　查附录表 A-14 得 35℃时明敷的 BLV-500 型铝芯塑料线 $A_\varphi = 25\text{mm}^2$ 的 $I_{al} = 90\text{A} > I_{30} = 86\text{A}$，满足发热条件，故选 $A_\varphi = 25\text{mm}^2$。

(2) N线截面积的选择　按式(5-50)，选 $A_0=16\text{mm}^2$。

(3) PE线截面积的选择　按表5-4，选 $A_{PE}=16\text{mm}^2$。

该线路所选的导线型号规格可表示为BLV-500-(3×25+1×16+PE16)。

三、按经济电流密度选择导线和电缆的截面积

经济电流密度就是能使线路的年费用支出接近于最小而又适当考虑节约有色金属条件的导线和电缆的电流密度值。我国规定的经济电流密度如表5-5所示。

所谓年费用支出(B)，是指线路投资费折算到一年的支出加上线路的年运行费(含维修管理费、电能损耗费等)。按GB 50217—2007《电力工程电缆设计规范》推荐的计算公式为 $B=0.11Z+1.11N$，式中 Z 为线路投资费，N 为线路年运行费。

表5-5　我国规定的经济电流密度 j_{ec}

线路类别	导体材料	年最大负荷利用小时 T_{max}/h		
		<3000	3000~5000	≥5000
		经济电流密度 j_{ec}/(A. mm^{-2})		
架空线路	铜	3.00	2.25	1.75
	铝	1.65	1.15	0.90
电缆线路	铜	2.50	2.25	2.00
	铝	1.92	1.73	1.54

按经济电流密度选择的导线和电缆截面积，称为经济截面积 A_{ec}，即

$$A_{ec}=\frac{I_{30}}{j_{ec}} \tag{5-54}$$

按上式计算出 A_{ec} 后，应选最接近的(可选偏小的)标准截面积。

例5-7　有一条采用LGJ型钢芯铝绞线架设的35kV架空线路供电给某厂，其计算负荷为5000kW，$\cos\varphi=0.9$，$T_{max}=4300\text{h}$。试选择该钢芯铝绞线的额定截面积。

解　(1) 按经济电流密度选择

$I_{30}=5000\text{kW}/(\sqrt{3}\times35\text{kV}\times0.9)=92\text{A}$

由表5-5查得 $j_{ec}=1.15\text{A/mm}^2$，因此

$A_{ec}=92\text{A}/(1.15\text{A/mm}^2)=80\text{mm}^2$

选取最接近的标准截面积 $A=70\text{mm}^2$，即选LGJ-70型钢芯铝绞线。

(2) 校验发热条件　查附录表A-13中LGJ-70的允许载流量(户外25℃时) $I_{al}=275\text{A}$，因此满足发热条件。

(3) 校验机械强度　查附录表A-11得架空钢芯铝绞线最小截面积 $A_{min}=25\text{mm}^2$，因此LGJ-70完全满足机械强度要求。

四、线路电压损耗的计算

1. 线路的允许电压损耗

由于线路存在着阻抗，因此在负荷电流通过线路时就要产生电压损耗。按规定，高压配

电线路的电压损耗，一般不应超过线路额定电压的5%，从变压器低压母线到用电设备受电端上的低压配电线路的电压损耗，一般不应超过用电设备额定电压的5%；对视觉要求较高的照明线路，则为2%~3%。如果线路的电压损耗值超过了允许值，则应适当加大导线或电缆的截面，使之满足允许的电压损耗要求。

2. 集中负荷的三相线路电压损耗的计算

以带两个集中负荷的三相线路（如图5-3a所示）为例。线路图中的负荷电流都用小写 i 表示，各段线路电流都用大写 I 表示；各线段的长度、每相电阻和电抗分别用小写 l、r 和 x 表示，各负荷点至线路首端的长度、每相电阻和电抗分别用大写 L、R 和 X 表示，如图5-3a所示。

以线路末端的相电压 $U_{\varphi2}$㊀作参考轴，绘制该线路的电压、电流相量图，如图5-3b所示。由于线路上的电压降相对于线路电压来说很小，所以 $U_{\varphi1}$ 与 $U_{\varphi2}$ 间的相位差 θ 实际很小，因此负荷电流 i_1 与电压 $U_{\varphi1}$ 间的相位差 φ_1 可近似地绘成 i_1 与 $U_{\varphi2}$（参考轴）间的相位差。

作相量图（如图5-3b所示）的步骤如下：

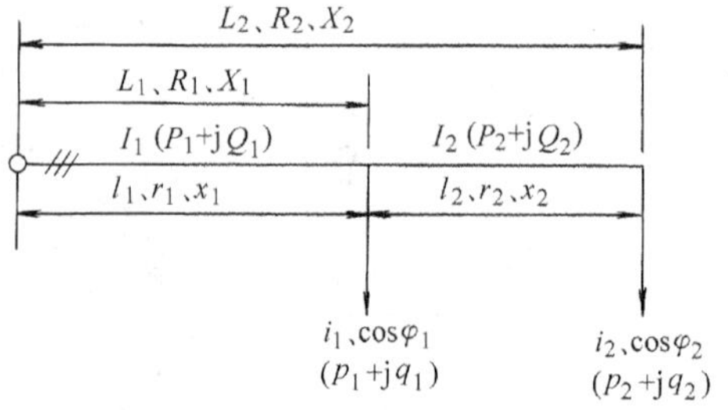

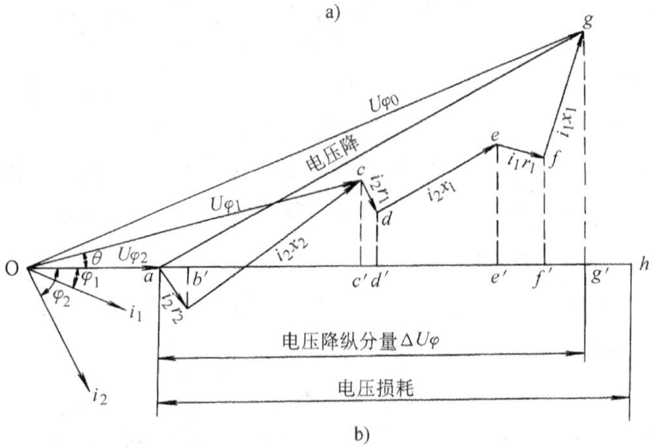

图5-3　带有两个集中负荷的三相线路

a）单线图　b）相量图

1）在水平方向作矢量 $\overrightarrow{oa}=\dot{U}_{\varphi2}$。

2）由 O 点绘负荷电流 i_1 和 i_2，其相位分别滞后 $\dot{U}_{\varphi2}\varphi_1$ 和 φ_2。

3）由 a 点作矢量 $\overrightarrow{ab}=i_2r_2$，平行于 i_2。

㊀ 为简化起见，这里将相量 $\dot{U}$ 简写为 U，省去“·”；其余相量亦同样简化。

4）由 b 点作矢量$\overrightarrow{bc}=i_2x_2$，超前 $i_2 90°$。

5）连直线 Oc，即得 $\dot{U}_{\varphi 1}$。

6）由 c 点作矢量$\overrightarrow{cd}=i_2r_1$，平行于 i_2。

7）由 d 点作矢量$\overrightarrow{de}=i_2x_1$，超前 $i_2 90°$。

8）由 e 点作矢量$\overrightarrow{ef}=i_1r_1$，平行于 i_1。

9）由 f 点作矢量$\overrightarrow{fg}=i_1x_1$，超前 $i_1 90°$。

10）连直线 Og，即得 $U_{\varphi 0}$。

11）以 O 点为圆心，Og 为半径作圆弧交参考轴于 h，即 $Oh=Og$。

12）连直线 ag，此 ag 即线路的电压降，而 ah 即线路的电压损耗。

线路电压降的定义为线路首端电压与末端电压的相量差。线路电压损耗的定义为线路首端电压与末端电压的代数差。

电压降(ag)在参考轴(亦称纵轴)上的投影(ag')，称为电压降的纵向分量，用 ΔU_φ 表示。必须说明，工厂供电系统中线路的电压降相对于线路电压来说实际上很小(图 5-3b 中的电压降是经过放大后的)，因此可近似地认为电压降纵向分量 ΔU_φ 就是电压损耗。

由图 5-3b 的相量图可知

$$\begin{aligned}\Delta U_\varphi &= ab'+b'c'+c'd'+d'e'+e'f'+f'g'\\ &= i_2r_2\cos\varphi_2+i_2x_2\sin\varphi_2+i_2r_1\cos\varphi_2+i_2x_1\sin\varphi_2+i_1r_1\cos\varphi_1+i_2x_1\sin\varphi_1\\ &= i_2(r_1+r_2)\cos\varphi_2+i_2(x_1+x_2)\sin\varphi_2+i_1r_1\cos\varphi_1+i_1x_1\sin\varphi_1\\ &= i_2R_2\cos\varphi_2+i_2X_2\sin\varphi_2+i_1R_1\cos\varphi_1+i_1X_1\sin\varphi_1\end{aligned}$$

将上式中的 ΔU_φ 换算为 ΔU，并以带任意个集中负荷的一般公式来表示，即为

$$\Delta U=\sqrt{3}\Sigma(iR\cos\varphi+iX\sin\varphi)=\sqrt{3}\Sigma(i_aR+i_rX) \tag{5-55}$$

式中　i_a——负荷电流的有功分量($i_a=i\cos\varphi$)；

　　　i_r——负荷电流的无功分量($i_r=i\sin\varphi$)。

如果用各线段中的负荷电流来计算，则将上面 ΔU 式中的负荷电流变换为线段电流，写成一般公式即为

$$\Delta U=\sqrt{3}\Sigma(Ir\cos\varphi+Ix\sin\varphi)=\sqrt{3}\Sigma(I_ar+I_rx) \tag{5-56}$$

如果用负荷功率 p、q[⊖]来计算，则利用 $i=p/(\sqrt{3}U_N\cos\varphi)=q/(\sqrt{3}U_N\sin\varphi)$代入式(5-55)即可得

$$\Delta U=\frac{\Sigma(pR+qX)}{U_N} \tag{5-57}$$

如果用线段功率 p、Q 来计算，则利用 $I=P/(\sqrt{3}U_N\cos\varphi)=Q/(\sqrt{3}U_N\sin\varphi)$代入式(5-56)即可得

$$\Delta U=\frac{\Sigma(Pr+Qx)}{U_N} \tag{5-58}$$

以上各式中的电阻 R 或 r，均可由单位长度电阻 R_0 乘以线路或线段长度 L 或 l 求得。$R_0=1/(\gamma A)$，这里 γ 为导线电导率，铜的 $\gamma_{Cu}=53\text{MS/m}$，铝的 $\gamma_{Al}=32\text{MS/m}$；$A$ 为导线截面

⊖ 感性负荷的功率表示为 $p+jq$ 或 $P+jQ$ 的形式，容性负荷的功率表示为 $p-jq$ 或 $P-jQ$ 的形式。

积。但 R_0 一般可查有关设计手册，按导线型号和导线截面积直接查得。附录表 A-13 列出 LJ、LGJ 型铝绞线的 R_0 值，附录表 A-15 列出 BLX 型和 BLV 型铝芯绝缘线的 R_0 值，供参考。

以上各式中的电抗 X 或 x，均可由单位长度电抗 X_0 乘以线路或线段长度 L 或 l 求得。X_0 的计算公式如下(单位为 Ω/km)：

$$X_0 = 0.145\lg\frac{2a_{av}}{d} + 0.016\mu_r \tag{5-59}$$

式中 a_{av}——线间几何均距(mm)。$a_{av} = \sqrt[3]{a_1 a_2 a_3}$，这里 a_1、a_2、a_3 为三相线路的三个线间距离。对等边三角形排列的线路，$a_{av} = a$(a 为线距)；对等距水平排列的线路，$a_{av} = \sqrt[3]{2}a = 1.26a$($a$ 为线距)；

d——导线的直径(mm)；

μ_r——导线的相对磁导率，铜、铝的 $\mu_r = 1$。

X_0 也可查有关设计手册，按导线型号、截面积和线间几何均距直接查得。附录表 A-13 列出 LJ、LGJ 型铝绞线的 X_0 值，附录表 A-15 列出 BLX 型和 BLV 型铝芯绝缘线的 X_0 值，供参考。

如果线路的感抗相对于线路的电阻来说小到可以忽略或者负荷的 $\cos\varphi \approx 1$，则这种线路称为无感线路。无感线路的电压损耗计算公式为

$$\Delta U = \sqrt{3}\Sigma(iR) = \sqrt{3}\Sigma(Ir) = \frac{\Sigma(pR)}{U_N} = \frac{\Sigma(Pr)}{U_N} \tag{5-60}$$

如果全线路的导线材料和相线截面积相同，且可不计感抗或者负荷 $\cos\varphi \approx 1$，则这种线路称为均一无感线路。均一无感线路的电压损耗计算公式为

$$\Delta U = \frac{\Sigma(pL)}{\gamma AU_N} = \frac{\Sigma(Pl)}{\gamma AU_N} = \frac{\Sigma M}{\gamma AU_N} \tag{5-61}$$

式中 γ——导线的电导率；

A——导线的截面积(mm^2)；

ΣM——线路的所有功率矩之和，$\Sigma M = \Sigma(pL) = \Sigma(Pl)$；

U_N——线路的额定电压(V)。

线路电压损耗的百分值为

$$\Delta U\% = \frac{\Delta U}{U_N} \times 100 \tag{5-62}$$

将式(5-61)代入式(5-62)，即得均一无感的三相线路电压损耗百分值为

$$\Delta U\% = \frac{100\Sigma M}{\gamma AU_N^2} = \frac{\Sigma M}{CA} \tag{5-63}$$

式中 C——计算系数，如表 5-6 所示，表中 C 值是在导线工作温度为 50℃ 及 M 的单位为 kW · m、A 的单位为 mm^2 时的数值。

对于均一无感的单相线路及直流线路，由于其负荷电流(或功率)要通过来回两根导线，所以总的电压损耗为一根导线电压损耗的两倍，而三相线路的电压损耗实际上就是一根相线上的电压损耗，因此这种单相和直流线路的电压损耗百分值为

$$\Delta U\% = \frac{200\Sigma M}{\gamma A U_N^2} = \frac{\Sigma M}{CA} \tag{5-64}$$

表 5-6 公式 $\Delta U\% = \Sigma M/(CA)$ 中的计算系数 C 值

线路额定电压 / V	线路结线及电流类别	C 的计算式	计算系数 C / $kW \cdot m \cdot mm^{-2}$	
			铜 线	铝 线
220/380	三相四线	$\gamma U_N^2/100$	76.5	46.2
	两相三线	$\gamma U_N^2/225$	34.0	20.5
220	单相及直流	$\gamma U_N^2/200$	12.8	7.74
110			3.21	1.94

式中 U_N——线路的额定电压(对单相线路为额定相电压)(V);

C——计算系数，可查表 5-6。

对于“均一无感”的两相三线线路，经过推证可得电压损耗百分值为

$$\Delta U\% = \frac{225\Sigma M}{\gamma A U_N^2} = \frac{\Sigma M}{CA} \tag{5-65}$$

式中 C——计算系数，可查表 5-6。

对于均一无感线路，由 $\Delta U\% = \Sigma M/(CA)$ 可得按允许电压损耗 $\Delta U_{al}\%$ 选择导线截面的公式为

$$A = \frac{\Sigma M}{C\Delta U_{al}\%} \tag{5-66}$$

此式常用于照明线路导线截面积的选择(参看第八章第四节)。

例 5-8 某 6kV 三相架空线路，采用 LJ—50 型铝导体，水平等距排列，线距为 0.8m。该线路负荷 $P_{30} = 846kW$，$Q_{30} = 406kvar$，线路长 2.5km。试计算其电压损耗百分值。

解 线路的线间几何均距 $a_{av} = 1.26 \times 0.8m \approx 1m$。查附录表 A-13，得线路的 $R_0 = 0.66\Omega/km$，$X_0 = 0.36\Omega/km$。故线路的电压损耗为

$$\Delta U = \frac{P_{30}R + Q_{30}X}{U_N} = \frac{846kW \times 0.66 \times 2.5\Omega + 406kvar \times 0.36 \times 2.5\Omega}{6kV}$$
$$= 294V$$

因此线路的电压损耗百分值为

$$\Delta U\% = \frac{100\Delta U}{U_N} = \frac{100 \times 294V}{6000V} = 4.9$$

例 5-9 某 220/380V 的 TN-C 线路，采用 BLV—500—(3×50 + PEN35)的四根导线穿焊接钢管埋地敷设，在距线路首端 30m 处，接有 20kW 电阻炉 1 个，在末端接有 30kW 电阻炉 1 个。线路全长 80m。试计算该线路的电压损耗百分值。

解 由表 5-6 查得 $C = 46.2kW \cdot m/mm^2$

而
$$\Sigma M = 20kW \times 30m + 30kW \times 80m = 3000kW \cdot m$$

故
$$\Delta U\% = \frac{\Sigma M}{CA} = \frac{3000}{46.2 \times 50} = 1.3$$

3. 均匀分布负荷的三相线路电压损耗的计算* (可略去推导,只介绍结论)

设线路带有一段均匀分布负荷，如图 5-4 所示。单位长度线路上的负荷电流为 i_0，微小线段 dl 的负荷电流则为 $i_0\mathrm{d}l$。这一负荷电流 $i_0\mathrm{d}l$ 通过线路（长度为 l、电阻为 $R_0 l$）产生的电压损耗为

$$\mathrm{d}(\Delta U)=\sqrt{3}i_0\mathrm{d}lR_0 l$$

因此整个线路由分布负荷所产生的电压损耗为

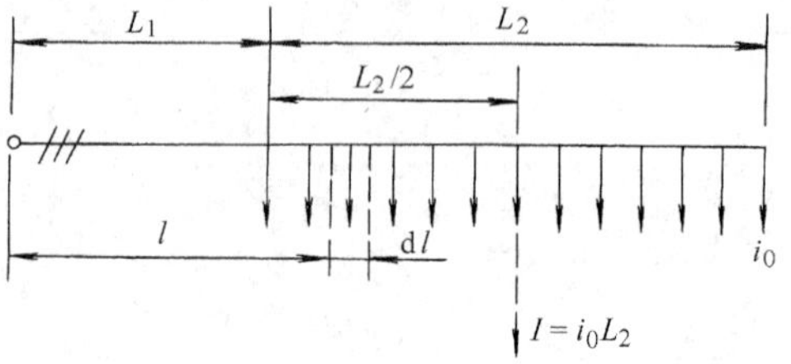

图 5-4　负荷均匀分布的线路

$$\begin{aligned}\Delta U &= \int_{L_1}^{L_1+L_2}\mathrm{d}(\Delta U)=\int_{L_1}^{L_1+L_2}\sqrt{3}i_0R_0 l\mathrm{d}l\\&=\sqrt{3}i_0R_0\int_{L_1}^{L_1+L_2}l\mathrm{d}l\\&=\sqrt{3}i_0R_0\left[\frac{l^2}{2}\right]_{L_1}^{L_1+L_2}\\&=\sqrt{3}i_0R_0\frac{L_2(2L_1+L_2)}{2}\\&=\sqrt{3}i_0L_2R_0\left(L_1+\frac{L_2}{2}\right)\end{aligned}$$

令 $i_0L_2=I$，I 为与均匀分布负荷等效的集中负荷，则得

$$\Delta U=\sqrt{3}IR_0\left(L_1+\frac{L_2}{2}\right) \tag{5-67}$$

式(5-67)说明：带有均匀分布负荷的线路，在计算其电压损耗时，可将分布负荷集中于分布线段的中点，按集中负荷的方法计算。

例 5-10　某 220/380V 的 TN-C 线路，如图 5-5a 所示。线路拟采用 BLX-500 型导线户内明敷，环境温度为 30℃，允许电压损耗为 5%。试选择导线截面积。

解　(1) 线路的等效变换　将图 5-5a 所示带有均匀分布负荷的线路，等效变换为图5-5b 所示集中负荷的线路。

原集中负荷

$p_1=20\text{kW}$，$\cos\varphi=0.8$，$\tan\varphi=0.75$，故 $q_1=20\text{kW}\times0.75=15\text{kvar}$。

原分布负荷

$p_2=0.4\times50\text{kW}=20\text{kW}$，$\cos\varphi=0.8$，$\tan\varphi=0.75$，故 $q_2=20\text{kW}\times0.75=15\text{kvar}$。

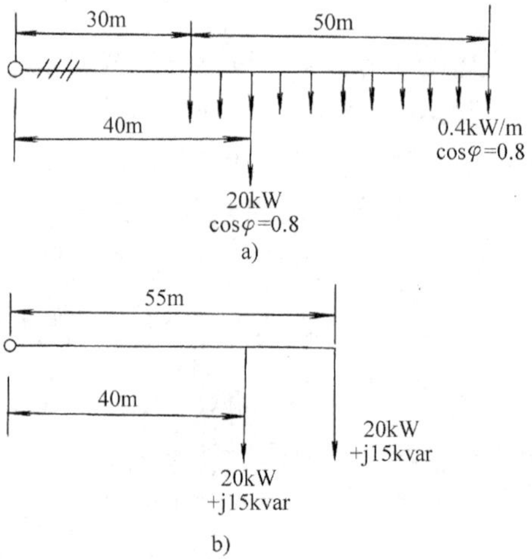

图 5-5　例 5-10 的线路
a）带有均匀分布负荷的线路
b）变换为集中负荷的线路

(2) 按发热条件选择导线截面积　线路中的最大负荷（计算负荷）为

$P=p_1+p_2=20\text{kW}+20\text{kW}=40\text{kW}$

$Q=q_1+q_2=15\text{kvar}+15\text{kvar}=30\text{kvar}$

$$S=\sqrt{P^2+Q^2}=\sqrt{40^2+30^2}\text{kVA}=50\text{kVA}$$

$$I=\frac{S}{\sqrt{3}U_N}=\frac{50\text{kVA}}{\sqrt{3}\times0.38\text{kV}}=76\text{A}$$

查附录表 A-14，得 BLX-500 型导线 $A=16\text{mm}^2$ 在 30℃时的 $I_{al}=79\text{A}>I=76\text{A}$。因此可选 3 根 BLX-500-1×16 型导线作相线，另选 1 根截面相同的导线作 PEN 线。即 BLX-500(3×16+PEN16)M。

(3) 校验机械强度　查附录表 A-12，得户内明敷的铝芯绝缘线的芯线最小截面积为 2.5mm^2，现所选导线 $A=16\text{mm}^2$，故满足机械强度要求。

(4) 校验电压损耗　查附录表 A-15 得 $R_0=2.29\Omega/\text{km}$，$X_0=0.265\Omega/\text{km}$，因此线路的电压损耗为

$$\begin{aligned}\Delta U &=\frac{(p_1L_1+p_2L_2)R_0+(q_1L_1+q_2L_2)X_0}{U_N}\\ &=[(20\text{kW}\times0.04\text{km}+20\text{kW}\times0.055\text{km})\times2.29\Omega/\text{km}+\\ &\quad(15\text{kvar}\times0.04\text{km}+15\text{kvar}\times0.055\text{km})\times0.265\Omega/\text{km}]/0.38\text{kV}=12.4\text{V}\end{aligned}$$

$$\Delta U\%=\frac{100\Delta U}{U_N}=\frac{100\times12.4\text{V}}{380\text{V}}=3.26$$

由于 $\Delta U\%=3.26\%<\Delta U_{al}\%=5\%$，因此所选导线 BLX-500-1×16 也是满足电压损耗要求的。

[另一解法]

如图 5-5a 所示带有均匀分布负荷的线路，等效变换为如图 5-5b 所示的带两个集中负荷的线路。正巧这两个集中负荷完全相同(是一个特例)，因此又可看作是“均匀分布负荷”，将这两个负荷等效集中于两负荷点之间的中点，即等效变换为只有一个集中负荷 $P+jQ=(p_1+p_2)+j(q_1+q_2)=40\text{kW}+j30\text{kvar}$ 的线路，而等效线路长度为 $L=40\text{m}+(55-40)\text{m}/2=47.5\text{m}$。这样选择计算就更简单了，读者可自行做一次，结果应与上一解法完全相同。

五、母线、电缆和绝缘导线的校验

1. 母线的校验

母线在按发热条件选择后，应校验其短路的动稳定度和热稳定度。

母线的动稳定度校验，应满足式(4-90)的条件。母线的热稳定度校验，应满足式(4-99)的条件。

2. 电缆和绝缘导线的校验

电缆和绝缘导线不需要校验其短路动稳定度，但需校验其短路热稳定度，应满足式(4-99)的条件。

思考题

5-1　什么叫电力变压器的额定容量？变压器的正常过负荷与哪些因素有关？变压器的正常过负荷能力一般为多少？

5-2　保护线路的熔断器熔体电流应按哪两个基本条件选择？为什么还要与被保护线路相配合？

5-3　保护电力变压器的熔断器熔体电流如何选择？它大致为变压器一次额定电流的多少倍？

5-4　保护电压互感器的熔断器熔体电流如何选择？

5-5　限流熔断器和非限流熔断器的断流能力各按什么条件校验？跌开式熔断器的断流能力又如何校验？

5-6　前后熔断器之间如何才能实现选择性配合？

5-7　低压断路器的瞬时过电流脱扣器、短延时过电流脱扣器、长延时过电流脱扣器和热脱扣器各用作什么保护？其动作电流各如何整定？

5-8　动作时间大于0.02s的万能式低压断路器，其断流能力按什么条件校验？动作时间不大于0.02s的塑壳式低压断路器，其断流能力又按什么条件校验？

5-9　什么叫保护灵敏度？其定义式如何表示？

5-10　高压负荷开关和高压断路器的断流能力校验各应满足什么条件？

5-11　电流互感器的选择和校验应满足哪些条件？电压互感器的选择和校验又应满足哪些条件？

5-12　选择导线和电缆截面积一般应满足哪六个条件？一般动力线路的导线截面积先按什么条件选择，而照明线路又先按什么条件选择？为什么？

5-13　一般三相四线制线路的N线截面积如何选择？3次谐波电流突出的线路的N线截面积又如何选择？两相三线线路和单相线路的N线截面积又如何选择？

5-14　PE线截面积如何选择？PEN线截面积又如何选择？

5-15　什么叫线路的电压降和电压损耗？两者在概念上有何区别？在工厂供电系统中可用电压降的什么分量来计算电压损耗？

5-16　计算线路电压损耗的公式$\Delta U=\Sigma(pR+qX)/U_N$，其中$p$、$q$、$R$、$X$和$U_N$各表示什么物理量？试在单线图上标出。

5-17　计算线路电压损耗的公式$\Delta U\%=\Sigma M/(CA)$，其中ΣM、C、A各指的什么？适用于什么性质的线路？

5-18　带有均匀分布负荷的线路在计算其电压损耗时可将分布负荷集中于线路的什么地方？

习题

5-1　某1000kVA的户外变压器，夏季的平均日最大负荷为760kVA，日负荷率为0.7，日最大负荷持续时间为8h。试求此变压器在冬季的过负荷能力。

5-2　某车间总计算负荷$P_{30}=810\text{kW}$，$Q_{30}=540\text{kvar}$，其中一、二级负荷$P_{30(\text{I}+\text{II})}=510\text{kW}$，$Q_{30(\text{I}+\text{II})}=330\text{kvar}$。试初步确定此车间变电所的主变压器台数和容量。

5-3　某供电给多台电动机的线路的计算电流为56A，尖峰电流为230A，该线路首端的三相短路电流周期分量有效值为13kA。试选择该线路所装RTO型熔断器及其熔体的电流规格。

5-4　某线路前一熔断器为RTO型，其熔体电流为200A；后一熔断器为RM10型，其熔体电流为160A。在后一熔断器出口发生三相短路的短路电流周期分量有效值为800A。试检验这两组熔断器有无保护选择性。

5-5　习题5-3的线路如改装DW10型低压断路器，试选择该断路器及瞬时过电流脱扣器的电流规格，并整定脱扣器动作电流。

5-6　某380V线路，其$I_{30}=150A$，$I_{pk}=780A$，线路首端的$I_k^{(3)}=15.2kA$，末端的$I_k^{(3)}=6.5kA$。试选择线路首端装设的DW15型低压断路器，并选择和整定其瞬时动作的电磁脱扣器，检验其保护灵敏度。

5-7　某10kV线路上装设有两只LQJ-10型电流互感器，其0.5级铁心的二次绕组接测量仪表，额定二次负荷为10VA，结线如图6-41所示，其中1T1—A型电流表消耗功率3VA，DS2型有功电度表和DX2型无功电度表的每一电流线圈消耗0.7VA。此电流互感器3级铁心的二次绕组接GL型电流继电器，额定二次负荷为30VA，结线如图6-20所示，每一继电器线圈消耗15VA，互感器二次结线均采用BV—500—1×2.5的铜芯塑料线，互感器与仪表、继电器间连接线的单向长度为4m。试检验此电流互感器是否符合要求？(提示:如图6-41所示电流表接在两个互感器的公共连线上,因此该电流表消耗的功率应由两互感器各负担一半。)

5-8　试按发热条件选择220/380V的TN-S线路中的相线、N线和PE线截面积(导线采用BLV型)和埋地敷设的穿线塑料管(VG)的内径。已知线路的计算电流为140A，敷设地点环境温度为30℃。

5-9　有一10kV架空线路，全长4.5km，在距首端2.5km处接有计算负荷$p_1=670kW$，$\cos\varphi_1=0.7$，末端接有计算负荷$p_2=450kW$，$\cos\varphi_2=0.8$，全线截面积一致，采用LJ型铝绞线，线路为水平等距排列，线距1m，当地最热月平均日最高气温为30℃。线路允许电压损耗为5%。试按发热条件选择导线截面积，并校验机械强度和电压损耗。

5-10　有一380V的TN-C线路，供电给12台7.5kW，$\cos\varphi=0.85$、$\eta=0.87$的Y型电动机，各电动机间均匀间距2m，全长40m，环境温度为35℃。试按发热条件选择此明敷的BLV-500型导线截面积，并校验其机械强度，计算其电压损耗(建议$K_\Sigma=0.75$)。

第六章　继电保护装置及二次系统

本章着重介绍工厂供电系统中常用的继电保护装置，包括对继电保护的基本要求，常用的几种继电器类型和结构原理，过电流继电保护的结线方案及其整定等。此外，本章还简要介绍断路器的控制回路和信号系统、绝缘监察装置和测量仪表以及二次回路接线图绘制的基本知识。

第一节　继电保护装置的任务和要求

一、继电保护装置的任务

供电系统中，由于各种原因难免发生各种故障和不正常运行状态，其中最常见的就是短路。供电系统发生短路时，必须迅速切除故障部分，恢复其他无故障部分的正常运行。前面所讲的熔断器保护和低压断路器保护，就是实现短路故障保护的两种保护装置。熔断器保护简单经济，但灵敏度低，熔体熔断后更换熔体需一定时间，从而影响供电可靠性。低压断路器灵敏度高，而且在故障消除后可很快合闸恢复供电，因此供电可靠性大大提高。但以上两种保护一般只适用于低压系统。在高压系统中，一般需要采用继电保护装置，才能确保保护的灵敏度，大大提高供电可靠性。

继电保护装置的任务，一是在供电系统出现短路故障时，作用于前方最近的断路器或其他控制保护装置，使之迅速跳闸，切除故障部分，恢复系统其他部分的正常运行，同时发出信号，提醒运行值班人员及时处理事故；二是在供电系统出现不正常工作状态，如过负荷或故障苗头时，发出报警信号，提醒运行值班人员注意并及时处理，以免发展为故障。

二、继电保护装置的基本要求

供电系统对继电保护装置有以下基本要求：

（1）选择性　当供电系统发生故障时，仅由离故障点最近的继电保护装置动作，切除故障，而供电系统的其他非故障部分仍能正常运行。满足这一要求的动作，称为选择性动作。如果供电系统发生故障时，靠近故障点的保护装置不动作（拒动），而离故障点远的前级保护装置越级动作，则称为失去选择性动作。

（2）速动性　为了防止事故扩大，减轻短路电流对设备的危害程度，提高电力系统运行的稳定性，当供电系统发生故障时，继电保护装置应迅速动作切除故障。

（3）可靠性　指保护装置该动作时就动作（不拒动），不该动作时不误动。前者为信赖性，后者为安全性，即可靠性包括信赖性和安全性。继电保护装置的可靠性与保护装置的结线方式、元件的质量以及安装、整定和运行维护等很多因素有关。

（4）灵敏性　指保护装置在其保护范围内对故障或不正常运行状态的反应能力。继电保护装置对其保护区内的所有故障都应该正确反应。灵敏性通常用灵敏系数 S_p 来衡量，S_p 越大，灵敏性越高，越能反应轻微故障，如式(5-16)或式(5-31)所示。对反应过量的继电保护装置，灵敏系数为

$$S_p = \frac{I_{k \cdot min}}{I_{op \cdot 1}} \tag{6-1}$$

式中　$I_{k \cdot min}$——继电保护装置保护区内在电力系统最小运行方式下的最小短路电流；

$I_{op \cdot 1}$——继电保护装置动作电流换算到一次电路的值，称为其一次动作电流；

S_p——灵敏系数。

注意：式(6-1)是针对过量继电器而言，欠量继电器的灵敏系数的定义则不同，请读者自行思考。

以上四项要求，对熔断器保护和低压断路器保护也是适用的。但这四项要求对于一个具体的继电保护装置，则不一定都是同等重要的，应根据所保护的对象而有所侧重。例如对电力变压器，一般要求灵敏性和速动性较好，有时宁可牺牲选择性也要确保快速切除故障；而对一般配电线路，它的保护装置往往侧重选择性，对灵敏性的要求则可以低一些。

GB/T 50062—2008《电力装置的继电保护和自动装置设计规范》之表 2. 0. 4 列出了各种保护继电器的最小灵敏系数。

第二节　常用的保护继电器

一、概述

继电器是组成继电保护装置的基本元件，继电器的分类方式很多，按其应用分，有控制继电器和保护继电器两大类。机床控制电路应用的继电器多属于控制继电器，供电系统中应用的继电器多属于保护继电器。

保护继电器按其组成元件分，有机电型和晶体管型两大类。机电型按其结构原理分，又可分为电磁式和感应式等。由于机电型继电器具有简单可靠、便于维护等优点，我国工厂供电系统中现仍普遍应用。

保护继电器按其反应物理量分，有电流继电器、电压继电器、功率继电器、瓦斯继电器[⊖]等；保护继电器按反应数量变化分，有过量继电器和欠量继电器，如过电流继电器和欠电压继电器等；保护继电器按其在保护装置中的功能分，有起动继电器、时间继电器、信号继电器和中间继电器或出口继电器等。

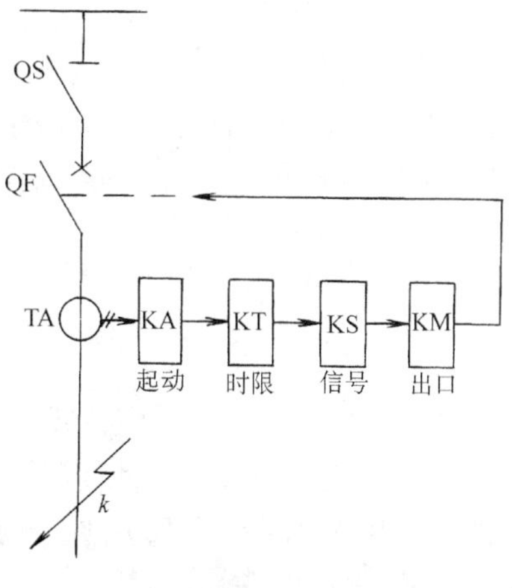

图 6-1　过电流保护框图

如图 6-1 所示为过电流保护的框图。当线路上发生短路时，起动用的电流继电器 KA 瞬

⊖ 按 GB/T 50062—2008《电力装置的继电保护和自动装置设计规范》规定，仍称瓦斯继电器。有的资料也称为气体继电器。

时动作，使时间继电器 KT 起动，KT 经整定的一定时限后，接通信号继电器 KS 和中间继电器 KM。KM 就接通断路器 QF 的跳闸回路，使断路器 QF 跳闸。

保护继电器按其与一次电路的联系分，有一次式继电器和二次式继电器。一次式继电器的线圈是与一次电路直接相连的。如低压断路器的过电流脱扣器和失电压脱扣器，实际上都是一次式继电器。二次式继电器的线圈都是连接在电流互感器或电压互感器二次侧的，通过互感器再与一次电路相联系。高压系统应用的保护继电器都属于二次式继电器。

下面分别介绍工厂供电系统中常用的几种机电型保护继电器。

二、电磁式电流继电器

电磁式电流继电器在继电保护装置中，通常用作起动元件，因此又称起动继电器。

工厂供电系统中常用的 DL—10 系列电磁式电流继电器[㊀]的基本特征如图 6-2 所示，其内部结线和图形符号如图 6-3 所示。

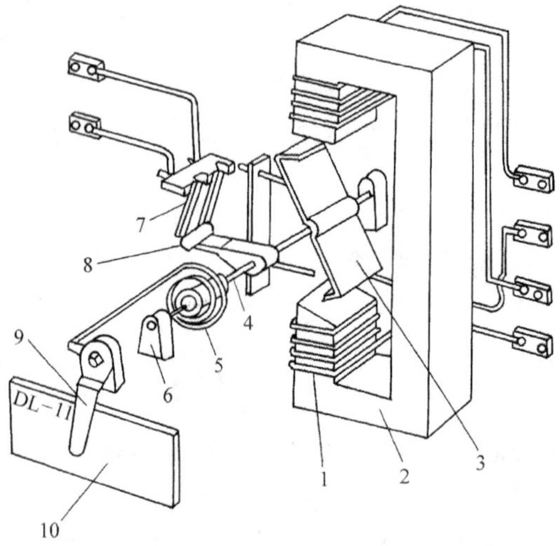

图 6-2　DL—10 系列电磁式电流继电器的内部结构
1—线圈　2—电磁铁　3—钢舌簧片　4—轴　5—弹簧
6—轴承　7—静触点　8—动触点
9—起动电流调节转杆　10—标度盘(铭牌)

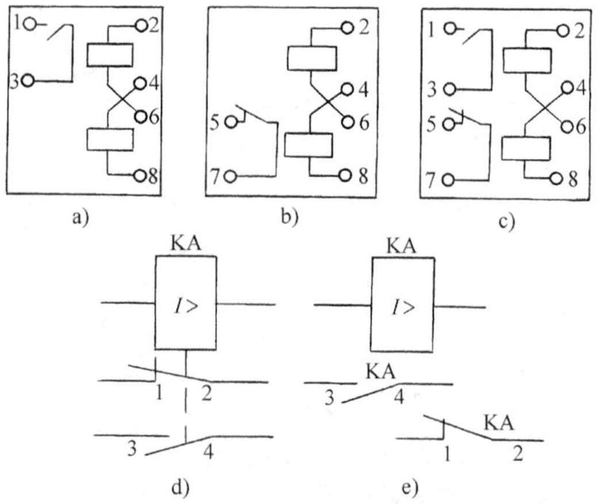

图 6-3　DL—10 系列电磁式电流继电器的内部结线和图形符号
a) DL—11 型　b) DL—12 型　c) DL—13 型
d) 集中表示法　e) 分开表示法
KA1-2 为常闭(动断)触点
KA3-4 为常开(动合)触点

如图 6-2 所示，当继电器线圈 1 通过电流时，电磁铁 2 中产生磁通，力图使 Z 形钢舌簧片 3 向凸出磁极偏转。与此同时，轴 4 上的弹簧 5 又力图阻止钢舌簧片偏转。当继电器线圈中的电流增大到使钢舌簧片所受到的转矩大于弹簧的反作用力矩时，钢舌簧片便被吸近磁

㊀ 继电器的型号的含义。

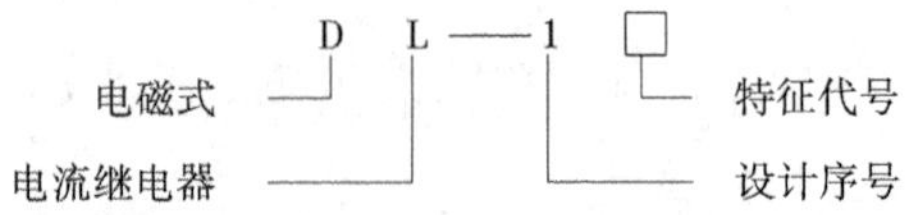

其他代号：G—感应式　S—时间继电器　Z—中间继电器　X—信号继电器　Y—电压继电器

极，使常开触点闭合，常闭触点断开，这就叫继电器的动作或起动。

能使过电流继电器动作(触点闭合)的最小电流称继电器的动作电流，用 I_{op} 表示㊀。

过电流继电器动作后，减小通入继电器线圈的电流到一定值时，钢舌簧片在弹簧作用下返回起始位置(触点断开)。使继电器由动作状态返回到起始位置的最大电流，称为继电器的返回电流，用 I_{re} 表示㊁。

继电器返回电流与动作电流的比值，称为继电器的返回系数，用 K_{re} 表示，即

$$K_{re}=\frac{I_{re}}{I_{op}} \tag{6-2}$$

对于过量继电器，返回系数总是小于1的(欠量继电器则大于1)，返回系数越接近于1，说明继电器越灵敏，如果返回系数过低，可能使保护装置误动作。DL—10 系列继电器的返回系数一般不小于0.8。

电磁式电流继电器的动作极为迅速，可认为是瞬时动作，因此这种继电器也称为瞬时继电器。

电磁式电流继电器的动作电流调节有两种方法：一种是平滑调节，即拨动转杆9(见图6-2)来改变弹簧5的反作用力矩；另一种是级进调节，即改变线圈联结方式，当线圈并联时，动作电流将比线圈串联时增大一倍。请读者对照图6-2和图6-3阅读体会。

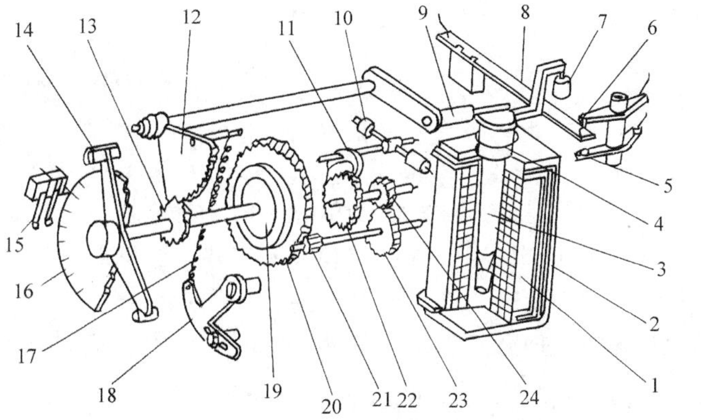

图6-4 $\mathrm{DS}-\frac{110}{120}$系列电磁式时间继电器的内部结构

1—线圈 2—电磁铁 3—可动铁心 4—返回弹簧 5、6—瞬时静触点 7—绝缘杆 8—瞬时动触点 9—压杆 10—平衡锤 11—摆动卡板 12—扇型齿轮 13—传动齿轮 14—主动触点 15—主静触点 16—标度盘 17—拉引弹簧 18—弹簧拉力调节器 19—摩擦离合器 20—主齿轮 21—小齿轮 22—掣轮 23、24—钟表机构传动齿轮

三、电磁式时间继电器

电磁式时间继电器在继电保护装置中，用作时限元件，使保护装置的动作获得一定延时。

供电系统中常用的 $\mathrm{DS}-\frac{110}{120}$ 系列电磁式时间继电器的基本结构如图6-4所示；其内部结线和图形符号如图6-5所示。

由图6-4可知，当继电器的线圈通电时，铁心被吸入，压杆失去支持，使被卡住的一套钟表机构起动，同时切换瞬时触点。在拉引弹簧的作用下，经过整定延时，使主触点闭合。

继电器的延时，是用改变主静触点的位置(即它与主动触点的相对位置)来调整。调整的时间范围，在标度盘上标出。

当线圈失电后，继电器在拉引弹簧的作用下返回起始位置。

㊀ 对于欠量继电器，例如欠电压继电器，其动作电压 U_{op} 则为继电器线圈中的使继电器动作的最大电压。

㊁ 对于欠量继电器，例如欠电压继电器，其返回电压 U_{re} 则为继电器线圈中的使继电器返回的最小电压。

DS—100 型时间继电器有两种，一种为 DS—110 型，另一种为 DS—120 型。前者为直流，后者为交流。

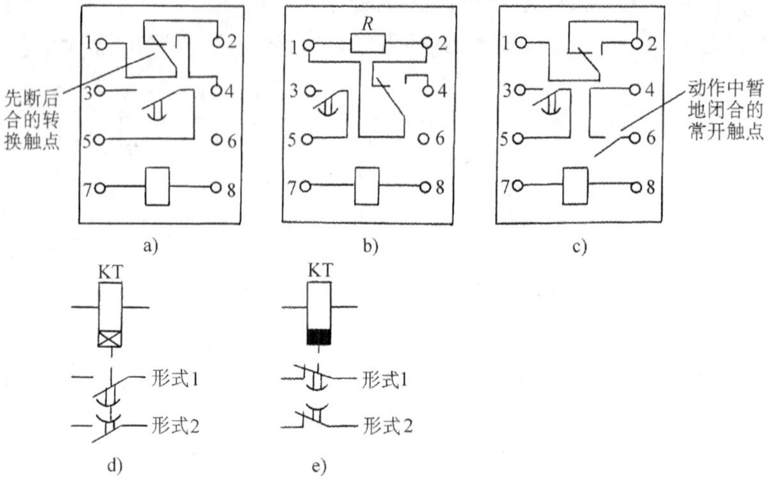

图 6-5　DS—$\frac{110}{120}$系列时间继电器的内部结线和图形符号

a）DS—$\frac{111\quad 112\quad 113}{121\quad 122\quad 123}$型　b）DS—111C、112C、113C 型　c）DS—$\frac{115\quad 116}{125\quad 126}$型

d）带延时闭合触点的时间继电器　e）带延时断开触点的时间继电器

为了缩小继电器的尺寸和节约材料，有的时间继电器线圈不是按长期通电设计的，因此若需长期接上电压的时间继电器，如图 6-5 所示的 DS—111C 型等，应在继电器起动后，利用其瞬时转换触点，使线圈串入电阻，以限制线圈电流。

四、电磁式信号继电器

电磁式信号继电器在继电保护装置中，用作信号元件，指示保护装置已经动作。工厂供电系统中常用的 DX—11 型电磁式信号继电器，有电流型和电压型两种，两者线圈阻抗和反应参量不同。电流型可串联在二次回路中而不影响其他二次元件的动作。电压型因线圈阻抗大，必须并联在二次回路内。

DX—11 型电磁式信号继电器的内部结构如图 6-6 所示。信号继电器在正常状态时，其信号牌是被衔铁支撑住的。当继电器线圈通电时，衔铁被吸向铁心而使信号牌掉下，显示其动作信号（可由窗孔观察），同时带动转轴旋转 90°，使固定在转轴上的导电条（动触点）与静触点接通，从而接通信号回路，发出音响或灯光信号。要使信号停止，可旋动外壳上的复位旋钮，断开信号回路，同时使信号牌复位。

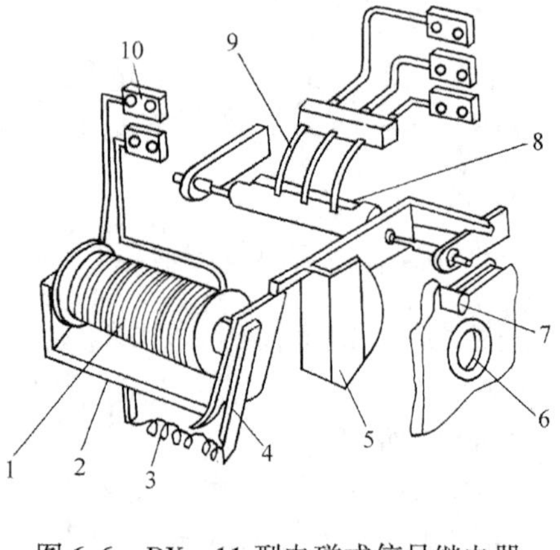

图 6-6　DX—11 型电磁式信号继电器的内部结构

1—线圈　2—电磁铁　3—弹簧　4—衔铁　5—信号牌　6—玻璃窗孔　7—复位旋钮　8—动触点　9—静触点　10—接线端子

DX—11 型电磁式信号继电器的内部结线和图形符号如图 6-7 所示，其中线圈符号为 GB

4728 规定的机械保持继电器线圈，其触点上附加符号⧙表示定位或非自动复位。

五、电磁式中间继电器

电磁式中间继电器主要用于各种保护和自动装置中，以增加保护和控制回路的触点数量和触点的容量。它通常用在保护装置的出口回路中，用来接通断路器的跳闸回路，故又称为出口继电器。

工厂供电系统中常用的 DZ—10 系列中间继电器的基本结构如图 6-8 所示，它一般采用吸引衔铁式结构。当线圈通电时，衔铁被快速吸合，常闭触点断开，常开触点闭合。当线圈断电时，衔铁被快速释放，触点全部返回起始位置。其内部结线和图形符号如图 6-9 所示，其中线圈符号为规定的快吸和快放线圈。

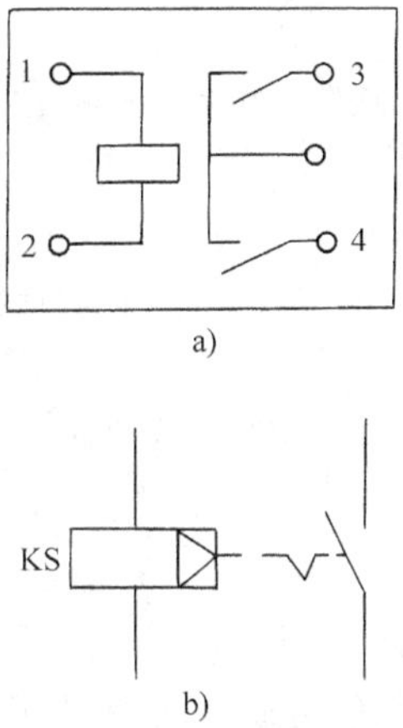

图 6-7　DX—11 型电磁式信号继电器的内部结线和图形符号

a）内部结线　b）图形符号

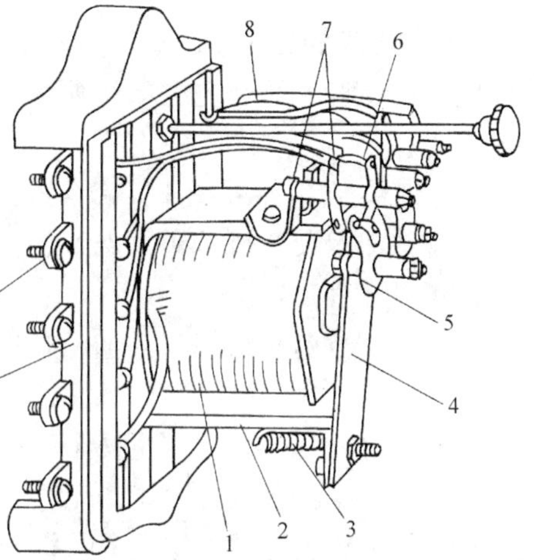

图 6-8　DZ—10 系列中间继电器的基本结构

1—线圈　2—电磁铁　3—弹簧　4—衔铁　5—动触点　6、7—静触点　8—连接线　9—接线端子　10—底座

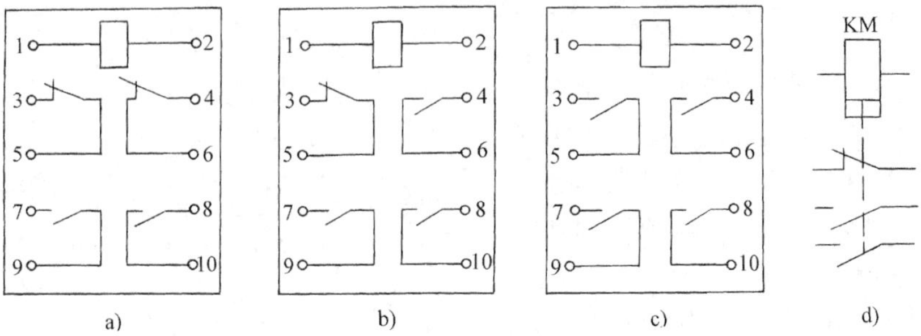

图 6-9　DZ—10 系列中间继电器的内部结线和图形符号

a）DZ—15 型　b）DZ—16 型　c）DZ—17 型　d）图形符号

六、感应式电流继电器

感应式电流继电器具有上述电磁式电流继电器、时间继电器、信号继电器和中间继电器

的功能，即它在继电保护装置中既能作为起动元件，又能实现延时、给出信号和直接接通跳闸回路；既能实现带时限的过电流保护，又能同时实现电流速断保护，从而使保护装置大大简化。此外，感应式电流继电器采用交流操作电源，可减少投资，简化二次结线。因此，在中小型工厂供电系统中，感应式电流继电器应用比较普遍。

工厂供电系统中常用 GL—$\frac{10}{20}$系列感应式电流继电器的结构如图 6-10 所示。这种继电器由感应系统和电磁系统两大部分组成。

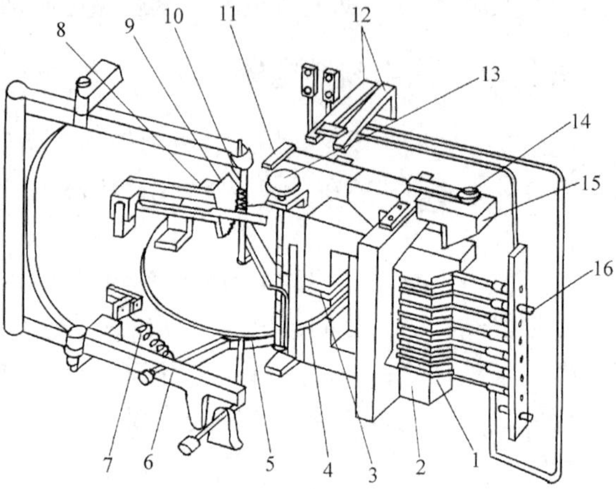

图 6-10　GL—$\frac{10}{20}$系列感应式电流继电器的内部结构

1—线圈　2—电磁铁　3—短路环　4—铝盘　5—钢片　6—铝框架　7—调节弹簧　8—制动永久磁铁　9—扇形齿轮　10—蜗杆　11—扁杆　12—触点　13—时限调节螺杆　14—速断电流调节螺杆　15—衔铁　16—动作电流调节插销

感应系统主要包括线圈 1、带有短路环 3 的电磁铁 2 及装在可偏铝框架 6 上的转动铝盘 4 等元件。

电磁系统主要包括线圈 1、电磁铁 2 和衔铁 15 等元件。线圈 1 和电磁铁 2 是感应和电磁系统共用的。

感应系统的工作原理可参看图 6-11，当线圈 1 有电流 I_{KA} 通过时，电磁铁 2 在短路环 3 的作用下，产生在时间和空间位置上不相同的两个磁通 Φ_1 和 Φ_2，且 Φ_1 超前于 Φ_2。这两个磁通均穿过铝盘 4，根据电磁感应原理，这两个磁通在铝盘上产生一个始终由超前磁通 Φ_1 向落后磁通 Φ_2 方向的转动力矩 M_1。根据电能表的工作原理可知，此时作用于铝盘上的转动力矩为

$$M_1 \propto \Phi_1 \Phi_2 \sin\Psi \tag{6-3}$$

式中　Ψ——Φ_1 与 Φ_2 间的相位差，此值为一常数。

由于 $\Phi_1 \propto I_{KA}$，$\Phi_2 \propto I_{KA}$ 且 Ψ 为常数，因此，

$$M_1 \propto I_{KA}^2 \tag{6-4}$$

另外，在对应于电磁铁的另一侧装有一个产生制动力矩的永久磁铁 8，铝盘 4 在转动力矩 M_1 作用下转动后，铝盘切割永久磁铁的磁通，在铝盘上产生涡流，涡流又与永久磁铁磁通作用，产生一个与 M_1 反向的制动力矩 M_2。由电度表工作原理知，M_2 与铝盘的转速 n 成正比，即

$$M_2 \propto n \tag{6-5}$$

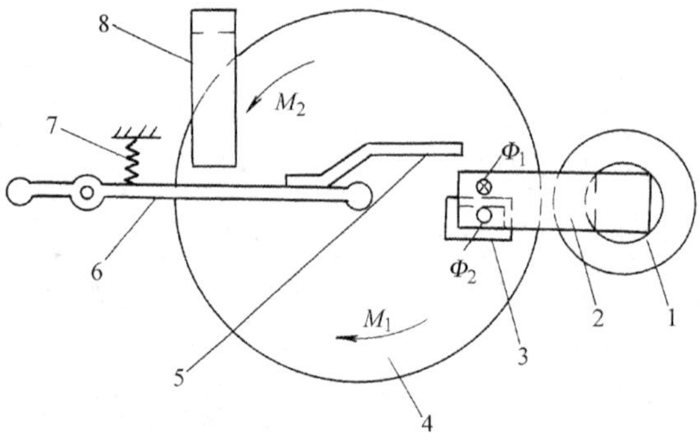

图 6-11　感应式电流继电器的转动力矩 M_1 和制动力矩 M_2

1—线圈　2—电磁铁　3—短路环　4—铝盘　5—钢片　6—铝框架　7—调节弹簧　8—制动永久磁铁

这个制动力矩在某一转速下，与电磁铁产生的转动力矩相平衡，因而在一定的电流下保持铝盘匀速旋转。

在上述 M_1 和 M_2 的作用下，铝盘受力

虽有使铝框架 6 和铝盘 4 向外推出的趋势，但由于受到弹簧 7 的拉力，仍保持在初始位置，如图 6-11 所示。

当继电器线圈的电流增大到继电器的动作电流时，由电磁铁产生的转动力矩亦增大，并使铝盘转速随之增大，永久磁铁产生的制动力矩也随之增大。这两个力克服弹簧的反作用力而将框架及铝盘推出来(如图 6-10 所示)，使蜗杆 10 与扇形齿轮 9 啮合，这就叫继电器动作。由于铝盘的转动，扇形齿轮就沿着蜗杆上升，最后使继电器触点 12 切换，同时使信号牌(图 6-10 上未绘出)掉下，从观察孔内可直接看到红色的信号指示，表示继电器已经动作。

继电器线圈中的电流越大，铝盘转得越快，扇形齿轮沿蜗杆上升的速度也越快，因此动作时间越短。这说明继电器的感应元件具有“反时限”动作特性，如图 6-12 所示曲线 abc。

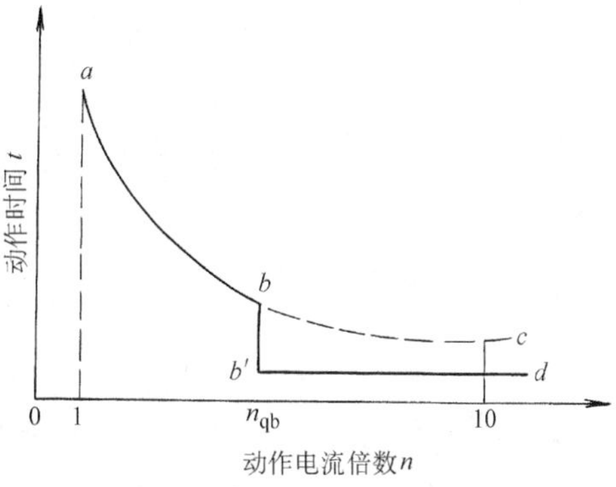

图 6-12　感应式电流继电器的动作特性曲线

abc—感应元件的反时限特性

$b'd$—电磁元件的速断特性

电磁系统的工作原理：当继电器线圈中的电流增大到继电器整定的速断电流值时，电磁铁瞬时将衔铁 15 吸下，使继电器触点 12 切换，同时信号牌掉下，给出动作信号指示。这说明继电器的电磁系统具有速断动作特性，如图 6-12 所示直线 $b'd$。因此电磁系统的元件也称速断元件。动作曲线上对应于开始速断时间的动作电流倍数，称为速断电流倍数，即

$$n_{qb}=\frac{I_{qb}}{I_{op}} \tag{6-6}$$

式中　I_{op}——感应式电流继电器的动作电流(A)；

I_{qb}——感应式继电器的速断电流(A)，即继电器线圈中使速断元件动作的最小电流。

实际的 GL—$\frac{10}{20}$系列感应式电流继电器的电流速断倍数 $n_{qb}=2\sim8$，n_{qb}是利用图 6-10 中的速断电流调节螺钉 14 来调节，实际是调节电磁铁 2 与衔铁 15 之间的气隙距离。而继电器的动作电流 I_{op}则利用插销 16 来选择插孔位置进行调节，实际是改变线圈 1 的匝数，GL—$\frac{10}{20}$系列继电器的 I_{op}最大只能 10A，而且只能是整数的级进调节。

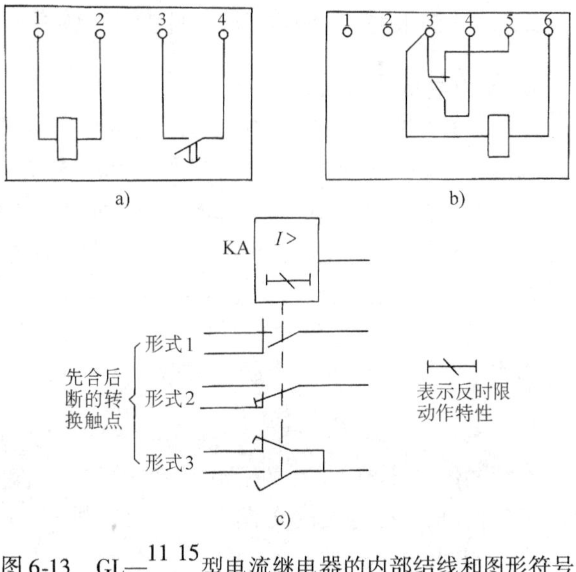

图 6-13　GL—$\frac{11}{21}\frac{15}{25}$型电流继电器的内部结线和图形符号

a）GL—$\frac{11}{21}$型　b）GL—$\frac{15}{25}$型　c）图形符号

感应式电流继电器的动作时间，是利用螺杆 13 来调节，也就是调节扇形齿轮顶杆行程的起点，而使动作特性曲线上下移动。应当注意的是，继电器时限调节螺杆的标度尺，是以 10 倍动作

电流的动作时间来刻度的，即标度尺上标出的动作时间，是继电器线圈通过的电流为其动作电流 10 倍时的动作时间，而继电器实际的动作时间与通过继电器线圈的电流大小有关，需从相应的动作特性曲线上去查得。

附录表 A-16 列出了 GL—$\frac{11\ 15}{21\ 25}$型感应式电流继电器的主要技术数据及其动作特性曲线，供参考。

GL—$\frac{11\ 15}{21\ 25}$型感应式电流继电器的内部结线和图形符号，如图 6-13 所示，其中先合后断的转换触点的结构，如图 6-21 所示。具体应用将在下一节介绍。

第三节　工厂高压线路的继电保护

一、概述

由于中小型工厂的高压线路一般不很长(供电半径通常不超过 2km)，电压不很高(通常为 6～10kV)，容量不很大(总容量一般不超过 5000kVA)，因此中小型工厂供电系统的高压线路继电保护装置一般比较简单。

工厂高压线路的相间短路保护，通常采用带时限的过电流保护和电流速断保护。在线路上发生各种形式的相间短路时，继电保护装置作用于高压断路器的跳闸机构，使断路器跳闸，切除短路故障。

由于 6～10kV 线路属于小接地电流系统，当线路上发生单相接地故障时，只有接地电容电流，并不影响三相系统的正常运行，但需及时给出信号，以便提醒运行人员处理，预防进一步发展为两相接地短路，因此需装设绝缘监察装置或单相接地保护。

二、保护装置的结线方式和操作电源

1. 保护装置的结线方式

保护装置的结线方式是指起动继电器与电流互感器之间的连接方式。6～10kV 高压线路的过电流保护装置，通常采用两相两继电器式和两相一继电器式两种。

(1) 两相两继电器式结线　如图 6-14 所示，这种结线，如一次电路发生三相短路或任意两相短路，至少有一个继电器动作，且流入继电器的电流 I_{KA} 就是电流互感器的二次电流 I_2。

为了表征继电器电流 I_{KA} 与电流互感器二次电流 I_2 间的关系，特引入一个结线系数 K_w

$$K_w = \frac{I_{KA}}{I_2} \tag{6-7}$$

两相两继电器式结线属相电流结线，在一次电路发生任何形式的相间短路时 $K_w = 1$，即保护灵敏度都相同。

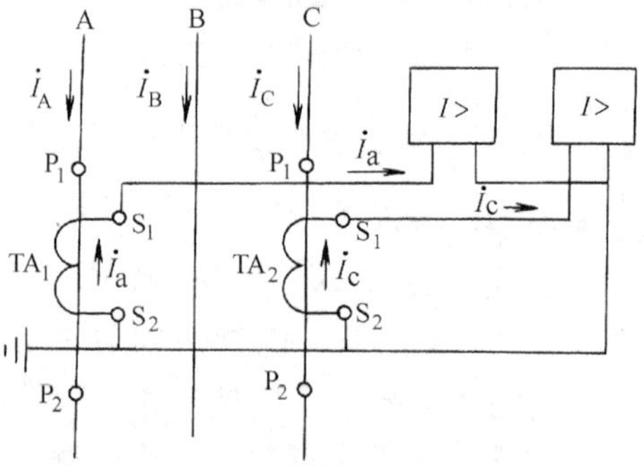

图 6-14　两相两继电器式结线图

(2) 两相一继电器式结线　如图 6-15 所示，这种结线又称两相电流差结线，或两相交叉结线。

正常工作和三相短路时，流入继电器的电流 I_{KA} 为 A 相和 C 相两相电流互感器二次电流的相量差，即 $\dot{I}_{KA}=\dot{I}_a-\dot{I}_c$，而量值上 $I_{KA}=\sqrt{3}I_2$，如图 6-16a 所示；在 A、C 两相短路时，流进继电器的电流为电流互感器二次侧电流的 2 倍，如图 6-16b 所示；在 A、B 或 B、C 两相短路时，流进电流继电器的电流等于电流互感器二次侧的电流，如图 6-16c 所示。

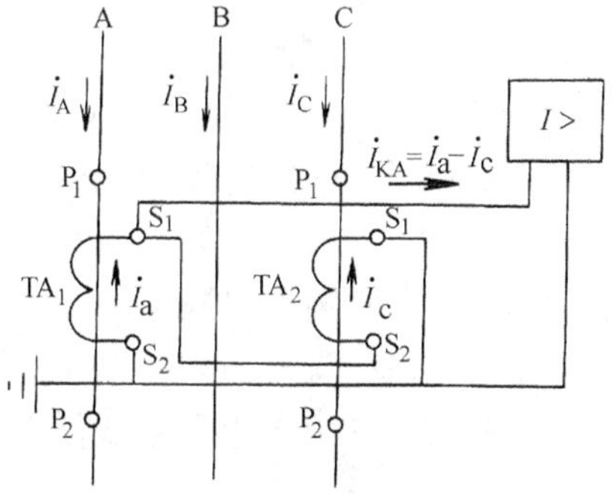

图 6-15　两相一继电器式结线图

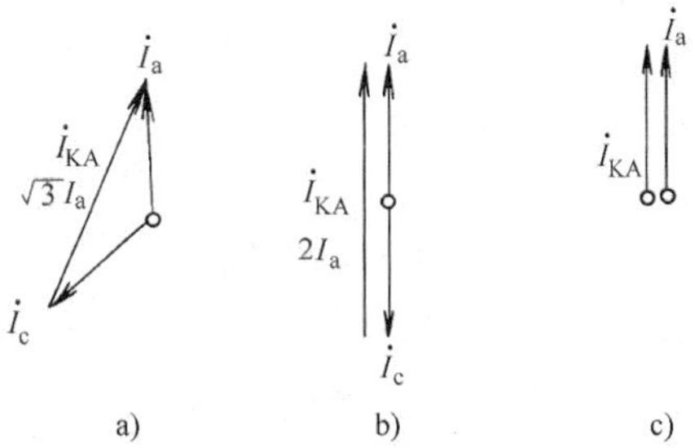

图 6-16　两相电流差结线在不同短路形式下电流相量图

a）三相短路　b）A 相、C 相短路

c）A 相、B 相短路

可见，两相电流差结线的结线系数与一次电路发生短路的形式有关，不同的短路形式，结线系数 K_w 值是不同的。

三相短路：$K_w=\sqrt{3}$；

A 相与 C 相短路：$K_w=2$；

A 相与 B 相或 B 相与 C 相短路：$K_w=1$。

因为两相电流差式结线在不同短路时结线系数不同，故在发生不同形式故障情况下，保护装置的灵敏度也不同。有的甚至相差一倍，这是不够理想的。然而这种结线所用设备较少，较为简单经济，因此在工厂高压线路、小容量高压电动机和车间变压器的保护中仍有所采用。

2. 保护装置的操作电源

保护装置的操作电源是指供电给继电保护装置及其所作用的断路器操动机构的电源。

对操作电源的要求，主要是它不应受供电系统运行情况的影响，在供电系统发生故障时，它能保证继电保护装置和断路器可靠地动作，并且当断路器合闸时有足够的功率。

操作电源分直流和交流两大类。本书仅作简单的介绍。

（1）直流操作电源　过去多采用铅酸蓄电池组，现多采用镉镍蓄电池组或带电容储能的晶闸管整流装置。

1）铅酸蓄电池组。优点是它与交流的供电系统无直接联系，不受供电系统运行情况的影响，工作可靠。缺点是设备投资大，还需设置专门的蓄电池室，且有较大的腐蚀性，运行维护也相当麻烦。现在一般工厂变配电所已很少采用。

2）镉镍蓄电池组。优点是除不受供电系统运行情况影响、工作可靠外，还有它的大电流放电性能好，比功率大，使用寿命长，腐蚀性小，而且它是装在专用屏内，无需设蓄电池室，降低了投资，运行维护也比较简便。现在大中型工厂变配电所中广泛应用。

3）电容储能的晶闸管整流装置。优点是设备投资更少，并能减少运行维护工作量。缺点是电容器有漏电问题，且易损坏，因此其工作可靠性不如镉镍蓄电池。

按 JGJ 16—2008《民用建筑设计规范》5.5.1.4 规定："重要的配变电所宜采用 220V 或 110V 免维护蓄电池作为合、分闸直流操作电源。"

（2）交流操作电源　由于它直接利用交流供电系统的电源，可以取自电压互感器、电流互感器或变电所的所用变压器，因此投资少，运行维护方便，而且二次回路简单可靠。因此在中小型工厂变配电所中广泛应用。

按 JGJ 16—2008《民用建筑设计规范》5.5.1.5 规定："小型配变电所宜采用弹簧储能操动机构合闸和去分流分闸的全交流操作。"

在电压互感器二次侧安装一只 100/220V 的隔离变压器就可取得供给控制和信号回路的交流操作电源。但必须注意：在某些情况下，短路保护的操作电源不能取自电压互感器。因为当发生短路时，母线上的电压显著下降，以至加到断路器跳闸线圈上的电压不能使操动机构动作，只有在故障或异常运行状态时母线电压无显著变化的情况下，保护装置的操作电源才可以由电压互感器供给，例如中性点不接地系统的单相接地保护。

对于短路保护的保护装置，其交流操作电源可取自电流互感器，在短路时，短路电流本身可用来使断路器跳闸。

下面介绍两种常用的交流操作方式：

1）去分流跳闸方式。如图 6-17 所示，在正常情况下，继电器 KA 的常闭触点将跳闸线圈 YR 短接（分流），YR 不通电，断路器 QF 不会跳闸。当一次电路发生相间短路时，继电器动作，其常闭触点断开，使 YR 的短接分流支路被去掉（即"去分流"），从而使电流互感器的二次电流完全流入跳闸线圈 YR，使断路器跳闸。这种接线方式简单，经济，而且灵敏度较高。但继电器触点的容量要足够大，因为要用它来断开反应到电流互感器二次侧的短路电流，现在生产的 GL—$\frac{15\ \ 16}{25\ \ 26}$型过电流继电器，其触点的短时分断电流可达 150A，完全可以满足去分流跳闸的要求。这种去分流跳闸的交流操作方式在工厂供电系统中应用相当广泛。但此结线尚不够完善，实际结线方案将在后面详细介绍。

2）直接动作式。如图 6-18 所示，利用高压断路器手力操动机构内的过电流脱扣器（跳闸线圈）YR 作过电流继电器 KA（直动式），接成两相一继电器式或两相两继电器式。正常情况下，YR 通过正常的二次电流，远小于 YR 的动作电流，不动作；而在一次电路发生相间短路时，短路电流反应到互感器的二次侧，流过 YR，达到或超过 YR 的动作电流，从而使断路器跳闸。这种交流操作方式最为简单经济，但受脱扣器型号的限制，没有时限，且动作准确性差，保护灵敏度低，在实际工程中已很少应用。

三、带时限的过电流保护

带时限的过电流保护，按其动作时间特性分，有定时限过电流保护和反时限过电流保护两种。定时限，就是保护装置的动作时间是固定的，与短路电流的大小无关。反时限，就是保护装置的动作时间与反应到继电器中的短路电流的大小成反比关系，短路电流越大，动作时间越短，所以反时限特性也称为反比延时特性或反延时特性。

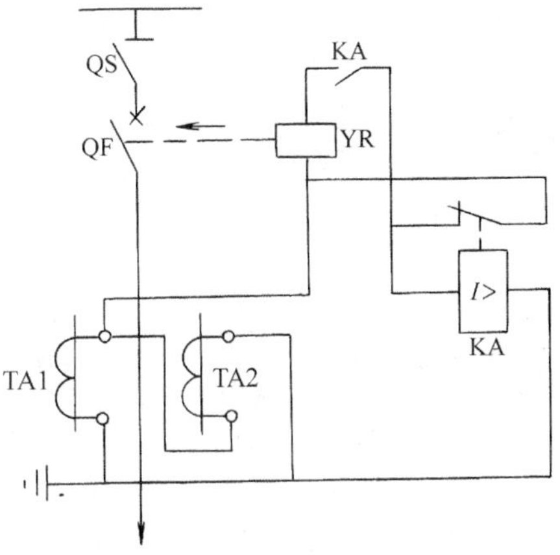

图 6-17 利用电流继电器的常闭触点去分流跳闸的过电流保护电路

QF—高压断路器 TA1、TA2—电流互感器 KA—GL 型电流继电器 YR—断路器跳闸线圈

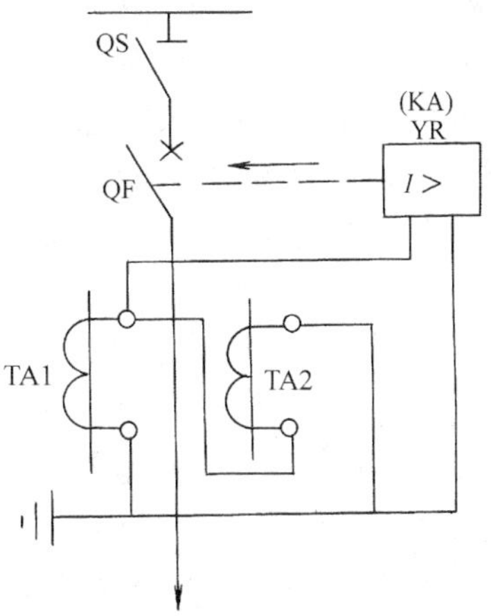

图 6-18 直接动作式过电流保护电路

QF—高压短路器 TA1、TA2—电流互感器 YR—断路器跳闸线圈(直动式继电器 KA)

1. 定时限过电流保护装置的组成和动作原理

定时限电流保护的原理电路图如图 6-19 所示。它由起动元件(电磁式电流继电器)、时限元件(电磁式时间继电器)、信号元件(电磁式信号继电器)和出口元件(电磁式中间继电器)等 4 部分组成。其中 YR 为断路器的跳闸线圈，QF 为断路器操动机构的辅助触点，TA1 和 TA2 为装于 A 相和 C 相上的电流互感器。

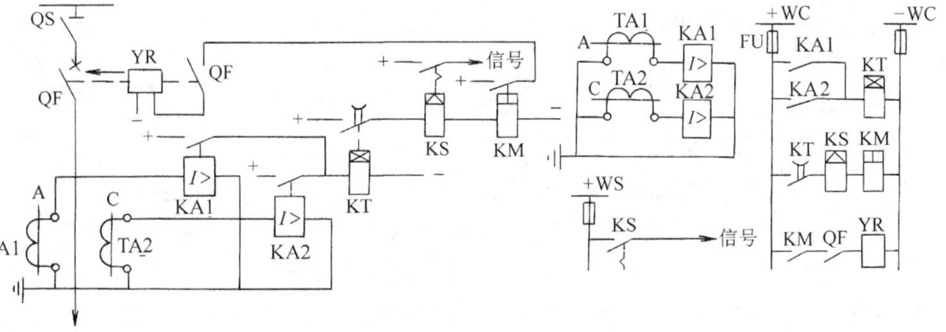

a) b)

图 6-19 定时限过电流保护的原理电路图

a）按集中表示法绘制 b）按分开表示法绘制

QF—高压断路器 TA1、TA2—电流互感器 KA1、KA2—DL 型电流继电器 KT—DS 型时间继电器 KS—DX 型信号继电器 KM—DZ 型中间继电器 YR—跳闸线圈

保护装置的动作原理：当一次电路发生相间短路时，电流继电器 KA1、KA2 中至少有一个瞬时动作，闭合其动合触点，使时间继电器 KT 起动。KT 经过整定的时限后，其延时触点闭合，使串联的信号继电器(电流型)KS 和中间继电器 KM 动作。KM 动作后，其触点接通断路器的跳闸线圈 YR 的回路，使断路器 QF 跳闸，切除短路故障。与此同时，KS 动作，其信号指示牌掉下，并接通信号回路，给出灯光和音响信号。在断路器跳闸时，QF 的

辅助触点随之断开跳闸回路，以减轻中间继电器触点的工作，在短路故障被切除后，继电保护装置中除 KS 外的其他所有继电器均自动返回起始状态，而 KS 可手动复位。

2. 反时限过电流保护的组成和原理

反时限过电流保护由 GL 型电流继电器组成。如图 6-20 所示为两相两继电器式结线的去分流跳闸的反时限过电流保护原理电路图。

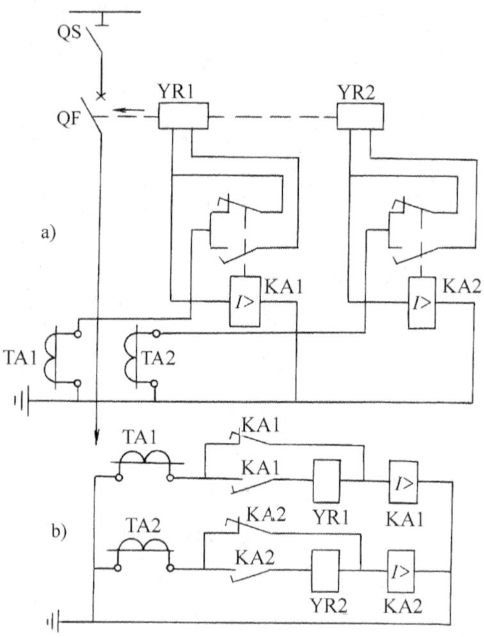

图 6-20　反时限过电流保护的原理电路图

a）按集中表示法绘制　b）按分开表示法绘制

TA1、TA2—电流互感器　KA1、KA2—型电流继电器

YR1、YR2—断路器跳闸线圈

当一次电路发生相间短路时，电流继电器 KA1、KA2 至少有一个动作，经过一定时限后（时限长短与短路电流大小成反比关系），其常开触点闭合，紧接着其常闭触点断开，这时断路器跳闸线圈 YR 因去分流而通电，从而使断路器跳闸，切除短路故障部分。在继电器去分流跳闸的同时，其信号牌自动掉下，指示保护装置已经动作。在短路故障被切除后，继电器自动返回，信号牌则需手动复位。

比较图 6-20 与图 6-17 可知，如图 6-20 所示的电流继电器增加了一对常开触点。与跳闸线圈 YR 串联，其目的是用来防止继电器常闭触点在一次电路正常时由于外界振动等偶然因素使之意外断开而导致断路器误跳闸的事故。增加这对常开触点后，即使常闭触点偶然断开，也不会造成断路器误跳闸。

这种继电器的常开、常闭触点，动作时间的先后顺序必须是：常开触点先闭合，常闭触点后断开如图 6-21 所示。而一般转换触点的动作顺序都是常闭触点先断开后，常开触点再闭合，这里采用具有特殊结构的先合后断的转换触点，不仅保证了继电器的可靠动作，而且还保证了在继电器触点转换时电流互感器二次侧不会带负荷开路。

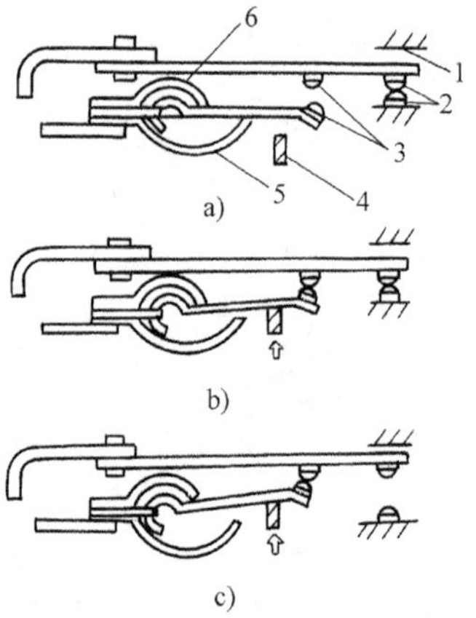

图 6-21　先合后断转换触点的结构及动作说明

a）正常位置

b）动作后常开触点先闭合

c）接着常闭触点断开

1—上止挡　2—常闭触点

3—常开触点　4—衔铁杠杆

5—下止挡　6—簧片

3. 过电流保护的动作电流整定

带时限过电流保护（包括定时限和反时限）的动作电流 I_{op}，是指继电器动作的最小电流。过电流保护的动作电流整定，必须满足下面两个条件：

1）应该躲过线路的最大负荷电流（包括正常过负荷电流和尖峰电流）$I_{L \cdot max}$，以免在最大负荷通过时保护装置误动作。

2）保护装置的返回电流 I_{re} 也应该躲过线路的最大负荷电流 $I_{L \cdot max}$，以保证保护装置在外部故障切除后，能可靠地返回到原始位置，避免发生误动作。为说明这一点，现以图 6-22 为例来说明。

当线路 WL2 的首端 k 点发生短路时，由于短路电流远远大于正常最大负荷电流，所以沿线路的过电流保护装置如 KA1、KA2 等都要起动。在正确动作情况下，应该是靠近故障点 k 的保护装置 KA2 断开 QF2，切除故障线路 WL2。这时线路 WL1 恢复正常运行，其保护装置 KA1 应该返回起始位置。若 KA1 在整定时其返回电流未躲过线路 WL1 的最大负荷电流，即 KA1 的返回系数过低时，则 KA2 切除 WL2 后，WL1 虽然恢复正常运行，但 KA1 继续保持起动状态(由于 WL1 在 WL2 切除后,还有其他出线,因此还有负荷电流)，从而达到它所整定的时限(KA1 的动作时限比 KA2 的动作时限长)后，必将错误地断开 QF1 造成 WL1 停电，扩大了故障停电范围，这是不允许的。所以保护装置的返回电流也必须躲过线路的最大负荷电流。线路的最大负荷电流 $I_{L \cdot max}$ 应据线路实际的过负荷情况，特别是尖峰电流(包括电动机的自起动电流)情况来确定。

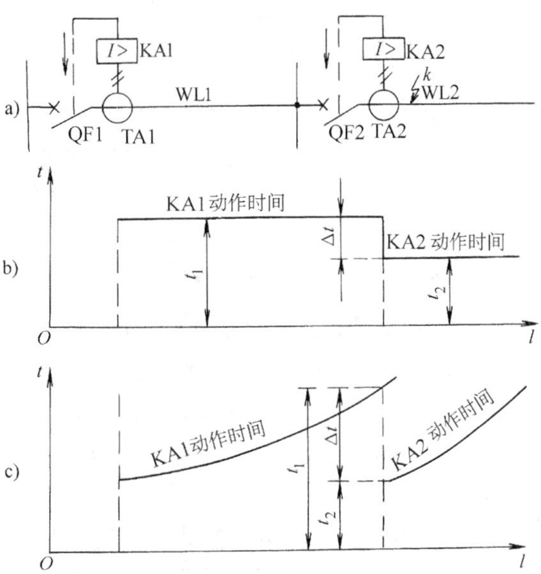

图 6-22 线路过电流保护整定说明图

a）电路 b）定时限过电流保护的动作时限曲线

c）反时限过电流保护的动作时限曲线

设电流互感器的变比为 K_i，保护装置的结线系数为 K_w，保护装置的返回系数为 K_{re}，则负荷电流换算到继电器中的电流为 $\frac{K_w}{K_i}I_{L \cdot max}$。由于要求继电器的返回电流 I_{re} 也要躲过 $I_{L \cdot max}$，即 $I_{re} > \frac{K_w}{K_i}I_{L \cdot max}$。而 $I_{re} = K_{re}I_{op}$，因此 $K_{re}I_{op} > \frac{K_w}{K_i}I_{L \cdot max}$，也就是 $I_{op} > \frac{K_w}{K_{re}K_i}I_{L \cdot max}$ 将此式写成等式，计入一个可靠系数 K_{rel}，由此得到过电流保护动作电流的整定公式：

$$I_{op} = \frac{K_{rel}K_w}{K_{re}K_i}I_{L \cdot max} \tag{6-8}$$

式中 K_{rel}——保护装置的可靠系数，对 DL 型继电器可取 1.2，对 GL 型继电器可取 1.3；

K_w——保护装置的结线系数，按三相短路来考虑，对两相继电器结线(相电流结线)为 1，对两相一继电器结线(两相电流差结线)为 $\sqrt{3}$；

$I_{L \cdot max}$——线路的最大负荷电流(含尖峰电流)(A)，可取为 $(1.5 \sim 3)I_{30}$，I_{30} 为线路的计算电流。

如果用断路器手力操动机构中的过电流脱扣器作过电流保护，则脱扣器动作电流应按下式整定

$$I_{op} = \frac{K_{rel}K_w}{K_i}I_{L \cdot max} \tag{6-9}$$

式中 K_{rel}——可靠系数，可取 2 ~ 2.5，这里已考虑了脱扣器的返回系数。

例 6-1 某高压线路的计算电流为 90A，线路末端的三相短路电流为 1300A。现采用 GL—15/10 型电流继电器，组成两相电流差结线的相间短路保护，电流互感器电流比为

315/5。试整定此继电器的动作电流。

解　查附录表 A-16，得 $K_{re}=0.8$；而 $K_w=\sqrt{3}$。取 $K_{rel}=1.3$，$I_{L\cdot max}=2I_{30}=2\times90A=180A$。故由式(6-8)得此继电器的动作电流

$$I_{op}=\frac{1.3\times\sqrt{3}}{0.8\times\frac{315}{5}}\times180A\approx8.04A$$

取为整数 8A。

4. 过电流保护的动作时间整定

为了保证前后级保护装置动作时间的选择性，过电流保护装置的动作时间，也称动作时限，应按阶梯原则进行整定，就是在后一级保护装置所保护的线路首端(如图 6-22a 中的 k 点)发生三相短路时，前一级保护的动作时间 t_1 应比后一级保护中最长的动作时间 t_2 都要大一个时间差 Δt，如图 6-22b、c 所示，即

$$t_1\geqslant t_2+\Delta t \tag{6-10}$$

这一时间级差 Δt，应考虑到前一级保护动作时间 t_1 可能发生负偏差，即可能提前动作一个时间 Δt_1；而后一级保护动作时间 t_2 又可能发生正偏差，即可能延后动作一个时间 Δt_2。此外应考虑到保护的动作(特别是采用 GL 型电流继电器时)还有一定的惯性误差 Δt_3。为了确保前后级保护的动作选择性，还应再加上一个保险时间 Δt_4(一般取 0.1～0.15s)。因此

$$\Delta t=\Delta t_1+\Delta t_2+\Delta t_3+\Delta t_4=0.5\sim0.7s \tag{6-11}$$

对于定时限过电流保护，可取 $\Delta t=0.5s$；对反时限过电流保护，可取 $\Delta t=0.7s$。

定时限过电流保护的动作时间，利用时间继电器来整定。

反时限过电流保护的动作时间，由于 GL 型继电器的时限调节机构是按 10 倍动作电流的动作时间来标度的，而实际通过继电器的电流一般不会恰恰为动作电流的 10 倍，因此必须根据继电器的动作特性曲线(如附录表 A-16 所示)来整定。

假设图 6-22a 所示线路中，前一级保护 KA1 的 10 倍动作电流动作时间已经整定为 t_1，现在要求整定后一级保护 KA2 的 10 倍动作电流的动作时间 t_2。整定计算的步骤如下(参看图 6-23)：

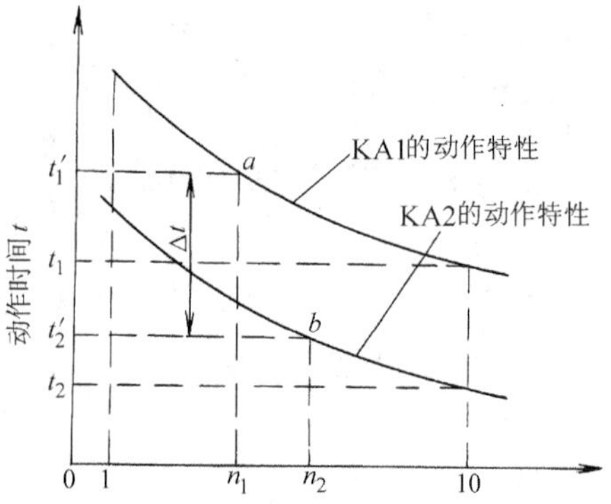

图 6-23　反时限过电流保护的动作时间整定

1）计算 WL2 首端(WL1 末端)三相短路电流 I_k 反应到 KA1 中的电流值

$$I'_{k(1)}=\frac{K_{w(1)}}{K_{i(1)}}I_k \tag{6-12}$$

式中　$K_{w(1)}$——KA1 与 TA1 的结线系数；

$K_{i(1)}$——TA1 的变流比。

2）计算 $I'_{k(1)}$ 对 KA1 的动作电流倍数

$$n_1=\frac{I'_{k(1)}}{I_{op(1)}} \tag{6-13}$$

式中　$I_{op(1)}$——KA1 的动作电流(已整定)(A)。

3）根据 n_1 从 KA1 整定的 10 倍动作电流动作时间 t_1 的曲线上找到 α 点，则其纵坐标 t'_1 即 KA1 的实际动作时间。

4）计算 KA2 的实际动作时间 $t'_2 = t'_1 - \Delta t = t'_1 - 0.7\text{s}$。

5）计算 WL2 首端三相短路电流 I_k 反应到 KA2 中的电流值

$$I'_{k(2)} = \frac{K_{w(2)}}{K_{i(2)}} I_k \tag{6-14}$$

式中 $K_{w(2)}$——KA2 与 TA2 的结线系数；

$K_{i(2)}$——TA2 的电流比。

6）计算 $I'_{k(2)}$ 对 KA2 的动作电流倍数

$$n_2 = \frac{I'_{k(2)}}{I_{op(2)}} \tag{6-15}$$

式中 $I_{op(2)}$——KA2 的动作电流（已整定）(A)。

7）根据 n_2 与 KA2 的实际动作时间 t'_2，从 KA2 的动作特性曲线的坐标图上找到其坐标点 b 点，则此 b 点所在曲线的 10 倍动作电流的动作时间 t_2 即为所求。如果 b 点在两条曲线之间，则只能从上下两条曲线来粗略地估计其 10 倍动作电流的动作时间。

例 6-2 图 6-22a 所示高压线路中，已知 TA1 的 $K_{i(1)} = 160/5$，TA2 的 $K_{i(2)} = 100/5$。WL1 和 WL2 的过电流保护均采用两相两继电器式结线，继电器均为 GL—15/10 型。KA1 已经整定，$I_{op(1)} = 8\text{A}$，10 倍动作电流动作时间 $t_1 = 1.4\text{s}$。WL2 的 $I_{L \cdot max} = 75\text{A}$，WL2 首端的 $I_k^{(3)} = 1100\text{A}$，末端的 $I_k^{(3)} = 400\text{A}$。试整定 KA2 的动作电流和动作时间。

解 （1）整定 KA2 的动作电流

取 $K_{rel} = 1.3$ 而 $K_w = 1$，$K_{re} = 0.8$ 故

$$I_{op(2)} = \frac{K_{rel} K_w}{K_{re} K_i} I_{L \cdot max} = \frac{1.3 \times 1}{0.8 \times (100/5)} \times 75\text{A} \approx 6.09\text{A}$$

整定为 6A。

（2）整定 KA2 动作时间　先确定 KA1 的动作时间。由于 I_k 反应到 KA1 的电流 $I'_{k(1)} = 1100\text{A} \times 1/(160/5) \approx 34.4\text{A}$，故 $I_{k(1)}$ 的动作电流倍数 $n_1 = 34.4\text{A}/8\text{A} = 4.3$。利用 $n_1 = 4.3$ 和 $t'_1 = 1.4\text{s}$ 查附录表 A-16 中 GL—15 型电流继电器的动作特性曲线，可得 KA1 的实际动作时间 $t'_1 = 1.9\text{s}$。

因此 KA2 的实际动作时间应为

$$t'_2 = t'_1 - \Delta t = 1.9\text{s} - 0.7\text{s} = 1.2\text{s}$$

现在确定 KA2 的 10 倍动作电流的动作时间。由于 I_k 反应到 KA2 中的电流 $I'_{k(1)} = 1100\text{A} \times 1/(100/5) = 55\text{A}$，故 $I_{k(2)}$ 对 KA2 的动作电流倍数 $n_2 = 55\text{A}/6\text{A} \approx 9.17$。利用 $n_2 = 9.17$ 和 KA2 的实际动作时间 $t'_2 = 1.2\text{s}$，查附录表 A-16 中 GL—15 型电流继电器的动作特性曲线，可得 KA2 的 10 倍动作电流的动作时间即整定时间为 $t_2 \approx 1.2\text{s}$。

5. 过电流保护的灵敏度及提高灵敏度的措施—低电压闭锁保护

（1）过电流保护的灵敏度　根据式(6-1)，灵敏系数 $S_p = I_{k \cdot min}/I_{op \cdot 1}$。对于线路过电流保护，$I_{k \cdot min}$ 应取被保护线路末端在系统最小运行方式下的两相短路电流 $I_{k \cdot min}^{(2)}$。而 $I_{op \cdot 1} = (K_i/K_w) I_{op}$。因此按规定过电流保护的灵敏系数必须满足的条件为

$$S_p = \frac{K_w I_{k \cdot min}^{(2)}}{K_i I_{op}} \geqslant 1.5 \tag{6-16}$$

当过电流保护作后备保护时，如满足式(6-16)有困难，可以 $S_p \geq 1.2$。

当过电流保护灵敏系数达不到上述要求时，可采用下述的低电压闭锁保护来提高灵敏度。

(2) 低电压闭锁的过电流保护

如图 6-24 所示保护电路，低电压继电器 KV 通过电压互感器 TV 接于母线上，而 KV 的常闭触点则串入电流继电器 KA 的常开触点与中间继电器 KM 的线圈回路中。

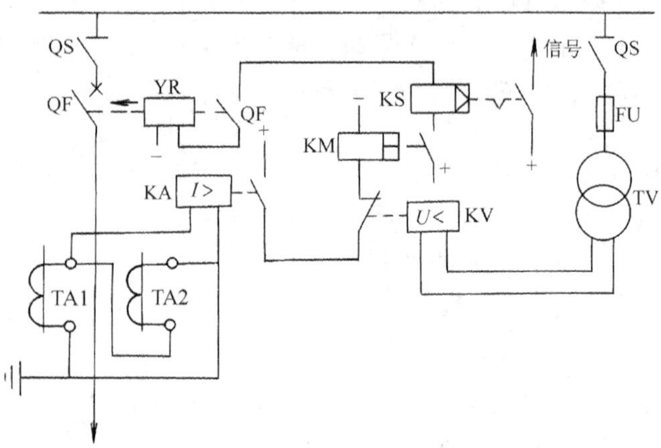

图 6-24　低电压闭锁的过电流保护电路

QF—高压断路器　TA—电流互感器　TV—电压互感器

KA—电流继电器　KM—中间继电器　KS—信号继电器

KV—低电压继电器　YR—断路器跳闸线圈

在供电系统正常运行时，母线电压接近于额定电压，因此 KV 的常闭触点是断开的。由于 KV 的常闭触点与 KA 的常开触点串联，所以这时 KA 即使由于线路过负荷而动作，其常开触点闭合，也不致造成断路器误跳闸。正因为如此，凡有低电压闭锁的这种过电流保护装置的动作电流就不必按躲过线路最大负荷电流 $I_{L \cdot max}$ 来整定，而只需按躲过线路的计算电流 I_{30} 来整定，当然保护装置的返回电流也应躲过计算电流 I_{30}。故此时过电流保护的动作电流的整定计算公式为

$$I_{op(2)} = \frac{K_{rel}K_w}{K_{re}K_i}I_{30} \tag{6-17}$$

式中各系数的取值与式(6-8)相同。

由于其 I_{op} 减小，从式(6-16)可知，能提高保护的灵敏度 S_p。

上述低电压继电器的动作电压按躲过母线正常最低工作电压 U_{min} 而整定，当然，其返回电压也应躲过 U_{min}，也就是说，低电压继电器 U_{min} 时不动作，只有在母线电压低于 U_{min} 时才动作。因此低电压继电器动作电压的整定计算公式为

$$U_{op} = \frac{U_{min}}{K_{rel}K_{re}K_u} \approx (0.57 \sim 0.63)\frac{U_N}{K_u} \tag{6-18}$$

式中　U_{min}——母线最低工作电压(V)，取$(0.85 \sim 0.95)U_N$；

U_N——线路额定电压(V)；

K_{rel}——保护装置的可靠系数，可取 1.2；

K_{re}——低电压继电器的返回系数，可取 1.25；

K_u——电压互感器的电压比。

6. 定时限与反时限过电流保护的比较

定时限过电流保护的优点是：动作时间较为准确、容易整定、误差小。缺点是：所用继电器的数目比较多，因此结线较为复杂，继电器触点容量较小，需直流操作电源，投资较大。此外，靠近电源处保护动作时间较长，而此时的短路电流又较大，故对设备的危害较大。

反时限过电流保护的优点是：继电器的数量大为减少，故其结线简单，只用一套 GL 系

列继电器就可实现不带时限的电流速断保护和带时限的过电流保护。由于 GL 继电器触点容量大，因此可直接接通断路器的跳闸线圈，而且适于交流操作。缺点是：动作时间的整定和配合比较麻烦，而且误差较大，尤其是瞬动部分，难以进行配合；且当短路电流较小时，其动作时间可能很长，延长了故障持续时间。

由以上比较可知，反时限过电流保护装置具有继电器数目少、结线简单、可直接采用交流操作跳闸等优点，所以被中小型工业企业 6～10kV 供电系统广泛采用。

四、电流速断保护

上述带时限的过电流保护，为了保证动作的选择性，其整定时限必须逐级增加一个 Δt，因而越靠近电源处，短路电流越大，而保护动作时限越长。这种情况对于切除靠近电源处的故障是不允许的。因此 GB/T 50062—2008《电力装置的继电保护和自动装置设计规范》规定，当过电流保护的动作时限超过 0.5s 或 0.7s 时，一般应该装设电流速断保护。

1. 电流速断保护的组成及速断电流的整定

电流速断保护实际上就是一种瞬时动作的过电流保护。其动作时限仅仅为继电器本身的固有动作时间，它的选择性不是依靠时限，而是依靠选择适当的动作电流来解决。

如果采用 DL 型电流继电器，则其电流速断保护的组成，就相当于定时限过电流保护中抽去时间继电器。如图 6-25 所示是线路上同时装有定时限过电流保护和电流速断保护的电路图。图中 KA1、KA2、KT、KS1 与 KM 组成定时限过电流保护，KA3、KA4、KS2 与 KM 组成电流速断保护。比较可知，电流速断保护装置只是比定时限过电流保护装置少了时间继电器。

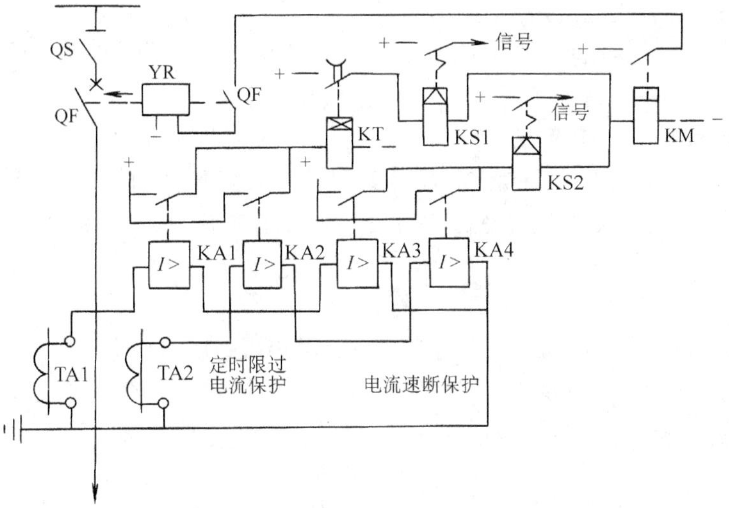

图 6-25　线路的定时限过电流保护和电流速断保护电路图

如果采用 GL 型电流继电器，则直接利用继电器的电磁元件来实现电流速断保护，其感应元件用来作反时限过电流保护，因此不用额外增加设备，非常简单经济。

电流速断保护的动作电流(即速断电流)I_{qb}，应按躲过它所保护线路末端的最大短路电流(即三相短路电流)$I_{k \cdot min}^{(3)}$来整定。只有这样，才能避免在后一级速断保护所保护线路的首端发生三相短路时，它可能的误跳闸。如图 6-26 所示电路中，WL1 末端 k-1 点的三相短路

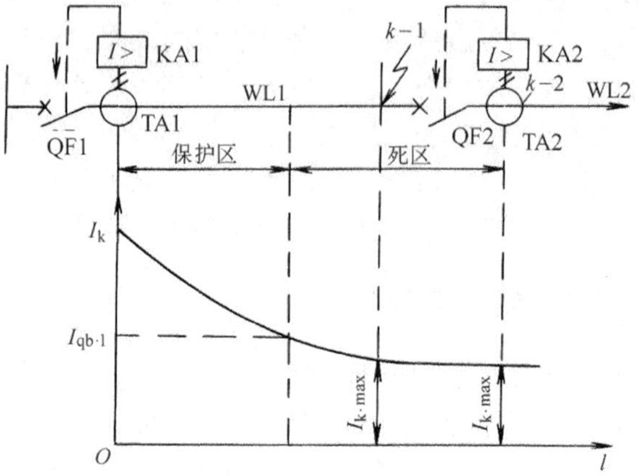

图 6-26　线路电流速断保护的保护区和死区

$I_{k \cdot max}$—前一级保护应躲过的最大短路电流

$I_{qb \cdot 1}$—前一级保护整定的一次速断电流

电流，实际上与其后一段 WL2 首端 k-2 点的三相短路电流是近乎相等的，因为这两点间的距离很近，阻抗很小。

因此可得电流速断保护动作电流(速断电流)的整定计算公式为

$$I_{qb}=\frac{K_{rel}K_w}{K_i}I_{k \cdot max} \tag{6-19}$$

式中　K_{rel}——可靠系数，对 DL 型继电器，取 1.2 ~ 1.3；对 GL 型继电器，取 1.4 ~ 1.5；对脱扣器，取 1.8 ~2。

2. **电流速断保护的“死区”及其弥补**

由于电流速断保护的动作电流是按躲过线路末端的最大短路电流来整定的，因此当在靠近线路末端的一段线路上发生的不一定是最大的短路电流(例如两相短路电流)时，电流速断保护装置就不可能动作，也就是说电流速断保护实际上不能保护线路的全长，这种保护装置不能保护的区域，就称为死区，如图 6-26 所示。

为了弥补速断保护存在死区的缺陷，一般规定，凡装设电流速断保护的线路，都必须装设带时限的过电流保护。且过电流保护的动作时间比电流速断保护至少长一个时间级差 Δt = 0.5 ~0.7s，而且前后级过电流保护的动作时间符合前面所说的阶梯原则，以保证选择性。

在速断保护区内，速断保护作为主保护，过电流保护作为后备保护；而在速断保护的死区内，过电流保护为基本保护。

3. **电流速断保护的灵敏度**

电流速断保护的灵敏度　按规定，应按其保护装置安装处(即线路首端)的最小短路电流(可用两相短路电流来代替)来校验。因此电流速断保护的灵敏度必须满足的条件是

$$S_p=\frac{K_w I_k^{(2)}}{K_i I_{qb}}\geqslant 1.5 \sim 2 \tag{6-20}$$

式中　$I_k^{(2)}$——线路首端在系统最小运行方式下的两相短路电流(A)。

例 6-3　试整定例 6-1 所示 GL—15/10 型电流继电器的速断电流倍数。

解　已知线路末端 $I_k^{(3)}=1300$A，且 $K_w=\sqrt{3}$，$K_i=315/5$，取 $K_{rel}=1.5$，故由式(6-19)得

$$I_{qb}=\frac{1.5\times\sqrt{3}}{\frac{315}{5}}\times 1300\text{A}\approx 53.6\text{A}$$

而例 6-1 已经整定 $I_{op}=8$A，故速断电流倍数应整定为

$$n_{qb}=\frac{53.6\text{A}}{8\text{A}}=6.7$$

由于 GL 型电流继电器的速断电流倍数 n_{qb} 在 2 ~8 间可平滑调节，因此 n_{qb} 不必修约为整数。

例 6-4　试整定例 6-2 所示装于 WL2 首端 KA2 的 GL—15/10 型电流继电器的速断电流

倍数，并校验其过电流保护和电流速断保护的灵敏度。

解 （1）整定速断电流倍数　取 $K_{rel}=1.5$，$K_w=1$，$K_i=100/5$，WL2 末端 $I_k^{(3)}=400A$ 故由式(6-19)得

$$I_{qb}=\frac{1.5\times1}{\frac{100}{5}}\times400A=30A$$

而例 6-2 已经整定 $I_{op}=6A$，故速断电流倍数应整定为

$$n_{qb}=\frac{30A}{6A}=5$$

（2）过电流保护的灵敏度校验　根据式(6-16)，其中 $I_{k\cdot min}^{(2)}=0.866I_k^{(3)}=0.866\times400A\approx346A$，故其保护灵敏系数为

$$S_p=\frac{1\times346A}{20\times6A}\approx2.88>1.5$$

由此可见，KA2 整定的动作电流(6A)满足灵敏度要求。

（3）电流速断保护灵敏度的校验　根据式(6-20)，其中 $I_k^{(2)}=0.866\times1100A\approx953A$，故其保护灵敏系数为

$$S_p=\frac{1\times953A}{20\times30A}\approx1.59>1.5$$

由此可见，KA2 整定的动作电流(倍数)也满足灵敏度要求。

五、单相接地保护*

工业企业 6～10kV 电网为小接地电流系统。由第一章第四节可知，在这种系统中，如果发生单相接地故障，只有很小的接地电容电流，而相间电压不变，因此可暂时继续运行。但由于非故障相的电压要升高为原对地电压的$\sqrt{3}$倍，所以对线路的绝缘增加了威胁，如果长此下去，可能引起非故障相对地绝缘击穿而导致两相接地短路，这时将引起线路开关跳闸，造成停电。为此，在 6～10kV 的供电系统中一般应装设单相接地保护装置或绝缘监察装置，用它来发出信号，通知值班人员及时发现和处理。这里介绍单相接地保护，绝缘监察装置，将在本章第六节介绍。

1. 单相接地保护的原理和组成

这是一种利用零序电流互感器使继电器动作来指示接地故障线路的保护装置。这种保护装置要求在 6～10kV 的每路出线上都装设零序电流互感器 TAN，它利用单相接地故障所产生的零序电流使保护装置动作，发出报警信号。

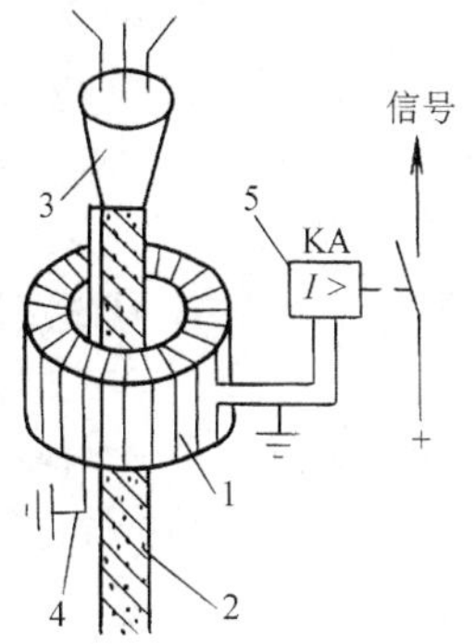

图 6-27　单相接地保护的零序电流互感器的结构和结线

1—零序电流互感器(其环形铁心上绕二次绕组，环氧浇注)

2—电缆　3—电缆头

4—接地线

5—电流继电器(KA)

如图 6-27 所示是电缆线路用零序电流互感器进行单相接地保护的结构和结线。在电力系统正常运行及三相对称短路时，因在零序电流互感器二次侧由三相电流产生的三相磁通相量之和为零，即在零序电流互感器中不会感应出零序电流，继电器不动作。当发生单

相接地时，就有接地电容电流通过，此电流在二次侧感应出零序电流，使继电器动作并发出信号。

这种单相接地保护装置能够较灵敏地监察小接地电流系统的对地绝缘，而且从各条线路的接地保护信号可以准确判断发生单相接地故障的线路，因此它适用于高压出线较多的大中型工厂供电系统。

这里必须强调指出，根据小接地电流系统发生单相接地时接地电容电流的分布特点，电缆头的接地线必须穿过零序电流互感器的铁心，否则零序电流（不平衡电流）不穿过零序电流互感器的铁心，保护就不会动作。如图6-28所示中的变（配）电所母线上接有三路出线WL1、WL2和WL3。每路出线上都装有零序电流互感器TAN。现假设WL1的A相发生接地故障，这时整个系统的A相都处于“地”电位，因此所有的A相均无对地电容电流。其他两相（B相、C相）的电容电流 $I_1 \sim I_6$ 的分布和流向如图6-28所示。从图上可以看出，WL1的故障相（A相）流过的所有电容电流 $I_1 \sim I_6$ 恰好与其他两完好相（B相、C相）以及电缆外皮流过的电容电流 $I_1 \sim I_6$ 反向，所以它们不可能在零序电流互感器TAN1的铁心中产生磁通。但穿过TAN1的电缆头接地线上流过的电容电流 $I_3 \sim I_6$（由其他正常线路WL2、WL2而来的不平衡电流）将在TAN的铁心中产生磁通，从而在其二次侧产生电流，使继电器KA动作，发出信号。

架空线路的单相接地保护，一般采用由三个电流互感器同极性并联所组成的零序电流过滤器。但一般工厂的高压线路不长，很少采用。

2. 单相接地保护动作电流的整定

由图6-28可知，当供电系统中的某一线路发生单相接地时（如WL1），其他线路（如WL2、WL3）上也会出现不平衡的电容电流。但这些线路（如WL2、WL3）本身是正常的，因此其保护装置不应动作。所以单相接地保护的动作电流 $I_{op(E)}$ 应该躲过被保护线路外部发生单相接地时而在本线路上引起的电容电流。即

$$I_{op(E)} = \frac{K_{rel}}{K_i} I_C \tag{6-21}$$

式中　I_C——其他线路发生单相接地时，在整定保护的线路上产生的电容电流（A），可按式（1-3）计算，但式中线路的长度 $l(l_{cab})$ 应采用本身线路的长度；

K_i——零序电流互感器的变流比；

K_{rel}——可靠系数。保护装置不带时限时，取4～5，以躲过本身线路发生两相短路时所出现的不平衡电流；保护装置带时限时，取1.5～2，这时接地保护的动作时间应比相间短路的过电流保护的动作时间大一个 Δt，以保证选择性。

3. 单相接地保护的灵敏度

单相接地保护的灵敏度，应按被保护线路末端发生单相接地故障时流过电缆头接地线的不平衡电容电流来检验，而这一电容电流为与被保护线路有电的联系的总电网电容电流 $I_{C \cdot \Sigma}$ 与该线路本身的电容电流 I_C 之差。$I_{C \cdot \Sigma}$ 和 I_C 均按式（1-3）计算，式中 l（含 I_{oh} 和 l_{cab}）对 $I_{C \cdot \Sigma}$ 取与被保护线路有电的联系的所有架空线路和电缆线路的总长度，而计算 I_C 只取本身线路长度。因此单相接地保护的灵敏度必须满足的条件为

$$S_p = \frac{I_{C \cdot \Sigma} - I_C}{K_i I_{op(E)}} \geqslant 1.2 \tag{6-22}$$

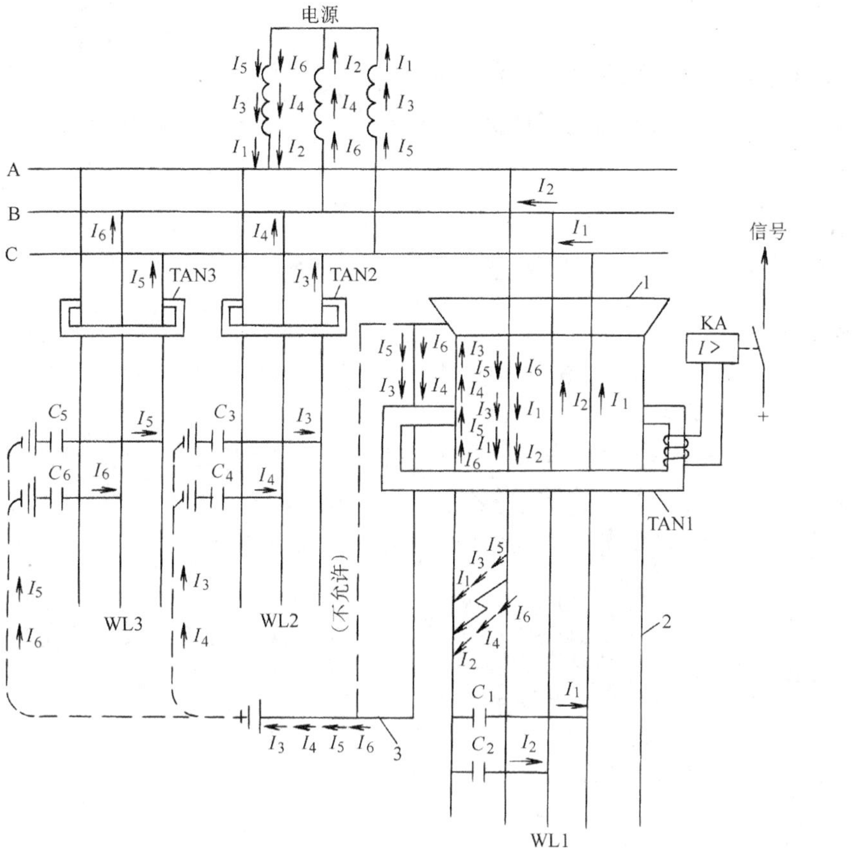

图 6-28　单相接地保护时接地电容电流的分布

1—电缆头　2—电缆金属外壳　3—电缆头接地线

TAN—零序电流互感器　KA—电流继电器　$I_1 \sim I_6$—通过线路对地分布电容 $C_1 \sim C_6$ 的接地电容电流

式中　K_i——零序电流互感器的变流比。

第四节　电力变压器的继电保护

一、概述

变压器是工厂供电系统的重要设备，它的故障会给整个工厂或车间的供电带来严重影响，因此必须根据变压器的容量和重要程度装设其保护装置。

高压侧为 6～10kV 的车间变电所及小型工厂变电所的主变压器，通常装设有带时限的过电流保护和电流速断保护。如果过电流保护的动作时间范围为 0.5～0.7s，也可不装设电流速断保护。容量在 800kVA 及以上的油浸式变压器（如安装在车间内部，则容量在 400kVA 及以上时），还需装设瓦斯保护。如两台并列运行的变压器容量（单台）在 400kVA 及以上，以及虽为单台运行但又作为备用电源用的变压器有可能过负荷时，还需装设过负荷保护，但过负荷保护只动作于信号，而其他保护一般动作于跳闸。

高压侧为35kV及以上的工厂总降压变电所主变压器，一般应装设过电流保护、电流速断保护和瓦斯保护。在有可能过负荷时，也装设过负荷保护。但是如果单台运行的变压器容量在10000kVA及以上、两台并列运行的变压器容量(单台)在6300kVA及以上时，则要求装设纵联差动保护来取代电流速断保护。

本节只介绍中小型工厂常用的6～10kV配电变压器的继电保护，包括过电流保护、电流速断保护和过负荷保护，着重介绍变压器的瓦斯保护。

二、保护装置的结线方式及低压侧单相短路保护

1. 保护装置的结线方式

对6～10/0.4kV、采用Yyn0联结组的降压变压器，其保护装置的结线方式有两相两继电器式和两相一继电器式两种。

(1) 两相两继电器式结线　如图6-29所示，这种结线适用于作相间短路保护和过负荷保护，而且它属于相电流结线，结线系数为1，因此无论何种相间短路，保护装置的灵敏系数都是相同的。但若变压器低压侧发生单相短路，情况就不同了。

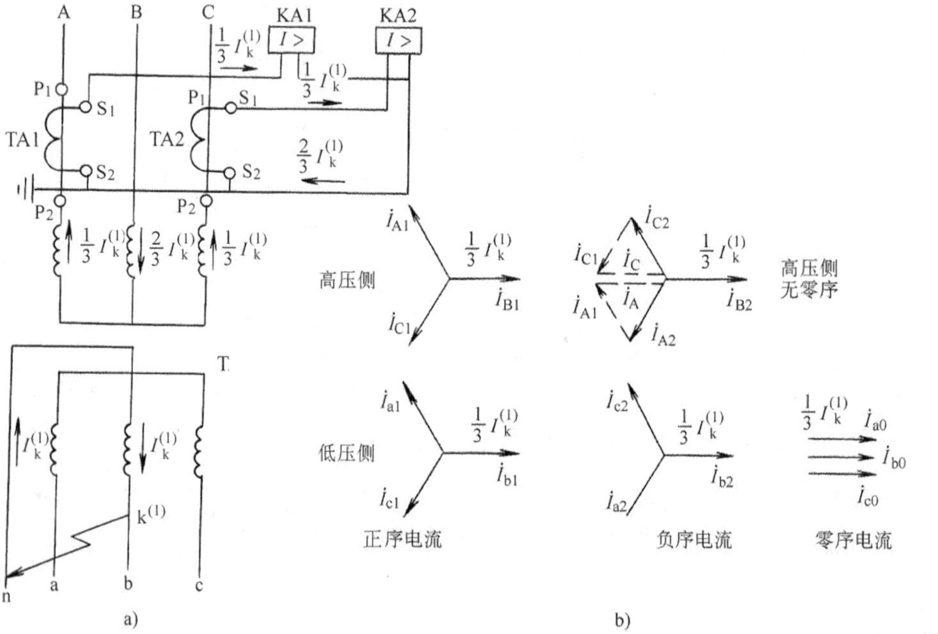

图6-29　Yyn0联结的变压器，高压侧采用两相两继电器的过电流保护(在低压侧发生单相短路时)

a) 电流分布　b) 电流相量分解(设变压器的电压比和互感器的变流比均为1)

如果是装设有电流互感器的那一相(A相或C相)所对应的低压相发生单相短路，继电器中的电流反应的是整个单相短路电流，这当然是符合要求的。但如果是未装有电流互感器的那一相(B相)所对应的低压相(b相)发生单相短路，经过分析可知，继电器的电流仅仅反应单相短路电流的1/3，这就达不到保护灵敏度的要求，因此这种结线不适于作低压侧单相短路保护。

如图6-29a所示是未装电流互感器的B相所对应的低压侧b相发生单相短路时短路电流的分布情况。根据不对称三相电路的“对称分量分析法”，可将低压侧b相的单相短路电流

分解为正序 $\dot{I}_{b1}=\dot{I}_b/3$，负序 $\dot{I}_{b2}=\dot{I}_b/3$ 和零序 $\dot{I}_{b0}=\dot{I}_b/3$。由此可绘出变压器低压侧各相电流的正序、负序和零序相量图，如图 6-29b 所示。

低压侧的正序电流和负序电流通过三相三芯柱变压器都要感应到高压侧，但低压侧的零序电流 $\dot{I}_{a0}$、$\dot{I}_{b0}$、$\dot{I}_{c0}$ 都是同相的，其零序磁通在三相三芯柱变压器铁心内不可能闭合，因而也不可能与高压绕组相交链，变压器高压侧则无零序分量。所以高压侧各相电流就只有正序和负序分量的迭加，如图 6-29b 所示。

由以上分析可知，当低压侧 b 相发生单相短路时，在变压器高压侧两相两继电器结线的继电器中只反应 1/3 的单相短路电流，因此灵敏度过低，所以这种结线方式不适用于作低压侧单相短路保护。

（2）两相一继电器式结线　如图 6-30 所示，这种结线也适于作相间短路保护和过负荷保护，但对不同相间短路保护灵敏度不同，这是不够理想的。然而由于这种结线只用一个继电器，比较经济，因此小容量变压器也有采用这种结线的。

值得注意的是，采用这种结线时，如果未装电流互感器的那一相对应的低压相发生单相短路，由图 6-30 可知，继电器中根本无电流通过，因此这种结线也不能作低压侧的单相短路保护。

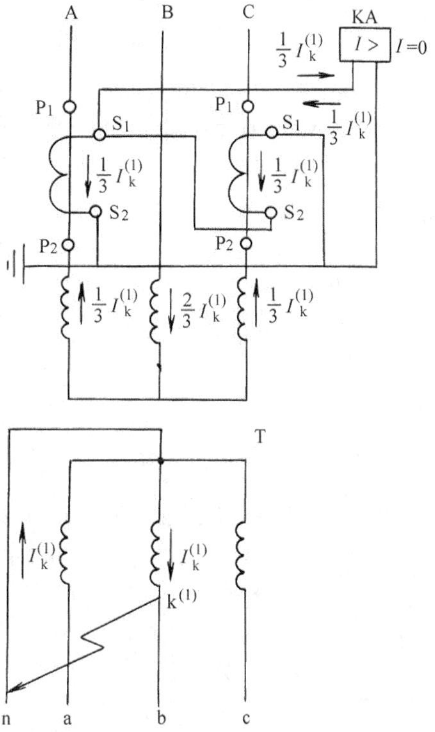

图 6-30　Yyn0 联结的变压器，高压侧采用两相一继电器的过电流保护，在低压侧发生单相短路时的电流分布

2. 变压器低压侧的单相短路保护

为了弥补上述变压器过电流保护的两种结线方式不适于低压侧单相短路保护的缺点，可采取以下措施之一：

（1）低压侧装设三相均带过电流脱扣器的低压断路器　这种低压断路器既作低压侧的主开关，又可用来保护低压侧的相间短路和单相短路。这种措施操作方便、便于自动投入、提高供电可靠性，在工厂和车间变电所中得到广泛的应用。DW16 型低压断路器还具有所谓“第四段保护”，专门用作单相接地保护(注意:仅对 TN 系统的单相金属性接地有效)。

目前生产的具有三段保护功能的低压断路器，例如 DWX15、ME、KFW2 等均可担当此任。

（2）低压侧三相装设熔断器保护　这种措施既可以保护变压器低压侧的相间短路也可以保护单相短路，但由于熔断器熔断后更换熔体需要一定的时间，所以它主要适用于供不太重要负荷的小容量变压器。

（3）在变压器中性点引出线上装设零序过电流保护　如图 6-31 所示，这种零序过电流保护的动作电流，按躲过变压器低压侧最大不平衡电流来整定，其整定计算公式为

$$I_{op(0)}=\frac{K_{rel}K_{dsq}}{K_i}I_{2N\cdot T} \tag{6-23}$$

式中 $I_{2N \cdot T}$——变压器的额定二次电流(A)；

K_{dsq}——不平衡系数，一般取0.25；

K_{rel}——可靠系数，一般取1.2～1.3；

K_i——零序电流互感器的电流比。

零序过电流保护的动作时间一般取0.5～0.7s。

零序过电流保护的灵敏度，按低压干线末端发生单相短路校验。对架空线 $S_p \geq 1.5$，对电缆线 $S_p \geq 1.2$，这一措施保护灵敏度较高，但不经济。一般工厂较少采用。

(4) 改两相两继电器为两相三继电器 见图6-29b所示结线。由于公共线上所接继电器的电流比其他两继电器的电流增大了一倍，因此使原来两相两继电器结线对低压单相短路保护的灵敏度也提高了一倍。

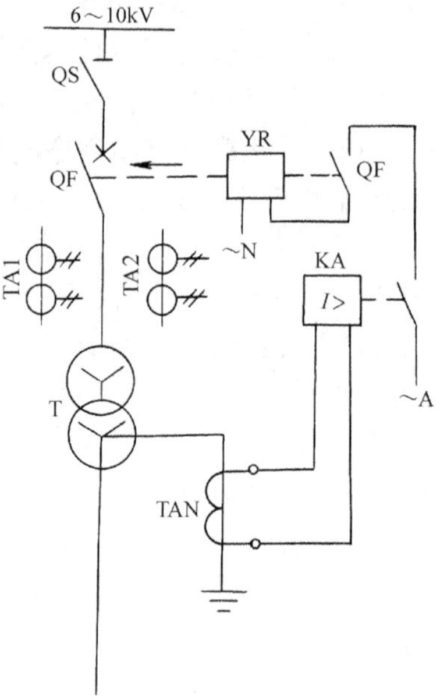

图6-31 变压器的零序过电流保护
QF—高压断路器 TAN—零序电流互感器
KA—电流继电器 YR—断路跳闸线圈

三、变压器的过电流保护、电流速断保护和过负荷保护

1. 变压器的过电流保护

变压器的过电流保护装置一般都装设在变压器的电源侧。无论是定时限还是反时限，变压器过电流保护的组成和原理与电力线路的过电流保护完全相同。

变压器过电流保护的动作电流整定计算公式，也与电力线路过电流保护基本相同，只是式(6-8)和式(6-9)中的 $I_{L \cdot max}$ 应取为 $(1.5～3)I_{1N \cdot T}$，这里的 $I_{1N \cdot T}$ 为变压器的额定一次电流。

变压器过电流保护的动作时间，也按阶梯原则整定。但对车间变电所来说，由于其属于电力系统的终端变电所，因此动作时间可整定为最小值0.5s。

变压器过电流保护的灵敏度，按变压器低压侧母线在系统最小运行方式时发生两相短路(换算到高压侧的电流值)来校验。其灵敏度的要求也与线路过电流保护相同，即 $S_p \geq 1.5$，当作为后备保护时可以 $S_p \geq 1.2$。

2. 变压器的电流速断保护

变压器是工厂供电系统中的重要设备。因此当变压器的过电流保护动作时限大于0.5s时，必须装设电流速断保护。变压器电流速断保护的组成、原理，也与电力线路的电流速断保护完全相同。

变压器电流速断保护的动作电流(速断电流)的整定计算公式，也与电力线路的电流速断保护基本相同，只是式(6-19)中的 $I_{k \cdot max}$ 应取低压母线三相短路电流周期分量有效值换算到高压侧的电流值，即变压器电流速断保护的动作电流按躲过低压母线三相短路电流来整定。

变压器速断保护的灵敏度，按变压器高压侧在系统最小运行方式时发生两相短路的短路电流 $I_k^{(2)}$ 来校验，要求 $S_p \geq 1.5$。

变压器的电流速断保护，与电力线路的电流速断保护一样，也有死区(不能保护变压器的全部绕组)。弥补死区的措施，也是配备带时限的过电流保护。

考虑到变压器在空载投入或突然恢复电压时将出现一个冲击性的励磁涌流，为避免速断保护误动作，可在速断保护整定后，将变压器空载试投若干次，以检验速断保护是否会误动作。根据经验，当速断保护的一次动作电流比变压器额定一次电流大 2 ~ 3 倍时，速断保护一般能躲过励磁涌流，不会误动作。

例 6-5 某厂降变压电所装有一台 10/0.4kV、1000kVA 的电力变压器。已知变压器低压母线三相短路电流 $I_k^{(3)}=13\text{kA}$，高压侧继电保护用电流互感器电流比为 100/5，继电器采用 GL—25 型，接成两相两继电器式。试整定该继电器的反时限过电流保护的动作电流、动作时间及电流速断保护的速断电流倍数。

解 （1）过电流保护的动作电流整定 取 $K_{rel}=1.3$，而 $K_w=1$，$K_{re}=0.8$，$K_i=100/5=20$。

$$I_{L\cdot max}=2I_{1N\cdot T}=\frac{2\times1000\text{kVA}}{\sqrt{3}\times10\text{kV}}=115.5\text{A}$$

故
$$I_{op}=\frac{1.3\times1}{0.8\times20}\times115.5\text{A}=9.38\text{A}$$

动作电流 I_{op} 整定为 9A。

（2）过电流保护动作时间的整定 考虑此为终端变电所的过电流保护，故其 10 倍动作电流的动作时间整定为最小值 0.5s。

（3）电流速断保护速断电流的整定 取 $K_{rel}=1.5$，而 $I_{k\cdot max}=13\text{kA}\times\dfrac{0.4\text{kV}}{10\text{kV}}=520\text{A}$

$$I_{qb}=\frac{1.5\times1}{20}\times520\text{A}=39\text{A}$$

因此速断电流倍数整定为

$$n_{qb}=\frac{39}{9}\approx4.3$$

3. 变压器的过负荷保护

变压器的过负荷保护是用来反应变压器正常运行时出现的过负荷情况，只在变压器确有过负荷可能的情况下才予以装设，一般动作于信号。

变压器的过负荷在大多数情况下都是三相对称的，因此过负荷保护只需要在一相上装一个电流继电器。在过负荷时，电流继电器动作，再经过时间继电器给予一定延时，最后接通信号继电器发出报警信号。

过负荷保护的动作电流按躲过变压器额定一次电流 $I_{1N\cdot T}$ 来整定，其计算公式为

$$I_{op(OL)}=\frac{(1.2\sim1.25)I_{1N\cdot T}}{K_i} \tag{6-24}$$

式中 K_i——电流互感器的电流比。

动作时间一般取 10 ~ 15s。

图 6-32 为变压器的定时限过电流保护、电流速断保护和过负荷保护的综合电路，全部继电器均为电磁式。

四、变压器的瓦斯保护

变压器的气体保护是保护油浸变压器内部故障的一种基本保护。瓦斯继电器装在变压器油箱和油枕之间的联通管上，在油浸式变压器内部发生短路故障时，由于绝缘油和其他绝缘材料受热分解而产生气体，因此可利用这种气体的变化情况使继电器动作来作变压器内部故

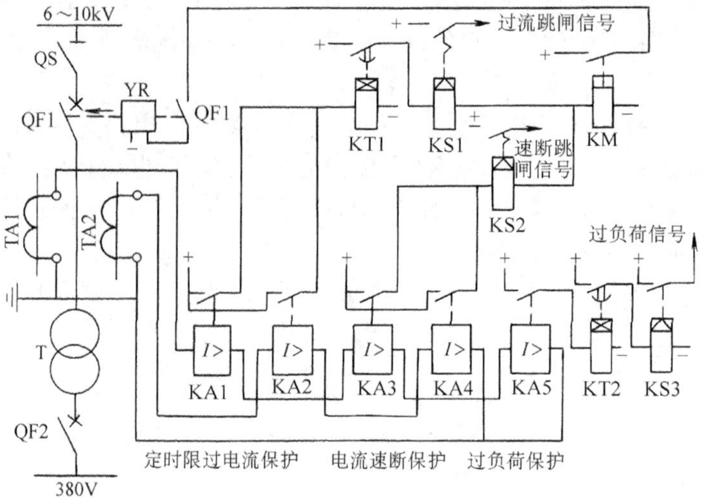

图 6-32　变压器的定时限过电流保护、电流速断保护和过负荷保护的综合电路

障的保护。

1. 瓦斯继电器的结构和工作原理

瓦斯继电器主要有浮筒式和开口杯式两种结构。现在一般采用开口杯式，如图 6-33 所示为 FJ—80 型开口杯式瓦斯继电器的结构示意图。

为了保证油箱内产生的气体能够顺畅地通过瓦斯继电器排向油枕，除了联通管对变压器油箱顶盖已有 2%~4% 的倾斜度外，在安装时变压器对地平面应取 1%~1.5% 的倾斜度。如图 6-34 所示。

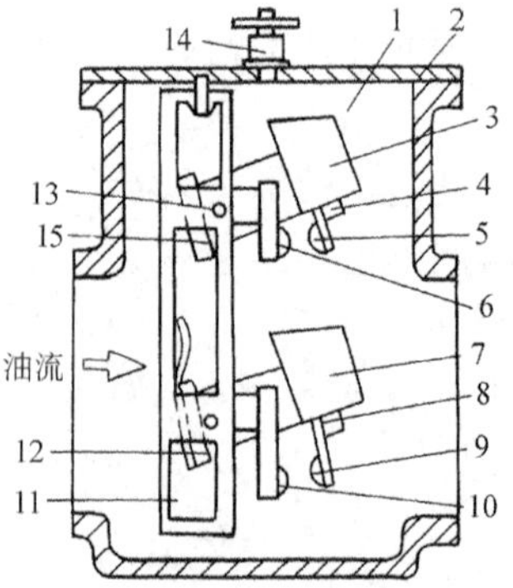

图 6-33　FJ—80 型开口杯式瓦斯继电器的结构示意图

1—容器　2—盖板　3—上油杯　4、8—永久磁铁　5—上动触点　6—上静触点　7—下油杯　9—下动触点　10—下静触点　11—支架　12—下油杯平衡锤　13—下油杯转轴　14—放气阀　15—上油杯平衡锤

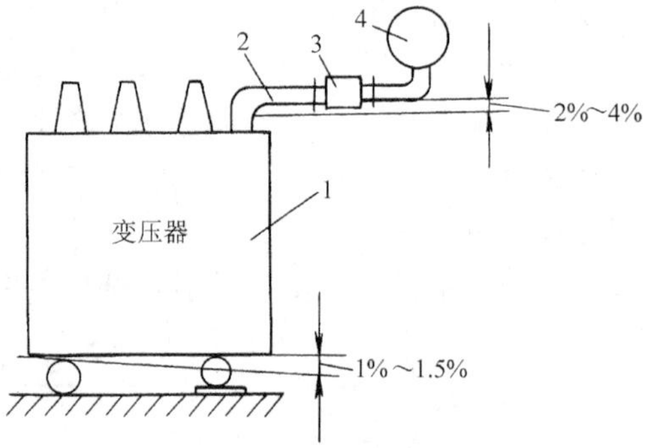

图 6-34　瓦斯继电器在变压器上的安装示意图

1—变压器油箱　2—联通管　3—瓦斯继电器　4—油枕

当变压器正常工作时，瓦斯继电器内的上下油杯都是充满油的，油杯因其平衡锤的作用而升高，如图 6-35a 所示，它的上下两对触点都是断开的。

当变压器内发生轻微故障时，由故障引起的少量气体慢慢升起，沿着联通管进入并积聚于瓦斯继电器内，当气体积聚到一定程度时，由于气体的压力而使油面下降，上油杯因其中盛有残余的油而使其力矩大于另一端平衡锤的力矩而降落，如图 6-35b 所示，从而使上触点接通变电所控制室的信号回路，发出轻瓦斯信号（轻瓦斯动作）。

当变压器内部发生严重故障时，被分解的变压器油和其他有机物将产生大量气体，使得变压器内部压力剧增，迫使大量气体带动油流迅猛地从联通管通过瓦斯继电器进入油枕。在油流的冲击下，继电器下部的挡板被掀起，使下油杯降落，如图 6-35c 所示，从而使下触点接通跳闸回路，同时通过信号继电器发出灯光和音响信号（重瓦斯动作）。

如果变压器的油箱漏油，使得瓦斯继电器内的油慢慢流尽，如图 6-35d 所示，先是上油杯降落，发出报警信号，最后下油杯降落，使断路器跳闸，切除变压器。

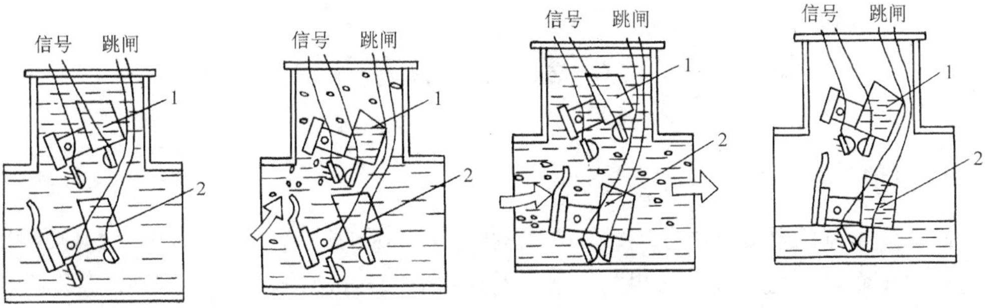

a)　b)　c)　d)

图 6-35　瓦斯继电器动作说明

a）正常时　b）轻微故障时（轻瓦斯动作）　c）严重故障时（重瓦斯动作）　d）严重漏油时

1—上开口油杯　2—下开口油杯

2. 变压器瓦斯保护的结线

图 6-36 是变压器瓦斯保护的原理电路图。当变压器内部发生轻微故障时，瓦斯继电器 KG 的上触点 1 ~ 2 闭合，作用于报警信号。当变压器内部发生严重故障时，KG 的下触点 3 ~ 4 闭合，经中间继电器 KM 作用于断路器 QF 的跳闸线圈 YR，使断路器跳闸，同时 KS 发出跳闸信号。KG 的下触点 3 ~ 4 闭合时，也可以用联接片 XB 切换位置，串接限流电阻 R，只给出报警信号。

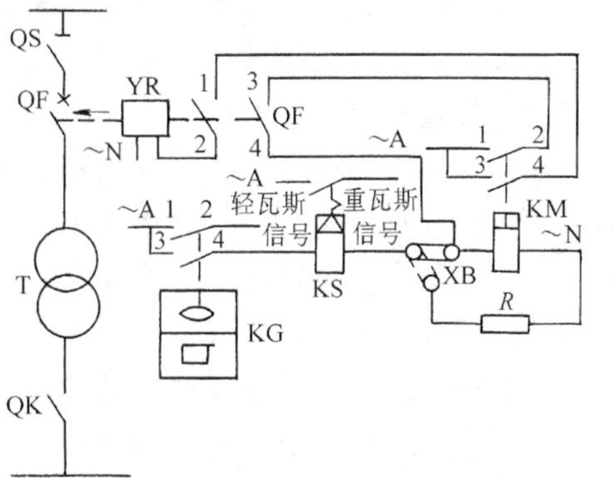

图 6-36　变压器瓦斯保护原理电路图

T—电力变压器　KG—瓦斯继电器　KS—信号继电器

KM—中间继电器　QF—高压断路器

YR—断路器跳闸线圈　XB—连接片　R—限流电阻

由于瓦斯继电器 KG 的下触点 3 ~ 4 在发生严重故障时可能有抖动（接触不稳定）现象，因此，为使断路器可靠跳闸，特利用中间继电器 KM 的触点 1 ~ 2 作自保持（自锁）触点。只要 KG 的下触点 3 ~ 4 一闭合，KM 就动作，并借其上触点 1 ~ 2 的闭合而使其处于自保持状态，KG 的下触点 3 ~ 4 闭合后使断路器 QF 跳闸，断路器 QF 跳闸后，其辅助触点 QF1 ~ 2 断开跳闸回路，QF3 ~ 4 则断开中间继电器 KM 的自保持（自锁）回路，使中间继电器返回。

3. 变压器瓦斯保护动作后的故障分析

变压器瓦斯保护装置动作后，可由蓄积于瓦斯继电器内的气体的物理化学性质来分析和判断故障的原因及处理要求，如表6-1所示。

表6-1　瓦斯继电器动作后的气体分析和处理要求

气体的性质	故障原因	处理要求
无色，无臭，不可燃	油箱内含有空气	允许继续运行
灰白色，有剧臭，可燃	纸质绝缘烧毁	应立即停电检修
黄色，难燃	木质绝缘烧毁	应立即停电检修
深灰或黑色，易燃	油内闪络，油质碳化	应分析油样，必要时停电检修

第五节　断路器的控制回路和信号系统

一、概述

断路器的控制回路就是控制(操作)断路器分、合闸的回路。它与所采用断路器操动机构的型式和操作电源的类别密切相关。高压断路器的操动机构有手力式、电磁式和弹簧式等型式；操作电源有直流和交流两类。电磁操动机构只能采用直流操作电源，手力操动机构和弹簧操动机构一般采用交流操作电源。

信号系统，是用来指示一次设备运行状态的二次系统。按用途分，有断路器位置信号、事故信号和预告信号。断路器的位置信号用来显示断路器正常工作时的位置状态。一般用红灯亮表示断路器在合闸位置；用绿灯亮表示断路器在分闸位置。事故信号用来显示断路器在事故情况下的工作状态，一般用红灯闪光表示断路器自动合闸；用绿灯闪光表示断路器自动跳闸。此外还有事故音响信号和光字牌等。预告信号是在一次设备出现不正常工作状态时或故障初期发出报警信号，例如变压器过负荷或轻瓦斯动作时，就发出区别于事故音响信号的另一种预告音响信号，同时光字牌亮，指示出故障的性质和地点，值班人员可根据预告信号及时处理。由以上分析可见，信号系统一般由灯光信号和音响信号两部分组成；前者反映事故或故障的性质，后者用来引起值班人员注意。

对高压断路器的控制回路及其信号系统有下列主要要求：

1）应能监视控制回路保护装置(如熔断器)及其分、合闸回路的完好性，以保证断路器的正常工作，通常采用灯光监视的方式。

2）分闸或合闸完成后应能使其命令脉冲解除，即能切断分闸或合闸的电源。

3）应能指示断路器正常分、合闸的位置状态，并在自动合闸和自动跳闸时有明显的指示信号。

4）各断路器应有事故跳闸信号。事故跳闸信号回路应按不对应原理结线。当断路器采用手力操动机构时，利用手力操动机构的辅助触点与断路器的辅助触点构成不对应关系，即操动机构(手柄)在合闸位置而断路器已跳闸时，发出事故跳闸信号。当断路器采用电磁操动机构或弹簧操动机构时，则利用控制开关的触点与断路器的辅助触点构成不对应关系，即控制开关的触点在合闸后位置而断路器已自动跳闸时，发出事故跳闸信号。

5）对有可能出现不正常工作状态的设备，应装设预告信号，预告信号应能使控制室或值班室的中央信号装置发出音响或灯光信号，并能指示故障地点和性质。一般预告音响信号用电铃，而事故音响信号用电笛，以示区别。

二、采用手力操动机构的断路器控制回路及其信号系统

如图 6-37 所示为采用手力操动机构的控制回路及其信号系统。

合闸时，推上手力操动机构的操作手柄使断路器合闸。这时断路器的辅助触点 QF3 ~ 4 闭合，红灯 RD 亮，指示断路器在合闸位置（注意：YR 虽通电，但由于 RD 和 R_2 的限流，不会动作。）红灯 RD 亮还表明跳闸线圈 YR 回路及控制回路的熔断器 FU1、FU2 是完好的，即红灯 RD 同时起着监视跳闸回路完好性的作用。在合闸同时，QF1 ~ 2 断开，绿灯 GN 灭。

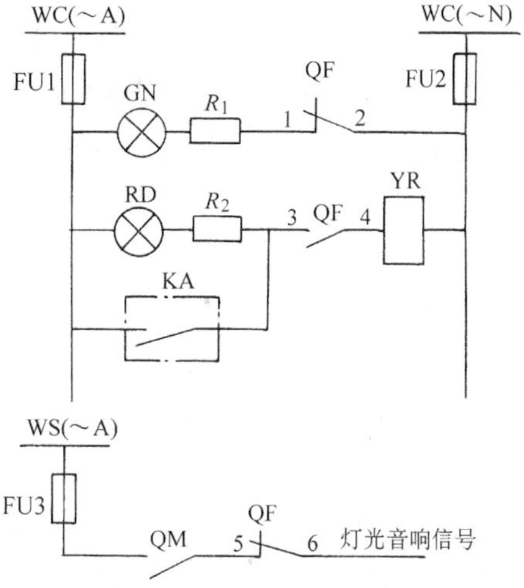

图 6-37 采用手力操动机构的断路器控制回路及其信号系统

WC—控制小母线 WS—信号小母线

FU1 ~ FU3—熔断器 GN—绿色信号灯

RD—红色信号灯 R_1、R_2—限流电阻

KA—继电保护装置出口继电器触点

QF1 ~ 6—断路器辅助触点

QM—手力操动机构辅助触点

分闸时，扳下操作手柄使断路器跳闸。断路器辅助触点 QF3 ~ 4 断开，红灯 RD 灭，并切除跳闸电源，同时辅助触点 QF1 ~ 2 闭合，绿灯 GN 亮，指示断路器在分闸位置。绿灯 GN 亮还表明控制回路的熔断器 FU1、FU2 是完好的，即绿灯 GN 也同时起着监视本回路完好性的作用。

在断路器正常操作分、合闸时，由于操动机构辅助触点 QM 与断路器辅助触点 QF5 ~ 6 总是同时切换的，因此事故信号回路总是不通，不会错误地发出事故信号。

当一次电路发生短路故障时，继电保护装置动作，其出口继电器 KA 闭合，接通跳闸线圈 YR 的回路（QF3 ~ 4 原已闭合），使断路器跳闸。随后 QF3 ~ 4 断开，使红灯 RD 灭，并切断跳闸电源，同时 QF1 ~ 2 闭合，使绿灯 GN 亮。这时操动机构的手柄虽然还在合闸位置，但跳闸指示牌掉下，表示断路器自动跳闸。同时事故跳闸信号回路接通，此事故信号回路是按不对应原理接线的。由于操作机构仍在合闸位置，其辅助触点 QM 闭合，而断路器实际已跳闸，其辅助触点 QF5 ~ 6 也闭合，因此事故信号回路接通，发出音响和灯光信号。在值班员得知事故信号后，可将操作手柄扳向分闸位置。这时，跳闸信号牌返回，事故信号也立即消除。

控制回路中的电阻 R_1、R_2 是限流电阻，用来防止红、绿指示灯的灯座短路造成断路器误跳闸，或引起控制回路短路。

三、采用电磁操动机构的断路器控制回路及其信号系统

如图 6-38 所示为采用电磁操动机构的断路器控制回路及其信号系统，其操作电源采用硅整流器带电容储能的直流系统。该控制回路采用双向自复式并具有保持触点的 LW5 型万能转换开关，其手柄正常时为垂直位置（0°）。顺时针扳转 45°，为合闸（ON）操作，手松开

即自动返回，但仍保持合闸状态。逆时针扳转45°，为分闸(OFF)操作，手松开也自动返回，但仍保持分闸状态。图中虚线上打黑点“·”的触点，表示在此位置时触点接通；在虚线上标出的箭头“→”，则表示控制开关手柄自动返回的方向。

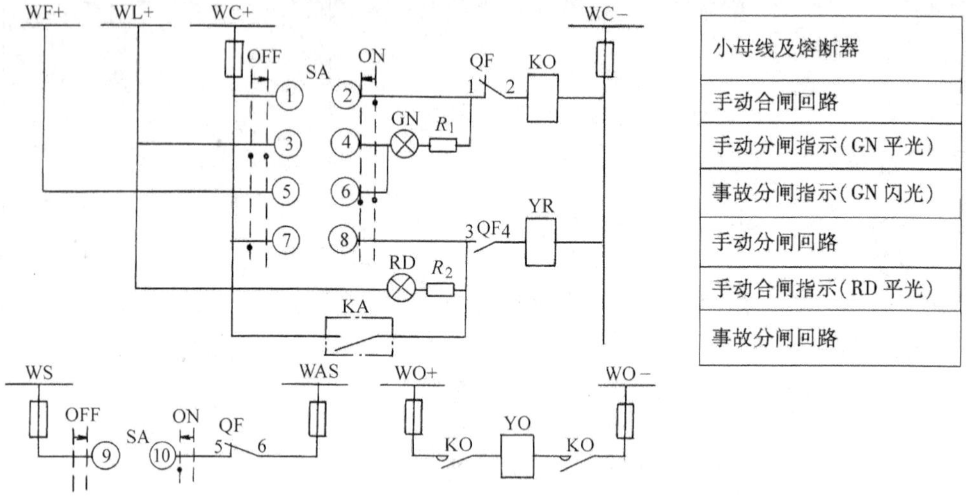

图6-38　采用电磁操动机构的断路器控制回路及其信号系统

WC—控制小母线　WL—灯光指示小母线　WF—闪光信号小母线　WS—信号小母线　WAS—事故信号小母线
WO—合闸小母线　SA—控制开关　KO—合闸接触器　YO—电磁合闸线圈　YR—跳闸线圈
KA—保护装置出口继电器触点　QF1～6—断路器辅助触点　GN—绿色信号灯
RD—红色信号灯　ON—合闸操作方向　OFF—分闸操作方向

合闸时，将控制开关SA手柄顺时针扳转45°，这时其触点1-2接通，合闸接触器KM通电(其中QF1～2原已闭合)，其主触点闭合，使电磁合闸线圈YO通电，断路器合闸。合闸完成后，控制开关SA自动返回，其触点1-2断开，断路器辅助触点QF1～2也断开，绿灯GN灭，并切断合闸电源；同时QF3～4闭合，红灯RD亮，指示断路器在合闸后位置，并监视跳闸回路的完好性。

分闸时，将控制开关SA手柄逆时针扳转45°，这时其触点7-8接通，跳闸线圈YR通电(其中QF3～4原已闭合)，使断路器跳闸。跳闸完成后，控制开关SA自动返回，其触点7-8断开，断路器辅助触点QF3～4也断开，红灯RD灭，并切断跳闸电源；同时SA的触点3-4闭合，QF1～2也闭合，绿灯GN亮，指示断路器在分闸后位置，并监视合闸回路的完好性。

由于红绿指示灯兼起监视分、合闸回路完好性的作用，长期投入工作，耗电较多，为了减少储能电容器能量的消耗并使电路安全可靠，因此这种回路设有灯光指示小母线WL+，专用来接入红绿指示灯。

当一次电路发生短路故障时，保护装置动作，其出口继电器触点KA闭合，接通跳闸线圈YR回路(其中QF3～4原已闭合)，使断路器跳闸。随后QF3～4断开，红灯RD灭，并切断跳闸电源；同时QF1～2闭合，SA在合闸后位置，其触点5-6也闭合，因而接通闪光电源WF+，使绿灯GN闪光，表示断路器已自动跳闸。由于SA仍在合闸后位置，其触点9-10闭合，而断路器已跳闸，其触点QF5～6也闭合，因此事故音响信号回路接通，发出事故跳闸的音响信号。值班人员得此信号后，可将控制开关SA的手柄扳向分闸位置(逆时针旋转45°后松开让它返回)，使SA的触点与QF的辅助触点恢复对应关系，全部事故信号立即解除。

四、采用弹簧操动机构的断路器控制回路及其信号系统

弹簧储能操动机构是一种比较新型的操动机构。它利用预先储能的合闸弹簧释放能量，使断路器合闸。合闸弹簧由电动机带动(也可手动储能)，多为交直流两用电动机，且功率很小(10kV 及以下断路器用的只有几百瓦)，弹簧操动机构的出现，为变电所采用交流电动操作创造了条件。

目前国内生产的弹簧储能操动机构品种很多，在工厂变配电所内采用较多的是 CT7 型和 CT8 型。

CT7 型操动机构的弹簧储能电动机采用单相交直流两用的串励电动机，额定功率为 369W。操动机构中可安装 1～4 只脱扣线圈，这种机构能满足交流操作的要求。

如图 6-39 所示为采用 CT7 型操动机构的断路器控制及其信号系统，控制开关可采用 LW5 型或 LW2 型。图中 GN、RD 分别为断路器分、合闸位置信号指示灯，并兼作监视熔断器及合、分闸回路的完好性之用。S_1 和 S_2 是储能电机的行程开关。在合闸弹簧储能完毕时，S_1 闭合，保证了在弹簧储能完毕时才能合闸，S_2 断开，使电动机在弹簧储能完毕后断电。储能电动机由按钮 SB 控制，这样控制回路就不需要设置电气防跳装置了。事故跳闸回路由控制开关的触点 SA9～10 与断路器辅助开关的常闭触点 QF5～6 构成不对应结线。

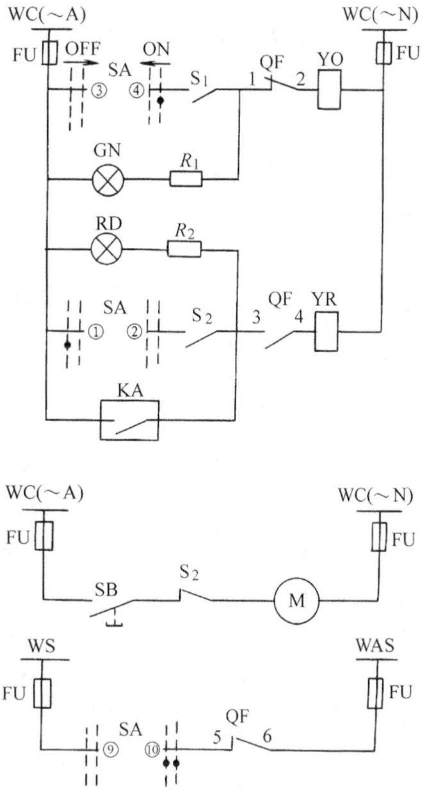

图 6-39 采用弹簧操动机构的断路器控制回路及其信号系统

WC—控制小母线 WS—信号小母线 WAS—事故信号小母线 SB—按钮 GN—绿色信号灯 RD—红色信号灯 YO—合闸电磁线圈 YR—跳闸线圈 QF1～6—断路器辅助触点 S_1、S_2—储能位置开关 M—储能电动机 FU—熔断器

合闸时，首先按下 SB，储能电动机 M 通电(S_2 原已闭合)，使合闸弹簧储能，储能完毕后，S_2 自动断开，切断电动机回路，同时 S_1 常开触点闭合，为合闸作好准备。

将控制开关 SA 的手柄扳向合闸位置(ON 方向)，这时其触点 3-4 接通，合闸线圈 YO 通电，弹簧释放，通过传动机构(如图 2-24 所示)，使断路器合闸。合闸后，断路器辅助触点 QF1～2 断开，绿灯 GN 灭，并切断合闸电源；同时 QF3～4 闭合，红灯 RD 亮，指示断路器在合闸位置，并监视跳闸回路的完好性。

分闸时，将控制开关 SA 的手柄扳向分闸位置(OFF 方向)，这时其触点 1-2 接通，跳闸线圈 YR 通电(其中 QF3～4 原已闭合)，使断路器跳闸。跳闸后，QF3～4 断开，红灯 RD 灭，并切断跳闸电源；同时 QF1～2 闭合，绿灯 GN 亮，指示断路器在分闸位置，并监视合闸回路的完好性。

当一次电路发生故障时，保护装置动作，继电器 KA 触点闭合，接通跳闸线圈 YR 回路(其中 QF3～4 原已闭合)，使断路器跳闸，随后 QF3～4 断开，使红灯 RD 灭，并切断跳闸

电源；同时，由于断路器是自动跳闸，SA 仍在合闸后位置，其触点 9-10 闭合，而断路器已跳闸，QF5 ~ 6 也闭合，因此事故音响回路接通，发出事故跳闸音响信号。值班人员得知此信号后，可将控制开关扳回跳闸位置，使 SA 触点与 QF 的触点恢复对应关系，解除事故跳闸信号。

读者阅读以上图 6-37、图 6-38 和图 6-39 时，可对应本节概述中对高压断路器的控制回路及其信号系统的 5 条主要要求，详细分析。

第六节　绝缘监察装置和测量仪表

一、绝缘监察装置

绝缘监察装置主要用来监视小接地电流系统相对地的绝缘状况。绝缘监察装置可采用三个单相电压互感器和三只电压表接成如图 2-45c 所示的电路，也可采用三个单相三线圈电压互感器或一个三相五芯柱三线圈电压互感器接成如图 2-45d 所示的电路。这类电压互感器二次侧有两组线圈，一组接成星形，在它的引出线上接三只电压表，系统正常运行时，反应各个相电压；在系统发生一相接地时，则对应相的电压表指零，而另两只电压表读数升高到线电压。另一组接成开口三角形（也称辅助二次绕组），构成零序电压过滤器，在开口处接一个过电压继电器。系统正常运行时，三相电压对称，开口三角形两端电压接近于零，继电器不动作，在系统发生一相接地时，接地相电压为零，另两个互差 120°的相电压叠加，则使开口处出现近 100V 的零序电压，使电压继电器动作，发出报警的灯光和音响信号。

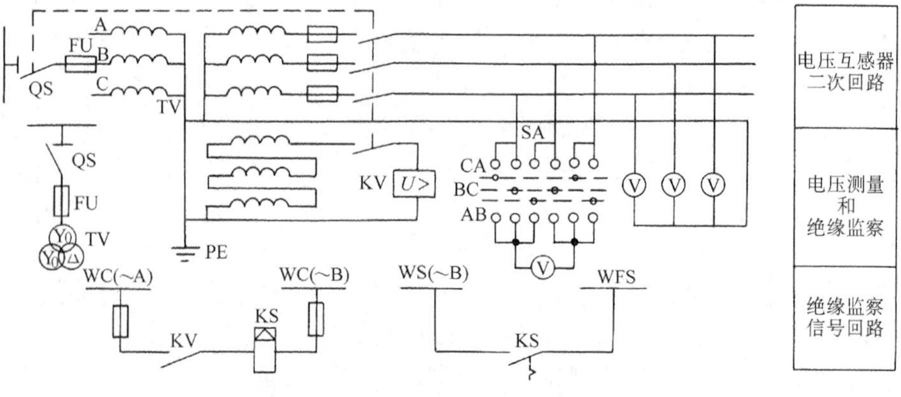

图 6-40　6 ~ 10kV 母线的绝缘监察装置及电压测量电路

TV—电压互感器（$Y_0/Y_0/\triangle$结线）　QS—高压隔离开关及辅助触点

SA—电压转换开关　KV—电压继电器　KS—信号继电器　WC—控制小母线

WS—信号小母线　WFS—预报信号小母线

如图 6-40 所示为装于 6 ~ 10kV 母线的绝缘监察装置及电压测量的原理电路。

上述绝缘监察装置能够监察小接地电流系统的对地绝缘，值班人员根据信号和电压表指示可以知道发生了接地故障且知道故障相别，但不能判别是哪一条线路发生了接地故障。如果高压线路较多时，采用这种绝缘监察装置还是不够的。这种装置只适用于线路数目不多，并且允许短时停电的供电系统中。

二、电气测量仪表*

电气测量仪表是保证变配电所电气设备安全经济运行的重要设备。通过它，值班人员可以监视各种电气设备的运行情况，了解运行参数(如电压、电流、功率等)，及时察觉各种异常现象。同时在电气设备发生事故的情况下，还可以测量和记录事故范围和事故性质等。此外，运行值班人员还可以通过各种记录仪表的指示数据，进行电力负荷的统计、积累技术资料和分析生产技术指标，以便指导运行工作。

为了监视一次设备的运行状况和计量一次系统消耗的电能，保证系统安全可靠和优质经济合理地运行，在工厂供电系统的变配电装置中必须装设一定数量的电工测量仪表。

电工仪表的类型很多，根据各种仪表的结构、特点以及在供电系统的配置和用途，通常分成电气指示仪表和电能计量仪表。各种仪表的配置、选择应当符合国家标准 GB/T 500063—2008《电力装置的电测量仪表装置设计规范》的规定。

1. 对电气指示仪表的要求

电气指示仪表，是指固定安装在变配电所仪表屏、控制屏或配电屏(柜)上的反映电力设备运行情况、监视系统绝缘状况以及在事故情况下测量和记录事故范围和事故性质的电工测量仪表。除了要求其测量范围和准确度能够满足变配电装置运行监测的要求外，应力求外形美观、便于观测、经久耐用。具体要求如下：

1）交流回路的仪表，其准确度不低于2.5级；直流回路的仪表，其准确度不低于1.5级。

2）1.5级和0.5级的仪表，应配用准确度不低于1.0级的互感器。

3）仪表的测量范围和电流互感器电流比的选择，宜满足电力装置回路以额定条件运行时，仪表的指示在标度尺的70%~100%处。对有可能过负荷运行的电力装置回路，仪表的测量范围，宜留有适当的过负荷裕度；对重载起动的电动机和运行中有可能出现短时冲击电流的电力装置回路，宜采用具有过负荷标度尺的电流表；对有可能双向运行的电力装置回路，应采用具有双向标度尺的仪表。

2. 对电能计量仪表的要求

电能计量仪表主要是指计费用有功电能表和用于技术分析用的有功、无功电能表，按照国家标准，应符合考核技术经济指标和按电价分类合理计费的要求。

1）月平均用电量在 1×10^6kW·h 及以上的电力用户的电能计量点，应采用0.5级的有功电能表；月平均用电量小于 1×10^6kW·h、容量在315kVA及以上的变压器高压侧计量的电力用户电能计量点，应采用1.0级有功电能表；容量在315kVA及以下变压器低压侧计量的电力用户电能计量点、75kW及以上的电动机以及仅作为内部技术经济考核而不计费的线路和电力装置回路，均采用2.0级有功电能表。

2）315kVA及以上的变压器高压侧计费的电力用户电能计费点和并联电力电容器组，应采用2.0级的无功电能表；在315kVA以下的变压器低压侧计费的电力用户电能计量点以及仅作内部技术经济考核而不计费的线路和电力装置回路，均采用3.0级无功电能表。

3）0.5级的有功电能表，应配用0.2级的互感器；1.0级的有功电能表、2.0级计费用的有功电能表及2.0级的无功电能表，应配用不低于0.5级的互感器；仅作为内部技术经济考核而不计费的有功和无功电能表，均宜配用1.0级的互感器。

3. 变配电装置中各部分仪表的配置

根据 GB/T 50063—2008《电力装置的电测量仪表装置设计规范》的规定，仪表配置要求如下：

1）在工厂的电源进线上，必须装设计费用的有功电能表和无功电能表，而且宜采用全国统一标准的电能计量柜，配用专用的互感器，连接计费用电能表的互感器，不得接用其他仪表和继电器。

2）每段母线上都必须装设电压表测量电压，并装设绝缘监察装置（对小电流接地系统），如图 6-40 所示。

3）降压变压器的两侧，均应装设电流表以了解负荷情况；低压侧如为三相四线制，应各相都装电流表。高压侧还应装设有功电能表和无功电能表。

4）6～10kV 高压配电线路，应装设一只电流表，了解其负荷情况。如需计量电能，还需装设有功电能表和无功电能表，如图 6-41 所示。

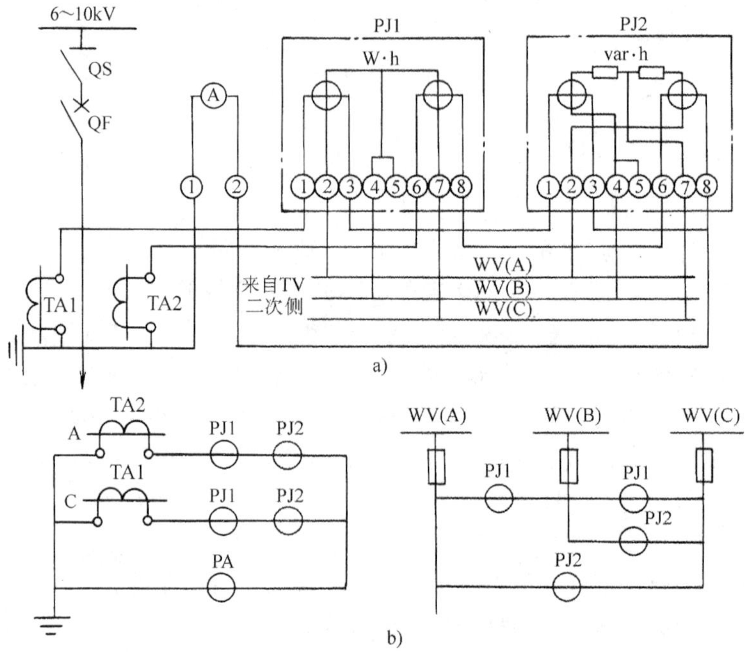

图 6-41　6～10kV 高压线路电工仪表原理电路

a）电路图　b）展开图

TA1、TA2—电流互感器　TV—电压互感器　PA—电流表　PJ1—三相有功电能表　PJ2—三相无功电能表

5）低压配电线路（三相四线制），一般应装设三只电流表或一只电流表加转换开关，以测量各相电流，特别是照明线路。如为三相负荷平衡的动力线路，可只装一只电流表。如需计量电能，一般应装设三相四线制有功电能表。对负荷平衡线路，可只装一只单相有功电能表，实际电能为其计度的 3 倍。

6）并联电力电容器电路，应装设三只电流表，以检查三相负荷是否平衡。如需计量无功电能，则需装设无功电能表。

第七节　工厂供电系统二次回路接线图

一、概述

接线图是用来表示成套装置或设备中各元件之间连接关系的一种图样。供电系统二次回路的接线图主要用于二次回路的安装接线、线路检查、线路维修等。在实际应用中，接线图通常需要与电路图、位置图一起使用。接线图有时也和接线表配合使用。

接线图的绘制，应遵照国家标准 GB/T 6988—1997《电气技术用文件的编制》的有关规定。

二、二次回路接线图的基本绘制方法

1. 二次接线图的特点

1）接线图上各二次设备的尺寸和位置，可以不严格按照比例，但应和实际安装位置相同。由于二次设备都安装在屏的正面而接线图都表示屏的后面，所以接线图又称屏的背视图。

2）接线图上的设备的外形都应与实际形状相符。对于复杂的二次设备（如继电器、功率表、电能表等），可画出其内部接线。简单设备（如电流表、电压表等）则不必画出，但必须画出接线柱及其编号。对背视图看得见的设备轮廓用实线表示，看不见的轮廓线用虚线表示。

2. 二次设备的表示方法

由于二次设备都是从属于一次设备或线路的，而其一次设备或线路又是从属于某一成套电气装置的，因此所有二次设备都必须按 GB 5094—1985《电气技术中的项目代号》的规定，在接线图上标明其项目、种类、代号。

项目是指电气技术文件中出现的各种实物，例如开关柜、控制盘、电动机等。

项目代号是用来识别项目种类及其层次关系和实际位置的一种代码。它可将不同技术文件上的项目与实际设备中的该项目对应起来以便查找。一个完整的项目代号包括四个代号段，每个代号段之前还有一个前缀符号作为代号段的特征标记，如表 6-2 所示。

表 6-2　项目代号的形式及符号

段　别	名　称	前缀符号	示　例
第一段	高层代号	=	= A4
第二段	位置代号	+	+ W5
第三段	种类代号	-	- P2
第四段	端子代号	:	:8

如图 6-41 所示高压测量回路的测量仪表，本身种类代号为 P。现有有功电能表、无功

电能表和电流表，因此它们的代号分别为 P1、P2、P3，或按 GB 7159—1987 规定分别标为 PJ1、PJ2 和 PA。而这些仪表又从属于某一线路，而线路的种类代号为 W。假设无功电能表 P2 是属于线路 W5 上使用的，则此项目种类代号应标为“+W5-P2”。假设这线路 W5 又是 4 号开关柜内的线路，而开关柜的种类代号规定为 A，这时无功电能表的项目种类全称为“=A4+W5-P2”。假设要找无功电能表的端子⑧，则其项目种类全称为“=A4+W5-P2:8”。可以看出，项目代号是以成套装置或设备连续分解为依据的，后面的代号段从属于前面的代号段。

按规定，电气图上的每一个图形符号旁都要标注项目代号。为了避免图面不必要的拥挤，在不致引起混淆的前提下，实际中标注项目代号时应尽量简化；代号段的前缀符号也可以省略；总之，以必须、够用为度。例如：为表明项目之间的层次和功能关系，可由第一段和第三段组成项目代号即可，如“=A4-P2”；如果图上所有项目都属于同一层次(同一设备)，则高层代号可在图样的空白处或标题栏内一次性标注；如为了表示某项目的实际位置，可用第二段和第三段组成项目代号即可，如“+W5-P2”；对于高压开关柜二次回路的接线图，由于柜内一般只有一条线路，因此这无功电度表的项目种类代号可以只标为“-P2”或“P2”即可；对其端子⑧，则可只标为“P2:8”。由上可见，第三段种类代号是项目代号的核心，当电路较简单时，一般可只用第三段作为项目代号。

3. 接线端子的表示方法

屏内的二次设备与屏外二次回路连接，同一屏上各安装单位之间的连接，必须通过端子排。端子排由专门的接线端子板组合而成。接线端子板分为普通端子、连接端子、试验端子和终端端子等形式。连接端子板有横向连接片，可与临近端子板相连，用来连接有分支的导线。

试验端子板用来在不断开二次回路的情况下，对仪表、继电器进行试验。如图 6-42 所示两个试验端子，将工作电流表 PA1 与电流互感器 TA 连接起来。当需要换下工作电流表 PA1 进行试验时，可用另一备用电流表 PA2 分别接在试验端子的接线端子的螺钉 2 和 7 上。如图中虚线所示。然后拧开螺钉 3 和 8，使工作电流表拆离，就可进行试验了。PA1 校验完毕后，再拧入螺钉 3 和 8，就接入 PA1 了。最后拆下备用电流表 PA2，整个电路又恢复原状运行。在以上整个过程中，电流互感器的二次侧都没有出现开路的情况。

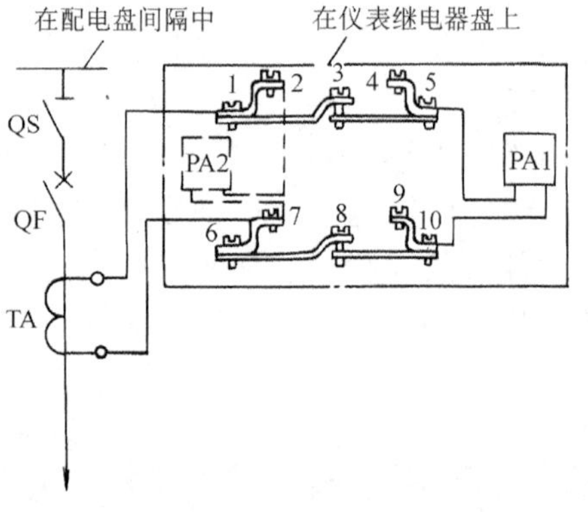

图 6-42　试验端子的结构及其应用

终端端子板是用来固定或分隔不同安装项目的端子排。

在接线图中，端子排中各种形式端子板的符号标志如图 6-43 所示，端子板的文字代号为 X，端子的前缀符号为“:”。

4. 连接导线的表示方法

接线图中端子之间的导线连接有两种表示方法。

1）连续线表示法——端子之间的连接导线用连续线表示，如图 6-44a 所示。

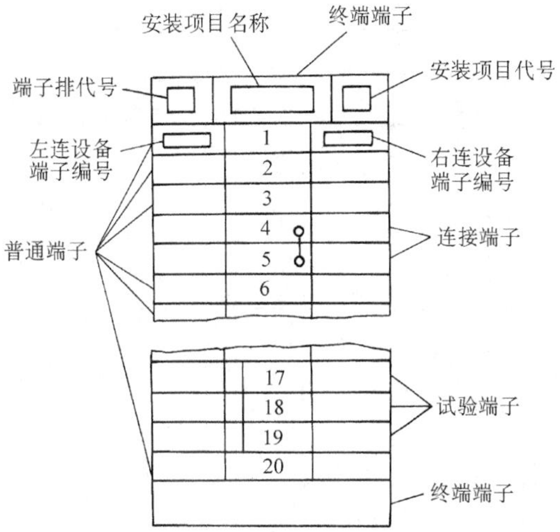

图 6-43　端子排标志图例

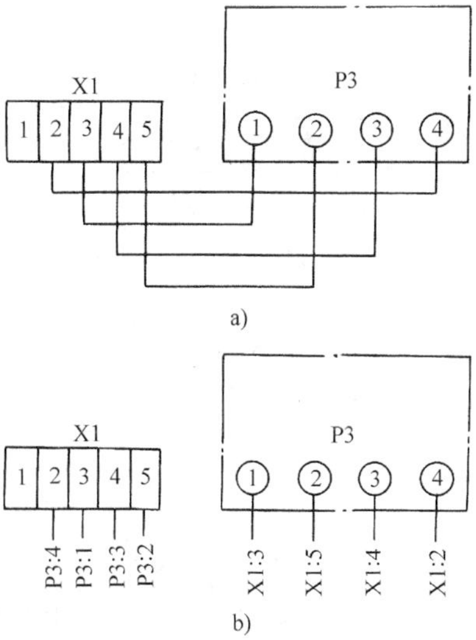

图 6-44　连接导线的表示方法

a）连续线表示法　b）中断线表示法

2）中断线表示法——端子之间的连接不连线条，而只在需相连的两端子处标注对面端子的代号，即表示两端子之间需相互连接，故又称对面标号法或相对标号法，如图 6-44b 所示。

在接线图上屏内设备之间及设备与互感器或小母线之间的导线连接，如果用连续线来表示，当连线比较多时就会使接线图相当复杂，不易辨认。所以目前二次接线图中导线连接方法较多采用对面标号法。

三、二次回路接线图示例

如图 6-46 所示是中断线表示法来表示连接导线的一条高压配电线路二次回路接线图。图 6-45 是对应它的二次展开图，读者可仔细对照阅读以上两图，并从中学习由展开图作出接线图的方法，特别注意端子排的作法。读者宜反复练习，以期熟能生巧。

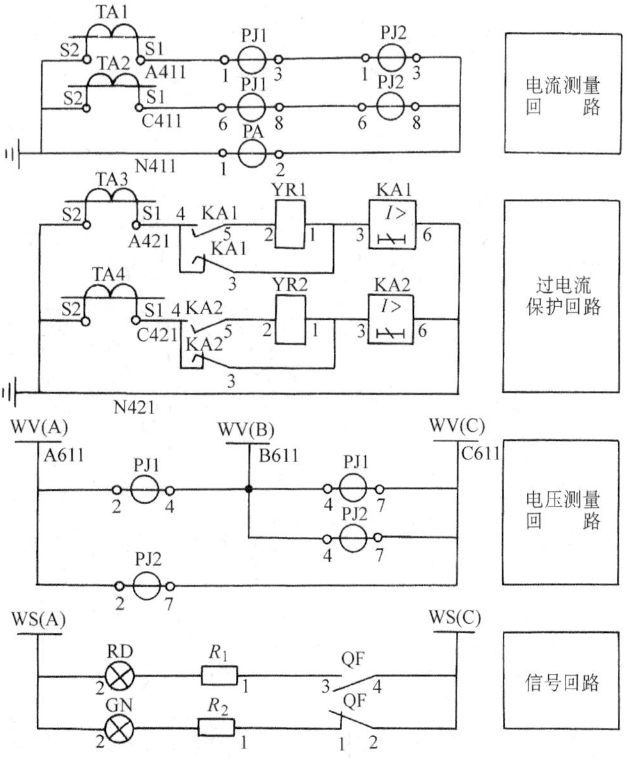

图 6-45　高压配电线路二次回路展开式原理电路图

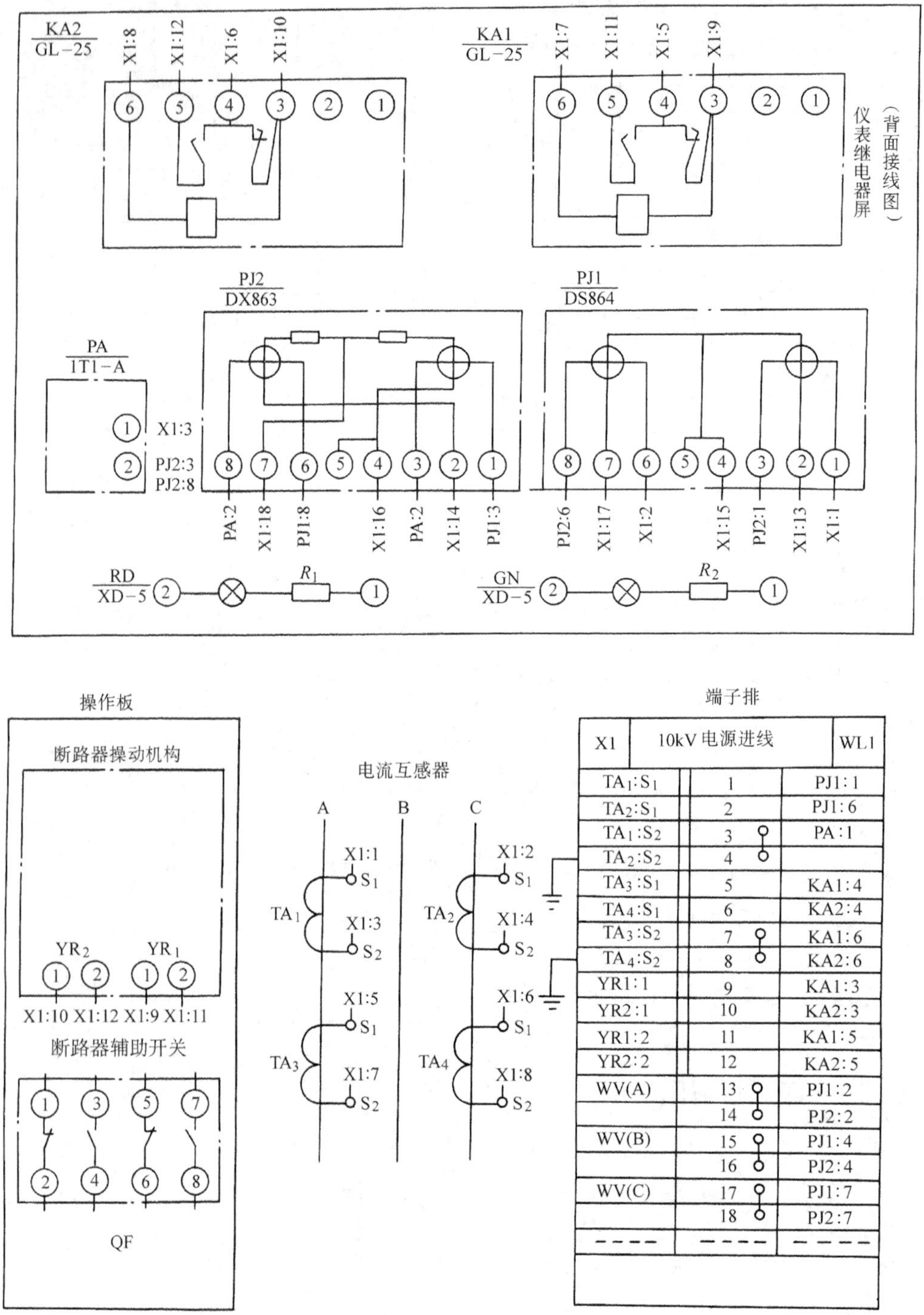

图 6-46 高压配电线路二次回路接线图

思考题

6-1　对继电保护装置有哪些基本要求？什么叫做选择性动作？什么叫灵敏性和灵敏系数？

6-2　电磁式电流继电器、时间继电器、信号继电器和中间继电器各在保护装置中起什么作用？分别采用什么文字符号和图形符号？

6-3　什么叫继电器的动作电流、返回电流和返回系数？返回系数的大小表征继电器的什么性能？

6-4　感应式电流继电器由哪两部分元件组成？各有何动作特性？

6-5　感应式电流继电器的动作电流如何调节？动作时间如何调节？速断电流如何调节？什么叫10倍动作电流动作时间？什么叫速断电流倍数？

6-6　什么叫保护装置的结线系数？三相短路时，两相两继电器式(两相电流差)结线的结线系数为多少？两相一继电器式结线的结线系数又为多少？试画出相量图来说明。

6-7　如图6-47a、b所示的两相一继电器式结线和两相两继电器式结线，能否用于相间短路保护？

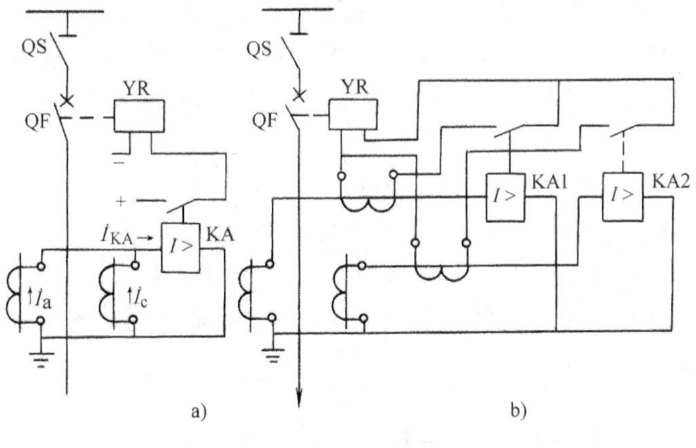

图6-47　思考题6-7的过电流保护电路图

a）两相一继电器电路　b）两相两继电器电路

6-8　如图6-17所示的利用电流继电器常闭触点去分流跳闸的过电流保护线路结线方案有何不妥之处？为什么在实际应用中采用如图6-20所示的结线方案？

6-9　带时限过电流保护的动作时间如何整定？时间级差考虑了哪些因素？

6-10　带时限过电流保护的动作电流如何整定？为什么要求继电器的动作电流和返回电流均应躲过线路的最大负荷电流？

6-11　什么叫低电压闭锁的过电流保护？在什么情况下采用？

6-12　电流速断保护的动作电流如何整定？电流速断保护为什么会出现死区？如何弥补？

6-13　采用零序电流互感器作单相接地保护时，电缆头的接地线为什么一定要穿过零序电流互感器的铁心后接地？绝缘监察装置与单相接地零序过电流保护装置两者各有哪些特点？分别适用于什么情况？

6-14　电力变压器通常应设哪些保护？

6-15　对变压器低压侧单相短路进行保护有哪些方法？

6-16　如图6-36所示变压器气体保护线路中的中间继电器有哪些作用？

6-17　对高压断路器的控制回路和信号系统有哪些主要要求？什么叫事故信号的不对应原理？在什么情况下发出事故跳闸信号？又在什么情况下发出自动合闸信号？试举例说明。

6-18　中小型变电所中的高压断路器通常采用哪些操动方式？试举例说明。

6-19　变配电所中通常对指示仪表和电能测量仪表各有哪些要求？对准确度又各有哪些要求？

6-20　什么叫做二次回路接线图？如何用相对标号法表示连接导线？

习题

6-1　某高压线路，采用两相两继电器式结线的去分流跳闸原理的反时限过电流保护装置，电流互感器的电流比为250/5，线路最大负荷电流（含尖峰电流）为220A，首端三相短路电流有效值为5.1kA，末端三相短路电流有效值为1.9kA。试整定计算其采用GL—15型电流继电器的动作电流和速断电流倍数，并检验其过电流保护和速断保护的灵敏度。

6-2　现有前后两级反时限过电流保护，均采用GL—25型过电流继电器，前一级按两相两继电器结线，后一级按两相一继电器结线，后一级过电流保护动作时间（10倍动作电流）已整定为0.5s，动作电流为8A，前一级继电器的动作电流已整定为4A，前一级电流互感器的电流比为300/5，后一级电流互感器的电流比为200/5。后一级线路首端的三相短路电流有效值为1kA。试整定前一级继电器的动作时间。

6-3　某10/0.4kV，630kVA配电变压器的高压侧，拟装设GL—15型电流继电器组成的两相一继电器式反时限过电流保护，已知变压器高压侧短路电流 $I_{k-1}^{(3)}=1.7\text{kA}$，低压侧短路电流 $I_{k-2}^{(3)}=13\text{kA}$，高压侧电流互感器电流比为200/5，试整定此继电器的动作电流、速断电

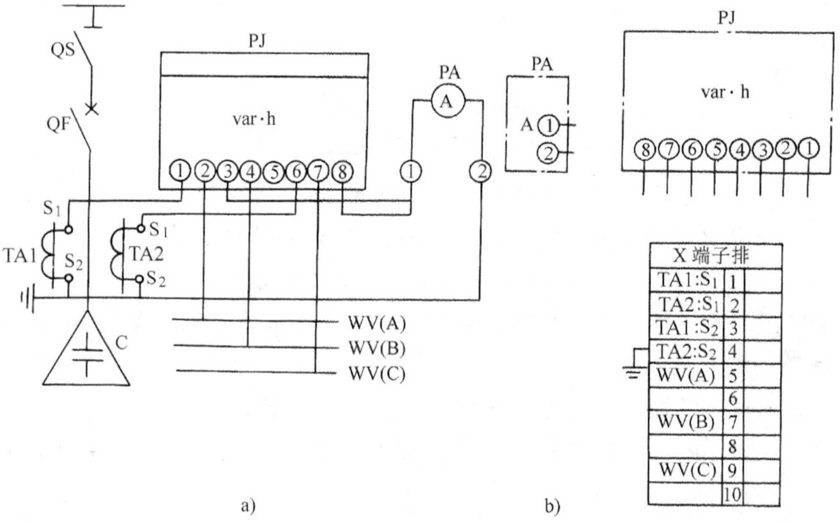

图6-48　习题6-4的原理电路和接线图

a）原理电路图　b）接线图（待标注）

流倍数及动作时间，并检验其灵敏度(变压器的最大负荷电流建议取为变压器额定一次电流的2倍)。

6-4 某供电给高压电容器组的线路上，装有一只三相无功电度表和一只电流表，如图6-48a所示，试用相对标号法(对面标号法)对如图6-48b所示的有关端子进行标注。

第七章　防雷、接地及电气安全

本章首先介绍过电压和雷电的有关概念，然后讲述供电系统常用的防雷设备和防雷措施，接着介绍接地的有关概念，然后讲述接地装置的装设及其设计计算、最后概述电气安全的有关知识。本章各节内容的实质都是安全问题。

第一节　过电压与防雷

一、过电压和雷电的有关概念

1. 过电压的形式

过电压是指在电气设备或线路上出现的超过正常工作要求并威胁其电气绝缘的电压。过电压按其发生的原因可分为两大类，即内部过电压和外部过电压(主要指雷电过电压)。

(1) 内部过电压　内部过电压是由于电力系统内部电磁能量的转化或传递所引起的电压升高。

内部过电压又分为操作过电压和谐振过电压等形式。操作过电压是由于系统中的开关操作、负荷骤变或由于故障出现断续性电弧而引起的过电压；谐振过电压是由于系统中的电路参数(R、L、C)在特定组合时发生谐振而引起的过电压。内部过电压的能量来源于电网本身。

运行经验证明，内部过电压一般不会超过系统正常运行时额定电压的 3 ~4 倍。内部过电压的问题一般可以依靠绝缘配合而得到解决。

(2) 外部过电压　外部过电压主要指雷电过电压，雷电过电压又称为大气过电压，是由于电力系统内的设备或构筑物遭受直接雷击或雷电感应而产生的过电压。由于引起这种过电压的能量来源于外界，故又称为外部过电压。雷电过电压产生的雷电冲击波，其电压幅值可高达 10^8V，其电流幅值可高达几十至几百千安，对电力系统危害极大，必须采取有效措施予以防护。

雷电过电压的基本形式有三种：

1) 直击雷过电压(直击雷)。雷电直接击中电气设备、线路或建筑物，强大的雷电流通过该物体泄入大地，在该物体上产生较高的电位降，称为直击雷过电压。雷电流通过被击物体时，将产生有破坏作用的热效应和力效应，相伴的还有电磁效应和对附近物体的闪络放电(称为雷电反击或二次雷击)。

2) 感应过电压(雷电感应)。当雷云在架空线路或其他物体上方时，由于雷云先导的作用，使架空线路上感应出与先导通道符号相反的电荷。雷云放电时，先导通道中的电荷迅速中和，架空线路上的电荷被释放，形成自由电荷流向线路两端，产生很高的过电压(高压线路可达几十万伏,低压线路可达几万伏)，如图 7-1 所示。

3) 雷电波侵入。由于直击雷或感应雷而产生的高电位雷电波，沿架空线路或金属管道侵入变配电所或用户而造成危害。据统计，供电系统中由于雷电波侵入而造成的雷害事故，在整个雷害事故中占 50% 以上。因此，对其防护问题应予以足够的重视。

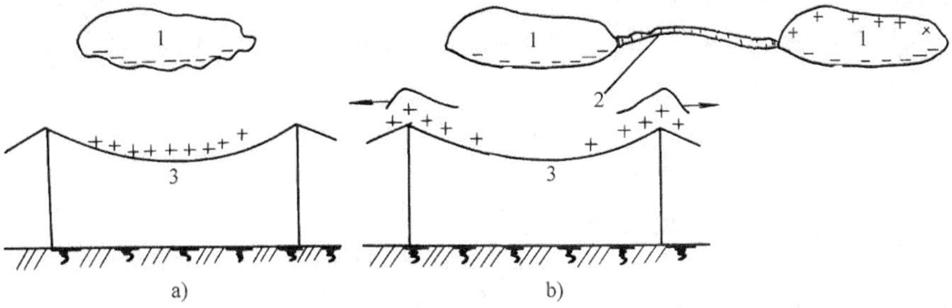

图 7-1　架空线路上的感应过电压

a）雷云在线路上方时，线路上感生束缚电荷　b）雷云放电后，自由电荷在线路上形成过电压波

1—雷云　2—放电通道　3—架空线路

2. 雷电的有关概念

雷电是一门古老的学科。人类对雷电的研究已有数百年的历史，然而有关雷电的一些问题至今尚未能得到圆满的解决。

雷电的发展过程可以分为气流上升、电荷分离和放电三个阶段。典型的云对地负极性雷击的发展过程如图 7-2 所示。

大气的流动形成了雷云。据测试，对地放电的雷云大多为负雷云，随着负雷云中负电荷的积累，其电场强度逐渐增加。当达到一定程度时即开始向下方梯级式跳跃放电，称为下行先导放电。当这个下行先导逐渐接近地面物体并达到一定距离时，地面物体在强电场作用下产生尖端放电，形成上行先导，并朝着下行先导方向发展，两者会合即形成雷电通道，并随之开始主放电，接着是多次余辉放电，天空中“金蛇狂舞”，出现蜿蜒曲折、枝杈纵横的巨大电弧，形成常见的云对地线状雷电。这种负极性下行先导雷击约占全部对地雷击的 85% 左右。此外，还有正极性下行先导雷击、负极性上行先导雷击、正极性上行先导雷击等。

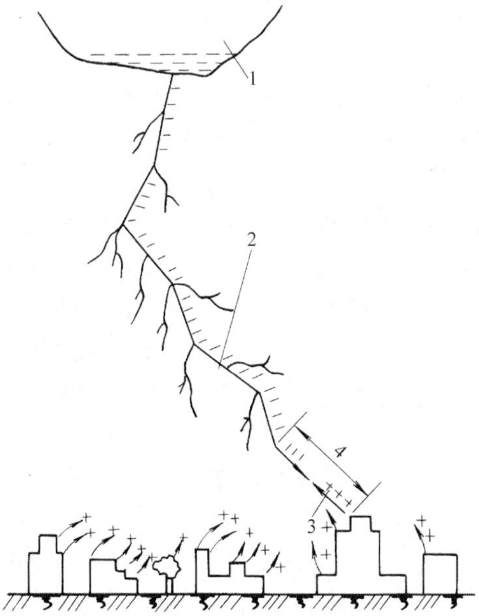

图 7-2　负极性下行先导雷击发展示意图

1—雷云　2—下行先导　3—上行先导　4—闪击距离

一般认为，当雷电先导从雷云向下发展时，它的梯级式跳跃只受到周围大气的影响，没有一定的方向和袭击目标。但其最后一个梯级式跳跃则不同，必须在这个最后阶段选定被击对象。此时地面上可能有不止一个物体在雷云电场的作用下产生上行先导，并趋向与下行先导会合。在被保护建筑物上安装接闪器就是让它产生一个最强的上行先导与下行先导会合。这个最后一次梯级式跳跃的距离，即下行先导在选定被击点时其端部与被击点之间的距离，称

为闪击距离，简称击距。也就是说，雷电先导的发展方向起初是不确定的，直到先导头部电场强度足以击穿它与地面目标间的间隙时，亦即先导与地面目标的距离等于闪击距离时，才受到地面影响而开始定位。根据观测与分析，闪击距离是一个变化的数值，它与雷电流幅值有关；幅值大，相应的闪击距离也大，本书将要介绍的滚球法就是以上述雷击原理为基础的。下面首先介绍雷电的有关名词概念。

（1）雷电流的幅值和陡度　雷电流幅值 I_m 的变化范围很大，一般为数十至数百千安，雷电流幅值一般在第一次闪击时出现。

雷电流的幅值和极性可用磁钢记录器测量。

典型的雷电流波形如图 7-3 所示。雷电流一般在 1 ~4μs 内增长到幅值 I_m。雷电流在幅值以前的一段波形称为波前；从幅值起到雷电流衰减至 $I_m/2$ 的一段波形称为波尾。雷电流的陡度用雷电流波前部分增长的速率来表示，即 $\alpha = di/dt$。雷电流的陡度可用电花仪组成的陡度仪测量。据测定 α 可达 50kA/μs。雷电流是一个幅值很大、陡度很高的冲击波电流。

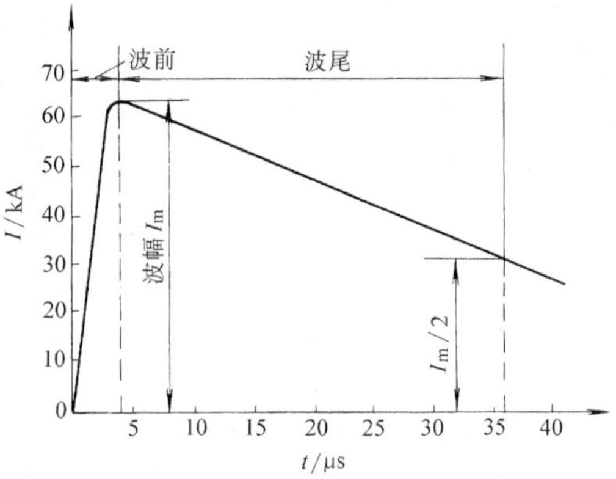

图 7-3　典型的雷电流波形

（2）年平均雷暴日数 T_d　雷电的大小与多少和气象条件有关。为了统计雷电的活动频繁程度，一般采用雷暴日为单位。在一天内只要听到雷声或者看到雷闪就算一个雷暴日。由当地气象台站统计的多年雷暴日的年平均值，称为年平均雷暴日数。按照 GB 50343—2012《建筑物电子信息系统防雷技术规范》规定，此值为 25 天及以下的地区称少雷区；此值大于 25 天而不超过 40 天的地区称中雷区；此值大于 40 天而不超过 90 天的地区称多雷区；此值超过 90 天的地区称强雷区。也有用雷暴小时作单位的，即在 1h 内只要听到雷声或看到雷闪就算一个雷暴小时。我国大部分地区一个雷暴日约折合为 3 个雷暴小时。我国年平均雷暴日数最大的海南省儋州市高达 121 日/年，而最小的青海省格尔木市仅为 2.3 日/年。

（3）年预计雷击次数　这是表征建筑物可能遭受的雷击频率的一个参数。按 GB 50057—2010《建筑物防雷设计规范》附录 A 规定，用式(7-1)计算

$$N = 0.1KT_dA_e \tag{7-1}$$

式中　N——建筑物的年预计雷击次数(次/年)；

T_d——年平均雷暴日数；

A_e——与建筑物截收相同雷击次数的等效面积(km^2)，按 GB 50057—2010《建筑物防雷设计规范》附录 A 规定的方法确定；

K——校正系数，亦详见 GB 50057—2010《建筑物防雷设计规范》附录 A，此略。

二、防雷装置

防雷装置是指接闪器、引下线、接地装置、电涌保护器(Surge protective device, SPD)及其他连接导体的总合。

国际电工委员会标准 IEC 1024—1 文件将建筑物的防雷装置分为两大类——外部防雷装

置和内部防雷装置。外部防雷装置由接闪器、引下线和接地装置组成，即传统的防雷装置。内部防雷装置主要用来减小建筑物内部的雷电流及其电磁效应，例如采用电磁屏蔽、等电位联结和装设电涌保护器等措施，用以防止雷击电磁脉冲(Lightning electromagnetic impulse，LEMP)可能造成的危害。GB 50057—1994《建筑物防雷设计规范》为此特别增加了第六章防雷击电磁脉冲，并已自 2000 年 10 月 1 日起施行。该章着重介绍了信息系统(Information system)防雷击电磁脉冲的问题，这里的信息系统泛指计算机、通信设备、控制装置等电子装置。对建筑物的防雷设计必须将外部防雷装置和内部防雷装置作为整体统一考虑。首先，外部防雷装置应将绝大部分雷电流安全引入地下并泄散；其次，应有效地阻塞沿电源线或信号线引入的过电压波，并限制被保护设备上的浪涌过电压的幅值。以上措施应相互配合，共同实现有效防雷。而最新的《建筑物防雷设计规范》GB 50057—2010 已于 2011 年 10 月 1 日起实施。限于篇幅，下面主要介绍传统的外部防雷装置。

1. 接闪器

接闪器就是专门用来接受雷闪的金属物体。接闪的金属杆，以前称为避雷针，按最新规范应称为接闪杆。接闪的金属线，称为接闪线或架空地线；接闪的金属带、金属网，称为接闪带、接闪网。特殊情况下也可直接用符合一定要求的金属屋面和金属构件作为接闪器。所有接闪器都必须经过引下线与接地装置相联。

(1) 接闪杆(避雷针)　接闪杆一般用镀锌圆钢或镀锌焊接钢管等制成，通常安装在构架、支柱或建筑物上，其下端经引下线与接地装置焊接。

如上所述，接闪杆的功能实质上是引雷。由于接闪杆高出被保护物，又和大地直接相连，当雷云先导接近时，它与雷云之间的电场强度最大，因而可将雷云放电的通路吸引到接闪杆本身，并经引下线和接地装置将雷电流安全地泄放到大地中去，使被保护物体免受直接雷击。所以，接闪杆实质上是引雷针，它把雷电波引入地下，从而保护了附近的线路、设备及建筑物等。

接闪杆(避雷针)的保护范围，以其能防护直击雷的空间来表示，这是人们根据雷电理论、模拟试验和雷击事故统计等三种研究结果进行分析而规定的。

我国过去的防雷设计规范或过电压保护规程，对接闪杆或接闪线的保护范围曾经是按折线法来确定的，而新制订的国家标准 GB 50057—2010《建筑物防雷设计规范》则参照国际电工委员会(IEC)标准规定采用滚球法来确定。

所谓滚球法，就是选择一个半径为 h_r(滚球半径)的球体，沿需要防护直击雷的部位滚动；如果球体只触及接闪器或者接闪器和地面，而不触及需要保护的部位时，则该部位就在这个接闪器的保护范围之内。

采用滚球法来计算保护范围的原理是以闪击距离为依据的。滚球半径 h_r 就相当于闪击距离。滚球半径较小，相当于模拟雷电流幅值较小的雷击，保护概率就较高。滚球半径是按建筑物的防雷类别确定的。

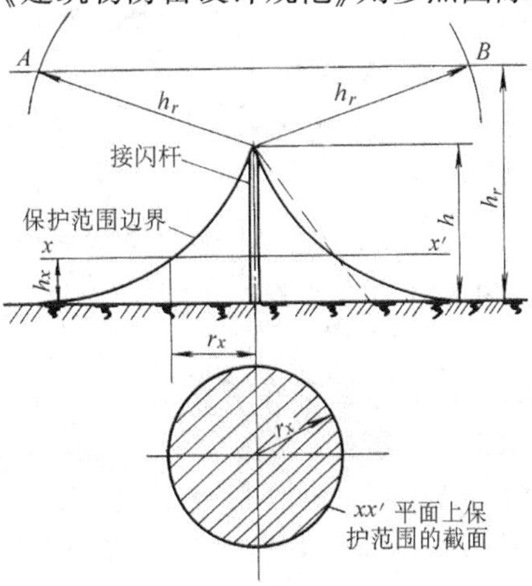

图 7-4　单支接闪杆的保护范围

单支接闪杆的保护范围，如图 7-4 所示，按 GB 50057—2010《建筑物防雷设计规范》规定，应按下列方法确定：

1）当接闪杆高度 $h \leqslant h_r$ 时

① 距地面 h_r 处作一平行于地面的平行线。

② 以接闪杆的针尖为圆心，h_r 为半径，作弧线交平行线于 A、B 两点。

③ 以 A、B 为圆心，h_r 为半径作弧线，该弧线与针尖相交，并与地面相切。由此弧线起到地面止的整个锥形空间就是接闪杆的保护范围。

④ 接闪杆在被保护物高度 h_x 的 xx' 平面上的保护半径 r_x 按下式计算：

$$r_x = \sqrt{h(2h_r - h)} - \sqrt{h_x(2h_r - h_x)} \tag{7-2}$$

式中　h_r——滚球半径，按表 7-1 确定。

表 7-1　按建筑物的防雷类别布置接闪器及其滚球半径

建筑物的防雷类别	接闪网尺寸(不大于)	滚球半径/m
第一类防雷建筑物	5m×5m 或 6m×4m	30
第二类防雷建筑物	10m×10m 或 12m×8m	45
第三类防雷建筑物	20m×20m 或 24m×16m	60

注：建筑物防雷类别的划分将在后面介绍。布置接闪器时，可单独或任意组合采用滚球法、接闪网。

2）当接闪杆高度 $h > h_r$ 时　在接闪杆上取高度 h_r 的一点代替接闪杆的针尖作为圆心。其余的作法如同上述 $h \leqslant h_r$ 时。

关于两支及多支接闪杆的保护范围，可参看 GB 50057—2010《建筑物防雷设计规范》或有关设计手册，此略。

例 7-1　某厂一座 30m 高的水塔旁边，建有一水泵房(属第三类防雷建筑物)，尺寸如图 7-5 所示。水塔上面装有一支高 2m 的接闪杆。试问此接闪杆能否保护这一水泵房。

解　查表 7-1 知滚球半径 $h_r = 60\text{m}$，而 $h = 30\text{m} + 2\text{m} = 32\text{m}$，$h_x = 8\text{m}$，因此由式(7-2)得保护半径

$$r_x = \sqrt{32 \times (2 \times 60 - 32)}\text{m} - \sqrt{8 \times (2 \times 60 - 8)}\text{m} = 23.13\text{m}$$

现水泵房在 $h_x = 8\text{m}$ 高度上最远一角距离接闪杆的水平距离为

$$r = \sqrt{(12 + 6)^2 + 5^2}\text{m} = 18.7\text{m} < r_x$$

可见水塔上的接闪杆完全能保护这一水泵房。

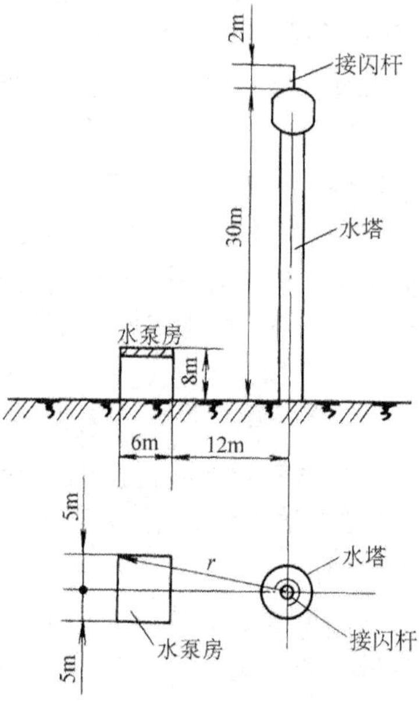

图 7-5　例 7-1 所示接闪杆的保护范围

(2) 接闪线(避雷线)　接闪线架设在架空线路的上边，用以保护架空线路或其他物体(包括建筑物)免遭直接雷击。由于接闪线既架空又接地，因此它又称为架空地线。接闪线的原理和功能与接闪杆基本相同。

单根接闪线的保护范围，按 GB 50057—2010 规定：当接闪线高度 $h \geqslant 2h_r$ 时，无保护范围。当接闪线高度 $h < 2h_r$ 时，如图 7-6 所示，应按下列方法确定保护范围：

1）距地面 h_r 处作一平行于地面的平行线。

2）以接闪线为圆心，h_r 为半径，作弧线交上述平行线于 A、B 两点。

3）以 A、B 为圆心，h_r 为半径作弧线，这两条弧线相交或相切，并与地面相切。由此弧线起到地面止的整个空间就是接闪线的保护范围。

4）当 $2h_r > h > h_r$ 时，保护范围最高点的高度 h_0 按下式计算：

$$h_0 = 2h_r - h \quad (7\text{-}3)$$

式中　h_r——滚球半径，亦按表 7-1 确定。

5）接闪线在被保护物高度 h_x 的 xx' 平面上的保护宽度 b_x 可按下式计算：

$$b_x = \sqrt{h(2h_r - h)} - \sqrt{h_x(2h_r - h_x)} \quad (7\text{-}4)$$

6）接闪线两端的保护范围，按单支接闪杆的方法确定。

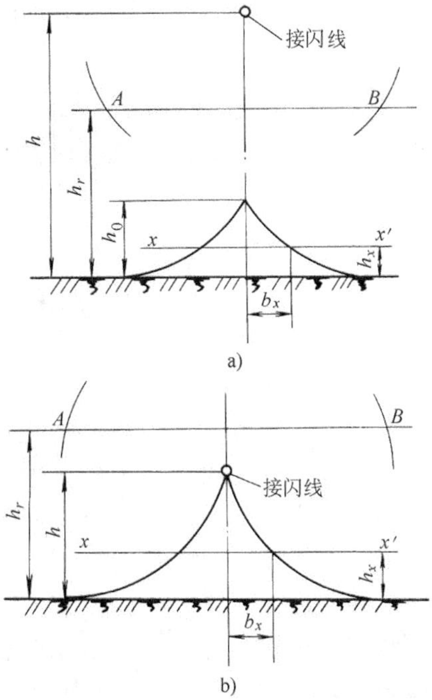

图 7-6　单根接闪线的保护范围

a）当 $2h_r > h > h_r$ 时　b）当 $h \leqslant r$ 时

关于两根平行接闪线的保护范围，可参看 GB 50057—2010《建筑物防雷设计规范》或有关设计手册。

（3）接闪带（接闪带）和接闪网（避雷网）　接闪带和接闪网普遍用来保护较高的建筑物免受雷击。接闪带一般沿屋顶周围装设，高出屋面 100 ~ 150mm，支持卡间距离1 ~ 1.5m。装在烟囱、水塔顶部的环状接闪带一般又叫接闪环。接闪网除沿屋顶周围装设外，需要时屋顶上面还用圆钢或扁钢纵横连接成网。接闪带、网必须经引下线与接地装置可靠地连接。用网格形导体以一定的网格宽度和一定的引下线间距盖住需要防雷的空间，这种方法通常被称为法拉第保护型式。

常用接闪器的安装部位和材料规格如附录表A-17 所示。

2. 避雷器

避雷器是一种过电压保护设备，用来防止雷电所产生的大气过电压沿架空线路侵入变电所或其他建筑物内，以免危及被保护设备的绝缘。接闪器也可用来限制内过电压。接闪器与被保护设备并联且位于电源侧，其放电电压低于被保护设备的绝缘耐压值。如图 7-7 所示，沿线路侵入的过电压，将首先使接闪器击穿并对地放电，从而保护其后面的设备。

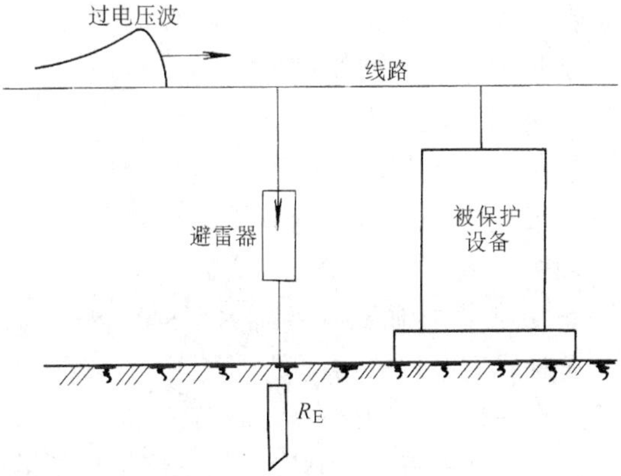

图 7-7　接闪器的联结

避雷器的型式，主要有阀式和排气式等。

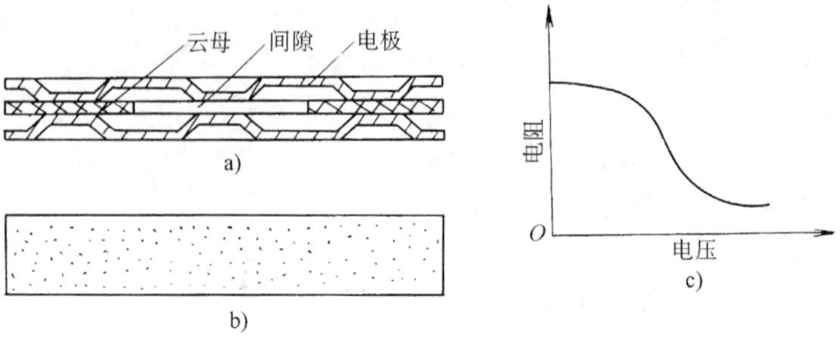

图 7-8　阀式避雷器的组成部件及特性

a）单元火花间隙　b）阀片　c）阀片电阻的伏安特性曲线

（1）阀式避雷器　阀式避雷器由火花间隙和阀片串联组成，装在密封的瓷套管内。火花间隙由铜片冲制而成，每对间隙用厚 0.5～1mm 的云母垫圈隔开，如图 7-8a 所示。正常情况下，火花间隙可阻止线路上的工频电流通过；但在雷电过电压作用下，火花间隙被击穿放电。阀片是用陶料粘固起来的电工用金钢砂(碳化硅)颗粒组成的，如图7-8b 所示。这种阀片具有非线性特性，正常电压时，阀片电阻很大，过电压时，阀片电阻变得很小，如图 7-8c 所示，因此，当线路上出现过电压时，火花间隙被击穿，阀片能使雷电流顺畅地向大地泄放。而当过电压消失后，线路上恢复工频电压时，阀片则呈现很大的电阻，使火花间隙绝缘迅速恢复而切断工频续流，从而保证线路恢复正常运行。必须注意：雷电流流过阀片电阻时要形成电压降，这就是残余的过电压，称为残压。残压要加在被保护设备上，因此残压不能超过设备绝缘允许的耐压值，否则设备绝缘仍可能被击穿。

阀式避雷器中火花间隙和阀片的多少，是与工作电压高低成比例的，高压阀式接闪器串联很多单元火花间隙，是利用长弧切短灭弧法来灭弧，当然阀片电阻的限流作用也是加速灭弧的重要原因。如图 7-9a、b 所示分别是我国生产的 FS4-10 型高压阀式避雷器和 FS-0.38 型低压阀式避雷器的结构图。

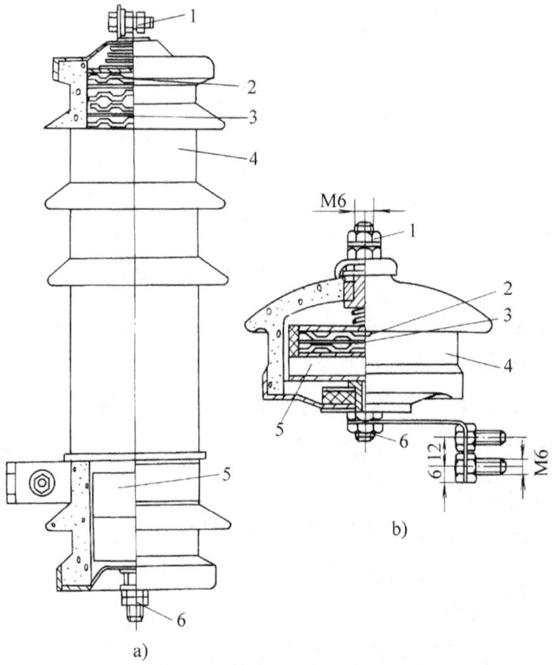

图 7-9　高、低压阀式避雷器结构图

a）FS4-10 型　b）FS-0.38 型

1—上接线端　2—火花间隙　3—云母垫圈　4—瓷套管　5—阀片　6—下接线端

还有一种磁吹阀式避雷器(FCD 型)，内部附有磁吹装置来加速火花间隙中电弧的熄灭，从而具有较低的残压。它专门用来保护重要的或绝缘较为薄弱的设备，例如高压电动机等。

（2）排气式避雷器　排气式避雷器亦称管型接闪器，它由产气管、内部间隙和外部间隙等三部分组成，如图 7-10 所示。产气管由纤维、有机玻璃或塑料制成，它们在电弧高温的作用下能产生大量气体用于加速灭弧。

当线路发生过电压时，外部间隙和内部间隙都被击穿，将雷电流泄入大地。随之而来的工频续流也在管内产生电弧，使产气管内产生高压气体并从环形管口喷出，强烈吹弧，在电流第一次过零时，电弧即可熄灭。这时外部间隙的空气恢复了绝缘，使避雷器与电力系统隔离，恢复正常运行。

排气式避雷器具有残压小，且简单经济的突出优点，但动作时有气体吹出，因此一般只用于户外线路。变配电所内则一般采用阀式避雷器。

（3）保护间隙　保护间隙又称角式避雷器，其结构如图 7-11 所示。它简单经济，维护方便，但保护性能差，灭弧能力小，且容易造成接地或短路故障。因此对于装有保护间隙的线路，一般要求装设 ARD（自动重合闸装置）与之配合，以提高供电可靠性。保护间隙是一种最简单的过电压保护设备。排气式避雷器实质上就是具有较高灭弧能力的保护间隙。

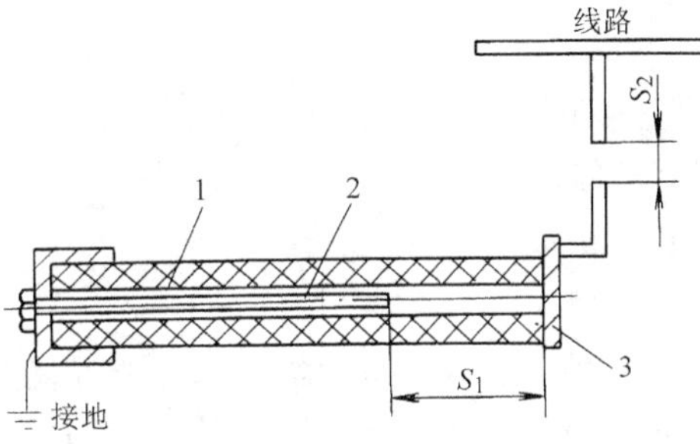

图 7-10　排气式避雷器

1—产气管　2—内部电极　3—外部电极

S_1—内部间隙　S_2—外部间隙

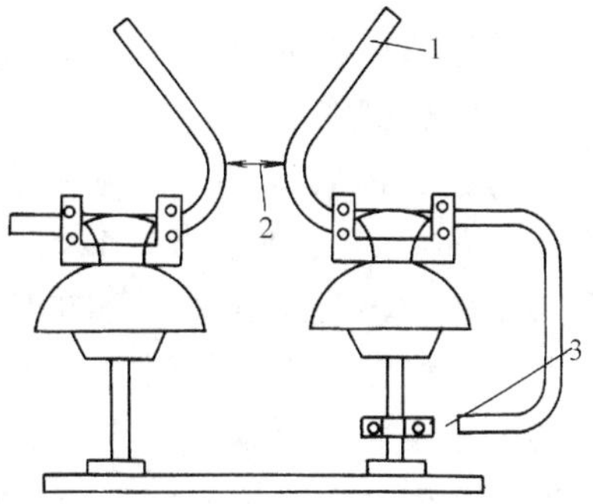

图 7-11　保护间隙

1—圆钢　2—主间隙　3—辅助间隙

（4）金属氧化物避雷器　金属氧化物避雷器又称氧化锌避雷器。它是一种由压敏电阻片构成的新型避雷器。压敏电阻片以氧化锌（ZnO）为主要原料，附加少量其他金属氧化物，经高温焙烧而成为多晶半导体陶瓷元件。它具有优良的阀特性，在工频电压下，呈现极大的电阻，能迅速有效地阻断工频续流；而在过电压下，其电阻又变得很小，能很好地泄放雷电流。金属氧化物接闪器体积小，重量轻，结构简单，残压低，响应快，是一种很有发展前途的过电压保护设备。

三、防雷措施

1. 架空线路的防雷措施

架空线路的防雷可以从以下几个方面进行，即通常说的四道防线：

（1）装设接闪线，以防线路遭受直接雷击　为保护线路导线不受直接雷击而装设接闪线，这是第一道防线。一般 66kV 以上的架空线路需沿全线装设接闪线。35kV 架空线路一般只在经过人口稠密区和进出变电所的一段线路上装设，而 10kV 以下线路上一般不装设接闪线。

（2）加强线路绝缘或装设避雷器，以防线路绝缘闪络　为使杆塔或接闪线遭受雷击后线路绝缘不致发生闪络，应设法改善接闪线的接地，或适当加强线路绝缘，或在绝缘薄弱点装设避雷器，这是第二道防线。例如采用木横担、瓷横担，或采用高一级电压的绝缘子，或顶相用针式而下面两相改用悬式绝缘子(一针二悬)，以提高 10kV 架空线路的防雷水平。

(3) 在线路遭受雷击并发生闪络时也要不使其发展为短路故障而导致线路跳闸　这是第三道防线。例如，对于 3～10kV 线路，可利用三角形排列的顶线兼作防雷保护线，如图 7-12 所示，在顶线绝缘子上加装保护间隙，当雷击时，顶线承受雷击，击穿保护间隙，对地泄放雷电流，从而保护了下面两相导线。

(4) 装设自动重合闸装置(ARD)，迅速恢复供电　为使架空线路在因雷击而跳闸时也能迅速恢复供电，可装设自动重合闸装置(ARD)，或采用双回路及环形结线，这是第四道防线。注意：电缆线路一般不装设 ARD。

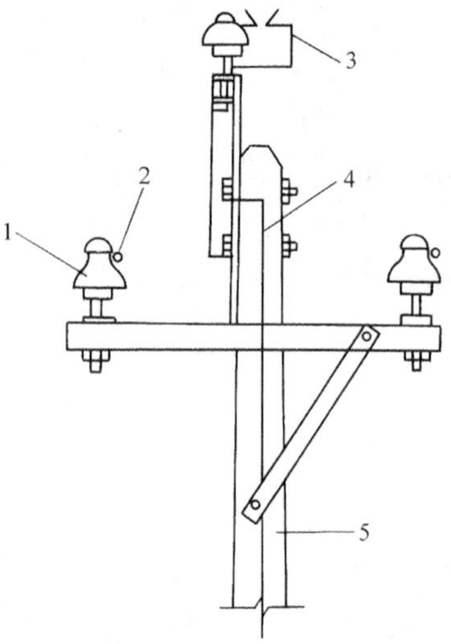

图 7-12　顶线绝缘子附加保护间隙
1—绝缘子　2—架空导线　3—保护间隙　4—接地引下线　5—支柱(电杆)

必须说明：并不是所有架空线路都必须具备以上四道防线。在确定架空线路的防雷措施时，要全面考虑线路的重要程度、沿线地带雷电活动情况、地形地貌特点、土壤电阻率高低等条件，进行技术经济比较，因地制宜，采取合理的防雷保护措施。

为了防止雷击低压架空线路时雷电波侵入建筑物，对低压架空进出线，应在进出处装设避雷器并与绝缘子铁脚、金具连在一起接到电气设备的接地装置上。当多回路进出线时，可仅在母线或总配电箱处装置一组避雷器或其他型式的过电压保护设备，但绝缘子铁脚、金具仍应接到接地装置上。进出建筑物的架空金属管道，在进出处应就近接到接地装置上或者单独接地，其冲击接地电阻不宜大于 30Ω。以上规定系对第三类防雷建筑物而言。对第二类防雷建筑物另有更严格的规定，此略。

2. 变配电所的防雷措施

(1) 装设接闪杆或接闪线　装设接闪杆或接闪线以防护整个变配电所，使之免遭直接雷击。当雷击于接闪杆时，强大的雷电流通过引下线和接地装置泄入大地，在接闪杆和引下线上形成的高电位可能对附近的配电设备发生反击闪络。为防止反击闪络，则必须设法降低接地电阻和保证防雷设备与配电设备之间有足够的安全距离，详见图 7-30 所示。

(2) 装设避雷器　装设避雷器，主要用来保护主变压器，以免雷电冲击波沿高压线路侵入变电所。阀式避雷器与变压器及其他被保护设备的电气距离应尽量缩短，其接地线应与变压器低压侧接地中性点及金属外壳连在一起接地，如图 7-13 所示。如图 7-14 所示是 6～10kV 配电装置防护雷电波侵入示意图。

在多雷区，为防止雷电波沿低压线路侵入而击穿变压器的绝缘，还应在低压侧装设阀式避雷器或保护间隙。

3. 高压电动机的防雷措施

高压电动机的绝缘水平比变压器低。因此高压电动机对雷电波侵入的防护应使用性能较好的 FCD 型磁吹阀式接闪器或金属氧化物避雷器，并尽可能靠近电动机处安装。也要根据电动机容量大小、雷电活动强弱和运行可靠性要求等确定保护。如图 7-15 所示为高压电动

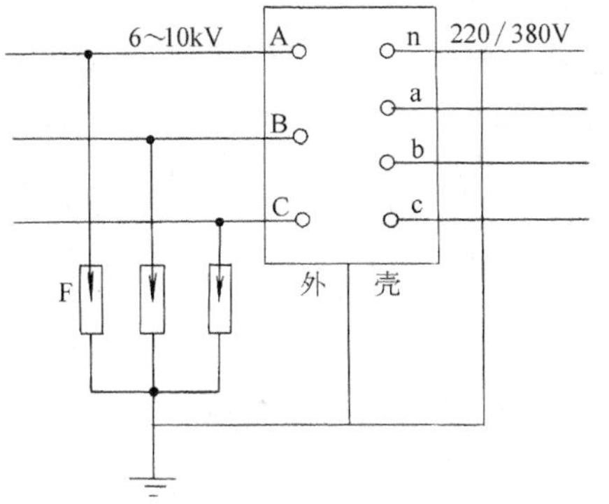

图 7-13 电力变压器的防雷保护及其接地系统

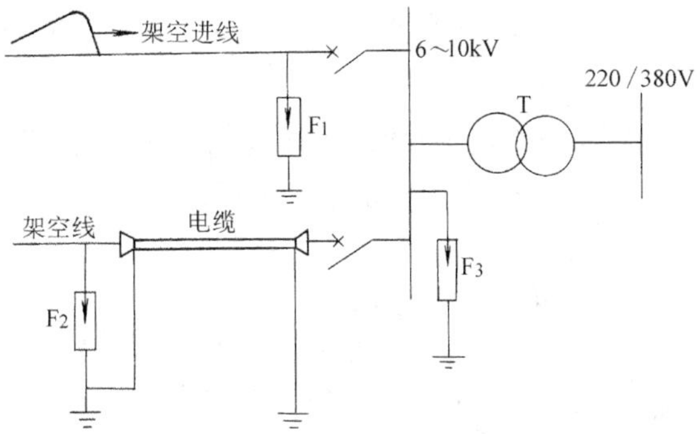

图 7-14 高压配电装置防护雷电波侵入示意图
F_1、F_2—排气式或阀式避雷器 F_3—阀式避雷器

机的防雷保护接线示意图。F_1 与电缆联合作用，利用雷电流将 F_1 击穿后的集肤效应，可大大减小流过电缆芯线的雷电流。与 F_2 并联的电容器 C(0.25～0.5μF)则可降低母线上的冲击波陡度。

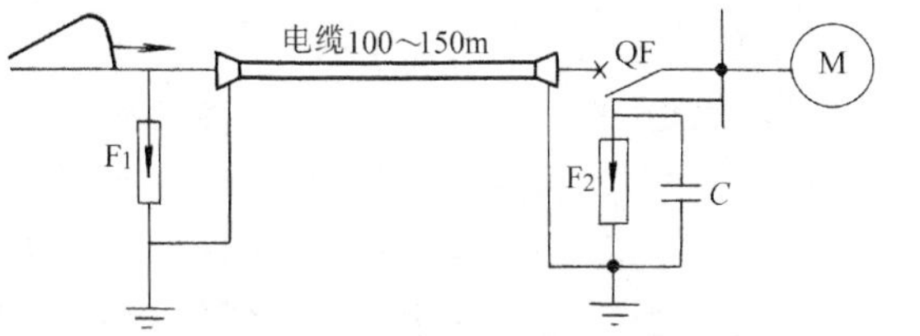

图 7-15 高压电动机的防雷保护接线示意图

4. 建筑物的防雷措施

根据 GB 50057—2010《建筑物防雷设计规范》规定，建筑物(含构筑物,下同)按其重要性、使用性质、发生雷击事故的可能性及其后果，分为下列三类：

（1）第一类防雷建筑物

在可能发生对地闪击的地区，遇下列情况之一时，应划为第一类防雷建筑物：

1）凡制造、使用或贮存火炸药及其制品的危险建筑物，因电火花而引起爆炸、爆轰，会造成巨大破坏和人身伤亡者。

2）具有 0 区或 20 区爆炸危险场所的建筑物。

3）具有 1 区或 21 区爆炸危险场所的建筑物，因电火花而引起爆炸，会造成巨大破坏和人身伤亡者。

关于 0 区、1 区、2 区、21 区、22 区等爆炸和火灾危险环境的分区，可参见 GB50058—2014《爆炸和火灾危险环境电力装置设计规范》。

（2）第二类防雷建筑物

在可能发生对地闪击的地区，遇下列情况之一时，应划为第二类防雷建筑物：

1）国家级重点文物保护的建筑物。

2）国家级的会堂、办公建筑物、大型展览和博览建筑物、大型火车站和飞机场(飞机场不含停放飞机的露天场所和跑道)、国宾馆，国家级档案馆、大型城市的重要给水泵房等特别重要的建筑物。

3）国家级计算中心、国际通信枢纽等对国民经济有重要意义的建筑物。

4）国家特级和甲级大型体育馆。

5）制造、使用或贮存火炸药及其制品的危险建筑物，且电火花不易引起爆炸或不致造成巨大破坏和人身伤亡者。

6）具有 1 区或 21 区爆炸危险场所的建筑物，且电火花不易引起爆炸或不致造成巨大破坏和人身伤亡者。

7）具有 2 区或 22 区爆炸危险场所的建筑物。

8）有爆炸危险的露天钢质封闭气罐。

9）预计雷击次数大于 0.05 次/年的部、省级办公建筑物和其他重要或人员密集的公共建筑物以及火灾危险场所。

10）预计雷击次数大于 0.25 次/年的住宅、办公楼等一般性民用建筑物或一般性工业建筑物。

（3）第三类防雷建筑物

在可能发生对地闪击的地区，遇下列情况之一时，应划为第三类防雷建筑物：

1）省级重点文物保护的建筑物及省级档案馆。

2）预计雷击次数大于或等于 0.01 次/年，且小于或等于 0.05 次/年的部、省级办公建筑物和其他重要或人员密集的公共建筑物，以及火灾危险场所。

3）预计雷击次数大于或等于 0.05 次/年，且小于或等于 0.25 次/年的住宅、办公楼等一般性民用建筑物或一般性工业建筑物。

4）在平均雷暴日大于 15 天/年的地区，高度在 15m 及以上的烟囱、水塔等孤立的高耸建筑物；在平均雷暴日小于或等于 15 天/年的地区，高度在 20m 及以上的烟囱、水塔等孤立的高耸建筑物。

按 GB 50057—2010《建筑物防雷设计规范》规定，第一类防雷建筑物和第二类防雷建筑物中有爆炸危险的场所，应有防直击雷、防感应雷和防雷电波侵入的措施。第二类防雷建筑物（除有爆炸危险者外）及第三类防雷建筑物，应有防直击雷和防雷电波侵入的措施。

观测和研究发现，建筑物容易遭受雷击的部位与屋顶的坡度有关：

1）平屋顶或坡度不大于 1/10 的屋顶，易受雷击部位为檐角、女儿墙、屋檐，如图 7-16a、b 所示。

2）坡度大于 1/10 而小于 1/2 的屋顶，易受雷击部位为屋角、屋脊、檐角、屋檐，如图 7-16c 所示。

3）坡度大于或等于 1/2 的屋顶，易受雷击部位为屋角、屋脊、檐角，如图 7-16d 所示。

设计时应根据建筑物屋顶的实际情况进行分析，确定最易遭受雷击的部位，然后在这些部位根据要求装设接闪杆或接闪带（网）进行重点保护。

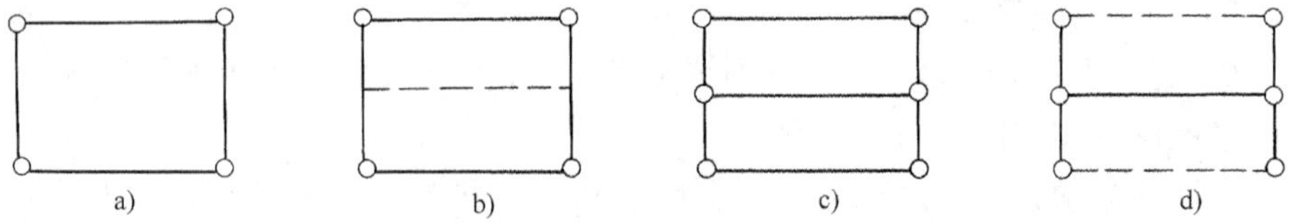

图 7-16　建筑物易受雷击的部位示意图

a）坡度为 0　b）坡度≤1/10　c）1/10 < 坡度 < 1/2　d）坡度≥1/2

——易受雷击部位　- - - 不易受雷击部位　○雷击率最高部位

第二节　电气设备的接地

一、电流对人体的作用及有关概念

接地的一个主要目的是保障人身安全，因此这里先介绍电流对人体的作用及安全电流、安全电压等概念。

1. 电流通过人体的影响

电流对人体的作用与许多因素有关。如图7-17所示是国际电工委员会(IEC)根据科研成果，提出的人体触电时间和通过人体电流(50Hz交流)对人身肌体反应的曲线。

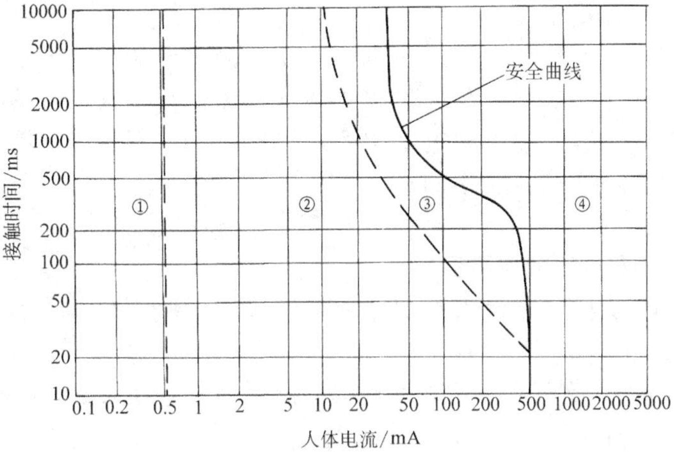

图7-17　IEC提出的人体触电时间和通过人体电流(50Hz交流)对人身肌体反应的曲线

①—人体无反应区　②—人体一般无病理生理性反应区　③—人体一般无心室纤维性颤动和器质性损伤区　④—人体可能发生心室纤维性颤动区(严重的可导致死亡)

2. 安全电流及其有关的主要因素

研究表明，通过人体电流与通电时间的乘积不超过30mA·s时，一般不致引起心室纤维性颤动和器质性损伤。我国规定安全电流为30mA(50Hz交流)，这是触电时间不超过1s的电流值。

安全电流主要与下列因素有关。

(1) 触电时间　由图7-17所示的Z形曲线可以看出，触电时间超过0.2s(即200ms)时，致颤电流值急剧降低。人的心脏每收缩、扩张一次，中间约有0.1s的间歇，在这个间歇时间内心脏对电流最为敏感。

(2) 电流性质　目前世界上通用50Hz或60Hz的交流电。这个频率区间对于设计电气设备比较合理，但从安全角度看来，50～60Hz的电流对人体的危害最为严重。

(3) 电流路径　电流对人体的伤害程度主要取决于心脏受损的程度，而这与电流流过人体的路径有关，电流从手到脚特别是从手到胸对人最为危险。

(4) 健康状况　人体的健康状况(生理与心理)正常与否，是决定触电伤害程度的内在因素。

3. 安全电压和人体电阻

安全电压与环境条件有关。我国国家标准GB/T 3805—1993规定的安全电压等级和选用举例见表7-2。

表 7-2　安全电压

安全电压(交流有效值)/V		选用举例
额定值	空负荷上限值	
42	50	在有触电危险的场所使用的手持式电动工具等
36	43	在矿井、多导电粉尘等场所使用的行灯等
24	29	可供某些具有人体可能偶然触及的带电体设备选用
12	15	
6	8	

最新的国家标准 GB/T 3805—2008《特低电压(ELV)限值》则规定了各种不同环境下，一定接触面积时的安全电压限值。

应特别指出：IEC 强调慎用“安全”一词。在这里，“安全电压”中的“安全(Safety)”一词，并不具有确保不发生电击的含义，而是指用较低的电压值来获取较小的电击危险性。

安全电压与人体电阻有关。从触电安全角度考虑，在正常的干燥环境中人体电阻一般取 1700Ω 左右。因此人体允许持续接触的安全电压为

$$U_{saf}=30\text{mA}\times1700\Omega\approx50\text{V}$$

4. 直接触电防护和间接触电防护

直接触电防护是指防止接触正常带电部分的防护，例如对带电导体加隔离栅栏或保护罩等。

间接触电防护是指防止接触正常不带电而故障时可带危险电压的外露可导电部分(如金属外壳、框架等)的防护，例如将正常不带电的外露可导电部分接地，并装设接地保护和等电位联结等。

二、接地的有关概念

1. 接地和接地装置

电气设备的某部分与土壤之间作良好的电气连接，称为接地。与土壤直接接触的金属物体，称为接地体或接地极。专门为接地而装设的接地体，称为人工接地体。兼作接地体用的直接与大地接触的各种金属构件、金属管道及建筑物的钢筋混凝土基础等，称为自然接地体。连接接地体及设备接地部分的导线，称为接地线。接地线和接地体合称为接地装置。若干接地体在大地中互相连接则组成接地网，接地线又可分为接地干线和接地支线，如图 7-18 所示。按规定，接地干线应采用不少于两根导体在不同地点与接地网连接。

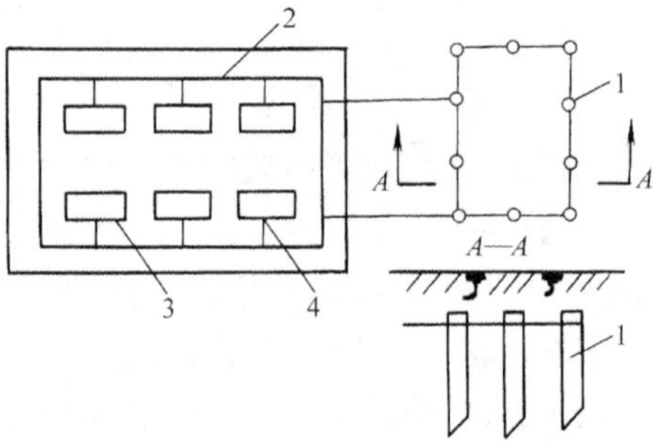

图 7-18　接地装置示意图

1—接地体　2—接地干线

3—电气设备　4—接地支线

2. 接地电流和对地电压

当电气设备发生接地故障时，电流就通过接地体向大地作半球形散开，这一电流，称为接地电流，用 I_E 表示。这半球形的球面在距接地体越远的地方越大，所以距接地体越远的地方散流电阻越小，其电位分布曲线如图 7-19 所示。

试验证明，在距单根接地体或接地故障点 20m 左右的地方，实际上散流电阻已趋近于

零，也就是这里的电位已趋近于零。电位为零的地方，称为电气上的地或大地。

电气设备的接地部分，如接地的外壳和接地体等，与零电位的大地之间的电位差，就称为接地部分的对地电压，如图 7-19 所示中的 U_E。

3. 接触电压和跨步电压

人站在发生接地故障的电气设备旁边，手触及设备的外露可导电部分，则人所接触的两点(如手与脚)之间所呈现的电位差，则称为接触电压 U_{tou}，如图7-20 所示。人在接地故障点周围行走，两脚之间所呈现的电位差，称为跨步电压 U_{step}，亦如图 7-20 所示。

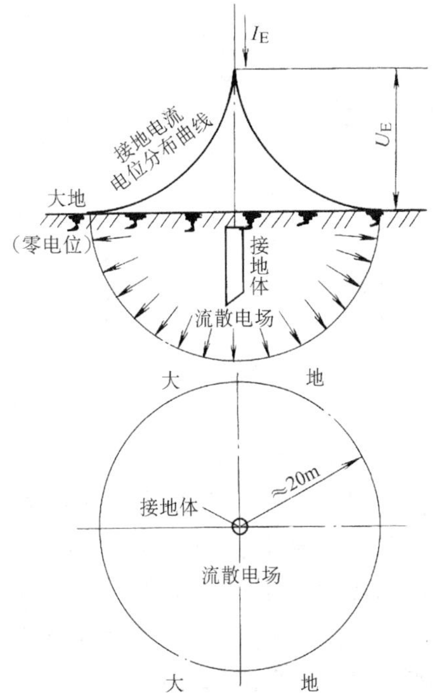

图 7-19　接地电流、对地电压及接地电流电位分布曲线

三、接地的类型及接地故障保护

1. 接地的类型

电力系统和设备的接地，按其功能分为工作接地和保护接地两大类，此外尚有为进一步保证保护接地效果的重复接地。

（1）工作接地　在电力系统中，凡运行所需的接地称为工作接地，如电源中性点的直接接地或经消弧线圈接地以及防雷设备的接地等。各种工作接地有其各自的功能。例如电源中性点的直接接地，能在运行中维持三相系统中相线对地电位不变；电源中性点经消弧线圈的接地，能在单相接地时消除接地点的断续电弧，防止系统出现过电压。至于防雷设备的接地，其功能更是显而易见的，不接地就不能实现对地泄放雷电流。

（2）保护接地　为保障人身安全、防止间接触电而将设备的外露部分进行接地，称为保护接地。保护接地的型式有两种：一种是设备的外露可导电部分经各自的 PE 线分别直接接地，例如 TT 系统如图 1-13 所示，IT 系统如图 1-14 所示；另一种是设备的外露可导电部分经公共的 PE 线或 PEN 线接地，例如 TN 系统如图 1-12 所示。前者我国过去称为保护接地，而后者我国过去称为保护接零。

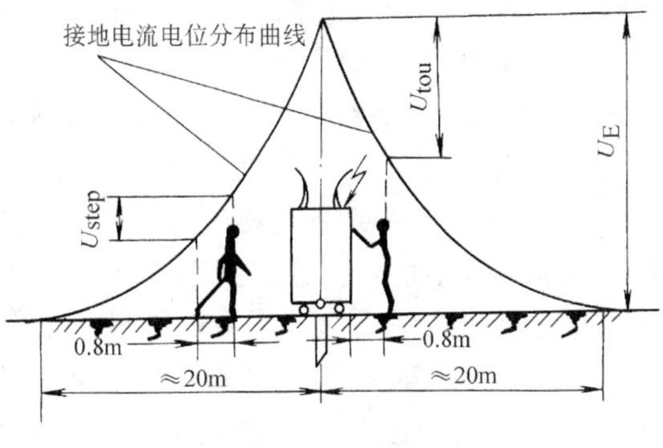

图 7-20　接触电压和跨步电压

1）TN 系统。TN 系统的电源中性点直接接地，并引出有 N 线，属三相四线制系统。当其设备发生一相接地故障时，就形成单相短路，其过电流保护装置动作，迅速切除故障部分。

2）TT 系统。TT 系统的电源中性点直接接地，也引出有 N 线，属三相四线制系统，而设备的外露可导电部分则经各自的 PE 线分别直接接地，其保护接地的功能可如图 7-21 所示来说明。

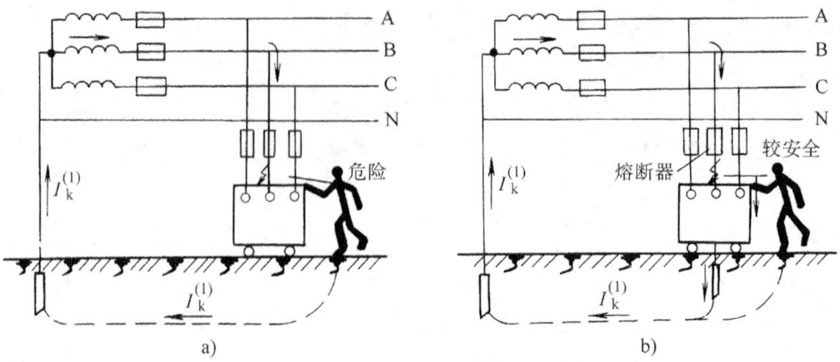

图 7-21　TT 系统保护接地功能说明

a）外露可导电部分未接地时　b）外露可导电部分接地时

如果如图 7-21a 所示，设备的外露可导电部分未接地，则当设备发生一相接地故障时，外露可导电部分就要带上危险的相电压。由于故障设备与大地接触不良，这一单相故障电流可能较小，通常不足以使故障设备电路中的过电流保护装置动作而切除故障设备，这样就增加了人体触电的危险。

如果如图 7-21b 所示，设备的外露可导电部分采取直接接地，则当设备发生一相接地故障时，就通过保护接地装置形成单相短路电流 $I_k^{(1)}$，这一电流通常足以使故障设备电路中的过电流保护装置动作，迅速切除故障设备，从而大大减少了人体触电的危险。即使在故障未切除时人体触及故障设备的外露可导电部分，也由于人体电阻远大于保护接地电阻，因此通过人体的电流也比较小，对人体的危险性也较小。

但是，如果这种 TT 系统中的设备只是绝缘不良引起漏电时，则由于漏电电流较小而可能使电路中的过电流保护装置不动作，从而使漏电设备的外露可导电部分长期带电，这就增加了人体触电的危险。因此，为保障人身安全，这种系统应考虑装设灵敏的触电保护装置(例如后面介绍的漏电断路器)。

TT 系统由于所有设备的外露可导电部分都是经各自的 PE 线分别直接接地的，各自的 PE 线间无电磁联系，因此适于对数据处理、精密检测装置等供电；同时 TT 系统又与 TN 系统一样属三相四线制系统，接用相电压的单相设备也很方便，如果装设触电保护装置，对人身安全也有保障，所以这种系统在国外应用比较广泛，在我国也有推广的趋势。

3）IT 系统。IT 系统的电源中性点不接地或经阻抗(约 1000Ω)接地，且通常不引出 N 线，因此它一般为三相三线制系统，其中电气设备的外露可导电部分均经各自的 PE 线分别直接接地。这种系统中的设备如发生一相接地故障时，其外露可导电部分将呈现对地电压，并经设备外露可导电部分的接地装置、大地和非故障的两相对地电容以及电源中性点接地装置(如采取中性点经阻抗接地时)而形成单相接地故障电流，如图 7-22 所示。如果电源中性点不接地，则此故障电流完全为电容电流。这种 IT 系统属小接地电流系统。小接地

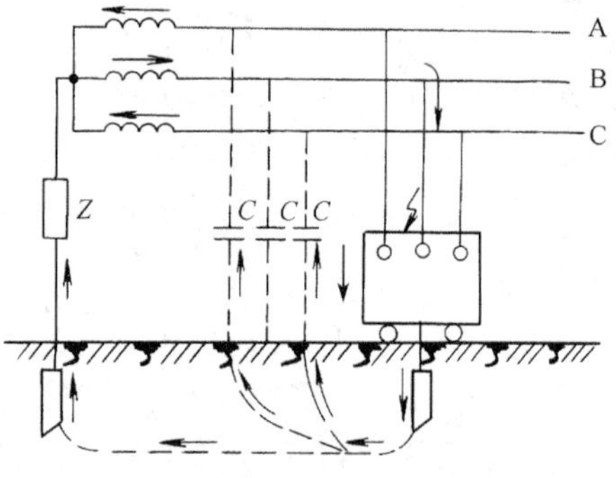

图 7-22　IT 系统在发生一相接地故障时的故障电流

电流系统在发生一相接地故障时，其三个线电压仍维持不变，因此三相用电设备仍可继续正常运行；但应装设绝缘监察装置(参看第六章第六节)或单相接地保护(参看第六章第三节)。在 IT 系统发生接地故障时，由绝缘监察装置或单相接地保护发出音响或灯光信号，以提醒值班人员及时排除接地故障，否则当另一相再发生接地故障时，将发展为两相接地短路，导致供电中断。

IT 系统的一个突出优点是：当发生一相接地故障时，所有三相用电设备仍可暂时继续运行 2h。但同时另两相的对地电压将由相电压升高到线电压，增加了对人身和设备安全的威胁。IT 系统的另一个优点是其所有设备的外露可导电部分，与 TT 系统一样，都是经各自的 PE 线分别直接接地，各设备的 PE 线之间无电磁联系。IT 系统多用于矿井下和对供电不间断要求较高的电气装置，例如发电厂的厂用电和医院内重要手术室等。

（3）重复接地　在电源中性点直接接地的 TN 系统中，为确保公共 PE 线或 PEN 线安全可靠，除在电源中性点进行工作接地外，还必须在 PE 线或 PEN 线的下列地方进行必要的重复接地：①在架空线路的干线和分支线的终端及沿线每间隔 1km 处；②电缆和架空线在引入车间或大型建筑物处。否则，在 PE 线或 PEN 线发生断线并有设备发生一相接地故障时，接在断线后面的所有设备的外露可导电部分都将呈现接近于相电压的对地电压，即 $U_E \approx U_\varphi$，如图 7-23a 所示，这是很危险的。如果进行了重复接地，如图 7-23b 所示，则在发生同样故障时，断线后面的 PE 线或 PEN 线的对地电压 $U'_E = I_E R'_E$。假设电源中性点接地电阻 R_E 与重复接地电阻 R'_E 相等，则断线后面一段 PE 线或 PEN 线的对地电压 $U'_E = U_\varphi/2$，危险程度大大降低。当然，实际上由于 $R'_E > R_E$，所以 $U'_E > U_\varphi/2$，对人还是有危险的，因此应尽量避免发生 PE 线或 PEN 线的断线故障。施工时，一定要保证 PE 线和 PEN 线的安装质量。运行中也要特别注意对 PE 线和 PEN 线状况的检视。根据同样的理由，PE 线和 PEN 线上一般不允许装设开关或熔断器。

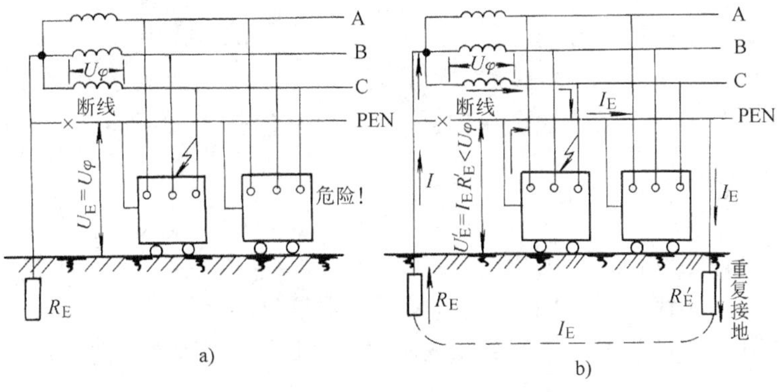

图 7-23　重复接地功能说明示意图

a）没有重复接地的系统中，PE 线或 PEN 线断线时

b）采取重复接地的系统中，PE 线或 PEN 线断线时

2. 低压配电系统的接地故障保护

接地故障是指配电系统中的相线对地或与地有联系的导电体之间的短路，它包括相线与大地、相线与 PE 线或 PEN 线以及相线与设备的外露可导电部分之间的短路。

接地故障的危害很大。在有的场合，接地故障电流很大，必须迅速切断电路，以保证线路的短路热稳定度，否则将产生严重的后果，甚至引起火灾或爆炸。在有的场合，接地故障电流较小，但故障设备的外露可导电部分又可能呈现危险的对地电压，如不及时予以信号报警或切除故障，就可能发生人身触电事故。因此我们对接地故障必须引起足够的重视，切实研究接地故障的保护措施。

（1）接地故障保护的要求　接地故障保护的装设，应与配电系统的接地型式和故障回路的阻抗值相适应。当发生接地故障时，除了应满足短路热稳定度的要求外，还应迅速切断故障电流，或者迅速发出报警信号以便及时排除故障，防止发生人身触电伤亡和火灾爆炸事故。

从确保人身安全的角度考虑，接地故障保护装置的动作电流 $I_{op(E)}$ 应保证故障设备外露可导电部分的对地电压 $U_E \leqslant 50V$，这是我国规定的一般正常环境条件下允许持续接触的安全电压。如设备外露可导电部分的接地电阻为 R_E（单位为 Ω），则接地故障保护的动作电流（单位为 A）应为

$$I_{op(E)} \leqslant \frac{U_E}{R_E} = \frac{50V}{R_E} \tag{7-5}$$

对三相四线制系统（包括 TN 系统和 TT 系统）来说，式(7-5)适用于切断故障电路的接地故障保护装置如低压熔断器、低压断路器及专用的触电保护器（漏电断路器）。但其动作时间的要求为：①对只接有固定设备的公共 PE 线和 PEN 线来说，其保护装置动作时间 $t_{op(E)} \leqslant 5s$。②对接有手握设备和移动设备的公共 PE 线和 PEN 线来说，为确保人身安全，在 TN 系统中，其保护装置动作时间 $t_{op(E)} \leqslant 0.4s$；在 TT 系统中，其保护装置动作时间如表 7-3 所列。

表 7-3　TT 系统中接地故障保护动作时间（供电给手持设备和移动设备）

预期接触电压/V	50	75	90	110	150	220
切断故障回路最大时间/s	5	0.6	0.45	0.36	0.27	0.17

对三相三线制系统（IT 系统）来说，式(7-5)适用于只发出音响或灯光信号的单相接地保护装置。这种系统在另一相又发生接地故障时则应切断故障电路，其接地故障保护装置如低压熔断器、低压断路器及专用的触电保护器（剩余电流保护装置或漏电断路器）的动作电流（单位为 A）应为

$$I_{op(E)} \leqslant \sqrt{3} U_{E \cdot N} / 2 \left| Z_{\varphi - PE} \right| \tag{7-6}$$

式中　$U_{E \cdot N}$——线路对地的额定电压（相电压）(V)；

$|Z_{\varphi - PE}|$——包括相线和 PE 线在内的故障回路阻抗（Ω）。

上式是考虑到使保护装置动作的故障电流实际上是两相接地短路电流，作用的电压为线电压，即 $\sqrt{3} U_{E \cdot N}$，而故障回路是两个不同相的线路，因此故障回路总阻抗，应为一个故障线路阻抗 $|Z_{\varphi - PE}|$ 的 2 倍。而保护动作时间规定为 $t_{op(E)} \leqslant 0.4s$。

（2）漏电断路器的基本结构原理　漏电断路器又称漏电保护器或触电保护器。它按工作原理分为电压动作型和电流动作型两种，目前常用的为电流动作型。我国国标 GB 6829—1986 适用于电流动作型漏电保护器。如图 7-24 所示为电流动作型漏电断路器的工作原理示意图。它由电流互感器 TAN，放大器 A 和低压断路器 QF（内含脱扣器 YR）等三部分组成。设备正常运行时，主电路三相电流相量和为零，因此电流互感器 TAN 的铁心中没有磁通，其二次侧没有输出电压。如果设备发生漏电或单相接地故障时，由于主电路三相电流的相量

和不为零，电流互感器 TAN 的铁心中就有磁通，其二次侧就有输出电流，经放大器 A 放大后，通入脱扣器 YR 中，使断路器 QF 跳闸，从而切除故障电路，避免人员发生触电事故。

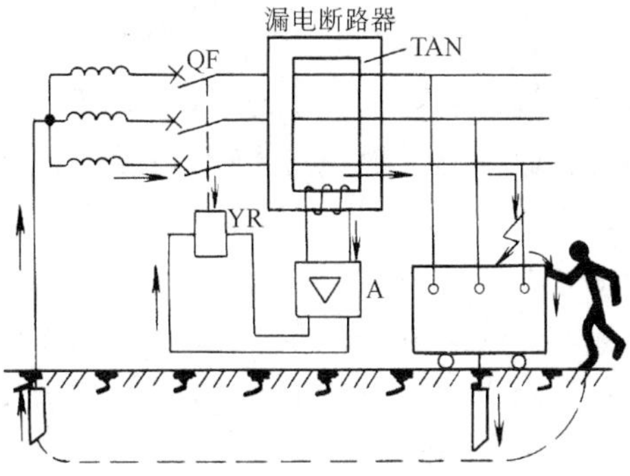

图 7-24 电流动作型漏电断路器工作原理示意图

TAN—电流互感器 A—放大器

YR—脱扣器 QF—低压断路器

四、接地的要求和装设

1. 接地电阻及其要求

接地电阻是接地体的流散电阻与接地线和接地体电阻的总和。由于接地线和接地体的电阻相对很小，可略去不计，因此可认为接地电阻就是指接地体流散电阻。工频接地电流流经接地装置所呈现的接地电阻，称为工频接地电阻；雷电流流经接地装置所呈现的接地电阻，称为冲击接地电阻。

我国有关规程规定的部分电力装置所要求的接地电阻(包括工频接地电阻和冲击接地电阻)值，列于附录表 A-18 中，供参考。

关于 TT 系统和 IT 系统中电气设备外露可导电部分的保护接地电阻 R_E，按规定应满足下列条件，即在接地电流 I_E 通过 R_E 时产生的对地电压 $U_E \leqslant 50V$(安全电压值)，因此

$$R_E \leqslant \frac{50V}{I_E} \tag{7-7}$$

如果漏电断路器的动作电流 $I_{op(E)}$ 取为 30mA，即 $I_E = 30mA$ 时断路器动作，则由式(7-7)可知，$R_E \leqslant 50V/0.03A = 1667\Omega$。这一接地电阻值是很容易满足的。一般取 $R_E \leqslant 100\Omega$，以确保安全。

2. 接地装置的装设

(1) 一般要求 在设计和装设接地装置时，首先应充分利用自然接地体，以节约投资，节约钢材，如果实地测量所利用的自然接地体电阻已能满足接地电阻值的要求而且又满足热稳定条件时，可不必再装设人工接地装置，否则应装设人工接地装置作为补充。

电气设备的人工接地装置的布置，应使接地装置附近的电位分布尽可能地均匀，以降低接触电压和跨步电压，保证人身安全。如接触电压和跨步电压过大，应采取补救措施。

(2) 自然接地体的利用 建筑物的钢结构和钢筋、行车的钢轨、埋地的金属管道(可燃液体和可燃可爆气体的管道除外)以及敷设于地下而数量不少于两根的电缆金属外皮等，均可作为自然接地体。变配电所则可利用它的建筑物钢筋混凝土基础作为自然接地体。

利用自然接地体时，一定要保证良好的电气连接。

(3) 人工接地体的装设 人工接地体有垂直埋设和水平埋设两种基本结构型式，如图 7-25 所示。

最常用的垂直接地体为直径 50mm、长 2.5m 的钢管或 ∟ 50×5 的角钢，如果采用直径小于 50mm 的钢管，则机械强度较小，易弯曲，不适于采用机械方法打入土中；如采用直径大于 50mm 的钢管，例如直径由 50mm 增大到 125mm 时，流散电阻仅减少 15%，而钢材消

耗则大大增加，经济上不合算。如果采用的钢管长度小于 2.5m 时，流散电阻增加很多；而钢管长度大于 2.5m 时，则难于打入土中，而流散电阻减小也不显著。由此可见，采用上述直径为 50mm、长度为 2.5m 的钢管或∟50×5 的角钢是最为经济合理的。为了减少外界温度变化对流散电阻的影响，埋入地下的垂直接地体上端距地面不应小于 0.5m。

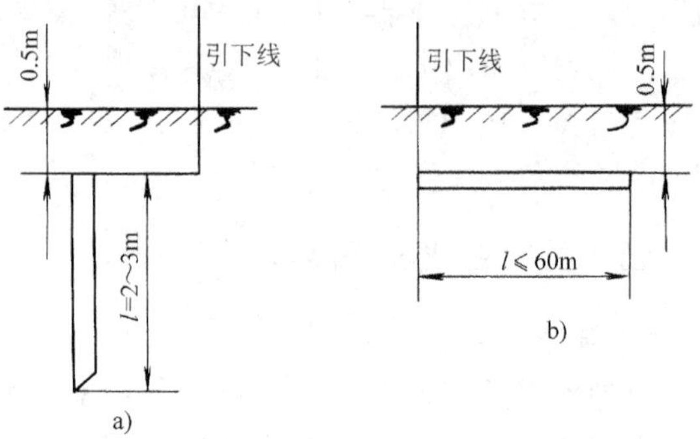

图 7-25　人工接地体

a）垂直埋设的带形接地体　b）水平埋设的带形接地体

当土壤电阻率(参看附录表 A-19)偏高时，例如土壤电阻率$\rho \geqslant 300\Omega \cdot m$时，为降低接地装置的接地电阻，可采取以下措施：①采用多支线外引接地装置，其外引线长度不应大于$2\sqrt{\rho}$，这里的ρ为埋设外引线处的土壤电阻率，单位为$\Omega \cdot m$；②如地下较深处土壤ρ较低时，可采用深埋式接地体；③局部地进行土壤置换处理，换以ρ较低的粘土或黑土如图 7-26所示，或者进行土壤化学处理，填充降阻剂如图 7-27 所示，或者采用专用的复合降阻剂，但应注意其对地下水的污染等。

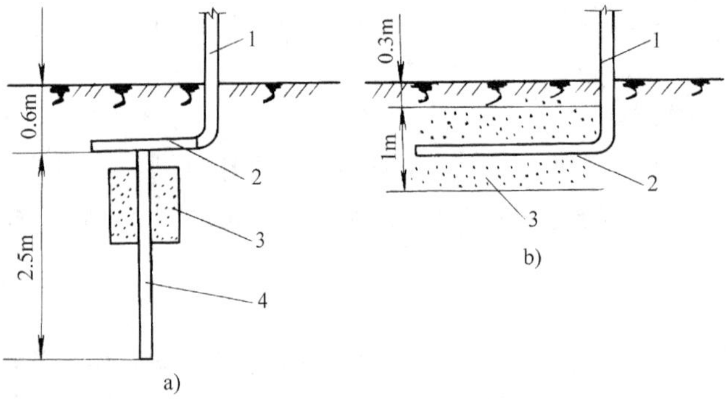

图 7-26　土壤置换处理

a）垂直接地体　b）水平接地体

1—引下线　2—扁钢或连接扁钢　3—粘土　4—钢管

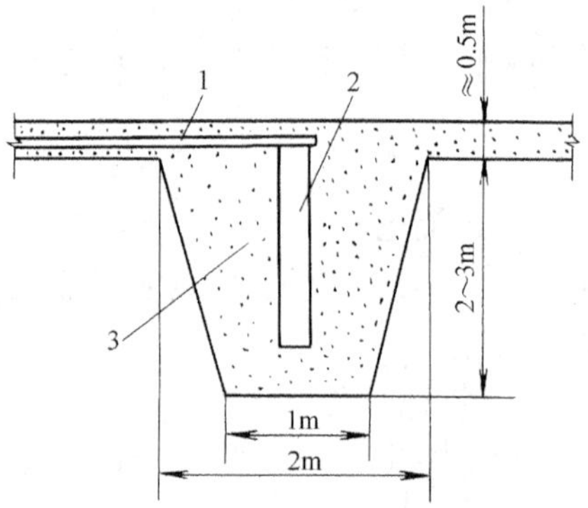

图 7-27　土壤化学处理

1—扁钢　2—钢管　3—炉渣、木炭、石灰、废电池等(可采用专用的复合降阻剂)

按规定，钢接地体和接地线的最小尺寸规格如附录表 A-20 所示。对于敷设在腐蚀性较强的场所的接地装置，应根据腐蚀的性质，采用热镀锡、热镀锌等防腐措施，或适当加大截面。

当多根接地体相互靠拢时，入地电流的流散相互受到排挤，其电流分布如图 7-28 所示。这种影响称为屏蔽效应。由于屏蔽效应，使得接地装置的利用率下降，所以垂直接地体的间距一般不宜小于 5m，水平接地体的间距一般也不宜小于 5m。

接地网的布置，应尽量使地面的电位分布均匀，以减小接触电压和跨步电压。人工接地网外缘应闭合，外缘各角应做成圆弧形。35～110/6～10kV 变电所的接地网内应敷设水平均压带。为保证人身安全，经常有人出入的走道处，应采用高绝缘路面(如沥青碎石路面)，或加装帽檐式均压带，如图 7-29 所示。为了减小建筑物的接触电压，接地体与建筑物的基

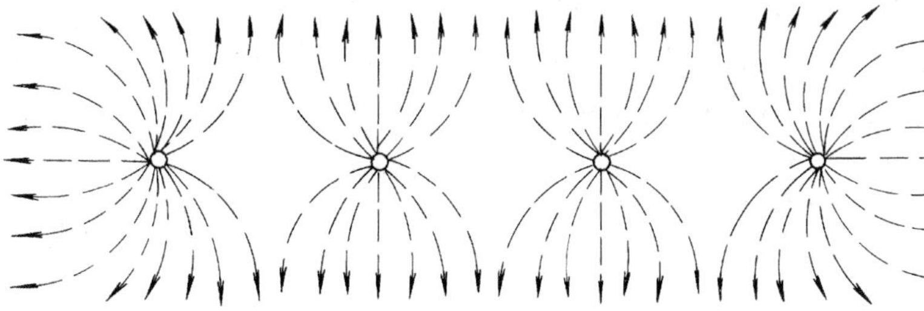

图 7-28　接地体间的电流屏蔽效应

础间应保持不小于 1.5m 的水平距离，一般取 2～3m。

（4）防雷装置的接地要求　接闪杆宜装设独立的接地装置，而且接闪杆及其接地装置，与被保护的建筑物和配电装置及其接地装置之间应按 GB 50057—2010《建筑物防雷设计规范》的有关规定保持足够的安全距离，以免雷击时发生反击闪络事故，如图 7-30 所示。安全距离的要求与建筑物的防雷等级有关，但最小间距一般不应小于 3m。

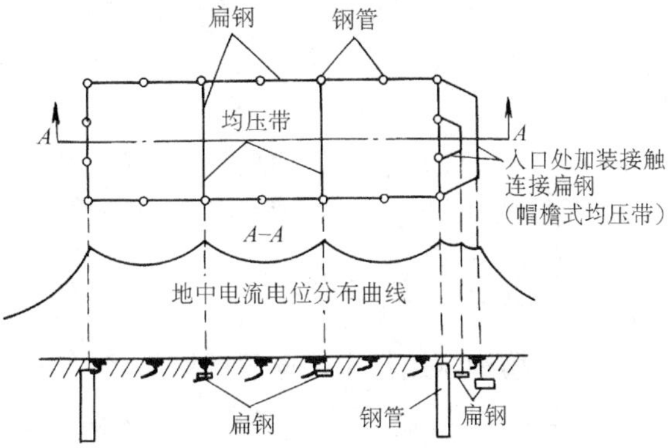

图 7-29　加装均压带以使电位分布均匀

为了降低跨步电压，防护直击雷的接地装置距离建筑物出入口及人行道，不应小于 3m。当小于 3m 时应采取下列措施之一：①水平接地体局部埋深不小于 1m；②水平接地体局部包以绝缘体，例如涂厚 50～80mm 的沥青层；③采用沥青碎石路面，或在接地装置上面敷设厚 50～80mm 的沥青层，其宽度超过接地装置 2m；④采用帽檐式或其他形式的均压带。

3. 等电位联结(Equipotential Bonding)

常用的等电位联结包括总等电位联结(MEB)和辅助等电位联结(LEB)以及局部等电位联结(SEB)等三种，所谓总等电位联结，即将电气装置的 PE 线或 PEN 线与附近的所有金属管道构件(例如接地干线、水管、煤气管、采暖和空调管道等，如果可能也包括建筑物的钢筋及金属构件)在进入建筑物处接向总等电位联结端子板(即接地端子板)。总等电位联结靠均衡电位而降低接触电压，同时它也能消除从电源线路引入建筑物的危险电压，是建筑物内电气装置的一项基本安全措施。IEC 标准和一些技术先进国家的电气规范都将总等电位联结作为接地故障保护的基本条件，实际上总等电位联结已兼有电源进线重复接地的作用。辅助等电位联结则既可直接用于降低接触电压，又可作为对总等电位联结的一个补充，从而进一步降低接触电压。

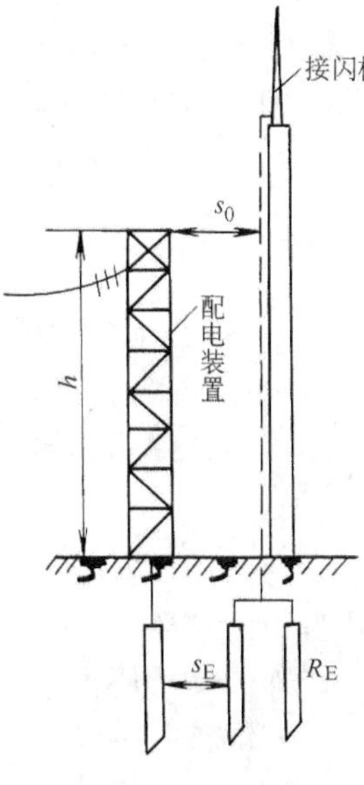

图 7-30　接闪杆对配电装置的安全距离

s_0—空气中的间距

s_E—地中的间距

对于特别潮湿、触电危险大的局部特殊环境如浴室、医院手术室等处，还应作局部等电位联结，即在此局部范围内将 PE

线或 PEN 线与附近所有的上述金属管道构件等相互联结，作为总等电位联结的补充，以进一步提高用电安全水平。局部等电位联结的主要目的在于使接触电压降低至安全电压以下，它同时也有效地解决了 TN 系统 5s(固定设备)和 0.4s(手握或移动设备)不同切断时间带来的问题。

另外，装有防雷装置的建筑物，在防雷装置与其他设施和建筑物内人员无法隔离的情况下，也应采取等电位联结。

等电位联结不需增设保护电器，只要在施工时增加一些联结导体，就可以均衡电位而降低接触电压，消除因电位差而引起的电击危险。这是一种经济而又有效的防电击措施。

此外，当部分电气装置位于总等电位联结作用区以外时，应装漏电断路器，且这部分的 PE 线应与电源进线的 PE 线隔离，改接至单独的接地极(局部 TT 系统)，以杜绝外部窜入的危险电压。

实际上，可以认为：传统的接地就是一种特殊的等电位联结，即以大地电位作参考电位的等电位联结。因此，等电位联结是一个更广泛也更本质的概念。

五、接地装置的计算

1. 人工接地体工频接地电阻的计算

在工程设计中，人工接地体的工频接地电阻可采用下列公式计算

1）单根垂直管形接地体的接地电阻(Ω)

$$R_{E(1)} \approx \frac{\rho}{l} \tag{7-8}$$

式中　ρ——土壤电阻率(Ω·m)；

l——接地体长度(m)；

2）多根垂直管形接地体的接地电阻(Ω)。

n 根垂直接地体并联时，由于接地体间屏蔽效应的影响，总的接地电阻 $R_E > R_{E(1)}/n$。实际总的接地电阻(Ω)为

$$R_E = \frac{R_{E(1)}}{n\eta_E} \tag{7-9}$$

式中　η_E——接地体的利用系数，垂直管形接地体的利用系数如附录表 A-21 所列，可根据管间距离 a 与管长 l 之比及管数 n 查得。

3）单根水平带形接地体(见图 7-23a)的接地电阻(Ω)

$$R_{E(1)} \approx \frac{2\rho}{l} \tag{7-10}$$

式中　ρ——土壤电阻率(Ω·m)；

l——接地体长度(m)。

4）n 根放射形水平接地带($n \leqslant 12$，每根长度 $l \approx 60$m)的接地电阻(Ω)

$$R_E \approx \frac{0.062\rho}{n+1.2} \tag{7-11}$$

式中　ρ——土壤电阻率(Ω·m)；

5）环形接地带的接地电阻(Ω)

$$R_E \approx \frac{0.6\rho}{\sqrt{A}} \tag{7-12}$$

式中 ρ——土壤电阻率（Ω·m）；

A——环形接地带所包围的面积（m^2）。

2. 自然接地体工频接地电阻的计算

部分自然接地体的工频接地电阻可采用下列公式计算

1）电缆金属外皮及水管等的接地电阻（Ω）

$$R_E \approx \frac{2\rho}{l} \tag{7-13}$$

式中 ρ——土壤电阻率（Ω·m）；

l——电缆及水管等的埋地长度（m）。

2）钢筋混凝土基础的接地电阻（Ω）

$$R_E = \frac{0.2\rho}{\sqrt[3]{V}} \tag{7-14}$$

式中 ρ——土壤电阻率（Ω·m）；

V——钢筋混凝土基础的体积（m^3）。

3. 冲击接地电阻的计算

冲击接地电阻是指雷电流经接地装置泄放入地时的接地电阻，包括接地线电阻和地中散流电阻。一方面，由于强大的雷电流泄放入地时，当地土壤实际上被击穿并产生火花，相当于使接地电阻截面增大，使散流电阻显著降低。另一方面，由于雷电流具有高频特性，同时会使接地线的感抗增大。但接地线阻抗比起散流电阻来毕竟小得多，因此冲击接地电阻一般是小于工频接地电阻的。按 GB 50057—2010《建筑物防雷设计规范》规定，冲击接地电阻 R_{sh} 可按下式计算

$$R_{sh} = \frac{R_E}{\alpha} \tag{7-15}$$

式中 R_E——工频接地电阻（Ω）；

α——换算系数，为 R_E 与 R_{sh} 的比值，由图 7-31 确定。

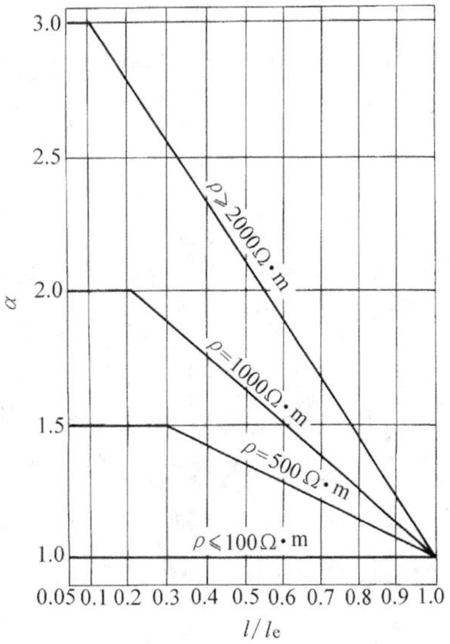

图 7-31 确定换算系数 α 的曲线

图 7-31 中的 l_e 为接地体的有效长度（m），按下式计算

$$l_e = 2\sqrt{\rho} \tag{7-16}$$

式中 ρ——土壤电阻率（Ω·m）。

图 7-31 中的 l 为接地体的实际长度，按图 7-32 所示方法计算，详见 GB 50057—2010《建筑物防雷设计规范》之附录 C。

4. 接地装置的计算程序及示例

接地装置的计算程序如下：

1）按设计规范要求确定允许的接地电阻值 R_E。

2）实测或估算可以利用的自然接地体接地电阻 $R_{E(nat)}$。

3）计算需要补充的人工接地体接地电阻

$$R_{E(max)}=\frac{R_{E(nat)}R_E}{R_{E(nat)}-R_E} \tag{7-17}$$

如不计自然接地体接地电阻，则 $R_{E(nat)}=R_E$。

4）在装设接地体的区域内初步安排接地体的布置，并按一般经验试选，确定接地体和连接导线的尺寸。

5）计算单根接地体的接地电阻 $R_{E(1)}$。

6）用逐步渐近法计算接地体的数量

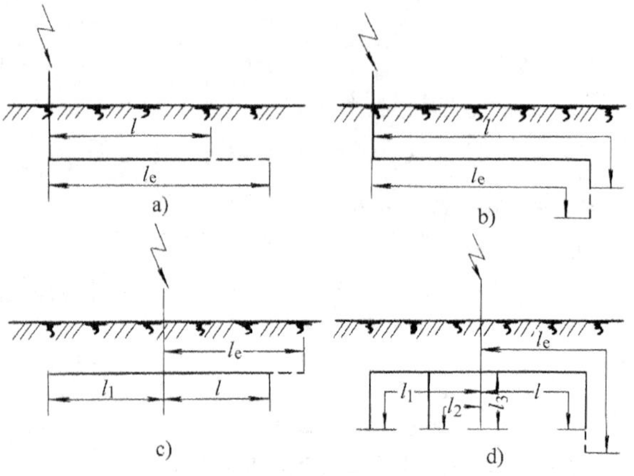

图7-32　接地体实际长度的计量

a）单根水平接地体　b）末端接垂直接地体的单根水平接地体　c）多根水平接地体　d）接多根垂直接地体的多根水平接地体

$$n=\frac{R_{E(1)}}{\eta_E R_{E(max)}} \tag{7-18}$$

7）校验短路热稳定度：对于大电流接地系统中的接地装置，可按式(4-99)进行单相短路热稳定度校验。由于钢线的热稳定系数 $c=70\text{A}\sqrt{\text{s}}/\text{mm}^2$，因此计算满足单相短路热稳定度的钢线的最小允许截面积(mm^2)为

$$A_{min}=I_k^{(1)}\frac{\sqrt{t_k}}{70} \tag{7-19}$$

式中　$I_k^{(1)}$——单相接地短路电流，为计算简便，可取为 $I''^{(3)}$(A)；

t_k——短路电流持续时间(s)。

例7-2　某车间变电所的主变压器容量为500kVA，电压为10/0.4kV，联结方式为Yyn0。试确定此变电所公共接地装置的垂直接地钢管和连接扁钢的规格和数量。已知装设地点的土质为砂质粘土，10kV侧有电联系的架空线路长150km，电缆线路长10km。

解　(1) 确定接地电阻　按规定(见附录表A-18序号3、4)，此变电所公共接地装置的接地电阻应满足以下两个条件

$$R_E\leqslant\frac{120\text{V}}{I_E}，且 R_E\leqslant10\Omega \tag{1}$$

$$R_E\leqslant4\Omega \tag{2}$$

式(1)中的 I_E 由式(1-3)计算

$$I_E=I_C=\frac{10\times(150+35\times10)}{350}\text{A}=14.3\text{A} \tag{3}$$

故由式(1)

$$R_E\leqslant\frac{120\text{V}}{14.3\text{A}}=8.4\Omega$$

比较式(2)和式(3)可知，此变电所总的接地电阻应为 $R_E\leqslant4\Omega$。

(2) 接地装置初步方案　现初步考虑围绕变电所建筑物四周，距变电所墙脚2～3m，打入一圈直径50mm、长2.5m的钢管接地体，每隔5m打入一根，管间用40mm×4mm的扁

钢焊接。

(3) 计算单根钢管接地电阻　查附录表 A-19，得砂质粘土的 $\rho = 100\Omega \cdot m$。

按式(7-8)得单根钢管接地电阻

$$R_{E(1)} \approx \frac{100\Omega \cdot m}{2.5m} = 40\Omega$$

(4) 确定接地钢管数和最后方案　根据 $R_{E(1)}/R_E = 40/4 = 10$，考虑到管间屏蔽效应，初选 15 根直径 50mm、长 2.5m 的钢管作接地体，以 $n = 15$ 和 $a/l = 2$ 查附录表 A-21-2，按 $n = 10$ 和 $n = 20$ 在 $a/l = 2$ 时的 η_E 值取中间值，因此可取 $\eta_E = 0.66$，故由式(7-18)可得

$$n = \frac{R_{E(1)}}{\eta_E R_E} = \frac{40\Omega}{0.66 \times 4\Omega} \approx 15$$

考虑到接地体的均匀对称布置，选 16 根直径 50mm、长 2.5m 的钢管作接地体，用 40mm × 4mm 的扁钢连接，环形布置。钢管和扁钢均需镀锌或作其他防腐处理。

六、接地工程图示例

常用的接地工程图是接地装置平面布置图。它是表示接地体和接地线的具体布置与安装的图样。

图 7-33 所示是图 3-1 所示高压配电所及其附设 2 号车间变电所的接地装置平面布置图。

在 10kV 配、变电所中，正常情况下不带电的外露可导电部分均采用保护接地，例如电力变压器、高压开关柜的外壳和电缆的金属外皮等。对于中性点直接接地的 220/380V 系统 (TN 系统)，电力装置一般采用接零保护。10kV 配、变电所中电力装置的保护接地，变压器低压侧中性点的工作接地以及阀型避雷器的接地，一般可采用一个共同的接地装置，其工

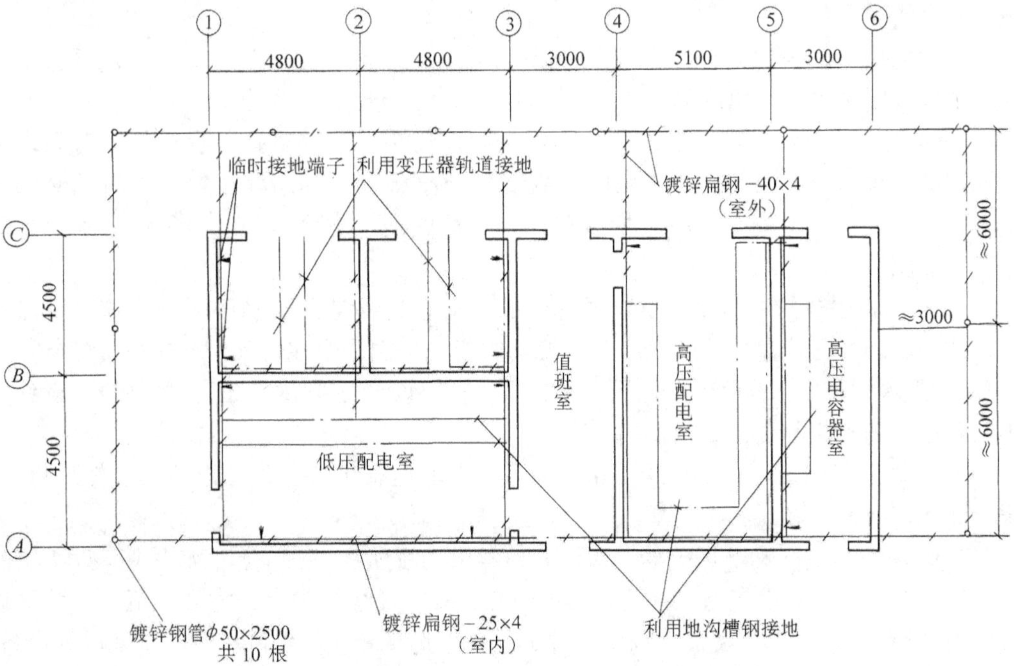

图 7-33　图 3-1 所示高压配电所及其附设 2 号车间变电所的接地装置平面布置图

第七章　防雷、接地及电气安全

频接地电阻不得大于4Ω。

在图7-33中，距建筑物3m左右，埋设10根棒形接地体（直径50mm，长2.5～3m的钢管或者∟50×5的角钢），接地体之间的距离一般为5m或稍大一些。接地体之间用40mm×4mm的扁钢焊接成为一个外缘闭合的接地网，要求其工频接地电阻不大于4Ω，施工后应进行实测，必要时可增加接地极的根数。若条件允许，应采用等电位联结，且使接地电阻值不大于1Ω。

为充分利用自然接地体，将变压器的轨道以及放置高压配电柜、低压配电屏的地沟上的槽钢或角钢用25mm×4mm的扁钢焊接成网，并与室外的接地网多处焊接。

为防止腐蚀，作棒形接地体的钢管或角钢以及构成接地网的扁钢都应镀锌或做其他防腐处理。

为便于测量接地电阻和移动式设备的临时接地，图中适当处装有临时接地端子。

接地装置安装的具体作法可参见电气装置标准图集86D563《接地装置安装》。

第三节　电 气 安 全

一、电气安全的一般措施

电气化给人类带来了巨大的物质文明，但同时也给我们带来了新的灾害——触电死亡。

人们在长期的生产实践中，逐渐积累了丰富的安全用电经验。各种安全工作规程以及有关保证安全的各种规章制度，都是这些丰富经验的总结。

所谓安全用电，是指在保证人身及设备安全的前提下，正确地使用电能以及为此目的而采取的科学措施和手段。

防止发生用电事故的主要对策，概括地讲，就是要做到思想重视、措施落实、组织保证。

保证电气安全的一般措施如下：

（1）加强安全教育　触电事故往往不给人以任何预兆，并且往往在极短的时间内造成不可挽回的严重后果。因此，对于触电事故要特别注意以“预防为主”的方针。必须加强安全教育，人人树立“安全第一”的观点，个个都做安全教育工作，力争供电系统无事故的运行，彻底消灭人身触电事故。

（2）建立和健全规章制度　供电系统中的很多事故都是由于制度不健全或违反操作规程而造成的。因此必须建立和健全必要的规章制度，特别是要建立和健全岗位责任制。

（3）确保供电工程的设计安装质量　必须“精心设计，精心施工”，严格执行设计的审批手续和竣工的验收制度，确保供电工程的质量。

（4）加强运行维护和检修试验工作　加强日常的运行维护工作和定期的检修试验工作，力求“防患于未然”。

（5）采用安全电压和防爆电器　对于容易触电的场所和手持电器，应采用表7-2所示的安全电压。在易燃、易爆场所，应遵照GB 50058—2014《爆炸和火灾危险环境电力装置设计规范》，正确划分爆炸和火灾危险场所的等级，正确选择相应类型和级别的防爆电气设备。

爆炸危险场所使用的防爆电气设备，在运行过程中，必须具备不引燃周围爆炸性混合物的性能，满足上述要求的电气设备可制成隔爆型、增安型、本质安全型、正压型、充油型、充砂型、无火花型、浇封型、防爆特殊型和粉尘防爆型等类型。

1）隔爆型电气设备(d)。具有隔爆外壳的电气设备，是指把能点燃爆炸性混合物的部件封闭在一个外壳内，该外壳能承受内部爆炸性混合物的爆炸压力并阻止向周围的爆炸性混合物传爆的电气设备。

2）增安型电气设备(e)。指在正常运行条件下不会产生电弧、火花或可能点燃爆炸性混合物的高温的设备结构上，采取措施提高安全程度，以避免在正常和规定的过载条件下出现这些现象的电气设备。

3）本质安全型电气设备(i)。在正常运行或在标准试验条件下所产生的火花或热效应均不能点燃爆炸性混合物的电气设备。

4）正压型电气设备(p)。具有保护外壳，且壳内充有保护气体，其压力保持高于周围爆炸性混合物气体的压力，以避免外部爆炸性混合物进入外壳内部的电气设备。

5）充油型电气设备(o)。全部或某些带电部件浸在油中使之不能点燃油面以上或外壳周围的爆炸性混合物的电气设备。

6）充砂型电气设备(q)。外壳内充填细颗粒材料，以便在规定的使用条件下，外壳内产生电弧、火焰传播，壳壁或颗粒材料表面的过热温度均不能够点燃周围的爆炸性混合物的电气设备。

7）无火花型电气设备(n)。在正常运行条件下不产生电弧或火花，也不产生能够点燃周围爆炸性混合物的高温表面或灼热点，且一般不会发生有点燃作用的故障的电气设备。

8）浇封型电气设备(m)。整台设备或其中的某些部分浇封在浇封剂中，在正常运行和认可的过载故障下不能点燃周围爆炸性混合物的电气设备。

以上几种防爆电气设备的制造及检验应符合国家标准 GB 3836—1983《爆炸性环境用防爆电气设备》的要求。

9）防爆特殊型(s)。电气设备或部件采用 GB 3836—1983《爆炸性环境用防爆电气设备》未包括的防爆型式时，由主管部门制订暂行规定，送劳动人事部备案，并经指定的鉴定单位检验后，按特殊电气设备“S”型处理。

10）粉尘防爆电气设备(DIP)。为防止爆炸性粉尘进入设备内部，外壳的结构面紧固严密，并加密封垫圈，转动轴与轴孔间加防尘密封。粉尘沉积有增温引燃作用，故要求设备外壳表面光滑、无裂缝、无凹坑或沟槽，并有足够的强度。国家标准 GB 12476. 1—2000《可燃性粉尘环境用电气设备・用外壳和限制表面温度保护的电气设备》已由国家技术监督局于 2000 年 10 月 17 日批准，并从 2001 年 7 月 1 日起实施。

（6）采用电气安全用具　绝缘安全用具分两类：

1）基本安全用具。这类安全用具的绝缘足以承受电气设备的工作电压，并能在该电压等级产生的内过电压下保证工作人员的人身安全。例如操作隔离开关时的绝缘钩棒如图 7-34 所示，还有绝缘夹钳等。

2）辅助安全用具。这类安全用具的绝缘不足以完全承受电气设备的工作电压，只能加强基本安全用具的保安作用，用来防止接触电压、跨步电压、电弧灼伤对操作人员的危害。例如绝缘手套、绝缘靴、绝缘垫台，高压验电器(如图 7-35a 所示)、低压试电笔(如图7-35b 所示)，还有临时接地线以及“有人工作、禁止合闸”之类标示牌等。

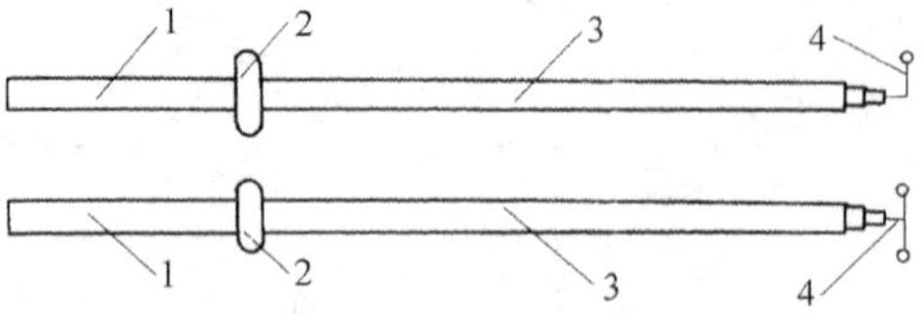

图 7-34　绝缘钩棒

1—手柄　2—护环　3—绝缘杆　4—金属钩

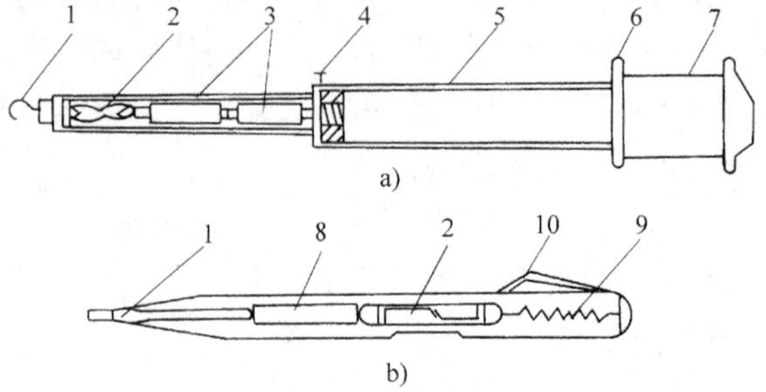

图 7-35　验电工具

a）高压验电器　b）低压试电笔

1—触头　2—氖灯　3—电容器　4—接地螺钉　5—绝缘杆　6—护环　7—手柄　8—碳质电阻　9—弹簧　10—金属挂钩(握柄)

（7）普及安全用电知识　供电人员应注意向用户和广大群众反复宣传安全用电的重要意义，大力普及安全用电常识。例如：

1）不得私拉电线，不得乱装电气线路。

2）不得随意加大熔体规格或改用其他材料来取代原有熔体。

3）装拆电线和电气设备，应请电工，避免发生触电和短路事故。

4）电线上不能晾衣物，晾衣物的铁丝也不能太靠近电线。

5）不得用枪或弹弓打电线上的鸟，不能在架空线路和室外变电所附近放风筝。

6）移动电器的插座，一般应采用带保护接地(PE)插孔的插座并正确接线。应尽量少使用插座板。电灯宜使用拉线开关。不要用湿手去摸灯头、开关和插头等，以免触电。

7）当发生电气故障而起火时，应立即切断电源。电气设备起火时，应用干砂覆盖灭火，或者用四氯化碳灭火器或二氧化碳灭火器来灭火，绝不能用水或酸性泡沫灭火器，否则有触电危险。使用四氯化碳灭火器时，应打开门窗，有条件的最好戴上防毒面具。使用二氧化碳灭火器时，要注意防止冻伤和窒息。

8）当电线断落在地上时，不可走近。对落地的高压线，应离开落地点 8 ~ 10m 以上，以免跨步电压伤人；遇此断线接地故障，应划定禁止通行区，派人看守，并通知电工或供电部门前来处理。

9）在户外遇到雷雨时不要在大树下避雨，不要拿着大件金属物品(如锄头、铝盆、金属柄雨伞等)在雷雨中停留。

10）不要使用不安全的电气设备，例如用于烧水的“热得快”等。使用“热得快”时，不但容易发生触电事故，而且如果沸水从接口处进入，容易造成短路；如果水烧干了，金属管烧红，可能引燃周围的易燃物质。2008 年 10 月，上海某学院女生宿舍中使用“热得快”烧水，引发火灾，不幸 4 人身亡。

二、触电的急救处理

触电人员的现场急救，是抢救过程中的一个关键。如处理得及时和正确，就可能使因触电而呈假死状态的人获救；反之，则可能带来不可弥补的后果。因此，《电业安全工作规程》(DL 408—1991)将“特别要学会触电急救”规定为电气工作人员必须具备的条件之一。

1. 脱离电源

使触电人尽快脱离电源，是救治触电人的第一步，也是最重要的一步。具体作法如下：

1）如果开关距离救护人较近，应迅速地拉开开关，切断电源。

2）如果开关距离救护人很远，可用绝缘手钳或装有干燥木柄的刀、斧、铁锹等将电线切断；但应防止被切断的电源线触及人体。

3）当导线搭在触电人身上或压在身下时，可用干燥木棒、竹竿或其他带有绝缘手柄的工具，迅速将电线挑开，但不能直接用手或用导电的物体去挑电线，以防触电。

4）如果触电人衣服是干燥的，而且电线并非紧缠其身时，救护人员可站在干燥的木板上用一只手拉住触电人的衣服将其拉离带电体，但此法只适用于低压触电的情况。

5）如果人在高空触电，还须采取安全措施，以防电源切断后，触电人从高空掉下致残或致死。

2. 急救处理

当触电人脱离电源后，应立即依据具体情况，迅速对症救治，同时赶快派人请医生前来抢救。

1）如果触电人的伤害并不严重，神志尚清醒，只是有些心慌，四肢发麻，全身无力，或者虽一度昏迷，但未失去知觉时，都要使之安静休息，不要走路，并密切观察其病变。

2）如果触电人的伤害较为严重，失去知觉，停止呼吸，但心脏微有跳动时，应采取口对口人工呼吸法。如果虽有呼吸，但心脏停跳时，则应采取人工胸外挤压心脏法。

3）如果触电人伤害得相当严重，心跳和呼吸都已停止，人完全失去知觉时，则需采用口对口人工呼吸和人工胸外挤压心脏两种方法同时进行。如果现场仅有一人抢救时，可交替使用这两种方法，先胸外挤压心脏4~8次，然后暂停，代以口对口吹气2~3次，再挤压心脏，又口对口吹气，如此循环反复地进行操作。

人工呼吸和胸外挤压心脏，应尽可能就地进行，只有在现场危及安全时，才可将触电人移到安全地方进行急救。在运送医院途中，也应不间断地进行人工呼吸或心脏挤压，实施抢救。

3. 人工呼吸和心脏挤压

人的生命的维持，主要是靠心脏跳动而造成的血液循环和由于呼吸而形成的氧气和废气的交换过程。“假死”就是由于中断了这种过程所致。因此，当人触电后一旦出现假死现象，应立即迅速施行人工呼吸或心脏挤压。

人工呼吸和心脏挤压法，通常采用的有：仰卧压胸法、俯卧压背法、口对口吹气法、胸外挤压心脏法和开胸直接挤压心脏法等。这里只介绍简便易行且效果较好的口对口吹气法和胸外挤压心脏法。

（1）口对口(或口对鼻)吹气法

1）首先迅速解开触电人的衣服、裤带，松开其上身的紧身衣、护胸罩和围巾等，使其胸部能自由扩张，不致妨碍呼吸。

2）使触电人仰卧，不垫枕头，头先侧向一边，清除其口腔内的血块、假牙及其他异物等。如其舌根下陷，应将舌头拉出，使呼吸道畅通。如触电者牙关紧闭，救护人应以双手托住其下巴骨的后角处，大拇指放在下巴角边缘，用手将下巴骨慢慢向前推移，使下牙移到上牙之前；也可用开口钳、小木片、金属片等，小心地从口角伸入牙缝撬开牙齿，清除口腔内异物。然后将其头部扳正，使之尽量后仰，鼻孔朝天，呼吸道畅通。

3）救护人位于触电人头部的左边或右边，用一只手捏紧其鼻孔，以防漏气；用另一只手将其下巴拉向前下方，使其嘴张开，嘴上可盖一层纱布，准备接受吹气。

4）救护人作深呼吸后，紧贴触电人的嘴，向他大口吹气，如图 7-36a 所示。如果掰不开嘴，可贴鼻孔吹气，使其胸部膨胀。

图 7-36　口对口吹气的人工呼吸法

a）贴紧吹气　b）放松换气

5）救护人吹气完毕后换气时，应立即离开触电人的嘴（或鼻孔），并放松紧捏的鼻（或嘴），让其自由排气，如图 7-36b 所示。

按照上述要求对触电人反复地吹气、换气，每分钟约 12 次。对幼小儿童施行此法时，鼻子不必捏紧，可任其自由漏气，而且吹气不能过猛，以免肺包胀破。

（2）人工胸外挤压心脏法

1）与人工呼吸法的要求一样，首先要解开触电人衣物，并清除口腔内异物，使其胸部能自由扩张。

2）使触电人仰卧，姿势与上述口对口吹气法相同，但后背着地处的地面必须牢固，为硬地或木板之类。

3）救护人位于触电人一边，最好是跨跪在触电人的腰部，两手相叠（对儿童可只用一只手），手掌根部放在心窝稍高一点的地方（掌根放在胸骨的下 1/3 部位），如图 7-37 所示。

4）救护人找到触电人的正确压点后，自上而下，垂直均衡地用力向下挤压，压出心脏里面的血液，如图 7-38a 所示。对儿童，用力要适当小一些。

5）挤压后，掌根迅速放松（但手掌不要离开胸部），使触电人胸部自动复原，心脏扩张，血液又回到心脏里来，如图 7-38b 所示。

图 7-37　心脏挤压的正确压点

按照上述要求反复地对触电人的心脏进行挤压和放松，每分钟约 60 次。挤压时定位要准确，用力要适当。既不可用力过猛，以免将胃中食物也挤压出来，堵塞气管，影响呼吸，或折断肋骨，损伤内脏；又不可用力过小，达不到挤压血流的作用。

在施行人工呼吸和心脏挤压时，救护人应密切观察触电人的反应。只要发现触电人有苏醒征象，如眼皮闪动或嘴唇微动，就应中止操作几秒钟，以让触电人自行呼吸和心跳。

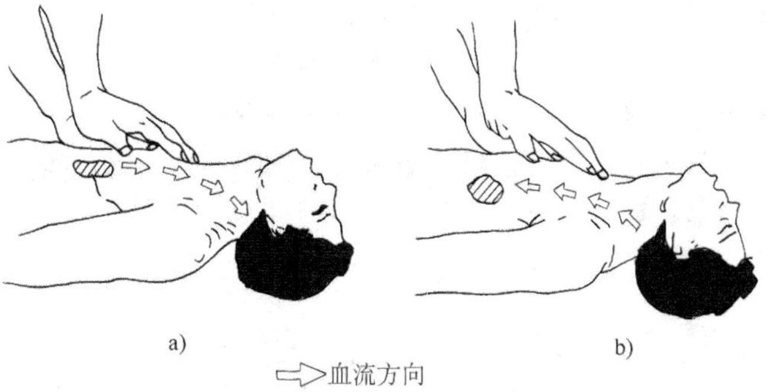

图 7-38　人工胸外挤压心脏法

a）向下挤压　b）迅速放松

施行人工呼吸和心脏挤压，对于救护人来说，是非常劳累的，但必须坚持不懈，直到触电人复苏或医务人员前来救治为止。只有医生才有权宣布触电人真正死亡。事实证明，只要正确地坚持施行人工救治，触电假死的人被抢救复活的可能性是非常大的。

FSR 型心肺复苏模拟人可供练习人工呼吸和心脏挤压。

思考题

7-1　什么叫内部过电压和大气过电压？

7-2　什么叫直接雷击和雷电感应？什么叫雷电波侵入？雷电流的波形有何特点？

7-3　什么叫年平均雷暴日数和年预计雷击次数，什么叫多雷区和少雷区？

7-4　什么叫接闪器？为什么说接闪杆实质上是引雷针？

7-5　什么叫滚球法？如何用滚球法确定接闪器的保护范围？

7-6　避雷器的主要功能是什么？阀式避雷器由哪些基本部件组成，它的阀片特性是怎样的？

7-7　一般工厂 6 ~ 10kV 高压架空线路有哪些防雷措施？

7-8　一般工厂变配电所有哪些防雷措施？

7-9　工业建筑物按防雷要求分为哪几类？各类建筑物需采取什么防雷措施？

7-10　高压电动机如何防止雷电波侵入？

7-11　什么叫安全电流，它与哪些因素有关？我国规定的安全电流为多少？

7-12　什么叫安全电压？我国规定的安全电压额定值为多少？

7-13　什么叫直接触电防护和间接触电防护？

7-14　什么叫接地？什么叫接地体和接地装置？什么叫人工接地体和自然接地体？

7-15　什么叫接地电流和对地电压？画图并说明接触电压和跨步电压。

7-16　什么叫工作接地？什么叫保护接地？各举例说明。

7-17　TN 系统、TT 系统和 IT 系统各在接地型式上有何区别？

7-18　试述电流型漏电断路器的基本结构和工作原理。

7-19　什么叫重复接地，其功能是什么？

7-20　什么叫等电位联结？其功能是什么？

7-21　什么叫接地电阻，人工接地装置的接地电阻与哪些因素有关，埋入砂质粘土（ρ

为 100Ω · m)的单根垂直接地体(约 2.5m 长)的接地电阻大约是多少?

7-22　什么叫冲击接地电阻，它与工频接地电阻有什么关系?

7-23　什么叫防爆电气设备，防爆电气设备有哪些类型?

7-24　常用的电气安全用具分哪几类? 各类安全用具有什么基本要求?

7-25　发现有人触电，应如何急救处理?

习题

7-1　某厂有一座第二类防雷建筑物，高 10m，其屋顶最远的一角距离高 50m 的烟囱为 15m。烟囱上装有一根 2.5m 高的接闪杆。试验算此接闪杆能否保护这座建筑物。

7-2　有一台 500kVA 的变压器中性点需进行接地，可利用的自然接地体为 25Ω，而接地电阻要求不得大于 4Ω。试选择垂直埋地的钢管和连接扁钢的规格和数量。已知接地处的土壤电阻率测定为 60Ω · m，单相短路电流可达 2.5kA，短路电流持续时间为 1.1s。

第八章　工厂的电气照明*

本章首先简要介绍照明技术的有关基本概念，然后介绍工厂常用电光源和灯具的类型及其选择与布置，重点讲述工厂照明的照度标准及基本的照度计算方法(利用系数法和比功率法)，最后概述照明供电系统及系统图、平面图的知识，以及照明电路和保护装置的选择。

第一节　照明技术的有关概念

一、概述

电气照明是工厂供电中不可缺少的组成部分。合理的电气照明是保证安全生产，提高劳动生产率，保护工作人员视力健康的必要条件。照明设计的主要任务就是根据生产与生活的需要，结合技术性和经济性要求，正确选择光源和灯具，提供合理的照明方案。电气照明的合理设计对工业生产具有十分重要的作用。

二、光和光谱

光是物质的一种形态，是一种电磁辐射能，它在空间以电磁波的形式传播。可见光是能引起视觉的辐射能。在电磁波极为宽广的波长范围内，可见光的光波只占很小一部分(波长在380～780nm之间的电磁辐射能为可见光)，它作用于人的眼睛使之产生视觉。在可见光的区域内不同波长又呈现出不同的颜色，把光线中不同强度的单色光按波长长短依次排列，称为光源的光谱。

可见光的波长由780～380nm之间依次变化时所呈现不同的单光色排列如下：

红——波长780～640nm；

橙——波长640～600nm；

黄——波长600～570nm；

绿——波长570～490nm；

青——波长490～450nm；

蓝——波长450～430nm；

紫——波长430～380nm。

人眼对各种波长的可见光具有不同的敏感性。测试表明，正常人眼对波长为555nm的黄绿色光最为敏感，即这种黄绿色光能引起人眼的最大视觉。

三、光通量和发光强度

1. 光通量(光通)

光通量是在单位时间内，光源向周围空间辐射出的能使人眼产生光感的能量。符号为

Φ，单位为 lm（流明）。

2. **发光强度**（光强）

发光强度是光源在周围空间给定方向上辐射的光通量，符号为 I，单位为 cd（坎德拉）。

发光强度是国际单位制的 7 个基本单位之一。

发光强度表征了光源发光的强弱。对于各个方向均匀辐射光通量的光源，在各个方向的光强均相等，其值为

$$I=\frac{\Phi}{\Omega} \tag{8-1}$$

式中 Φ——光源在立体角内所辐射的总光通量（lm）；

Ω——光源辐射光通量 Φ 的空间立体角（sr），$\Omega=\frac{A}{r^2}$，这里 r 为球半径，A 为与 Ω 相对应的半径为 r 的球面积。

四、照度和亮度

1. **照度**

照度是指受照物体单位面积上所投射的光通量，符号为 E，单位为 lx（勒克司）。

如果光通量 Φ（lm）均匀地投射在面积为 A（m^2）的表面上，则该表面的照度值 E（lx）为

$$E=\frac{\Phi}{A} \tag{8-2}$$

2. **亮度**

人眼对明暗的感觉不是直接取决于受照物体（间接发光体）的照度，而是取决于物体在眼睛视网膜上成像的照度，所以亮度的物理意义可理解为发光体在视线方向单位投影面上的发光强度。符号为 L，单位为 cd/m^2。

如图 8-1 所示，设发光体表面法线方向的光强为 I，而人眼视线与发光体表面法线成 α 角，因此视线方向的光强为 $I_\alpha=I\cos\alpha$。而视线方向发光体的投影 $A_\alpha=A\cos\alpha$，其中 A 为发光体面积。因此发光体在视线方向的亮度定义为

$$L=\frac{I_\alpha}{A_\alpha}=\frac{I\cos\alpha}{A\cos\alpha}$$

即

$$L=\frac{I}{A} \tag{8-3}$$

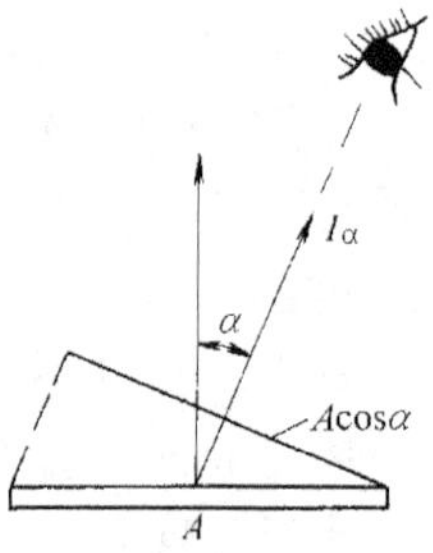

图 8-1 亮度概念的说明

式（8-3）说明，发光体的亮度值实际上与人眼的视线方向无关。

五、物体的光照性能和光源的显色性及色温

1. **物体的光照性能**

当光通量照射到物体上时，如图 8-2 所示，分为三部分，即反射光通（Φ_ρ），吸收光通（Φ_α）和透射光通（Φ_τ）。

为了表征物体的光照性能，引入以下三个参数，即

① 反射系数（或反射率） $\rho=\Phi_\rho/\Phi$ (8-4)

② 吸收系数（或吸收率） $\alpha=\Phi_\alpha/\Phi$ (8-5)

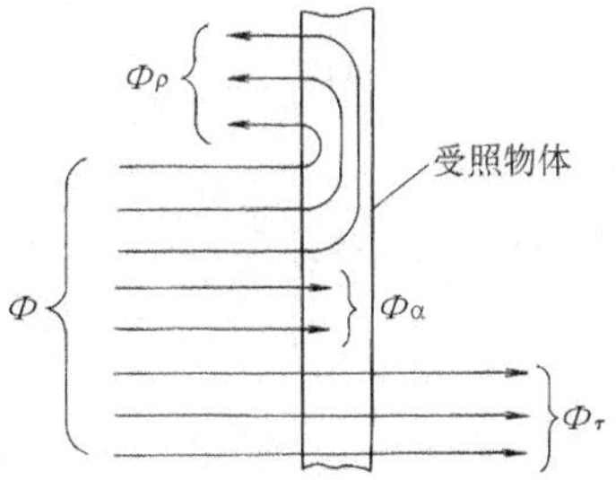

图 8-2　光通量投射到物体上的情形

Φ—投射光通　Φ_ρ—反射光通　Φ_α—吸收光通　Φ_τ—透射光通

③ 透射系数(或透射率)　$\tau = \Phi_\tau / \Phi$　(8-6)

且

$$\rho + \alpha + \tau = 1 \tag{8-7}$$

从照明的角度来说，反射系数 ρ 的应用最广，因为它与工作面上的照度密切相关。如表 8-1 所示为各种情况下墙壁、顶棚和地面的反射系数近似值。很明显，浅色的墙壁、顶棚和地面等，其反射率比较高。

表 8-1　墙壁、顶棚和地面的反射系数近似值

反射物体表面情况	反射系数 ρ(%)
刷白的墙壁、顶棚、窗子装有白色帘布	70
刷白的墙壁，但窗子未挂窗布，或挂深色窗帘；刷白的顶棚，但房间潮湿；虽未刷白，但墙壁和顶棚干净光亮	50
有窗子的水泥墙壁、水泥顶棚；或木墙壁、木顶棚；糊有浅色纸的墙壁；顶棚；水泥地面	30
有大量深色灰尘的墙壁、顶棚；无窗帘遮蔽的玻璃窗；未刷白的砖墙；糊有深色纸的墙壁、顶棚；较脏污的水泥地面；广漆、沥青等地面	10

2. 光源的显色性

物体在具有不同光谱的光源照射下，能显出不同的颜色，光源对被照物体颜色显现的性质，称为光源的显色性。物体的颜色以日光(或与日光相当的参考光源)照射下的颜色为准。

为了表征光源的显色性，特引入光源的显色指数 R_α。

光源的显色指数，是指某光源照射下物体的颜色与日光照射下该物体颜色相符合的程度，并将日光(或与日光相当的参考光源)的显色指数 R_α 定为 100。因此光源的显色指数越高，说明光源的显色性越好，物体颜色的失真度越小。

3. 光源的色温

光源的发光颜色与温度有关。色温就是以发光体表面颜色来估计其温度的一个物理量。

光源的色温，用其所辐射的光的颜色与黑体(能吸收全部光辐射而毫无反射和透射的理想物体)所幅射的光的颜色相同时的黑体温度来度量。色温的单位为 K(开尔文)。白炽灯的色温为 2400K(15W)～2920K(1000W)，日光色荧光灯的相关色温(对气体放电光源而言)为 6500K。色温对拍照和摄像的质量有较大的影响。

第二节　常用的电光源和灯具

一、常用电光源的类型、特性及选择

1. 常用电光源的类型

电光源按其发光原理可分为热辐射光源和气体放电光源两大类。

（1）热辐射光源　热辐射光源是利用物体加热到白炽状态时辐射发光的原理制成的光源，如白炽灯、卤钨灯等，如图 8-3 所示。

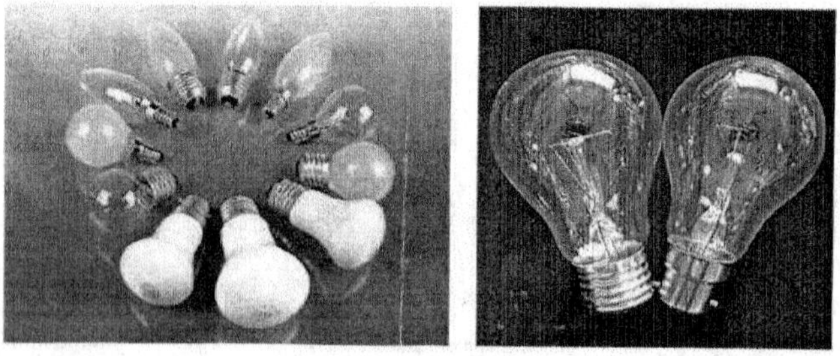

白炽灯

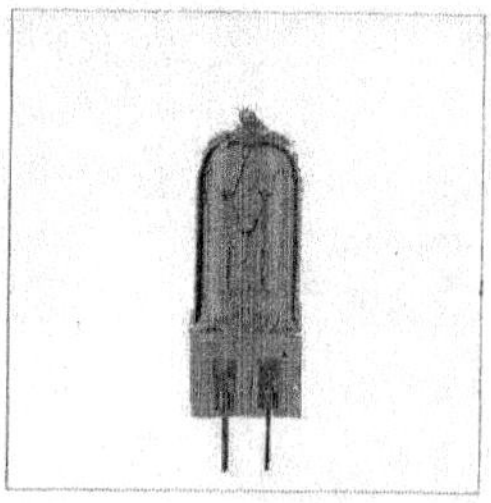

小功率卤钨灯

图 8-3　热辐射光源

1）白炽灯。白炽灯是靠钨质灯丝通电加热到白炽状态时辐射发光的原理制成的光源。其特点是结构简单、价格低廉、启动迅速、无频闪效应且显色性好，因此使用较为广泛。但发光效率较低，使用寿命较短且不耐振动。

2）卤钨灯。卤钨灯是在白炽灯泡中充入微量的含有卤素（溴、碘等）或卤化物的气体，利用“卤钨循环”原理来提高光效和使用寿命的一种光源。这种光源可以达到既提高光效又延长使用寿命的目的，而且在使用上与白炽灯一样方便。最常用的卤钨灯，是灯内充有微量碘的碘钨灯。如图 8-4 所示是碘钨灯的结构图。其工作原理为：碘钨灯两端加电压后，钨质灯丝通电加热到白炽状态发光，而且蒸发出钨分子，使之向灯管内壁移动。钨分子在管壁与碘化合，生成气态的碘化钨。碘化钨由管壁向灯丝扩散迁移。当碘化钨进入灯丝的高温区后，分解为钨分子和碘分子，钨分子沉积在钨质灯丝上，当钨分子沉积的数量与灯丝蒸发的钨分子数量相等时，形成了相对平衡状态，这就是所谓的卤钨循环。这实际上是通过卤素（如碘）作媒介，将由灯丝蒸发的附在灯管内壁的钨迁回灯丝的过程。这样，一方面防止了灯管发黑提高了发光效率，另一方面，又延长了灯管的使用寿命。

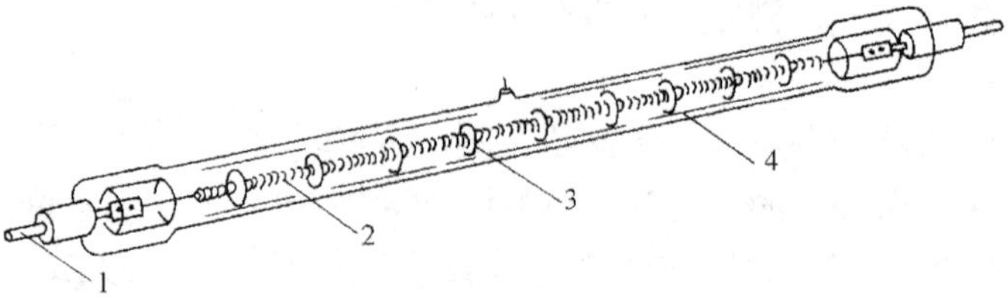

图 8-4　碘钨灯结构图

1—电极　2—灯丝　3—支架　4—石英玻璃（充微量碘）

这种灯在使用时应注意：灯管必须水平放置，其倾斜角不得大于4°，而且不允许采用人工冷却措施(如用风扇冷却等)。由于工作时管壁温度很高(可达600℃)，故不能与易燃物接近。卤钨灯的耐振性能较差，因此不宜用于有振动的场所。

(2) 气体放电光源　气体放电光源是利用气体放电时发光的原理所制成的光源，如荧光灯、高压汞灯、高压钠灯、金属卤化物灯、氙灯、LED等，如图8-5所示。

荧光灯

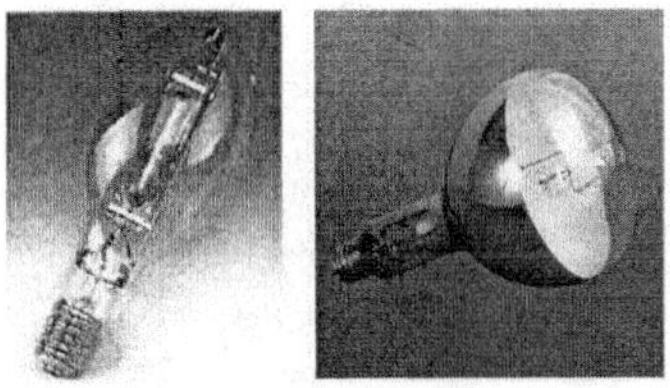
高压汞灯

高压钠灯

金属卤化物灯

氙灯

LED

图8-5　气体放电光源

1) 荧光灯。荧光灯(俗称日光灯)是利用汞蒸气在外加电压作用下产生弧光放电时发出可见光和紫外线，紫外线又激励管内壁的荧光粉发出大量可见光的光源。荧光灯发光效率比白炽灯高，使用寿命也比白炽灯长得多。但荧光灯的显色性较差(其中日光色显色性较好)，有频闪效应，不宜用于有旋转机械的车间。另外荧光灯属于低气压放电灯，工作在弧光放电区，此时灯管具有负的伏安特性，要求外加电压比较稳定。

荧光灯的附属设备有辉光启动器和镇流器，其工作原理电路如图8-6所示。辉光启动器S内有两个电极，其中一个弯成U字形的电极是双金属片，当荧光灯接上电压后，辉光启动器首先产生辉光放电，致使双金属片受热伸开，造成两极短接，从而使电流通过灯丝。灯丝发热后发射电子，并使管内少量汞得以气化。图中L是镇流器，实质是带铁心的电感线圈。当辉光启动器两极短接使灯丝加热后，辉光启动器辉光放电停止，双金属片冷却收缩，从而突然断开灯丝回路，这就使串联在灯丝回路中的镇流器两端感生出很高的电动势，连同电源电压加在灯管两端，使充满汞蒸气的灯管击穿，产生弧光放电。由于灯管起燃后，管内电压降很小，因此需借助镇流器产生很大一部分电压降，来维持灯管一定的电流。图中C是用来提高功率因数的并联电容。荧光灯在未并联电容C时，功率因数只有0.5左右；并联C后，功率因数可提高。

2) 高压汞灯(高压水银灯)。高压汞灯是一种高气压(压强可达10^5Pa以上)的汞蒸气放电光源。该灯的外玻璃壳内壁涂有荧光粉，它能将壳内的石英玻璃汞蒸气放电管辐射的紫外线转变为可见光以改变光色，提高光效。高压汞灯不需要辉光启动器来预热灯丝，但它必须与相应功率的镇流器L配合使用。其工作电路如图8-7所示。工作时，第一主电极与辅助电极(触发极)之间首先击穿放电，使管内的汞蒸发，导致第一主电极与第二主电极之间击穿，发生弧光放电，使管内的荧光粉受激而产生大量的可见光。

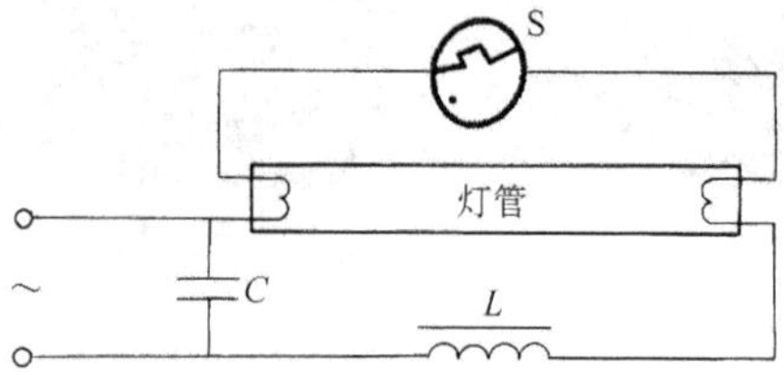

图8-6 荧光灯的原理电路

S—辉光启动器 L—镇流器 C—并联电容器

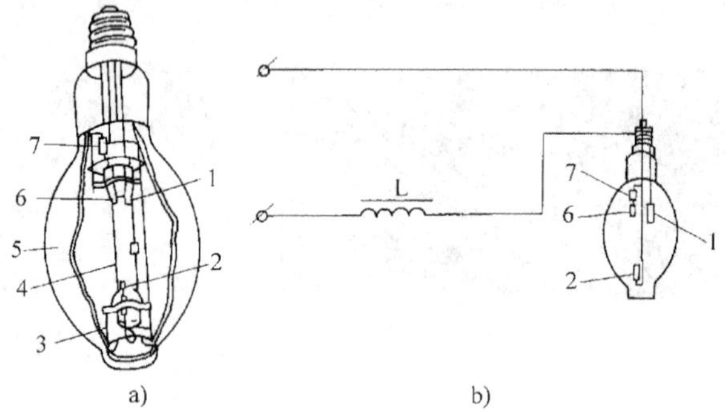

图8-7 高压汞灯

a) 结构 b) 原理电路

1—第一主电极 2—第二主电极 3—金属支架 4—内层石英玻壳(内充适量汞和氩) 5—外层硬玻壳(内涂荧光粉，内外玻壳间充氮) 6—辅助电极(触发极) 7—限流电阻

另外还有一种高压汞灯，即自镇流高压汞灯，它用自身的钨丝兼作镇流器。

高压汞灯是利用高压汞蒸气、白炽体和荧光粉三种发光物质同时发光的复合光源，所以光效较高，使用寿命也较长；但起动时间较长(4～8min)，显色性也较差。

3）高压钠灯。高压钠灯是一种利用高压钠蒸汽放电的高压气体放电光源。光色呈黄色，光效比高压汞灯高一倍左右，使用寿命也比较长，但显色性较差，且起动时间长。其结线类似于高压汞灯，也要与镇流器配合使用。

4）其他气体放电光源。金属卤化物灯是在高压汞灯的基础上为改善光色而发展起来的新型电光源，不仅光色好，而且光效高。它的发光原理是：在高压汞灯内添加某些金属卤化物，靠金属卤化物的循环作用，不断向电弧提供相应的金属蒸气，在弧光放电的激励下辐射出该金属的特征光谱线。选择适当的金属卤化物并控制它们的比例，可制成不同光色的金属卤化物灯。例如：充有钠、铊、铟碘化物的钠铊铟灯；充有钪、钠碘化物的钪钠灯等。

长弧氙灯是一种充有高压氙气的高功率(可达100kW)的气体放电光源，俗称“小太阳”。高压氙灯放电时能产生很强的白光，与太阳光十分相似。这种灯特别适用于大面积场所的照明。

特别指出，发光二极管(LED)是一种具有广阔应用前景的新型光源。LED是一种将电能直接转换为光能的固体元件，可作为有效的辐射光源。LED具有体积小、功耗小、寿命长、可靠性高等优点，能在低电压下工作，且便于控制。随着LED光效的不断提高和功率的增大，LED将越来越多地用于照明领域。

2. 常用电光源的特性

我国生产的各种常用电光源的主要技术数据如表8-2所示，附录中表A-22列出了普通白炽灯(PZ220 型和 PZS220 型)的主要技术数据，供参考。

表 8-2　常用电光源的主要技术数据

特性参数	白炽灯	卤钨灯	荧光灯	高压汞灯	高压钠灯	金属卤化物灯	长弧氙灯
额定功率/W	15～1000	500～2000	6～125	50～1000	35～1000	125～3500	1500～100000
发光功率/($lm\cdot W^{-1}$)	10～20	20～25	40～90	40～70	90～120	60～90	20～40
使用寿命/h	1000	1000～1500	3000～5000	3500～6000	6000～12000	1000～2000	1000
显色指数 R_a(%)	97～99	95～99	75～90	30～50	20～25	65～90	95～97
启动稳定时间	瞬时	瞬时	1～4s	4～8min	4～8min	4～8min	瞬时
再启动时间	瞬时	瞬时	1～4s	5～10min	10～15min	10～15min	瞬时
功率因数	1	1	0.33～0.7	0.41～0.67	0.44	0.4～0.6	0.4～0.9
频闪效应	无	无	有	有	有	有	有
表面亮度	大	大	小	较大	较大	大	大
电压变化对光通的影响	大	大	较大	较大	大	较大	较大
环境温度对光通的影响	小	小	大	较小	较小	较小	小
耐震性能	较差	差	较好	好	较好	好	好
所需附件	无	无	镇流器 辉光启动器	镇流器	镇流器	镇流器 触发器	镇流器 触发器

3. 常用电光源类型的选择

电光源类型的选择，应依据照明的要求和使用场所的特点而定，而且应尽量选择高效、长寿的光源。我国早已提出绿色照明的概念，即在不降低照明质量的前提下，节约照明用电，提高资源的利用率，从而减少因发电而产生的“三废”，达到保护环境的目的。例如采用高效节能灯和推广照明工程中的电子节能技术等。绿色照明是人类可持续发展战略在照明技术中的具体体现。

1）在开关频繁、需要及时点亮、需要调光、或者不能有频闪效应及需防止电磁波干扰的场所，宜采用白炽灯。如要求高照度时，亦可采用卤钨灯等。

2）一般生产车间、辅助车间、仓库、站房以及非生产性建筑物、办公楼、宿舍、厂区道路等，应优先选用结构简单、价格低廉的白炽灯和高效气体放电光源。

3）应根据视觉作业对颜色辨别的要求，选用不同显色性的光源。对识别颜色要求较高、照度要求较高、视看条件要求较好的场所，如设计室、图书室、试验室、印染车间和印刷车间以及其他一些非生产性建筑如办公室、宿舍等，若无特殊要求，宜优先采用荧光灯。

4）悬挂高度在 4m 以上的场所宜采用高压汞灯或高压钠灯；有高挂条件并需大面积照明的场所应采用金属卤化物灯或氙灯。

5）悬挂高度在 4m 以下的一般工作场所，考虑到电能的节约，宜优先采用荧光灯。

6）在同一场所，当采用一种光源的光色较差时，可考虑采用两种或多种光源混合照明，以改善光色。

二、常用灯具的类型及其选择与布置

灯具的主要作用是：固定和保护电光源，并使之与电源安全可靠地连接；合理地分配光的输出；装饰和美化环境。

1. 常用灯具的类型

（1）按灯具的配光曲线分类　按灯具的配光特性来分类，有两种分类方法：一种是国际照明委员会(CIE)推荐的分类法，另一种是传统的分类法。

1）CIE 分类法。根据灯具向下和向上投射光通量的百分比，将灯具分为以下 5 种类型：

① 直接照明型——灯具向下投射的光通量占总光通量的 90%～100%，而向上投射的光通量极少。

② 半直接照明型——灯具向下投射的光通量占总光通量的 60%～90%，向上投射的光通量只有 10%～40%。

③ 均匀漫射型——灯具向下投射的光通量与向上投射的光通量差不多相等，各为 40%～60% 之间。

④ 半间接照明型——灯具向上投射的光通量占总光通量的 60%～90%，向下投射光通量只有 10%～40%。

⑤ 间接照明型——灯具向上投射的光通量占总光通量的 90%～100%，而向下投射的光通量极少。

2）传统分类法。就是按灯具的配光曲线的形状来分类的方法。

裸露的白炽灯所发出的光线是射向四周的，为了充分利用光能，加装灯罩后可使光线重新分配，称为配光。灯具的配光曲线，就是在通过其光源(采用 1000lm 光通量的假想光源)对称轴的平面上，绘出的光强分布曲线。配光曲线一般用极坐标形式绘出，如图 8-8所示。

按灯具配光曲线的形状，灯具可分为以下 5 种类型：

① 正弦分布型——如图 8-8 中曲线 1 所示，光强按正弦函数 $\sin\theta$ 分布，在 $\theta=90°$ 时光强最大。

② 广照型——如图 8-8 中曲线 2 所示，最大光强分布在较大的角度上，可在较广的地面上形成比较均匀的照度。

③ 漫射型——如图 8-8 中曲线 3 所示，各个角度的光强基本一致。

④ 配照型——如图 8-8 中曲线 4 所示，光强按余弦函数 $\cos\theta$ 分布，在 $\theta=0°$ 时光强最大。

⑤ 深照型——如图 8-8 中曲线 5 所示，光通量和最大光强值集中在 0°～30° 的狭小立体角内。

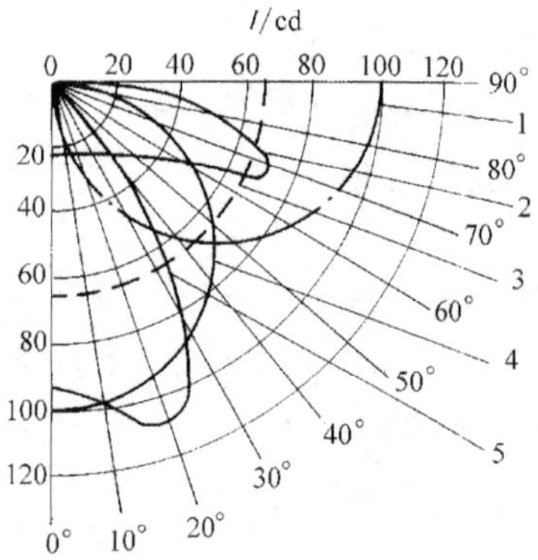

图 8-8　灯具的配光曲线分类
1—正弦分布型　2—广照型
3—漫射型　4—配照型　5—深照型

（2）按灯具的结构特点分类　按灯具的结构特点来分，可分为以下 5 种类型：

① 开启型——其光源与外界空气相通，如一般的配照型灯、广照型灯和深照型灯等。

② 闭合型——其光源被透明灯罩包合，但内外空气仍相通，如圆球灯、双罩灯和吸顶灯等。

③ 密闭型——其光源被透明灯罩密封，内外空气不能对流，如防潮灯、防水防尘灯等。

④ 增安型——其光源被高强度透明灯罩密封，且灯具能承受足够的压力，能安全地使用在某些有爆炸危险介质的场所。

⑤ 隔爆型——其光源被高强度透明灯罩封闭，但不是靠密封性来防爆，而是在灯座的法兰与灯罩的法兰之间有一隔爆间隙。当气体在灯罩内部爆炸时，高温气体经过隔爆间隙被充分冷却，从而不致引起外部爆炸性混合性气体爆炸。因此隔爆灯具也能安全地使用于某些有爆炸危险介质的场所。

如图 8-9 所示为工厂常用的几种灯具的外形和图形符号。

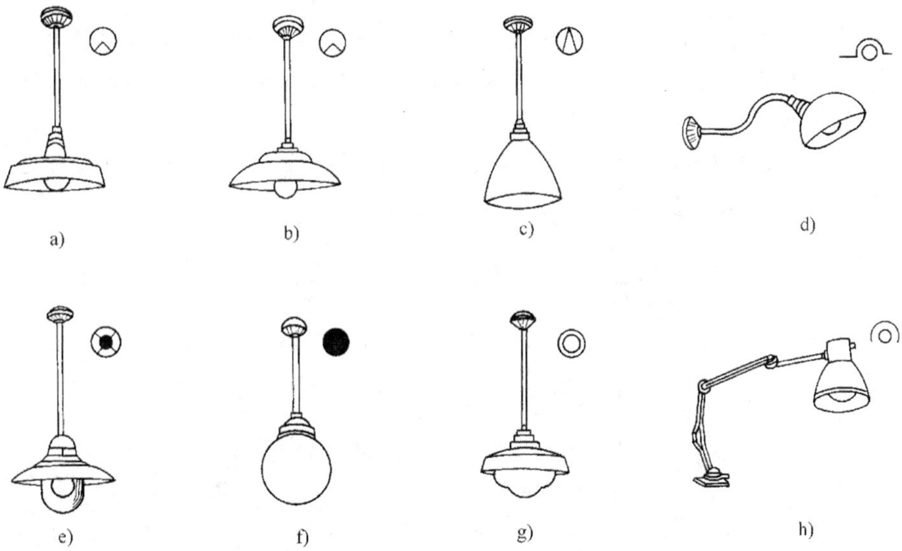

图 8-9　工厂常用的几种灯具

a）配照型工厂灯　b）广照型工厂灯　c）深照型工厂灯　d）斜照型工厂灯　e）广照型防水防尘灯　f）圆球型工厂灯　g）双罩型（又称万能型）工厂灯　h）机床工作灯

2. 常用灯具类型的选择

灯具的选择，应根据其使用场所的特点和照明的要求，选用相应的配光合理、高效节能的灯具。

（1）空气干燥和少尘的车间　可选用开启型的各种灯具。

（2）空气潮湿和多尘的车间　可采用防水防尘的各种密闭型灯具。

（3）有爆炸和火灾危险的车间　应选用防爆型灯具，例如增安型和隔爆型。

（4）一般办公室、会议室　可选用开启型或闭合型的各种灯具。

（5）门厅、走廊等处　一般选用闭合型的各种吊灯或吸顶灯。

（6）户外照明场所　可根据具体要求确定。

3. 室内灯具的悬挂高度及布置方案

（1）室内灯具的悬挂高度　室内灯具的悬挂高度主要应从保证照度的均匀性、尽量减少眩光、阴影，维护方便、安全经济、与建筑空间协调等方面考虑。

眩光就是视野内极高的亮度或强烈的亮度对比造成人的视觉降低和人眼不适甚至难受的一种现象。根据限制眩光要求，室内一般照明灯具对地面的悬挂高度，按国家标准《工业企业照明设计标准》规定，应不低于附录中表A-23所列的数值。表中所列灯具的保护角含义如图8-10所示。灯具的保护角又称遮光角，用来衡量灯具保护人眼不受光源直射眩光耀眼的程度。保护角越大，眩光作用越小，但保护角太大会使照明器的光效降低，所以灯具的保护角一般要求在15°～30°之间。

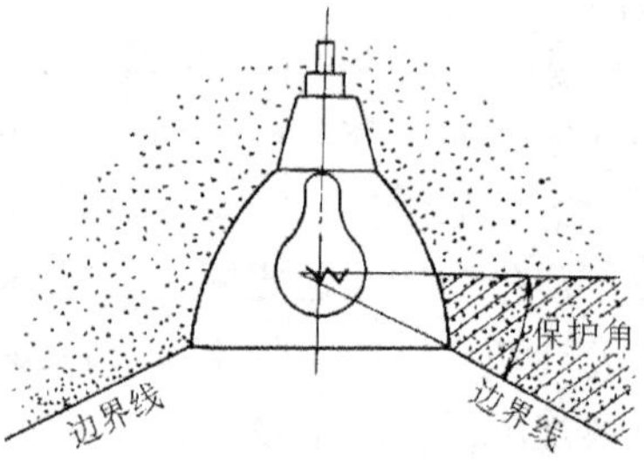

图8-10　灯具的保护角

（2）室内灯具的布置方案　室内灯具的布置，与房间的结构、照明的要求、光源和灯具的选择等很多因素有关，布置时既要考虑到照明技术上的合理性，又要尽可能协调、美观。一般室内灯具采用以下两种布置方案：

1）均匀布置。均匀布置就是灯具在整个房间内均匀分布，灯具位于有规律的对称行列上，与室内具体工作面的位置无关。如图8-11a所示。

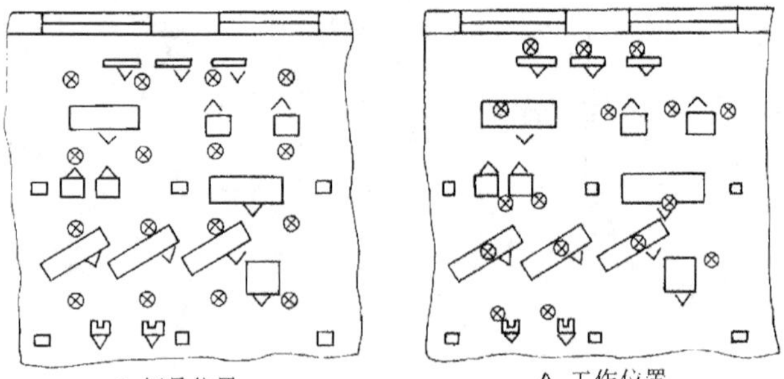

图8-11　一般照明灯具的布置

a）均匀布置　b）选择性布置

均匀布置一般可将灯具排列成正方形或矩形，如图8-12a所示。矩形布置时，也应尽量做到使灯距l与l'接近。等边三角形的菱形布置，照度最为均匀，其$l'=\sqrt{3}l$。

为了使工作面上获得均匀的照度，除了保证合理的灯具布置，均匀的灯间距离外，根据灯具的类型，还必须确定合理的灯具悬挂高度。各种灯具的技术参数中都给出了最大“距高比”（灯间距离l与灯在工作面上的悬挂高度h之比），在确定灯具的悬挂高度时，一般不要超过规定的最大距高比。例如GC1—$\frac{A}{B}$—1型配照灯，其最大允许距高比为1.25（参看附录中表A-25）。

为使照度均匀，考虑灯具的布置方案时，最边缘一列灯具离墙的距离l''应根据工作位置与墙的相对位置决定，如图8-12所示：

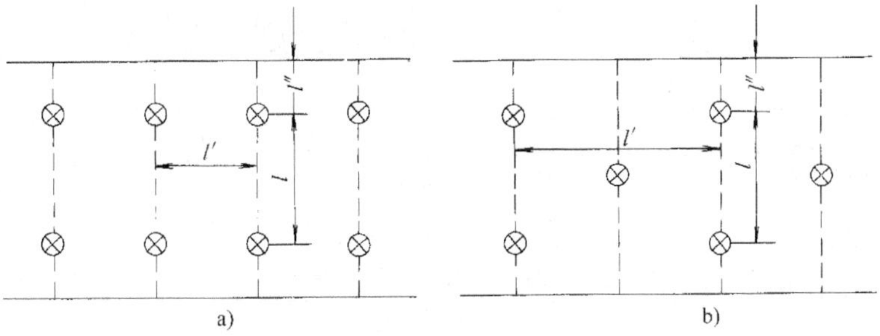

图 8-12　均匀布置的灯具

a）矩形布置　b）菱形布置（虚线为桁架）

靠墙有工作面时，可取 $l''=(0.25\sim0.3)l$；

靠墙为通道时，可取 $l''=(0.4\sim0.5)l$；

式中 l 为灯具间距离；对矩形布置，可取其纵横两方向灯距的均方根值。

2）选择性布置。灯具的布置与生产设备的位置有关。大多是按工作面对称布置，力求使工作面能处于最有利的光通方向和消除阴影，如图 8-11b 所示。

例 8-1　某车间的平面面积18m×42m，桁架的跨度为 18m，离地面的高度为 5.5m，桁架之间相距 6m，工作面离地面 0.75m。拟采用 GC1-A-1 型配照型工厂灯（装 220V、150W 白炽灯）作车间的一般照明。试初步确定灯具的布置方案。

解　根据车间的结构，灯具宜悬挂在桁架上。如灯具下吊 0.5m，则灯具离地面为 5.5m－0.5m＝5m。这一高度符合附录表中 A-23 规定的最低悬挂高度的要求。

由于工作面离地面 0.75m，故灯具在工作面上的悬挂高度 $h=5\text{m}-0.75\text{m}=4.25\text{m}$。而由附录中表 A-25 知，这种灯具的最大允许距高比为 1.25，因此灯距较合理的距离为

$$l\leqslant1.25h=1.25\times4.25\text{m}=5.31\text{m}$$

根据车间的结构和上面计算所得的较合理的灯距，初步确定灯具布置方案为如图 8-13 所示，该布置方案的灯距 $l=\sqrt{4.5\times6}\text{m}=5.2\text{m}<5.31\text{m}$，符合要求。但此方案能否满足照明要求，还有待于通过照度计算来校验。

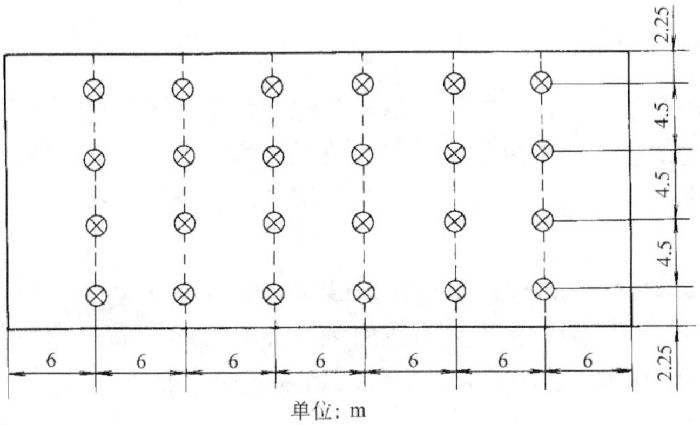

图 8-13　例 8-1 的灯具布置方案

第三节　照度标准及照度计算

一、电气照明的照度标准

照度是评价照明质量的一个重要指标。为了创造良好的工作条件，提高劳动生产率，保护职工的健康，工作场所和生活场所的照明必须有足够的照度。在设计中，必须根据国家最新标准确定各种工作场所和活动场所的照度。

一般照度标准的制订主要是根据照度与视力的关系以及国家的经济水平和供电能力等因素而综合考虑的，各国的照度标准不尽相同。附录中表 A-24 列出了我国规定的生产车间及工作和生产场所的平均照度值。在一般情况下，应取照度范围中的中间值作为设计工作面上的标准照度值。

符合以下条件之一时，应取照度范围的高值：

1）Ⅰ～Ⅴ等级的视觉工作，当眼睛至识别对象的距离超过 0.5m 时；

2）连续长时间紧张的视觉工作，对眼睛有不良影响时；

3）识别对象在活动面上，识别时间短促而辨别有困难时；

4）工作需要特别注意安全时；

5）识别对象的反射系数很低或与背景的对比很低时；

6）当作业精度要求很高时。

符合下列条件之一时，应取照度范围的低值：

1）只需短时间进行工作时；

2）当精度或速度无关紧要时；

3）识别对象的反射系数很高或与背景的对比很强时。

新的《建筑照明设计标准》(GB 50034—2013) 大幅度提高了照度水平，照明质量标准水平已基本上与国际标准接轨；对各种房间或场所的眩光限制和显色性已定量化；并增加了办公、居住、医院、学校、商业、旅馆和工业等 7 类建筑的照明功率密度 (LPD) 的最大允许值。LPD 是指单位面积上的照明功率值 (W/m^2)。

二、照度的计算

照度计算的目的是根据所需要的照度值及其他已知条件，决定灯的容量和数量；或在灯具的形式、布置及光源容量、数量都已确定的情况下来校验工作面上的照度是否符合照度标准。照度的计算方法很多，限于篇幅，这里只介绍常用的利用系数法和比功率法。

1. 利用系数法

(1) 利用系数的概念　照明光源的利用系数 (utilization coefficient) 是表征照明光源的光通量有效利用程度的一个参数，它用灯具投射到工作面上的光通 (包括直射光和多方反射到工作面上的光通) 与全部光源发出的总光通量之比来表示。即

$$u = \frac{\Phi_e}{n\Phi} \tag{8-8}$$

式中　Φ_e——投射到工作面上的有效光通量 (lm)；

Φ——每盏灯发出的光通量(lm)；

n——灯的盏数。

利用系数 u 与以下因素有关：

1）与灯具的形式、光效和配光曲线有关。灯具的光效越高，光通越集中，利用系数也越高。

2）与灯具的悬挂高度有关。悬挂越高，反射光通越多，利用系数也越高。

3）与房间的面积及形状有关。房间面积越大，越接近于正方形，则由于直射光通越多，因而利用系数也越高。

4）与墙壁、顶棚及地面的颜色和洁污情况有关。颜色越浅、表面越洁净，反射光通越多，则利用系数也越高。

（2）利用系数的确定　由附录中表 A-25 所列 GC1-A、B-1 型工厂配照灯的利用系数可知，利用系数值应按墙壁和顶棚的反射系数(见表 8-1)及房间受照空间特征来确定。房间的受照空间特征通常用室空间比(room cabin rate，缩写为 RCR)这个参数来描述，如图 8-14 所示。

光的反射分量和直射分量与房间的形状有关，根据灯具的安装方式和工作面的位置，可将房间分成三个空间，即顶棚空间、地板空间和室空间。对于装设吸顶灯或嵌入式灯具的房间，没有顶棚空间；对于工作面为地面的房间，则无地板空间。

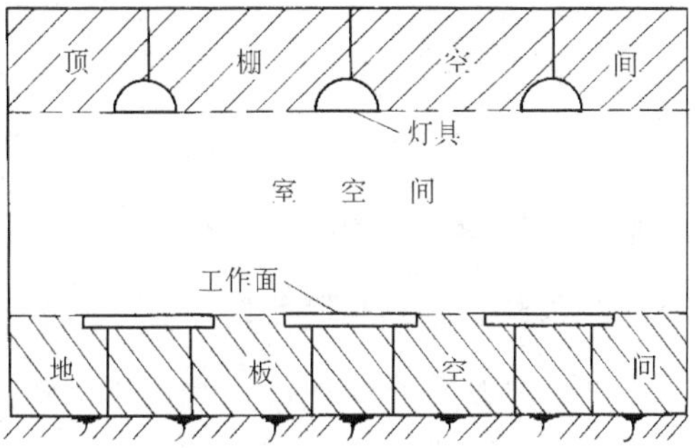

图 8-14　计算室空间比的说明图

室空间比 RCR 按式(8-9)确定

$$\mathrm{RCR}=\frac{5h_{RC}(l+b)}{l\cdot b} \tag{8-9}$$

式中　h_{RC}——室空间高度(m)；

l——房间的长度(m)；

b——房间的宽度(m)。

根据墙壁、顶棚的反射系数及室空间比 RCR，就可以从相应的灯具利用系数表中查出其利用系数。

（3）维护系数的确定　照明设备使用一段时间后，由于光源光通量的衰减、灯具材料老化、灯具和室内各表面被污染而引起反射系数下降等因素，使工作面上照度下降。为了维持一定的照度水平，在计算照度时，应计入一个小于 1 的维护系数(K)来补偿这些因素的影响。如表 8-3 所示。

表 8-3　维护系数参考值

环境特征	生产车间和工作场所示例	维护系数	灯具擦洗次数/次·年$^{-1}$
清洁	各种仪表、电子器件的装配车间，试验室、设计室、办公室等	0.8	2
一般	机械加工、机械装配车间，织布车间	0.7	2
污染严重	锻工、铸造车间，碳化车间、水泥厂球磨车间	0.6	3
室外	道路、广场	0.7	2

（4）按利用系数法计算工作面上的照度　在灯具型式和光源已经选定的情况下，可按式(8-10)计算工作面上的平均照度或根据要求的照度计算灯数

$$E_{av}=\frac{uKn\Phi}{A} \tag{8-10}$$

$$n=\frac{E_{av}A}{uK\Phi} \tag{8-11}$$

式中　u——利用系数；

K——维护系数；

n——灯的盏数；

Φ——每盏灯发出的光通量(lm)；

A——受照房间面积(m^2)。

例 8-2　试计算例 8-1 所初步确定的灯具布置方案(如图 8-13 所示)在工作面上的平均照度。

解　该车间的室空间比

$$RCR=\frac{5\times4.25\times(42+18)}{42\times18}=1.69$$

假设该车间的顶棚反射系数 $\rho_c=50\%$，墙壁的反射系数 $\rho_\omega=50\%$，查附录中表 A-25，并运用插入法，计算利用系数：由$\frac{2-1}{0.70-0.82}=\frac{1.69-1}{u-0.82}$解得 $u=0.737$。

由表 8-3 取维护系数 $K=0.7$。再由附录中表 A-22 查得灯具所装 150W 白炽灯的光通量 $\Phi=2090lm$，而从图 8-13 知 $n=24$。

因此按式(8-10)即可求得该车间水平工作面上的平均照度

$$E_{av}=\frac{0.737\times0.7\times24\times2090lm}{42m\times18m}=34.23lx$$

2. 比功率法(单位容量法)

（1）比功率的概念　比功率就是单位面积上照明光源的安装功率，用每单位被照水平面上所需光源的安装功率来表示。

$$P_0=\frac{P_\Sigma}{A}=\frac{nP_L}{A} \tag{8-12}$$

式中　P_Σ——受照房间总的安装功率(W)；

P_L——每盏灯的功率(W)；

n——受照房间灯的盏数；

A——受照房间的水平面积(m^2)。

附录中表 A-26 列出了采用工厂配照灯的一般照明的比功率参考值，供参考。

（2）按比功率法估算照明灯具的安装功率　如果查得所计算车间的比功率 P_0，则该车间一般照明的总的安装功率为

$$P_\Sigma=P_0A \tag{8-13}$$

因此每盏灯具的白炽灯功率为

$$P_L=\frac{P_\Sigma}{n}=\frac{P_0}{n}A \tag{8-14}$$

比功率法计算方便，但精确度较差，一般用于估算照明容量及对照度计算要求不高的场所。用比功率法计算照度的结果一般偏大。

例 8-3 试用比功率法计算例 8-1 所示车间一般照明中装有 150W 白炽灯的 GC_1-A-1 型工厂配照灯的灯数，设平均照度 $E_{av}=30lx$。

解 由 $h=4.25m$、$E_{av}=30lx$ 及 $A=18m\times42m=756m^2$，查附录中表 A-26 得 $P_0=6W/m^2$。因此该车间一般照明总的安装功率为

$$P_\Sigma=6W/m^2\times756m^2=4536W$$

因此采用装有 150W 白炽灯的 GC1-A-1 型工厂配照灯的灯数应为

$$n=4536W/150W\approx30$$

按图 8-11 所示的布置方式，每个桁架应布置 5 盏灯；沿桁架的灯间距离可取为 3.5m，边上的灯与墙的距离可取为 2m。

第四节 照明供电系统及其选择

一、照明供电系统及其平面布线图

1. 照明供电系统

正确合理的照明供电系统，是保证照明质量的必要条件。在照度、灯具及其布置方案确定之后，就可考虑照明供电系统的设计。照明供电系统设计的要求与工厂供电系统的基本要求是类似的，主要包括供电电压的选择、工作照明和应急照明供电方式的确定等。

（1）照明供电电压 照明灯的供电电压一般采用 220V 的额定电压，通常由 220/380V 系统供电；在触电危险性较大的场所中使用的局部照明和手提式照明，应采用 36V 及以下的安全电压；个别特殊工作场所和地点（如在锅炉或金属容器里面和金属平台上）的手提灯照明应采用 12V 电压。为了保证工作面上的照度，照明设备允许电压偏移不得超过规定值（见第一章第三节）。

（2）照明供电方式 为了保证照明设备供电的可靠性和照明质量，通常工厂和车间的动力与照明采取分开线路、分别控制的接线方式；对应急照明，应接在独立电源上，一般可由与工作照明分别接在不同母线段上的变压器供电；如果与工作照明由同一段母线供电，则应急照明必须有备用电源，如图 8-15 所示，以便在母线故障停电时可手动或自动投入备用电源。

如图 8-16 所示是由两台变压器供电的设有应急照明的供电系统。这里的应急照明均采用由邻近变电所的低压母线供电方式，以提高应急照明的可靠性。如图 8-17 所示是利用接触器组成的备用电源自动投入装置（APD），以实现应急照明电源自动切换的控制回路。当工作电源停电时，接触器 KM_1 因失电而跳开，同时其常闭触点 1-2 闭合，使时间继电器 KT 动作（KM_2 的常闭触点 1-2 原已闭合），其延时闭合触点 1-2 经 0.5s 闭合，使接触器线圈 KM_2 接通，其主触点闭合，从而投入备用电源。KM_2 的常开触点 3-4 同时闭合，保持 KM_2 通电；且其常闭触点 1-2 断开，切断 KT 的回路，KT 触点 1-2 断开，同时 KM_2 的常闭触点 5-6断开，切断 KM_1 的回路。

现在已有成套的应急照明灯具，正常时由交流 220V 供电，当电网故障时，可自动切换到灯具内的蓄电池组供电，提供一定时间的照明。采用这种应急照明灯具后，对应急照明电源可靠性的要求可大大降低。

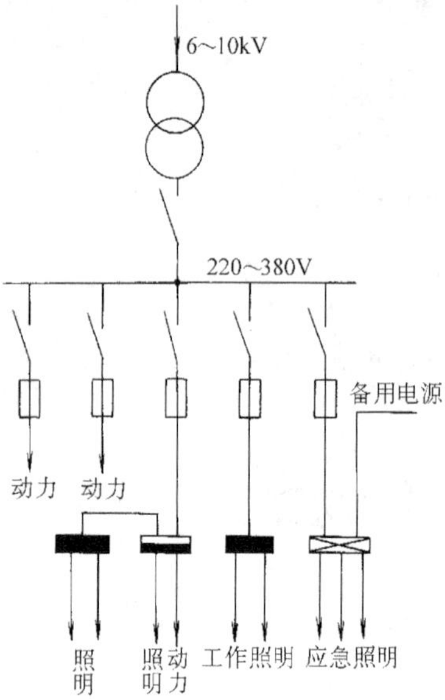

图 8-15　应急照明由一台变压器供电的照明系统

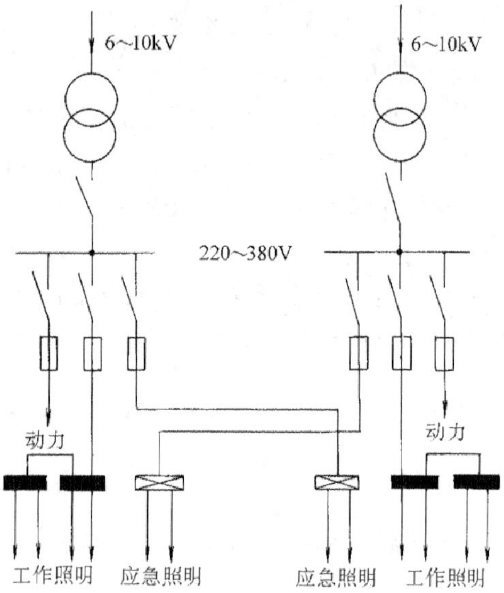

图 8-16　应急照明由两台变压器交叉供电的照明系统

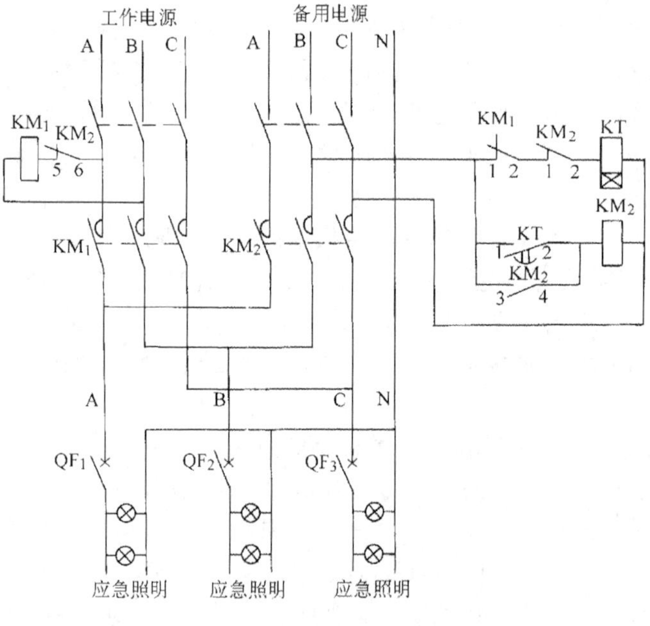

图 8-17　应急照明的 APD 控制电路

2. 照明平面布线图

电气照明平面布线图是照明施工图样的重要组成部分。它主要表示照明导线、控制保护设备以及灯具等的平面相对位置，是照明施工、竣工验收和维护检修的重要技术资料。如图 8-18 所示是图 3-12 所示高压配电所及其附设 2 号车间变电所照明平面布置图。

下面对该图作简要介绍。

如图 8-18 所示，该变配电所结构较完整，根据照明设计规范的有关要求，确定该变配电所的照明设计方案如下：

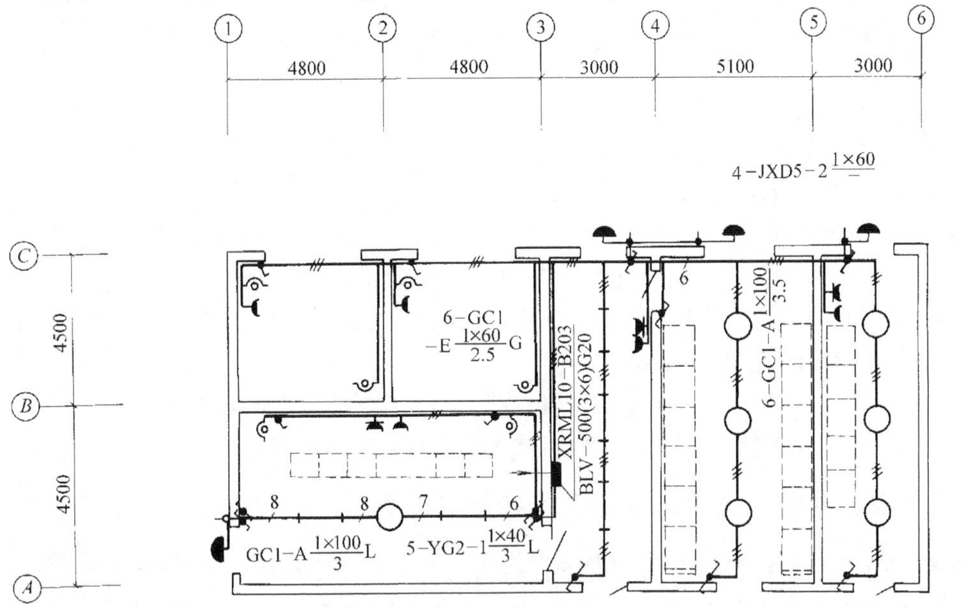

图 8-18　图 3-12 所示高压配电所及其 2 号车间变电所照明平面布置图

变压器室采用 GC1—E 型弯杆灯，每盏灯装 60W 白炽灯一只。分别安装在两室的两对角位置的墙上，安装高度为距地面 2. 5m。用单极平开关控制。

高压配电室和高压电容室均采用 GC1—A 型配照型工厂灯，每盏灯装 100W 白炽灯一只，管吊式，安装在顶棚上。因 GG—1A 型高压开关柜高 3. 1m，考虑灯具安装高度为距地面 3. 5m。因两边有门，采用两地控制方式。

低压配电屏前采用两盏 YG2—1 型荧光灯和一盏 GC1—A 型配照型工厂灯作混光照明，分别装 40W 细管节能型荧光灯和 100W 白炽灯，链吊式，安装在顶棚上，距地面 3m。荧光灯和白炽灯分别控制，也采用两地控制方式。为方便屏后维修，采用两盏 GC1—E 型弯杆灯，每盏装 60W 白炽灯一只，安装在墙上，距地面 2. 5m，用单极开关控制。

值班室采用三盏 YG2—1 型荧光灯，链吊式，安装在顶棚上，距地面 3m，也采用两地控制方式。

另外，在变配电所房门外的雨蓬下装 JXD5—2 型吸顶灯，每盏灯装 60W 白炽灯一只，采用防雨拉线开关控制。为便于维修等用电，在各房间适当位置设暗装插座。

变配电所的照明电源由图 3-1 中的低压配电屏（No. 202，PGL2-40）获得。

图中导线的根数可用“受控线”的概念来确定。一般将装有开关的相线称为受控线。一般导线上不标示者为两根，三根及以上则在线上打相应根数的短斜线或标以数字。例如，变压器室中靠门一侧为三根线：一根为 N 线，一根为不受开关控制的相线（还要送到插座去），还有一根为受开关控制的相线即受控线（要通到墙上的 GC1—E 型灯具去）。

图中的安装高度为：室内开关距地面 1. 4m，室外防雨拉线开关距地面 2. 5m，插座距地面 0. 3m，配电箱中心距地面 1. 5m。

在电气平面图上，除用统一规定的图形符号表示各照明设备的相对位置外，还必须用统一规定的文字符号和标注格式表示出导线、配电箱、灯具等的型号和灯数、灯的位置、光源功率及灯具的安装高度和安装方式等。按 GB/T 4728.11—2008 规定，照明灯具标注的格式为

$$a-b\frac{c\times d\times l}{e}f \tag{8-15}$$

式中 a——灯的盏数；

b——灯具的型号或编号；

c——每盏灯的灯泡数；

d——光源功率(W)；

e——灯具的安装高度(m)(吸顶灯则用“—”表示)；

f——灯具的安装方式，按 GB/T 4728.11—2008 规定：X 为线吊式，L 为链吊式，G 为管吊式，B 为壁装式；

l——光源种类：B 为白炽灯，L 为卤钨灯，Y 为荧光灯，G 为高压汞灯，N 为高压钠灯，X 为氙灯，JL 为金属卤化物灯，H 表混光光源。

二、照明供电系统的控制保护设备及其选择

照明供电系统常用的控制保护设备有照明配电箱、低压断路器和熔断器等。车间照明供电系统用得较多的是照明配电箱。照明配电箱的类型很多，过去车间常用照明配电箱多为 XM—7 型照明配电箱，配电箱内一般采用熔断器作为保护设备；现多采用带低压断路器保护的照明配电箱。如 X_R^XML—10 型、X_R^XM—23 型等，其一次线路方案及有关技术数据可参阅有关手册及产品样本。

采用熔断器或断路器进行短路和过负荷保护时，考虑到各种不同光源点燃时的起动电流不同，因此不同光源的保护装置额定电流也有所区别，如表 8-4 所示。

表 8-4 照明线路保护装置的选择

保护装置类别	保护装置额定电流/照明线路计算电流		
	白炽灯、卤钨灯、荧光灯、金属卤化物灯	高压汞灯	高压钠灯
RL1 型熔断器	1	1.3～1.7	1.5
RC1 型熔断器	1	1.0～1.5	1.1
带热脱扣器的低压断路器	1	1.1	1
带瞬时脱扣器的低压断路器	6	6	6

注：保护装置额定电流，对熔断器是指其熔体额定电流，对低压断路器是指其脱扣电流。

必须注意：用熔断器或低压断路器的脱扣器作照明线路的短路保护时，其熔断器或脱扣器应装设在线路不接地的各相上。N 线或 PE 线上一般不装熔断器或低压断路器。如果需要断开中性线时，则应装设能同时切断相线和中性线的保护电器。

三、照明负荷计算及导线截面的选择

1. 照明负荷计算

照明负荷一般采用需要系数法计算。即

$$P_{30}=K_dP_e \tag{8-16}$$

式中　P_{30}——计算负荷(W)；

K_d——需要系数，计算照明支线时可取为1，照明干线的需要系数见表8-5所示；

P_e——总安装容量(W)(应包括镇流器、触发器等附件消耗的功率。如三相负荷不平衡,应取最大一相负荷容量的3倍)。

表8-5　计算照明干线时采用的需要系数

类　别	(K_d)	类　别	(K_d)
生产厂房	0.8～1.0	仓库	0.5～0.7
办公室、实验室	0.7～0.8	道路照明、事故照明	1
生活区、宿舍	0.6～0.8		

三相线路计算电流

$$I_{30}=\frac{P_{30}}{\sqrt{3}U_N\cos\varphi} \tag{8-17}$$

单相线路计算电流

$$I_{30\cdot\varphi}=\frac{P_{30\cdot\varphi}}{U_\varphi\cos\varphi} \tag{8-18}$$

上两式中　U_N——额定线电压(V)；

U_φ——额定相电压(V)；

P_{30}，$P_{30\cdot\varphi}$——分别为三相及单相计算负荷(W)；

$\cos\varphi$——光源的功率因数，见表8-2。

2. 导线截面选择

由于电压偏移对照明质量影响比较显著，加之照明负荷往往又比较小，因此在确定照明电路导线截面时，通常应进行以下各项计算和校验：

(1) 根据允许电压损失的要求选择导线截面，用此方法选择导线截面时，一般用功率矩法，由下式确定导线截面$A(mm^2)$

$$A=\frac{\sum M}{C\Delta U_{al}\%} \tag{8-19}$$

式中　$\sum M$——导线的所有功率矩之和(kW·m)，$\sum M=\sum(pL)$；

C——计算系数，查表5-6($kW\cdot m/mm^2$)；

$\Delta U_{al}\%$——从线路首端(通常为低压母线)到线路末端的允许电压损耗(即电压降)的百分值，一般为3%左右。

(2) 按发热条件校验导线截面，该计算负荷电流应小于导线允许载流量；

(3) 导线截面长期允许电流应不小于保护设备(熔断器的熔体、低压断路器的热元件等)的额定电流值；

(4) 导线机械强度校验。即所选照明线路导线截面应不小于机械强度允许的最小导线截面，见附录表中A-11和表A-12。

导线截面的详细选择计算方法，参见本书第四章或有关设计手册，本节从略。

思考题

8-1　可见光波的波长范围是多少？哪种波长的什么颜色光可引起人眼最灵敏的视觉？

8-2　什么叫光通、光强和照度？其单位各是什么？

8-3　什么叫反射系数、吸收系数和透射系数？哪一种系数对照度计算的影响较大？

8-4　什么叫光源的显色指数？白炽灯与荧光灯相比较，哪一光源显色性好？

8-5　什么叫热辐射光源和气体放电光源？试以白炽灯和荧光灯为例，说明各自的发光原理和性能。

8-6　照明光源的选择通常应考虑哪些情况？

8-7　什么叫混光照明？采用混光照明有什么优越性？车间照明设计中为什么一般都采用混光照明？

8-8　按灯具的结构特点来分，灯具可分为哪几类？选择灯具时应考虑哪些情况？

8-9　室内照明灯具应如何布置？什么叫最大距高比？距高比不合理时会出现什么问题？

8-10　什么叫照明光源的利用系数？它与哪些因素有关？什么叫维护系数？哪些情况下取其最低值？

8-11　什么叫光源的比功率？用比功率法进行照度计算通常适用于什么情况？

8-12　照明供电系统为什么要分为工作照明和应急照明两种供电方式？对其供电电源有什么要求？

8-13　车间照明供电系统通常采用哪些控制保护设备？如何选择计算？

8-14　照明供电线路导线截面为什么一般先按电压损耗条件选择，再按其他条件校验？

习题

8-1　某大件装配车间的面积为10m×30m，顶棚离地面高度为5m，工作面离地面0.75m，拟采用GC1—A—1型配照灯(装220V、150W白炽灯)作为车间照明，灯从顶棚吊下0.5m，房间反射系数为$\rho_c=50\%$，$\rho_\omega=30\%$，维护系数为0.7，试用利用系数法确定灯数，并进行合理的布置。

8-2　试用比功率法重作习题8-1(只求灯数)。

8-3　试确定如图8-19所示额定电压220V的照明线路BLV型铝芯塑料线的截面。已知全线截面一致，明敷，线路长度和负荷如图所示。假设全线允许电压降为3%，当地环境温度为30℃。

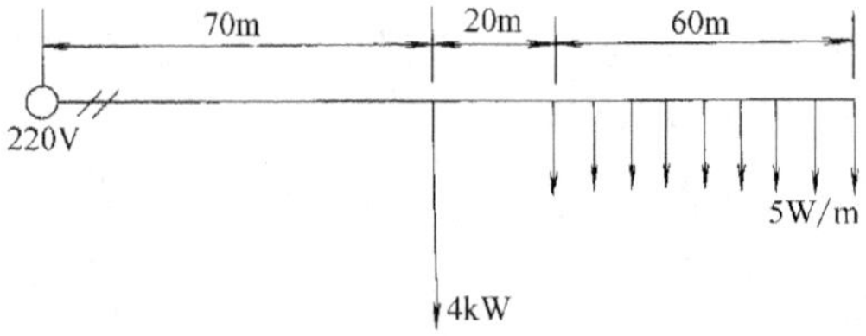

图8-19　习题8-3的照明线路

第九章　工厂的电能节约

本章首先简述工厂电能节约的重要意义，然后介绍工厂供电系统实现电能节约的一些基本措施，接着分别介绍电力变压器、电动机、电焊机、电热设备及电气照明等节约电能的具体措施，最后讲述无功功率的人工补偿。

第一节　电能节约的意义

能源一般分为两大类：天然能源和人工能源。

自然界本来存在的能源称为天然能源或一次能源。如太阳能、煤、石油、天然气、水力、风力、地热、原子能、潮汐能、生物能等，都是天然能源。

天然能源经过加工转化而形成的新能源称为人工能源或二次能源。电能是应用最广泛的二次能源。此外，汽油、煤气、沼气、液化气、焦炭及各种余热等也都是二次能源。

能源是发展国民经济的重要物质基础，也是制约国民经济发展的一个重要因素。历史上，国家之间因争夺能源而引发战争，而战争又往往是以能源为武器的较量。因此，在加强能源开发的同时，必须大力降低能源消耗，提高能源的有效利用程度。节能的科学含义即是提高能源的利用率。

节约能源是我国经济建设中的一项重大政策。电能是一种高价的二次能源，它只利用了一次能源的30%左右。因此，节约电能又是节约能源工作中的一个重要方面。由于工业用电在全国电能消耗量中大约占70%以上，所以工厂的电能节约具有特别重要的意义。

节约电能就是通过采取技术上可行、经济上合理和有利于环境保护的措施，用以消除供用电过程中的电能浪费现象，提高电能的利用率。

随着工农业生产的迅速发展，机械化、自动化程度及人民生活水平的不断提高，电能的生产与消费间的矛盾日趋尖锐，因此节约电能更显得必要，它是缓和电力供需矛盾的一项重要举措。

节约电能既可减少工厂的电费开支，降低单位产品的电能消耗，又能在一定条件下提高劳动生产率和产品质量。电能可以创造比其本身价值高几十倍甚至上百倍的工业产值。因此，节约电能被视为加强企业经营管理、提高经济效益的一项重要途径。我国目前的能源利用率较低，致使很多产品的单位产量所耗能源(产品单耗)远高于一些技术先进的国家；从另一方面来看，这也说明我国在节能方面大有潜力。

在我国，要得到1kW的电力，建火电厂约需4000~6000元；建水电厂约需8000~10000元；建核电站约需12000~15000元。而通过节约电能达到这一目的则只需约1000元，还可以减少环境污染。充分利用在生产、输送、使用过程中被无谓损耗和浪费掉的电能，这是一项意义重大并且效益显著的工作。

总之，节约电能是一项不投资或少投资就能取得很大经济效益的工作，对于促进国民经济的发展，具有十分重要的意义。

第二节　工厂电能节约的一般措施*

要搞好工厂的节电工作，就应大力宣传节电的重要意义，提高人们的节电意识，努力提高工厂供用电水平。这需要从工厂供用电系统的科学管理和技术改造两方面采取措施。

一、加强工厂供用电系统的科学管理

1. 加强能源管理，建立管理机构和制度

厂矿企业都要建立专门的能源管理机构，对各种能源(包括电能)进行统一管理。要有专人负责本单位的日常节能工作。电能管理是能源管理的一部分，电能管理的基础工作是搞好耗电定额的管理。通过充分调查研究，制定出工厂各部门及各生产环节的合理而先进的耗电定额。国家规定的几种高耗电产品电耗最高限额指标见附录表 A-27。对于电能要认真计量，严格考核，并切实做到节电受奖，浪费受罚。

2. 实行计划供用电，提高电能的利用率

实行计划供用电，必须把电能的供应、分配和使用纳入计划。对于地区电网来说，各个工厂用电要按地区电网下达的指标，实行计划用电，并采取必要的限电措施，对工厂内部供电系统来说，厂内各车间用电也要按计划。各车间的用电计划要落实到各个班组。这就需要各级加强用电管理，并通过计量严格考核。

对于工厂的非生产用电也要加强管理，防止浪费。同时要研究工厂各种能源的合理利用。在可以直接利用一次能源的地方，尽量不用一次能源转换而来的电能。因为煤炭等一次能源转换为电能的效率只有30%左右，用电相当于浪费了70%左右的能源，很不经济。

3. 实行负荷调整，“削峰填谷”，提高供电能力

所谓负荷调整，就是根据供电系统的电能供应情况及各类用户不同的用电规律，合理地、有计划地安排和组织各类用户的用电时间，以降低负荷高峰，填补负荷低谷，充分发挥发、变电设备的潜力，提高系统的供电能力，以满足电力负荷日益增长的需要。负荷调整是一项全局性的工作，电力系统要做全局性的调整负荷(简称调荷)。由于工业用电在整个电力系统中占的比重最大，因此电力系统调荷的主要对象是工业用户。同一地区各工厂的厂休日错开，就是电力系统调整负荷的措施之一。工厂内部也要调整负荷。主要方法有：①错开各车间的上下班时间，使各车间的高峰负荷分散；②调整大容量用电设备的用电时间，使之避开高峰负荷时间用电，这样就降低了负荷高峰，填补了负荷低谷，做到均衡用电，从而提高了变压器的负荷系数和功率因数，减少了电能损耗，因此，调整负荷不仅提高了供电能力，而且也是节约电能的一项有效措施。抽水蓄能电站就是用来作负荷调整的。

实行分时电价制可以有效地促使用户“削峰填谷”。例如上海规定生活用电的价格为：峰时(6～22时)0.61元/kW·h，谷时(22～6时)0.30元/kW·h。谷时电价不到峰时电价的二分之一。

4. 实行经济运行方式，降低电力系统的能耗

所谓经济运行方式，就是一种能使整个电力系统的电能损耗减少、经济效益提高的运行

方式，例如两台并列运行的变压器可在低负荷时切除一台；又如长期处于轻载运行的电动机可更换较小容量的电动机。关于变压器的经济运行将在下面第三节详述。

5. 加强运行维护，提高设备的检修质量

搞好供用电系统的运行维护和用电设备的检修，可减少电能损耗、节约电能。如检修电动机时要保证质量，重绕的绕组匝数、导线截面都不应改变；气隙要均匀；轴承磨损严重的应更换轴承，减少转子的转动摩擦；这些都能减少电能的损耗。又如导线接头处接触不良，发热严重，应及时维修，这样既保证了安全供电，又减少了电能损耗。对于其他动力设施也要加强维修和保养，减少水、气、热等能源的跑、冒、滴、漏，这样也能直接节约电能。

二、搞好工厂供用电系统的技术改造

1. 逐步淘汰现有低效率的供用电设备

以高效节能的用电设备替换低效率的用电设备，节能效果十分显著。以电力变压器为例，应采用冷轧硅钢片的节能型（如 SL7、S9、S11）变压器，其空载损耗比老型号的热轧硅钢片变压器低 50% 左右，同是 1000kVA（高压侧 10kV）的变压器，采用冷轧硅钢片的 S9 型节能变压器，其空载损耗为 1.7kW，而热轧硅钢片 SJL 型变压器，其空载损耗为 3.9kW。如果用 S9 型替代 SJL 型，则一年仅空载损耗（铁耗）方面就节电 $(3.9-1.7)\text{kW}\times 8760\text{h}=19272\text{kW}\cdot\text{h}$，相当可观。又如电动机，新的 Y 系列电动机与 JO_2 系列电动机比较，效率又提高了 0.413%。如果全国按年产量 $20\times 10^6\text{kW}$ 计算，年工作时间按 4000h 计，则全国一年可因此节电 $20\times 10^6\text{kW}\times 4000\text{h}\times 0.413/100\approx 3.3\times 10^8\text{kW}\cdot\text{h}$。若采用高效节能电动机，效率还可提高 8%~9%。对于照明设备，应采用高效率的新光源和照明自动控制装置。例如我国新生产的采用稀土元素的节能灯，其 9W 灯的光通量即相当于 60W 普通白炽灯。采用 LED 灯的节能效果更为显著。另外，采用大功率的硅整流和晶闸管整流装置取代电动—发电机组和汞弧整流器，也可以取得比较显著的节电效果。

国家有关部门经常分批公布若干淘汰的机电产品，使用单位必须按规定的淘汰期限执行。

2. 改造现有的工厂供配电系统，降低线路损耗

对现有的不尽合理的供配电系统应进行技术改造，降低线路损耗，节约电能。例如将迂回的配电线路改为直配线路；将截面偏小的导线更换为较大截面的导线；在技术经济指标合理的条件下将配电系统升压运行；或者改变变电所的位置或分散安装变压器，使之更加靠近负荷中心等，这些都能有效地降低线损，节约电能。

3. 合理地选择供用电设备容量，或进行技术改造，提高设备的负荷率

合理地选择设备容量，发挥设备潜力，提高设备的负荷率和使用率，这也是节电的基本措施之一。如电力变压器、电动机等供用电设备在低负荷运行时，效率低，功率因数也低，很不经济。对于长期处于低负荷运行的供用电设备，从节电的观点，应更换较小容量的设备。

关于供用电设备进行技术改造，如长期轻负荷运行的电动机改造、电焊机加装无载自停装置等。

4. 改革落后工艺，改进操作

生产工艺不仅对产品的质量、数量有着决定性的影响，而且也关系到产品用电量的多少。如在机床加工中，采用以铣代刨的工艺能使零件加工耗电量下降 30%~40%；在铸造工艺中，用精密铸造工艺取代目前的铸造方法，可使生产铸件的耗电量减少 50% 左右。

改进操作方法也是节约电能的一条有效途径。例如在电加热生产中，电炉连续作业比间歇作业消耗的电能少。

5. 提高功率因数

功率因数是衡量工厂供电系统电能利用程度及电气设备使用状况的一个具有代表性的重要指标，提高功率因数可以降低电能损耗。

首先应考虑提高自然功率因数。即在不添置任何补偿设备的前提下，采取适当技术措施，以达到提高功率因数的目的。在一定意义上讲，这就是向运行管理要经济效益，靠挖潜来节约电能。

工厂的无功功率主要消耗在感应电动机和变压器中，因此提高自然功率因数的主要措施有：①合理地选择感应电动机和电力变压器的容量，避免低负荷运行；②改变感应电动机绕组的结线（如由△联结改为Y联结）；③绕线转子感应电动机同步化运行；④在条件允许时，用同等容量的同步电动机替代感应电动机等。以上措施将在本章第三节详述。

在尽量提高自然功率因数的情况下，工厂的功率因数如果仍达不到供电部门的要求时，则应该考虑无功功率的人工补偿，这部分内容将在本章第四节详述。

第三节　工厂供用电设备的电能节约*

电能一般都是被转换为其他形式的能量来使用的。例如电能通过电动机转换为机械能，通过电灯转换为光能，通过电热设备转换为热能等。使一定的电能发挥更大的作用，这是节约电能的关键问题。本节主要介绍电力变压器和电气照明等的节电问题。

一、电力变压器的电能节约

电力变压器在供用电设备中，是效率最高的设备之一。它通常是长期连续运行，因此，虽然其功率损耗较小，但是长年累积起来，其电能损耗也十分可观，必须引起足够的重视。

电力变压器的电能节约，主要可从以下几方面考虑：应选用新型低损耗（即节能型）电力变压器；合理选择电力变压器的容量；实行电力变压器的经济运行，避免变压器轻负荷运行。关于电力变压器的型式和容量的选择问题，已分别在第二章和第五章详述，这里主要讲述电力变压器的经济运行问题。

1. 经济运行与无功功率经济当量的概念

经济运行是指能使整个电力系统的有功损耗最小，能获得最佳经济效益的设备运行方式。电力系统的有功损耗，不仅与设备的有功损耗有关，而且与设备的无功损耗有关，因为设备消耗的无功功率也是由电力系统供给的。由于无功功率的存在，就使得系统中的电流增大，从而使电力系统的有功损耗增加。

为了计算设备的无功损耗在电力系统中引起的有功损耗增加量，引入一个换算系数，即无功功率经济当量 K_q，它表示电力系统多发送 1kvar 的无功功率时，将在电力系统中增加的有功功率损耗 kW 数，其符号为 K_q，单位为 kW/kvar。K_q 值与电力系统的容量、结构及计算点距发电厂的远近等多种因素有关。对于由发电机电压直接配电的工厂，可取 $K_q=0.02\sim0.04$；对经两级变压的工厂，可取 $K_q=0.05\sim0.08$；对经三级及以上变压的工厂，可取 $K_q=0.1\sim0.15$。一般情况下，可概略地取 $K_q=0.1$。

2. 一台变压器运行的经济负荷计算

变压器的损耗包括有功损耗和无功损耗两部分，而无功损耗对电力系统来说也可相当于按 K_q 换算的有功损耗。因此变压器的有功损耗加上变压器无功损耗所换算的等效有功损耗，就称为变压器有功损耗换算值。

一台变压器在负荷为 S 时的有功损耗换算值为

$$\Delta P \approx \Delta P_T + K_q \Delta Q_T \approx \Delta P_0 + \Delta P_k \left(\frac{S}{S_N}\right)^2 + K_q \Delta Q_0 + K_q \Delta Q_N \left(\frac{S}{S_N}\right)^2$$

即

$$\Delta P \approx \Delta P_0 + K_q \Delta Q_0 + (\Delta P_k + K_q \Delta Q_N)\left(\frac{S}{S_N}\right)^2 \tag{9-1}$$

式中 ΔP_T——变压器的有功损耗(kW)；

ΔQ_T——变压器的无功损耗(kvar)；

ΔP_0——变压器的空载有功损耗(kW)；

ΔP_k——变压器的短路有功损耗(kW)；

ΔQ_0——变压器的空载无功损耗(kvar)；

ΔQ_N——变压器额定负荷时的无功损耗(kvar)；

S_N——变压器的额定容量(kVA)。

变压器的空载有功损耗 ΔP_0 和短路有功损耗 ΔP_k 可由产品样本查得，SL7 和 S9 型的可查附录表 A-5。

变压器的空载无功损耗 ΔQ_0 可近似地由下式计算

$$\Delta Q_0 \approx \frac{I_0\%}{100} S_N \tag{9-2}$$

式中 $I_0\%$——变压器空载电流占额定电流的百分值，SL7 和 S9 型的可查附录表 A-5。

变压器额定负荷时的无功损耗 ΔQ_N 可近似地由下式计算

$$\Delta Q_N \approx \frac{U_k\%}{100} S_N \tag{9-3}$$

式中 $U_k\%$——变压器的短路电压(即阻抗电压)占额定电压的百分值，SL7 和 S9 型的可查附录表 A-5。

要使变压器运行在经济负荷 $S_{ec \cdot T}$ 下，就必须满足变压器单位容量的有功损耗换算值 $\Delta P/S$ 为最小值的条件。因此令 $d(\Delta P/S)/dS=0$，可得变压器的经济负荷为

$$S_{ec \cdot T} = S_N \sqrt{\frac{\Delta P_0 + K_q \Delta Q_0}{\Delta P_k + K_q \Delta Q_N}} \tag{9-4}$$

变压器经济负荷与变压器额定容量之比，称为变压器的经济负荷系数或经济负荷率，用 $K_{ec \cdot T}$ 表示，即

$$K_{ec \cdot T} = \sqrt{\frac{\Delta P_0 + K_q \Delta Q_0}{\Delta P_k + K_q \Delta Q_N}} = \frac{S_{ec \cdot T}}{S_N} \tag{9-5}$$

一般电力变压器的经济负荷率为 50% 左右。

对于新型节能变压器，经济负荷率比老型号的低。若按此原则选择变压器的容量，则初始投资增大，基本电费也增加，因此选择变压器的容量要综合考虑各方面因素，负荷率大致在70%左右比较适合我国目前情况。

例9-1　试计算SL7-500/10型变压器的经济负荷及经济负荷率。

解　查附录表A-5得SL7-500/10型变压器的有关数据：$\Delta P_0=1.08\text{kW}$，$\Delta P_k=6.9\text{kW}$，$I_0\%=2.1$，$U_k\%=4$。

由式(9-2)得 $\Delta Q_0\approx 0.021\times 500\text{kVA}=10.5\text{kvar}$

由式(9-3)得 $\Delta Q_N\approx 0.04\times 500\text{kVA}=20\text{kvar}$

取 $K_q=0.1$。由式(9-5)可得此变压器的经济负荷率为

$$K_{ec\cdot T}=\sqrt{\frac{\Delta P_0+K_q\Delta Q_0}{\Delta P_k+K_q\Delta Q_N}}=\sqrt{\frac{1.08+0.1\times 10.5}{6.9+0.1\times 20}}=0.49$$

因此变压器的经济负荷为

$$S_{ec\cdot T}=K_{ec\cdot T}S_N=0.49\times 500\text{kVA}=245\text{kVA}$$

3. 两台变压器经济运行的临界负荷计算

假设变电所有两台同型号同容量(S_N)的变压器，变电所的总负荷为S。

一台变压器单独运行时，它承担总负荷S，因此由式(9-1)可求得其有功损耗换算值为

$$\Delta P_{\text{I}}\approx\Delta P_0+K_q\Delta Q_0+(\Delta P_k+K_q\Delta Q_N)\left(\frac{S}{S_N}\right)^2$$

两台变压器并联运行时，每台承担负荷$S/2$，因此由式(9-1)可求得两台变压器的有功损耗换算值为

$$\Delta P_{\text{II}}\approx 2(\Delta P_0+K_q\Delta Q_0)+2(\Delta P_k+K_q\Delta Q_N)\left(\frac{S}{2S_N}\right)^2$$

将以上两式ΔP与S的函数关系绘成如图9-1所示两条曲线，这两条曲线相交于a点，a点所对应的变压器负荷，就是变压器经济运行的临界负荷，用S_{cr}表示。

当$S=S'<S_{cr}$时，则因$\Delta P'_{\text{I}}<\Delta P'_{\text{II}}$，故宜于一台运行；

当$S=S''>S_{cr}$时，则因$\Delta P''_{\text{I}}>\Delta P''_{\text{II}}$，故宜于两台运行；

当$S=S_{cr}$时，则$\Delta P_{\text{I}}=\Delta P_{\text{II}}$，即$\Delta P_0+K_q\Delta Q_0+(\Delta P_k+K_q\Delta Q_N)\left(\frac{S}{S_N}\right)^2=2(\Delta P_0+K_q\Delta Q_0)+2(\Delta P_k+K_q\Delta Q_N)\left(\frac{S}{2S_N}\right)^2$

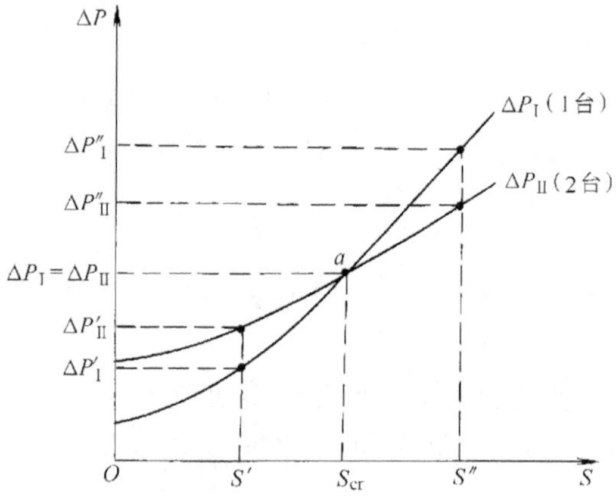

图9-1　两台变压器经济运行的临界负荷

由此可求得判别两台变压器经济运行的临界负荷为

$$S_{cr}=S_N\sqrt{2\times\frac{\Delta P_0+K_q\Delta Q_0}{\Delta P_k+K_q\Delta Q_N}}\tag{9-6}$$

如果是n台同型号同容量的变压器，则判别n台与$n-1$台经济运行的临界负荷为

$$S_{cr}=S_N\sqrt{(n-1)n\times\frac{\Delta P_0+K_q\Delta Q_0}{\Delta P_k+K_q\Delta Q_N}} \tag{9-7}$$

例 9-2　某厂变电所装有两台 SL7-500/10 型变压器，试计算此变电所变压器经济运行的临界负荷值。

解　全部利用例 9-1 的变压器技术数据，代入式(9-6)即得判别此变电所两台变压器经济运行的临界负荷为(取 $K_q=0.1$)

$$S_{cr}=500\text{kVA}\times\sqrt{2\times\frac{1.08+0.1\times10.5}{6.9+0.1\times20}}=346\text{kVA}$$

因此，如果负荷 $S<346\text{kVA}$，则适于一台运行；如果负荷 $S>346\text{kVA}$，则适于两台运行。

二、电气照明的电能节约

照明用电在生活和生产中是不可缺少的。我国照明用电量约占总用电量的 7%~8%，个别地区高达 15% 以上，因此节约照明用电的潜力是相当大的。节约照明用电要在保证合理照度的前提下，尽可能提高电能的有效利用率。照明节电的基本措施有：

(1) 采用高效电光源，提高光源的效率　如用一只 13W 节能灯取代 60W 白炽灯，每天照明以 4h 计算，年节电 68.62kW · h，而且寿命是白炽灯的 6 倍，经济效益可观。用 LED 作照明也很节能。

(2) 降低照明电路的损耗　例如适当增大照明供电线路的截面积等。

(3) 提高光通量的利用系数　例如选用适当的灯具等。

(4) 采用节电的照明系统　例如：①采用不同电光源混合照明(混光照明)，实践证明这样既可节电又可提高照明质量。②采用科学的管理系统。对照明进行科学、合理地管理，能够减少电能损耗。例如采用日光控制、时间控制、照度控制等。

(5) 充分利用自然光源　例如从建筑设计上优化照明条件，缩短电气照明时间，达到节电的目的。

第四节　无功功率的人工补偿

《全国供用电规则》规定：“用户在当地供电局规定的电网高峰负荷时的功率因数应达到下列规定：高压供电的工业用户和高压供电装有带负荷调整电压装置的电力用户，功率因数为 0.90 以上；其他功率因数为 0.85 以上。”功率因数未达到上述规定的应增添无功功率补偿设备。

一、无功功率人工补偿设备

常用的无功功率人工补偿设备，主要有同步补偿机(又叫同期调相机)和并联电容器。同步补偿机是一种专门用来改善功率因数的空载运行的同步电动机，通过调节其励磁电流可以起到补偿电网无功功率的作用，通常用在大电网中枢调压或地区降压变电所中。并联电容器又称移相电容器，是一种专门用来改善功率因数的电力电容器。并联电容器与同步补偿机相比，无旋转部分，并具有安装简单、运行维护方便、有功损耗小以及组装灵活、扩建方便等优点，所以并联电容器在一般工厂供电系统中广泛应用。但它损坏后不便修复，从电网切除后有危险的残余电压存在(残余电压可通过放电消除)。新型的 CLMB、CLMD 等型干式金属化全膜低压电容器具有自愈性能，不用维护且体积小，便于实现就地补偿，很有发展前途。

同步补偿机和并联电容器一般只适用于补偿变动不快的无功功率，即对无功功率进行静态补偿。现代工业中大容量冲击负荷带来了大量的冲击性无功功率，而且这种负荷含有大量的高次谐波，用同步补偿机和并联电容器是无法补偿的。静止无功补偿装置(SVC,简称静补装置)具有反应速度快、补偿效果好、维护方便等优点，因此应用越来越广泛。静补装置目前主要用于电弧炉、大型轧钢机等冲击性快速变动的无功功率及超高压输电系统的无功功率补偿。SVC 价格较高，故一般中小型机械工厂较少应用，仍以采用并联电容器为主。无功功率应尽可能地做到就地补偿，以实现无功功率的就地平衡原则，从而减少线路的功率损耗和电压损耗，提高无功补偿的经济效果。

下面主要介绍并联电容器的结线、装设、控制、保护及其运行维护。

二、并联电容器的结线

并联电容器的结线，通常分为△结线和Y结线两种方式，大多数采用△结线。低压电容器多数是三相的，内部已结成△。

电容量为 C 的三个电容器，采用△结线的容量 $Q_{C(\triangle)}$ 为Y结线容量 $Q_{C(Y)}$ 的 3 倍。因为 $Q_C=\omega CU^2$，而△结线时加在 C 上的电压 $U_\triangle$ 为Y结线时加在 C 上的电压 U_Y 的$\sqrt{3}$倍，所以 $Q_{C(\triangle)}=3Q_{C(Y)}$。同时，电容器采用△结线时，若任一电容器断线，三相线路仍得到无功补偿；而采用Y结线时，若一相电容器断线，将使该相失去补偿，造成三相负荷不平衡。此外，电容器采用△结线时，电容器的额定电压与电网的额定电压相同，这时电容器结线简单，电容器外壳及支架均可接地，安全性也得到提高。由此可见，当电容器的额定电压与电网额定电压相等时，电容器一般宜采用△结线。

电容器采用△结线也存在一定缺点，在一相电容器发生短路故障时，就形成两相直接短路，短路电流很大，有可能引起电容器爆炸，使事故扩大。如果电容器采用Y结线，在一相电容器发生击穿短路时，其短路电流仅为正常工作电流的 3 倍，因此运行就安全多了。所以国家标准 GB 50053—2013《20kV 及以下变电所设计规范》规定：在高压电容器组的容量较大(超过 400kvar)时，宜采用Y结线(中性点不接地系统)。这时电容器的额定电压应按电网相电压(即电网额定电压除以$\sqrt{3}$)来选择。例如 10kV 电网中，电容器为Y结线时，应选用额定电压为 11kV/$\sqrt{3}$的电容器；而电容器为△结线时，应选用额定电压为 11kV。通常电容器额定电压比电网电压高 10%，以便电网电压正偏差 10% 时电容器也不致损坏。

三、并联电容器的装设位置

并联电容器在工厂供电系统中的装设位置，有高压集中补偿、低压集中补偿和低压单独就地补偿等三种方式，如图 9-2 所示。

1. 高压集中补偿

高压集中补偿是将高压电容器组集中装设在工厂变电所的 6 ~ 10kV 母线上，这种补偿方式只能补偿 6 ~ 10kV 母线前所有线路上的无功功率，而此母线后的厂内线路和变压器没

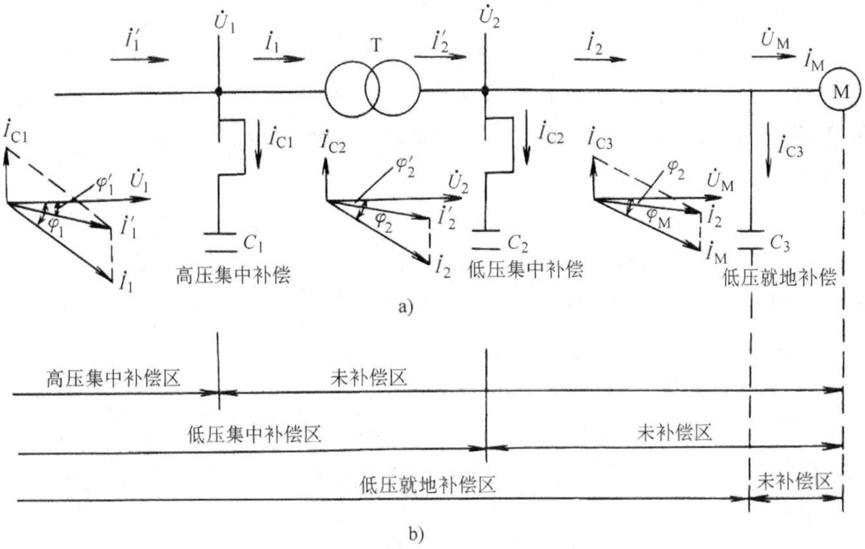

图 9-2 并联电容器在供电系统中的装设位置及补偿效果

a）装设位置 b）补偿范围

有得到无功补偿，所以这种补偿方式的经济效果比后两种补偿方式差。但这种补偿方式的初投资较少，便于集中运行维护，而且能对工厂高压侧的无功功率进行有效的补偿以满足工厂功率因数的要求，所以这种补偿方式在一些大中型工厂中应用比较普遍。

如图 9-3 所示是接在变配电所 6～10kV 母线上集中补偿的电容器组电路图。这里的电容器接成△，装在高压电容器柜内，为防止电容器击穿时引起相间短路，所以△各边均接有高压熔断器 FU 作短路保护。

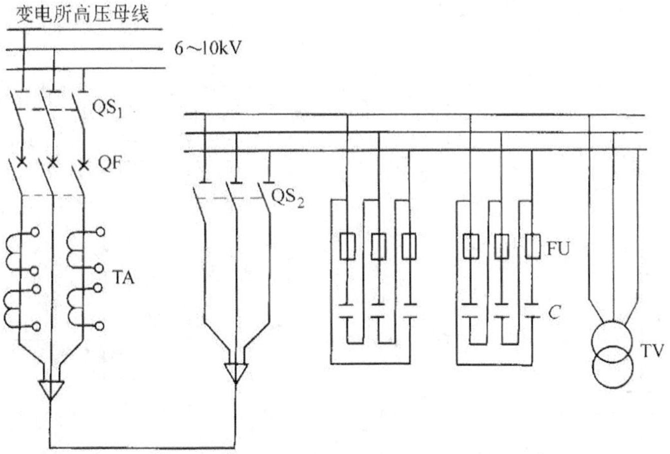

图 9-3 高压集中补偿电容器组的电路图

由于电容器从电网上切除后仍有残余电压，其值最高可达电网电压的峰值，这对人身是很危险的，所以 GB 50053—2013《20kV 及以下变电所设计规范》规定：电容器组装设的放电设备，使电容器组两端的电压从峰值（$\sqrt{2}U_N$）降至 50V 所需时间，对高压电容器最长为 5min，对低压电容器最长为 1min。高压电容器通常利用电压互感器（如图 9-3 中的 TV）的一次绕组放电。互感器与电容器装在同型的高压柜内。为了确保可靠放电，电容器组的放电回路中不得装设熔断器或开关设备，以免放电回路断开，危及人身安全。

按 GB 50053—2013《20kV 及以下变电所设计规范》规定：高压电容器组一般应装设在单独的高压电容器室内，但数量较少时，也可装设在高压配电室。

2. 低压集中补偿

低压集中补偿是将低压电容器集中装设在车间变电所的低压母线上。这种补偿方式能补偿车间变电所低压母线前的无功功率。这种补偿能使车间主变压器的视在功率减小，从而可使主变压器容量选得较小，所以比较经济。而且低压电容器柜可以安装在变电所低压配电室内，运行维护方便。因此这种补偿方式在工厂中应用非常普遍，尤其是 6 ~ 10kV 供电的中小型工厂变电所大多数采用这种补偿方式。

如图 9-4 所示是低压集中补偿的电容器组的电路图。这种电容器组，一般利用 220V、15 ~ 25W 的白炽灯的灯丝电阻放电（也有用专门的放电电阻的），这些白炽灯同时也作为电容器组运行的指示灯。

3. 单独就地补偿

单独就地补偿，又称个别补偿，是将补偿电容器组装设在需要进行无功补偿的各个用电设备附近。这种补偿方式能够补偿安装部位前面所有高低压线路和变压器的无功功率，因此补偿范围最大，补偿效果最好，应予优先采用。但这种补偿方式总的投资较大，且电容器组在用电设备停止工作时，它也一并被切除，因此其利用率较低。单独就地补偿方式适用于负荷平稳、经常运转而容量又较大的设备，如大型感应电动机、高频炉等；也适用于容量虽小但数量多而且是长期稳定运行的设备，如荧光灯等。

如图 9-5 所示是直接接在电动机旁的单独就地补偿的低压电容器组的电路图。这种电容

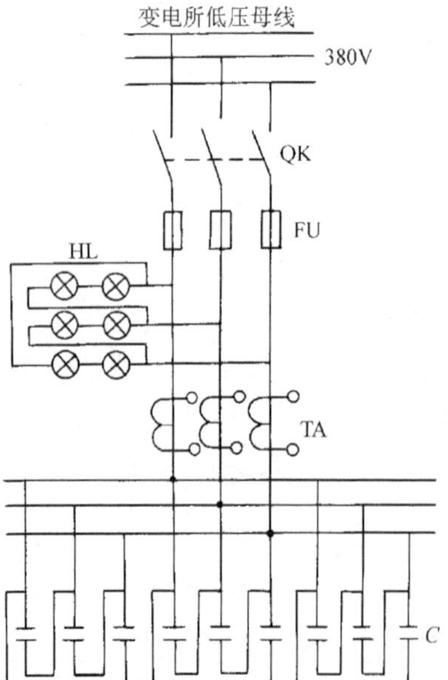

图 9-4　低压集中补偿电容器组的电路图

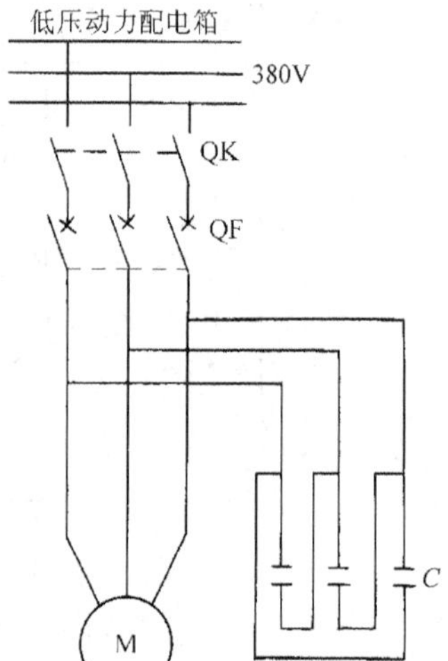

图 9-5　感应电动机旁就地补偿的低压电容器组电路图

器组通常就利用用电设备本身的绕组电阻来放电。

对感应电动机进行就地补偿时，其电容器容量的计算，应以电动机空载时补偿的功率因数接近1为宜，不能按电动机的负荷情况计算补偿容量。若以负荷情况补偿至功率因数等于1时，空载时将出现过补偿，在切断电源时因电容器放电而使电动机产生自励磁，致使旋转着的电动机成为感应发电机，使电压超过额定电压，这对电动机和电容器的绝缘都是不利的。因此对于个别补偿的感应电动机，其补偿容量可用下式确定

$$Q_C \leqslant \sqrt{3}U_N I_0$$

式中 Q_C——电动机所需补偿的容量(kvar)；

U_N——电动机的额定电压(kV)；

I_0——电动机的空载电流(A)。

除上述补偿方式外，还有分组补偿，这种补偿是将电容器组分别安装在各个车间的配电箱处，使配电变压器自变电所至车间的线路都可以得到无功功率补偿。

在工厂供电系统中，实际上多是综合采用上述各种补偿方式，以求经济合理地达到总的补偿要求。

总之，采用并联电容器作无功补偿装置时，宜就地平衡补偿。低压部分的无功功率宜由低压电容器补偿；高压部分的无功功率宜由高压电容器补偿；负荷平稳且经常使用的用电设备的无功功率宜单独就地补偿。补偿基本无功功率的电容器组宜在变配电所内集中补偿。在正常环境的车间内，低压电容器宜分散补偿。

四、并联电容器的控制

并联电容器有手动投切和自动控制两种控制方式。

1. 手动投切的并联电容器

手动投切的控制方式，要求值班人员根据负荷的变化对补偿功率进行调节，具有简单、经济、便于维护的优点，因此应用十分普遍。

下列情况一般适于采用手动投切并联电容器：

1）补偿低压基本无功功率(即设备正常运行时所需的最小无功功率)的电容器组；

2）补偿常年稳定的无功功率的电容器组；

3）补偿长期投入运行的变压器及变配电所内投切次数较少的高压电动机的电容器组。

对集中补偿的高压电容器组(如图9-3所示)，利用高压断路器进行手动投切。

对集中补偿的低压电容器组，可按补偿容量分组投切。如图9-6所示是手动投切的低压电容器组。

对于无功负荷经常变化的用户，采用手动投切控制方式，往往增加值班人员的负担，而且补偿效果也欠佳，因此宜采用下面介绍的自动控制的方法。

2. 自动控制的并联电容器

采用自动控制的并联电容器(无功功率自动补偿装置)可以使电容器组能够随着无功负荷的变化而按一定的规则自动地投入或者切除，从而达到较理想的无功功率补偿要求。

为了避免由于电网电压波动、电动机起动以及其他因素造成的瞬时无功功率波动而使无功功率自动补偿装置的执行机构动作，自动补偿装置必须采取延时投入及延时切除的方式。

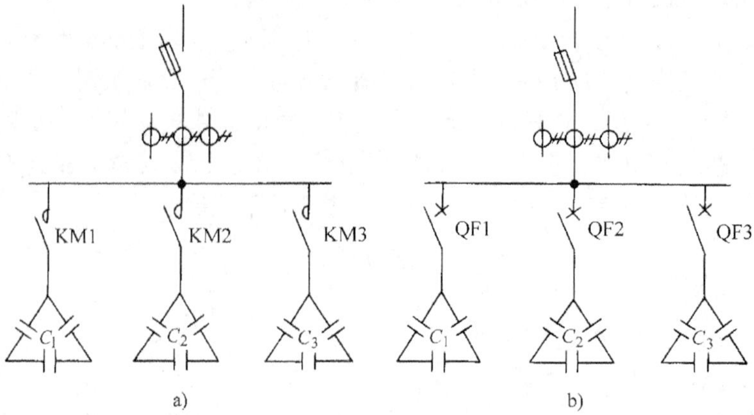

图 9-6 手动投切的低压电容器组

a）利用接触器进行分组投切 b）利用低压断路器进行分组投切

高压电容器采用自动补偿时对电容器电路中的切换元件要求较高，价格较贵，而且我国目前有的产品尚不稳定，因此 GB 50052—2009《供配电系统设计规范》特别规定：在采用高、低压自动补偿装置效果相同时宜采用低压自动补偿装置。

低压自动补偿电容器的原理电路图如图 9-7 所示。电路中的无功功率自动补偿控制器与电容器成套柜配合使用，构成无功功率自动补偿成套装置，目前广泛应用于工矿企业中。

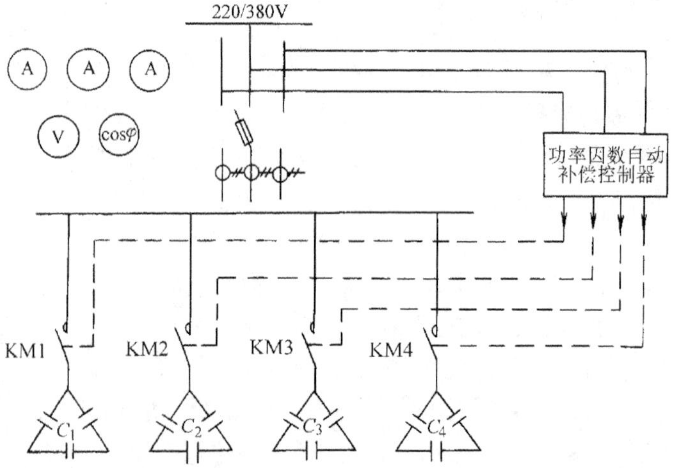

图 9-7 低压自动补偿电容器原理电路图

电容器组的自动投入及自动切除装置目前发展很快，方案很多，例如按无功功率控制、按功率因数控制、按母线电压控制、按昼夜时间控制，等等。下面简要介绍两种无功功率自动补偿控制器。

（1）CMOS 集成电路元件组成的 ZKW—Ⅱ型无功功率自动补偿控制器 ZKW—Ⅱ型无功功率自动补偿控制器具有工作稳定、性能可靠、灵敏度高、抗干扰能力强、体积小、消耗功率小等优点。控制器的输出为 10 路(也可应用于输出 6 路或 8 路的电容器控制屏中)。工作方式采用循环投切，可保证接触器、电容器的操作次数相同，延长接触器、电容器的使用寿命。

控制器取两线间的线电压 U_{BC} 与另一相电流 I_A（经电流互感器）作为控制器的输入信号。根据电网无功功率是否达到功率因数整定值来控制电容器的投入与切除，并具有过电压保护功能，当电网电压高于整定值时，电容器退出电网，以保护电容器。

控制器由测量、比较、过电压保护、基准电源、脉冲发生器、循环计数器及电源等部分组成，其框图如图 9-8 所示。图中各部分的作用如下：

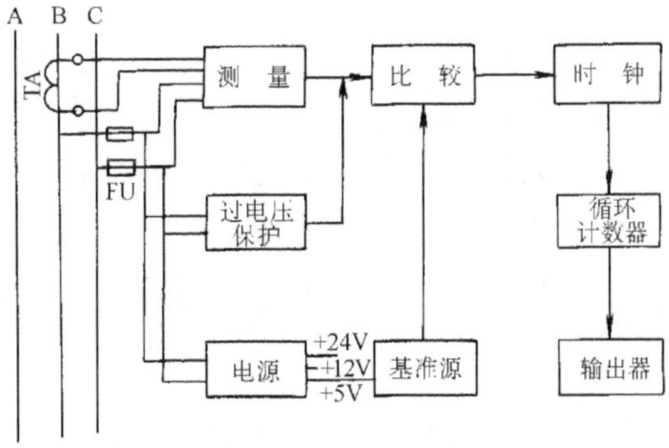

图 9-8　ZKW—Ⅱ型无功功率自动补偿控制器框图

1）测量部分。将电网中的无功功率变换成直流电压。

2）比较部分。将测量所得的直流电压与感性或容性整定值电压相比较后，发出相应的滞后或超前信号。

3）时钟脉冲。由比较电路控制的，可发出 10～120s 时间间隔的脉冲送到循环计数电路中去。

4）循环计数器。由比较部分和时钟脉冲控制，按其要求发出循环投切信号。例如，当电网中感性无功功率高于整定值时，比较器发出滞后信号，同时起动时钟脉冲，经延时发出一脉冲到循环计数器，通过出口继电器使一组电容器投入，直到电网中感性无功功率值低于整定值为止。同理，如果电网中容性无功功率高于整定值时，比较器发出超前信号，脉冲电路起动，经延时发出一脉冲到循环计数器，通过出口继电器将电容器从电网中切除一组，直到电网中容性无功功率低于整定值为止。

5）过电压保护电路。当电网电压高于整定值时（一般规定电网电压不得超过其额定电压的 10%），发出过电压信号，同时切除即将输入到比较器中的信号，将电容器从电网中退出，以保护电容器。当电压恢复正常时，控制器仍根据无功功率投切电容器。

6）基准电源。由温度补偿、齐纳二极管稳压电路提供，经电位器分压后，作为提供整定值用的基准电源。

7）电源电路。采用三端固定的稳压集成电路。

（2）单片机构成的无功功率自动补偿控制器　单片微型计算机（简称单片机）具有体积小、功耗低、价格便宜、使用灵活、控制能力强、可靠性高等优点，我国已研制成以单片机为核心构成的新型智能无功功率补偿控制器。此种控制器与常规控制器比较，最突出的优点是具有运算和记忆功能，以判断式选择投切取代了以往试探性依次投切的方法，从而使系统以较少的投切次数迅速进入最佳补偿状态，并避免了临界投切振荡，使控制质量大为提高。

现以 WGB—Ⅰ型单片机无功补偿控制器为例，简要介绍其工作原理及特点。

1）系统的硬件框图及工作原理。系统的硬件框图如图9-9所示。

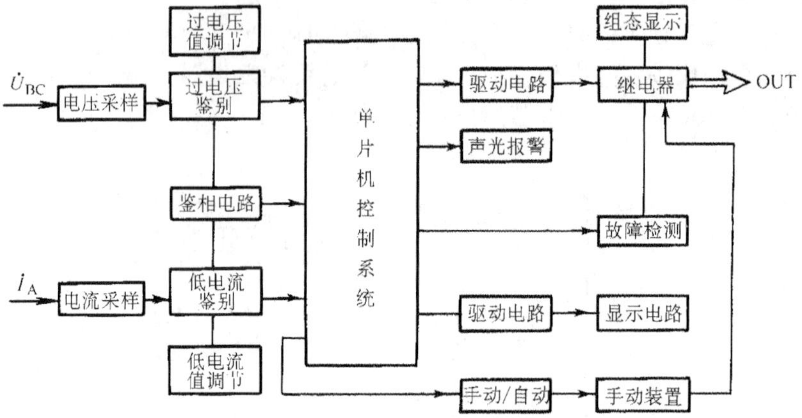

图9-9　单片机无功补偿控制器框图

系统的工作原理为：当电网的线电压 $\dot{U}_{BC}$ 和A相负荷电流输入鉴相电路后，该电路输出脉冲宽度与 $\dot{U}_{BC}$、$\dot{I}_A$ 之间的夹角 φ 相对应的脉冲信号，送到单片机进行处理，并显示其功率因数 $\cos\varphi$，再根据此功率因数值，采用寻优控制，向继电器驱动电路输出相应的投切信号，控制外界补偿电容的投切状态，从而实现无功功率的自动补偿。与此同时，过电压鉴别电路与低电流鉴别电路一旦判别出过电压或低电流时，就申请中断，并给出声光报警信号。

2）系统的软件设计。本系统采用模块设计方法，整个系统是通过不断调用子程序和接受中断子程序来完成检测、控制工作的。其软件模块示意图如图9-10所示。

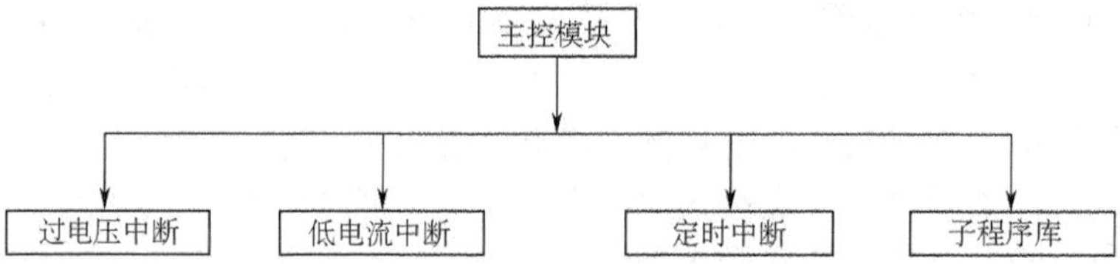

图9-10　软件模块示意图

3）系统的主要特点。本系统采用单片机和大规模集成电路，从硬件、软件两方面提高了可靠性和稳定性，使性价比较高。功率因数值采用数字显示，清晰悦目。具有过电压、低电流、过补偿、欠补偿、振荡等非常情况的自动判断与处理能力，并给出明显的声光报警信号。本系统具有手动和自动两种工作方式。整个控制过程由软件实现，增加了灵活性。根据用户设备情况，修改部分软硬件就可与计算机、中央监测台或打印机连接。

五、并联电容器的保护

1. 并联电容器保护的一般要求

并联电容器主要故障形式是短路故障，它可造成相间短路。对于低压电容器和容量不超过400kvar的高压电容器，可装设熔断器作为电容器的相间短路保护；对于容量较大的高压电容器，则需要采用高压断路器控制，装设瞬时或短延时的过电流继电保护来作相间短路保护。

高次谐波对电容器的影响很大。含有高次谐波的电压加在电容器两端时，由于电容器对高次谐波的阻抗很小，故电容器很容易发生过负荷现象。安装在大型整流设备和大型电弧炉等附近的电容器组，如果没有限制高次谐波的措施而可能导致电容器过负荷时，宜装设过负荷保护。

电容器对加在其两端的电压是相当敏感的，一般规定电网电压不得超过其额定电压的10%。因此凡电容器装设处的电压可能超过其额定电压10%时，宜装设过电压保护，以免长期过电压运行引起电容器寿命缩短或介质击穿而损坏。过电压保护装置可发出报警信号，或经3~5min延时跳闸。

2. 并联电容器短路保护的整定

在整定电容器的过电流保护装置时，应注意躲过电容器的合闸涌流。

采用熔断器保护电力电容器时，其熔体的额定电流应按式(9-8)计算

$$I_{N \cdot FE} = KI_{N \cdot C} \tag{9-8}$$

式中 $I_{N \cdot C}$——电容器的额定电流(A)；

K——系数，对于高压跌开式熔断器，取1.2~1.3；对于限流式熔断器，当为一台电容器时，取1.5~2.0，当为一组电容器时，取1.3~1.8。

采用电流继电器作相间短路保护时，其动作电流应按式(9-9)计算

$$I_{op} = \frac{K_{rel}K_w}{K_i}I_{N \cdot C} \tag{9-9}$$

式中 K_{rel}——保护装置的可靠系数，取2~2.5；

K_w——保护装置的结线系数；

K_i——电流互感器的变流比(考虑到电容器的合闸涌流,互感器一次电流宜选为电容器额定电流的两倍左右)。

电容器过电流保护的灵敏度，应按电容器端子上发生两相短路的条件来检验，即

$$S_p = \frac{K_w I_{k \cdot min}^{(2)}}{K_i I_{op}} \geqslant 2 \tag{9-10}$$

式中 $I_{k \cdot min}^{(2)}$——系统最小运行方式下电容器的两相短路电流，$I_{k \cdot min}^{(2)} = 0.866 I_{k \cdot min}^{(3)}$。

六、并联电容器的运行维护

并联电容器在供电系统运行时是否投入，主要看供电系统的功率因数或电压是否符合要求而定。如果功率因数过低或者电压过低时，则应投入电容器或增加电容器的投入量。

并联电容器是否切除或部分切除，主要视系统的功率因数或电压情况而定。如变配电所母线电压偏高时(如超过电容器额定电压的1.1倍)，则应将电容器切除。

当发生以下任一情况时，应立即切除电容器：

1）电容器爆炸；

2）接头严重过热；

3）套管闪络放电；

4）电容器喷油或燃烧；

5）环境温度超过40℃。

变电所停电时，电容器也应切除，以免突然来电时，母线电压过高，至使电容器被击穿。

在切除电容器前，需从外观（如仪表指示或指示灯）检查放电回路是否完好。电容器从电网切除后，应立即通过放电回路放电。高压电容器放电时间应在5min以上，低压电容器放电时间应在1min以上。为确保人身安全，人体接触电容器之前，应该用导线将所有电容器两端直接短接放电。

思考题

9-1　电能节约在国民经济建设中有何重大意义？

9-2　如何加强工厂供用电系统的科学管理来节约电能？

9-3　如何搞好工厂供用电系统的技术改造来节约电能？

9-4　什么叫经济运行？对于电力变压器应如何考虑其经济运行？

9-5　电动机的电能节约主要从哪些方面考虑？

9-6　电气照明的节电措施主要有哪些？

9-7　什么叫无功功率的人工补偿？无功功率人工补偿的设备主要有哪些？

9-8　为什么并联电容器组大多数采用△结线？但是对于容量较大的高压电容器又为什么宜采用Y结线？

9-9　高压集中补偿、低压集中补偿和单独就地补偿各有什么优缺点？各适用于什么情况？各采用什么放电设备？为什么要采用放电设备？高低压电容器的放电时间是如何规定的？

9-10　并联电容器在哪些情况下宜采用手动投切？无功功率自动补偿装置有哪些优缺点？

9-11　并联电容器有哪些保护？

9-12　并联电容器在什么情况下应予投入？在什么情况下应予切除？

习题

9-1　试计算SL7-1000/10型电力变压器的经济负荷系数（K_q 取0.1）。

9-2　某车间变电所有两台SL7-630/10型变压器，而负荷只有500kVA，从变压器经济运行的观点看来，应采用一台还是采用两台变压器运行（K_q 取0.1）？

9-3　并联电容器采用BW0.4-14-3型6台，采用RT0型熔断器进行短路保护，试选择熔体的额定电流及电流互感器的变流比。

9-4　现有BW6.3-30-1型并联电容器18台，采用高压断路器控制和两相两继电器结线的过电流保护，试选择电流互感器的变流比，并整定GL-15型电流继电器的动作电流。

第十章　工厂供电系统的运行维护与检修试验*

本章首先介绍工厂变配电所的运行维护知识，包括变配电所的值班、变配电所送电和停电的操作、电力变压器的并列运行及其运行维护等，然后介绍工厂电力线路的运行维护知识，包括架空线路、电缆线路和车间配电线路的运行巡视以及线路事故，停电的处理等，接着讲述工厂变配电所主要设备的检修试验知识，包括电力变压器和配电装置的检修试验及避雷器和接地装置的试验，最后介绍电力线路的检修和试验问题。

第一节　工厂变配电所的运行维护

一、变配电所的值班

1. 变配电所的值班制度

工厂变配电所的值班制度，主要有轮班制和无人值班制，轮班制通常采取三班轮换的值班制度，即全天分为早、中、晚三班，而值班员则分成三组或四组，轮流值班，全年无间断。这种值班制度对于确保变配电所的安全运行有很大好处，被我国工厂变配电所普遍采用。由于这种轮班制耗用人力较多，所以我国有些小型工厂变配电所及大中型工厂的一些车间变电所则往往采用无人值班制，即仅由工厂的维修电工或工厂总变配电所的值班电工每天定期巡视检查。

有高压设备的变配电所，为保证安全，一般应至少由两人值班。但当室内高压设备的隔离室设有遮栏且遮栏的高度在 1.7m 以上，安装牢固并加锁，而且室内高压开关的操动机构用墙或金属板与该开关隔离，或装有远方操动机构时，按电力行业标准 DL 408—1991《电业安全工作规程》规定，可以由单人值班，但单人值班时不得单独从事检修工作。

2. 变配电所值班员的职责

1）遵守变配电所值班工作制度，坚守工作岗位，作好变配电所的安全保卫工作，确保变配电所的安全运行。

2）积极钻研本职工作，认真学习和贯彻有关规程，熟悉变配电所的一、二次系统的接线以及设备的安装位置、结构性能、操作要求和维护保养方法等，掌握安全工具和消防器材的使用方法及触电急救法，了解变配电所现在的运行方式、负荷情况及负荷调整、电压调节等措施。

3）监视变配电所内各种设施的运行情况，定期巡视检查，按照规定抄报各种运行数据，记录运行日志。发现设备缺陷和运行不正常时，及时处理，并做好相关记录，以备查考。

4）按上级调度命令进行操作，发生事故时进行紧急处理，并做好相关记录，以备查考。

5）保管变配电所内各种资料图表、工具仪器和消防器材等，并做好和保持变配电所内设备和环境的清洁卫生。

6）按规定进行交接班。值班员未办完交接手续时，不得擅离岗位；在处理事故时，一般不得交接班；接班的值班员可在当班的值班员要求和主持下，协助处理事故；如事故一时难以处理完毕，在征得接班的值班员同意或上级同意后，才可进行交接班。

3. 变配电所值班注意事项

1）不论高压设备带电与否，值班员不得单独移开或跨越高压设备的遮栏进行工作。如有必要移开遮栏时，须有监护人在场，并符合 DL 408—1991《电业安全工作规程》规定的设备不停电时的安全距离：10kV 及以下，安全距离为 0.7m；20～35kV，安全距离为 1m。

2）雷雨天巡视室外高压设备时，应穿绝缘靴，并且不得靠近接闪杆(避雷针)和避雷器。

3）高压设备发生接地时，室内不得接近故障点 4m 以内，室外不得接近故障点 8m 以内。进入上述范围的人员必须穿绝缘靴，接触设备的外壳和构架时，应戴绝缘手套。

二、变配电所送电和停电的操作

1. 操作的一般要求

为了确保运行安全，防止误操作，按 DL 408—1991《电业安全工作规程》规定，倒闸操作必须根据值班调度员或值班负责人命令，受令人复诵无误后执行。倒闸操作由操作人员填写操作票(格式如表 10-1 所示)。单人值班，操作票由发令人用电话向值班员传达，值班员应根据传达填写操作票，复诵无误，并在监护人签名处填入发令人的姓名。

××变电所　　**表 10-1　倒闸操作票格式**　　编号：

操作开始时间：××年×月×日 9 时 30 分		操作终止时间：××年×月×日 9 时 48 分
操作任务：10kV Ⅰ段 WL1 线路停电		
✓	顺序	操 作 项 目
✓	(1)	拉开 LW1 线路 101 断路器
✓	(2)	检查 LW1 线路 101 断路器确在开位，开关柜表计指示正确(0A)
✓	(3)	取下 LW1 线路 101 断路器操作直流保险
✓	(4)	拉下 LW1 线路 101 甲刀闸
✓	(5)	检查 LW1 线路 101 甲刀闸确在开位
✓	(6)	拉开 LW1 线路 101 乙刀闸
✓	(7)	检查 LW1 线路 101 乙刀闸确在开位
✓	(8)	停用 LW1 线路保护跳闸压板
✓	(9)	在 LW1 线路 101 断路器至 101 乙刀闸间三相验电确无电压
✓	(10)	在 LW1 线路 101 断路器至 101 乙刀闸间装设 1 号接地线一组
✓	(11)	在 LW1 线路 101 断路器至 101 甲刀闸间三相验电确无电压
✓	(12)	在 LW1 线路 101 断路器至 101 甲刀闸间装设 2 号接地线一组
✓	(13)	全面检查
		以下空白

备注：　　已执行章

操作人：　　监护人：　　值班负责人：　　值长：

操作票内应填入下列项目：应拉合的断路器(开关)和隔离开关(刀闸)，检查断路器和隔离开关的位置，检查接地线是否拆除，检查负荷分配，装拆接地线，安装或拆除控制回路或电压互感器回路的熔断器，切换保护回路和检验是否确无电压等。

操作票应填写设备的双重名称，即设备名称和编号。

操作票应用钢笔、签字笔或圆珠笔填写，票面应清楚整洁，不得任意涂改。操作人和监护人应根据模拟图或接线图核对所填写的操作项目，并分别签名，然后经值班负责人审核签名。特别重要和复杂的操作还应由值长审核签名。

开始操作前，应先在模拟图板上进行核对性模拟预演，无误后再进行设备操作。操作前应核对设备名称、编号和位置。操作中应认真执行监护复诵制。发布操作命令和复诵操作命令都应严肃认真，声音宏亮清晰。必须按操作票填写的顺序逐项操作。每操作完一项，检查无误后在操作票该项前画一个“✓”记号。全部操作完毕后进行复查。

倒闸操作必须由两人执行，其中对设备较为熟悉者作监护。单人值班的变电所，倒闸操作可由一人执行。特别重要和复杂的倒闸操作，应由熟练的值班员操作，值班负责人或值长监护。

操作中发生疑问时，应立即停止操作，并向值班调度员或值班负责人报告，弄清情况后，再进行操作，不准擅自更改操作票。

用绝缘棒拉合隔离开关或经操动机构拉合隔离开关和断路器时，均应带绝缘手套。雨天操作室外高压设备时，绝缘棒应有防雨罩，还应穿绝缘靴。接地网电阻不符合要求的，晴天也应穿绝缘靴。雷电时，禁止进行倒闸操作。

在发生人身触电事故时，为了解救触电者，可不经许可，立即断开有关设备的电源，但事后必须及时报告上级。其他事故处理及拉合开关等的单一操作和拆除全所仅有的一组接地线等，可不用操作票，但上述操作应记入操作记录簿内。

2. 变配电所的送电操作

变配电所送电时，一般应从电源侧的开关合起，依次合到负荷侧的开关。按这种程序操作，可使开关的闭合电流减至最小，比较安全；万一某部分存在故障，也容易发现。但是在有高压断路器—隔离开关及有低压断路器—刀开关的电路中，送电时，一定要按照①母线侧隔离开关或刀开关；②负荷侧隔离开关或刀开关；③高压或低压断路器的合闸顺序依次操作。

如果变配电所是事故停电以后的恢复送电，则操作程序应视变配电所装设的开关类型而定。如果电源进线是装设的高压断路器，则高压母线发生短路故障时，断路器自动跳闸。在故障消除后，则可直接合上断路器恢复送电；如果电源进线是装设的高压负荷开关，则在故障消除后，先更换熔断器的熔管，然后合上负荷开关即可恢复送电；如果电源进线是装设的高压隔离开关—熔断器，则在故障消除后，先更换熔断器的熔管，并断开所有出线开关，然后合上隔离开关，最后合上所有出线开关以恢复送电；当电源进线装设的是跌开式熔断器时，送电操作的程序与进线装设隔离开关—熔断器的操作程序相同。

3. 变配电所的停电操作

变配电所停电时，一般应从负荷侧的开关拉起，依次拉到电源侧的开关。按这种程序操作，可使开关的开断电流减至最小，也比较安全。但是在有高压断路器—隔离开关及有低压断路器—刀开关的电路中，停电时，一定要按照①高压或低压断路器；②负荷侧隔离开关或刀开关；③母线侧隔离开关或刀开关的拉闸顺序依次操作。

三、电力变压器的并列运行

两台或多台电力变压器并列运行，必须满足以下基本条件：

(1) 所有并列变压器的一、二次电压必须对应地相等　即并列变压器的电压比应该相同，允许差值范围为 +5%。如果并列变压器的电压比不同，则并列变压器二次绕组的回路内将出现环流，即二次电压高的绕组将向二次电压低的绕组供给电流，引起电能损耗，可导致绕组过热或烧毁。

(2) 所有并列变压器的阻抗电压必须相等　由于并列运行变压器的负荷是按其阻抗电压值成反比分配的，所以其阻抗电压必须相等，其允许差值范围为 ±10%。如果阻抗电压的差值过大，可能使阻抗电压小的变压器发生过负荷现象。

(3) 所有并列变压器的联结组别必须相同　即并列变压器的一、二次电压的相序和相位均应对应相同，否则不能并列运行。例如两台变压器的变电所，设一台为 Yyn0 联结，另一台为 Dyn11 联结，则此两台变压器并列运行时，其对应的二次侧将出现 30°的相位差，从而在两台变压器的二次绕组间产生电位差 ΔU，如图 10-1 所示，这一 ΔU 将在二次侧产生一个很大的环流，可能使变压器绕组烧毁。

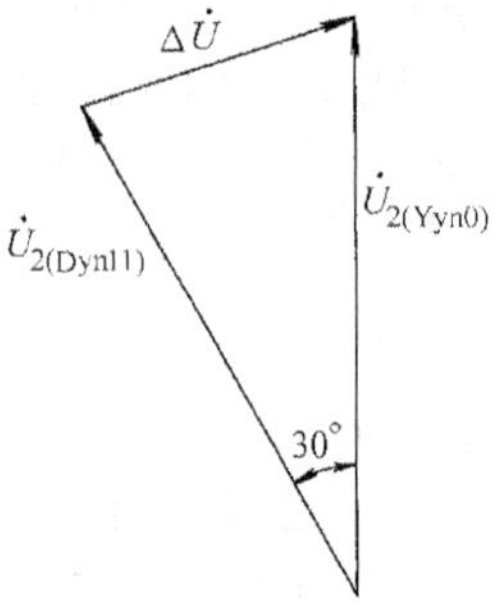

图 10-1　Yyn0 联结的变压器与 Dyn11 联结的变压器并列运行时二次电压相量图

(4) 并列运行的变压器容量最好相同或相近　并列变压器的最大容量与最小容量之比，一般不宜超过 3∶1。如果并列运行变压器容量相差太悬殊时，不仅运行很不方便，而且容易造成容量小的变压器过负荷。

四、电力变压器的运行维护

1. 一般要求

电力变压器是变电所内最关键的设备，搞好变压器的运行维护是非常重要的。

有人值班的变电所，应根据控制盘或开关柜上的仪表信号来监视变压器的运行情况，并每小时抄表一次。如果变压器在过负荷下运行，则至少每半小时抄表一次。安装在变压器上的温度计，在巡视时应检视和记录。

无人值班的变电所，应于每次定期巡视时，记录变压器的电压、电流和上层油温。

变压器应定期进行外部检查。有人值班的变电所，每天至少检查一次，每周至少进行一次夜间检查；无人值班的变电所，变压器容量 3150kVA 以下的每月至少检查一次。

在下列情况下应对变压器进行特殊巡视检查：①新设备或经过检修、改造的变压器在投入运行 72h 内；②有严重缺陷时；③气象突变(如大风、大雾、大雪、冰雹、寒潮等)时；④雷雨季节特别是雷雨后；⑤高温季节、高峰负荷期间；⑥变压器事故过负荷运行时。

2. 巡视检查项目

1）变压器的油温和温度计是否正常。上层油温一般不应超过 85℃，最高不应超过 95℃。变压器各部位有无渗油、漏油现象。

2）变压器套管外部有无破损裂纹，有无放电痕迹及其他异常现象。

3）变压器声响是否正常。正常的声响为均匀的嗡嗡声；如声响较平常沉重，说明变压器过负荷；如声响尖锐，说明电源电压过高。

4）变压器各冷却器手感温度是否相近，风扇、液压泵、水泵运转是否正常。吸湿器是否完好。安全气道和防爆膜是否完好无损。

5）变压器储油柜及气体继电器的油位和油色如何。油面过高，可能是冷却器运行不正常或变压器内部存在故障；油面过低，可能有渗油、漏油现象。变压器油正常情况下为透明而略带浅黄色，如油色变深变暗，则说明油质变坏。

6）变压器的引线接头、电缆和母线有无发热迹象。有载分接开关的分接位置及电源指示是否正常。

7）变压器的接地线是否完好无损。

8）变压器及其周围有无影响其安全运行的异物（如易燃易爆和腐蚀性物体）和异常现象。

在巡视中发现的异常情况，应记入专用记录簿内。如有重要情况应及时汇报上级，请示处理。

第二节　工厂电力线路的运行维护

一、架空线路的运行维护

1. 一般要求

对厂区架空线路，一般要求每月进行一次巡视检查。如遇雷雨、大风和大雪及发生故障等特殊情况，应临时增加巡视次数。

2. 巡视检查项目

1）电杆有无倾斜、变形、腐朽、损坏及基础下沉等现象。如有，应设法修理。

2）沿线路的地面有无堆放易燃、易爆和强腐蚀性物品。如有，应设法挪开。

3）沿线路周围有无危险建筑物，在雷雨季节和大风季节里，这些建筑物应不致对线路造成损坏。否则应予修缮或拆除。

4）线路上有无树枝、风筝等杂物悬挂。如有，应设法清除。

5）拉线和扳桩是否完好，绑扎线是否紧固可靠。如有问题，应设法修复或更换。

6）导线的接头是否接触良好，有无过热发红、严重氧化、腐蚀或断脱现象，绝缘子有无破损和放电痕迹。如有，应设法修复或更换。

7）避雷装置的接地是否良好，接地线有无锈断情况。在雷雨季节到来之前，应重点检查以确保防雷安全。

8）其他危及线路安全运行的异常情况。

在巡视中发现的异常情况，应记入专用记录簿内，如有重要情况应及时汇报上级，请示处理。

二、电缆线路的运行维护

1. 一般要求

电缆线路大多是敷设在地下的，要做好电缆的运行维护工作，必须全方面的了解电缆的敷设方式、结构布置、走线方向及电缆头位置等。对电缆线路，一般要求每季度进行一次巡视检查，并应经常监视其负荷大小和发热情况。如遇大雨、洪水及地震等特殊情况及发生故障时，应临时增加巡视次数。

2. 巡视检查项目

1）电缆头及瓷套管有无破损和放电痕迹；对填充有电缆胶(油)的电缆头还应检查有无漏油、溢胶情况。

2）对明敷电缆，还须检查电缆外皮有无锈蚀、损伤，沿线挂钩或支架有无脱落，线路上及线路附近有无堆放易燃、易爆和强腐蚀性物品。

3）对暗敷及埋地电缆，应检查沿线的盖板和其他覆盖物是否完好，有无挖掘痕迹，沿线标桩是否完整无缺。

4）电缆沟内有无积水或渗水现象，是否堆有杂物及易燃、易爆和强腐蚀性物品。

5）线路上各种接地是否良好，有无松脱、断股和腐蚀现象。

6）其他危及电缆安全运行的异常情况。

在巡视中发现的异常情况，应记入专用记录簿内；如有重要情况应及时汇报上级，请示处理。

三、车间配电线路的运行维护

1. 一般要求

要搞好车间配电线路的运行维护工作，必须全面了解车间配电线路的布线情况、结构型式、导线型号规格及配电箱、开关、保护装置的安装位置等，并了解车间负荷的类型、特点、大小及车间变电所的有关情况。对车间配电线路，有专门的维修电工时，一般要求每周进行一次巡视检查。

2. 巡视检查项目

1）导线的发热情况，是否超过正常允许发热温度，特别要检查导线接头处有无过热现象。

2）线路的负荷情况，可用钳形电流表来测量线路的负荷电流。特别是绝缘导线，不允许长期过负荷，否则可导致导线绝缘燃烧，引起电气火灾事故。

3）配电箱、分线盒、开关、熔断器、母线槽及接地装置等的运行是否正常，有无接头松脱、放电等异常情况。

4）线路上及线路周围有无影响线路安全运行的异常情况。绝对禁止在绝缘导线和绝缘子上悬挂物品，禁止在线路近旁堆放易燃、易爆和强腐蚀性物品。

5）对敷设在潮湿或有腐蚀性物质的场所的线路和设备，要进行定期的绝缘检查，绝缘电阻一般不得低于0.5MΩ。

在巡视中发现的异常情况，应记入专用记录簿内；如有重要情况应及时汇报上级，请示处理。

四、线路运行中突然事故停电的处理

电力线路在运行中，如突然事故停电时，应按不同情况分别处理。

(1）进线没有电压时　进线无电压表明电力系统方面暂时停电。这时总开关不必拉开，但出线开关宜全部拉开，以免突然来电时，用电设备同时起动，造成负荷过大和电压骤降，影响供电系统的正常运行。

（2）双电源进线之一停电时　当一条电源进线停电时，应立即进行倒闸操作，将负荷特别是重要负荷转移给另一条电源进线供电。

（3）厂内架空线路首端开关突然跳闸时　开关突然跳闸一般是线路上发生了短路故障。由于架空线路的多数短路故障是暂时性的，如雷击和风筝、树枝等物体造成的相间短路等，很快会自然消除，因此只要开关的断流容量允许，可予试合一次，以尽快恢复线路的供电。在多数情况下可试合成功，如果试合失败，开关将再次跳闸，这时应对线路进行停电检修。

（4）放射式系统中故障线路的分路合闸检查法　以如图10-2所示供电系统为例，假设故障发生在线路 WL_8 上，由于保护装置失灵或选择配合不当，致使线路 WL_1 的开关越级跳闸。分路合闸检查故障的步骤如下：

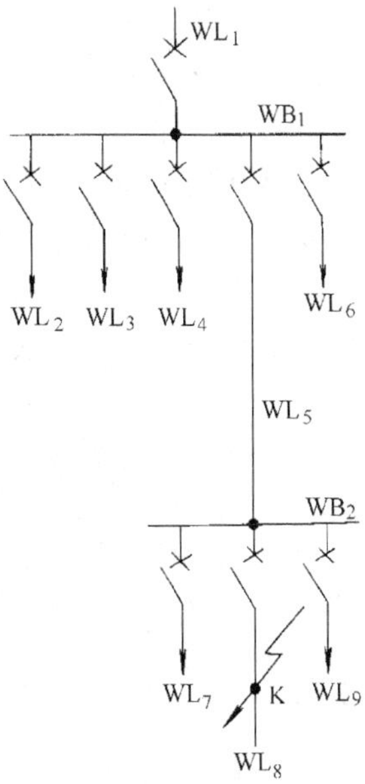

图 10-2　放射式供电系统分路合闸检查故障说明图

1）将出线 WL_2 ~ WL_6 的开关全部断开，然后合上 WL_1 的开关，由于母线 WB_1 正常，因此合闸成功。

2）依次试合 WL_2 ~ WL_6 的开关，结果除 WL_5 的开关因其分支线路 WL_8 存在着故障又跳闸外，其余出线开关均试合成功，恢复供电。

3）将线路 WL_7 ~ WL_9 的开关全部断开，然后合上 WL_5 的开关，由于母线 WB_2 正常，因而合闸成功。

4）依次试合 WL_7 ~ WL_9 的开关，结果除 WL_8 的开关因线路上存在着故障又跳闸外，其余线路开关均试合成功，恢复供电。由此确定故障线路为 WL_8。

这种分路合闸检查故障的方法，可以找出故障线路，并迅速恢复其他完好线路的供电。

第三节　工厂变配电所主要电气设备的检修试验

一、电力变压器的检修试验

1. 电力变压器的检修

电力变压器的检修，分大修、小修和临时检修。按电力行业标准 DL/T 573—1995《电力变压器检修导则》规定：变压器在投入运行后的 5 年内及以后每隔 10 年应大修一次。变压器存在内部故障或严重渗漏油时，或其出口短路后经综合诊断分析有必要时，也应进行大修。小修一般是每年一次。临时检修视具体情况确定。

（1）变压器的大修　变压器的大修是指变压器的吊芯检修。

变压器的大修应尽量安排在室内进行，室温应在 10℃ 以上。如在寒冷季节，室温应比室外气温高出 10℃ 以上。室内应清洁干燥，无腐蚀性气体和灰尘。

为防止变压器芯子（又称器身）吊出后，暴露在空气中时间过长而使绕组受潮，应避免在阴雨天吊芯，而且应尽量缩短吊出的芯子暴露在空气中的时间：干燥空气中（相对湿度不大于 65%）不超过 16h；潮湿空气中（相对湿度不大于 75%）不超过 12h。

在室内进行大修时，需做好防潮、防雨、防尘和消防措施及其他有关大修的准备工作。

吊芯前，应先对外壳、套管、散热管、防爆管、储油柜和放油阀等进行外部检查，然后放油，拆开变压器顶盖，吊出芯子，并将其放置在平整牢靠的方木上或其他物体上，但不得直接放在地上，接着仔细检查芯子，包括铁心、绕组、分接开关、接头部分和引出线等。

对变压器绕组，应根据其色泽和老化程度来判断绝缘的好坏。根据经验，变压器绝缘老化的程度可分 4 级，如表 10-2 所列。

表 10-2　变压器绝缘老化的分级

级别	绝缘状态	说　明
1	绝缘弹性良好，色泽新鲜均匀	绝缘良好
2	绝缘稍硬，但手按时无变形，且不裂纹、不脱落，色泽稍暗	尚可使用
3	绝缘已经发脆，手按时有轻微裂纹，但变形不太大，色泽较暗	绝缘不可靠，应酌情更换
4	绝缘已碳化发脆，手按时出现较大裂纹或脱落	不能继续使用，应更换

对变压器铁心上及油箱内的油泥，可用铲刀刮除，再用不易脱毛的干布擦净，最后用变压器油清洗。对变压器绕组上的油泥，只能用手轻轻剥脱；对绝缘脆弱的绕组，尤其要细心，以防损坏绝缘。擦洗后，用强油流冲洗干净。应注意：变压器内的油泥，不可用碱水刷洗，以免残留的碱水影响油质。

对变压器铁心的穿心螺杆，可用 1000V 绝缘电阻表来测量它与铁心间的绝缘电阻。6 ~ 10kV 及以下变压器的穿心螺杆对铁心的绝缘电阻，一般不应小于 2MΩ。如不满足要求时，应拆下绝缘管检修，必要时予以更换。

对分接开关，主要是检修其触头表面和接触压力情况。触头表面不应有烧伤的疤痕。触头烧损严重时，应予以拆换。触头的接触压力应平衡。如分接开关的弹簧可调时，可用以适当调节触头压力。运行较久的变压器，触头表面往往生有氧化膜和污垢。这种情况，轻者可将触头在各个位置上往返切换多次，使氧化膜和污垢自行清除；重者则可用汽油擦洗干净。有时绝缘油的分解物在触头上结成有光泽的薄膜，看似黄铜的光泽，其实是一种绝缘层，应该用丙酮擦洗干净。此外，应检查顶盖开关的标示位置是否与其触头实际接触位置一致，并检查触头在每一位置的接触是否良好。

应检查所有接头是否紧固；如松动，应予以紧固。对焊接的接头，如有脱焊情况，应予以补焊。瓷套管如有破损时，应予以更换。

对变压器上的测量仪表、信号和保护装置，也应进行检查和修理。

变压器如有漏油现象，应查明原因。变压器漏油，一般有焊缝漏油和密封漏油两种。焊缝漏油的修补办法是补焊。密封漏油如果是密封垫圈放得不正或压得不紧，则应放正或压紧。如果是密封垫圈老化（发粘、开裂）或损坏，则必须更换密封垫圈。

变压器大修时，应滤油或换油。换的油必须先经过试验，合格的才能注入变压器。

运行中的变压器大修时一般不需干燥；只有经试验证明受潮，或检修中超过允许暴露时间导致器身绝缘下降时，才考虑进行干燥。

最后还应清扫外壳，必要时进行油漆；然后装配还原，并进行规定的试验，合格后即可投入运行。

电力行业标准 DL/T 573—1995《电力变压器检修导则》对变压器的检修工艺和质量标准均有明文规定，应予遵循。

（2）变压器的小修　变压器的小修，主要指变压器的外部检修和不需吊芯的检修。小修项目包括：①处理已发现的可就地消除的缺陷；②放出储油柜下部的污油；③检修油位计，调整油位；④检修冷却装置，必要时吹扫冷却器管束；⑤检修安全保护装置，包括储油柜、防爆管、气体继电器等；⑥检修油保护装置、测温装置及调压装置等；⑦检查接地系统；⑧检修所有阀门和塞子，检查全部密封系统，处理渗漏油；⑨清扫油箱及附件，必要时进行补漆；⑩清扫绝缘瓷管，检查接头；⑪按有关规程规定进行测量和试验。如满足要求，即可投入运行。

2. 电力变压器的试验

变压器试验的目的在于检验变压器的性能是否符合有关规程或标准的技术要求，是否存在缺陷或故障现象，以便确定能否出厂或检修后能否投入运行。

变压器的试验，按试验的目的分为出厂试验和交接试验等。这里主要讲检修后的交接试验。

变压器的试验项目，包括测量绕组连同套管的绝缘电阻、测量铁心螺杆的绝缘电阻、变压器油的试验、测量绕组连同套管的直流电阻、检查变压器的联结组别和所有分接头的变压比、绕组连同套管的交流耐压试验等。对于干式变压器，则没有上述变压器油的试验项目。

（1）变压器绕组连同套管的绝缘电阻测量　按 GB 50150—2006《电气装置安装工程　电气设备交接试验标准》规定，3kV 及以上的电力变压器应采用 2500V 绝缘电阻表来测量其绕组绝缘电阻，加压时间为 60s，因此绝缘电阻通常表示为 $R_{60''}$。测量时，其他未测绕组连同其套管应予以接地。油浸式变压器的绝缘试验，应在充满合格油且静置 24h 以上待气泡消失后方可进行，测得的绝缘电阻值不低于出厂试验值的 70% 才算合格。若实测时温度高于出厂试验时温度（一般为 20℃），则绝缘电阻值应乘以表 10-3 所列温度换算系数（如实测温度低于出厂试验温度则除以换算系数）后才能与出厂试验的绝缘电阻进行比较。例如，温度为 35℃时测得绝缘电阻为 80MΩ，则换算到出厂试验温度 20℃时的绝缘电阻为 $R_{60''}=80\text{M}\Omega\times1.8=144\text{M}\Omega$，式中系数 1.8 为温度差为 35℃ − 20℃ = 15℃时的换算系数，由表 10-3 查得。

表 10-3　绝缘电阻的温度换算系数

温度差/℃	5	10	15	20	25	30	35	40	45	50	55	60
换算系数	1.2	1.5	1.8	2.3	2.8	3.4	4.1	5.1	6.2	7.5	9.2	11.2

注：表中温度差为实测时温度减去 20℃的绝对值。

（2）铁心螺杆绝缘电阻的测量　3kV 及以上变压器的铁心螺杆与铁心间的绝缘电阻也应该用 2500V 绝缘电阻表测量，加压时间也是 60s，应无闪络及击穿现象。

（3）变压器油的试验　变压器的绝缘油，通常有 DB-10（10 号）、DB-25（25 号）和 DB-45（45）三种规格。DB-10 的凝固点不高于 −10℃；DB-25 的凝固点不高于 −25℃；DB-45 的凝固点不高于 −45℃。

变压器油在新鲜时呈浅黄色，运行后变为浅红色，但均应清澈透明。如果油色变暗，则说明油质变坏。

按规定，依试验目的的不同，绝缘油可进行三类试验：

1）全分析试验。对每批新到的油及运行中发生故障后认为有必要检验的油应作此类试验，以全面检验油的质量。按 GB 50150—2006《电气装置安装工程　电气设备交接试验标准》规定，绝缘油的试验项目及标准如表 10-4 所示。

表 10-4　绝缘油的试验项目及标准

序号	项　目		标　准	说　明
1	外观		透明，无沉淀及悬浮物	5℃时的透明度
2	苛性钠抽出		不应大于 2 级	按 SY 2651—1977
3	安定性	氧化后酸值	不应大于 0.2mg(KOH)/g 油	按 YS—27—1—1984
		氧化后沉淀物	不应大于 0.05%	
4	凝固点		① DB-10，不应高于 -10℃ ② DB-25，不应高于 -25℃ ③ DB-45，不应高于 -45℃	① 按 YS—25—1—1984 ② 户外断路器、油浸电容式套管、互感器用油： 气温不低于 -5℃ 的地区，凝固点不应高于 -10℃ 气温不低于 -20℃ 的地区，凝固点不应高于 -25℃ 气温低于 -20℃ 的地区，凝固点不应高于 -45℃ ③ 变压器用油： 气温不低于 -10℃ 的地区，凝固点不应高于 -10℃ 气温低于 -10℃ 的地区，凝固点不应高于 -25℃ 或 -45℃
5	界面张力		不应小于 35mN/m	① 按 GB/T 6541—1986 或 YS—6—1—1984 ② 测试时温度为 25℃
6	酸值		不应大于 0.03mg(KOH)/g 油	按 GB/T 7599—1987
7	水溶性酸		pH 值不应小于 5.4	按 GB/T 7598—1987
8	机械杂质		无	按 GB/T 511—1988
9	闪点		① DB-10，不应低于 140℃ ② DB-25，不应低于 140℃ ③ DB-45，不应低于 135℃	按 GB/T 261—1983 闭口法
10	电气强度试验		① 使用于 15kV 以下者，不应低于 25kV ② 使用于 20 ~ 35kV 者，不应低于 35kV ③ 使用于 60 ~ 220kV 者，不应低于 40kV （余略）	① 按 GB/T 507—2002 ② 油样应取自被试设备 ③ 试验油杯采用平板电极 ④ 对注入设备的新油，均不应低于本标准
11	介质损耗角正切值 $\tan\delta$(%)		① 新油 90℃时不应大于 0.5 ② 注入设备后的油 90℃时不应大于 0.7	① 按 YS—30—1—1984 ② 按 GB 50150—2006

2）简化试验。其目的在于按绝缘油的主要的、特征性的参数来检查其老化过程。对准备注入变压器的新油，应按表 10-4 中的第 5 ~ 11 项规定进行。

3）电气强度试验。其目的在于对运行中的绝缘油进行日常检查。对注入 6kV 及以上设备的新油也需进行此项试验。

如图 10-3 所示为绝缘油电气强度试验电路图。如图 10-4 所示为绝缘油电气强度试验用油杯及电极的结构尺寸图。油杯用瓷或玻璃制成，容积约为 200mL。电极用黄铜或不锈钢制成，直径为 25mm，厚 4mm，倒角半径为 2. 5mm。两极的极面应平行，均垂直于杯底面。从电极到杯底、到杯壁及到上层油面的距离均不得小于 15mm。

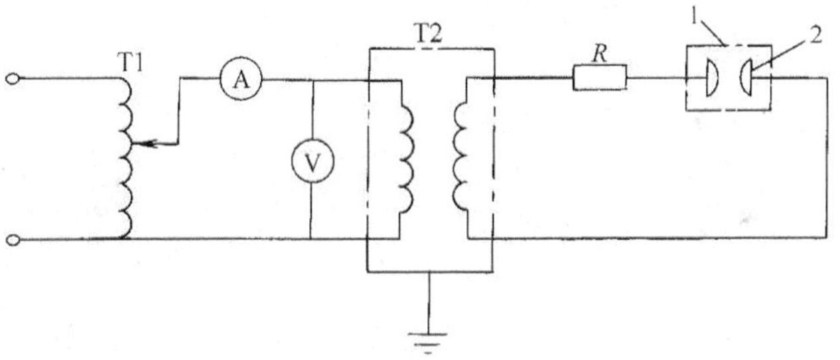

图 10-3　绝缘油电气强度试验电路图

1—试验油杯　2—电极　T1—调压器　T2—试验变压器（升压 0 ~ 50kV）　R—保护电阻（水阻，5 ~ 10MΩ）

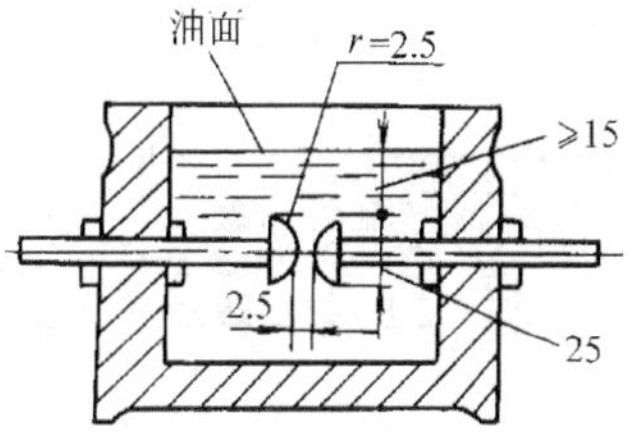

图 10-4　绝缘油电气强度试验用油杯及电极结构尺寸图

试验前，用汽油将油杯和电极清洗干净，并调整电极间隙，使间隙精确地等于 2. 5mm。被试油样注入油杯后，应静置 10 ~ 15min，使油中气泡逸出。

试验时，合上电源开关，调节调压器，升压速度约为 3kV/s，直至油被击穿放电。电压表读数骤降至零、电源开关自动跳闸为止。

发生击穿放电前一瞬间的最高电压值，即为击穿电压。

油样被击穿后，可用玻璃棒在电极中间轻轻地搅动几次（注意不要触动电极），以清除滞留在电极间隙的游离碳。静置 5min 后，重复上述升压击穿试验。如此进行 5 次，取其击穿电压平均值作为试验结果。

试验过程中应记录：各次击穿电压值、击穿电压平均值、油的颜色、有无机械混合物和灰分、油的温度、试验日期和结论等。

（4）变压器绕组连同套管的直流电阻测量　采用双臂电桥对所有各分接头进行直流电阻测量，按 GB 50150—2006《电气装置安装工程　电气设备交接试验标准》规定，1600kVA 及以下三相变压器，各相测得值的相互差值应小于平均值的 4%，相间测得值的相互差值应小于平均值的 2%。

（5）变压器联结组别的检查　变压器在更换绕组后，应检查其联结组别是否与变压器铭牌的规定相符。这里简介用以检查变压器绕组联结组别的直流感应极性测定法。

如图 10-5 所示，在三相变压器低压绕组接线端 ab、bc 和 ac 间分别接入直流电压表，而在高压绕组接线端 AB 间接入直流电压（电池），观察并记录直流电压接入瞬间各电压表指针摆动的方向（正、负）。然后在 BC 间和 AC 间相继接入直流电压，同样观察并记录直流电压接入瞬间各电压表指针摆动的方向（正、负）。

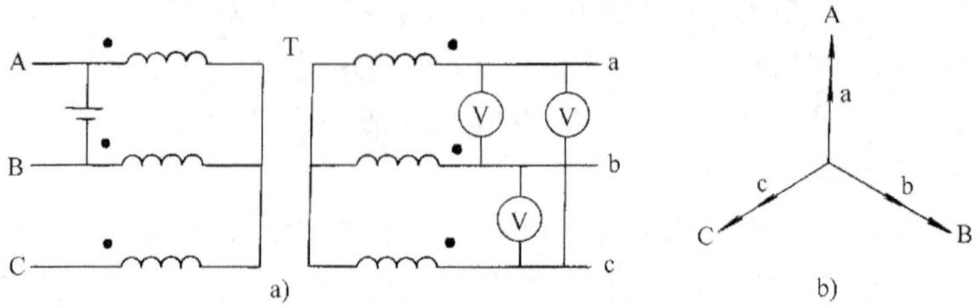

图 10-5　用直流感应法判别三相变压器的联结组别(Yy0)

a) 电路图　b) 相量图

表 10-5 列出了用直流感应法判别部分三相变压器联结组别时各电压表指示的情况，其中 Yyn0 和 Dyn11 两种联结组别是配电变压器中最常用的联结方式。

表 10-5　用直流感应法判别三相变压器联结组别

变压器联结组别	变压器高低压绕组电路图	加直流电压的高低压绕组	低压绕组的电压表指示		
			ab	bc	ac
Yy0(或 Yyn0)	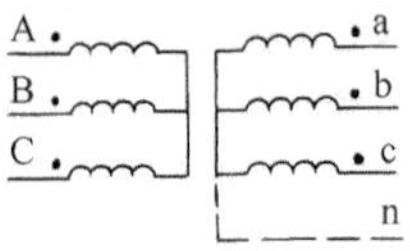	AB	+	−	+
		BC	−	+	+
		AC	+	+	+
Yy6(或 Yyn6)	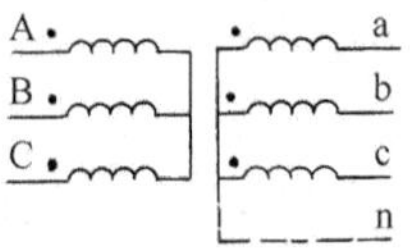	AB	−	+	−
		BC	+	−	−
		AC	−	−	−
Dy11(或 Dyn11)	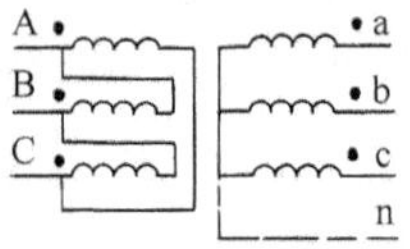	AB	+	0	+
		BC	−	+	0
		AC	0	+	+
Dy5(或 Dyn5)	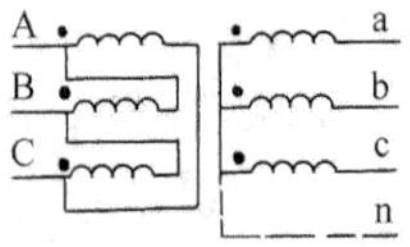	AB	−	0	−
		BC	+	−	0
		AC	0	−	−

图 10-5 和表 10-5 内电路图中变压器高低压绕组端部标示的黑点“·”是表示两绕组对应的同名端，又称同极性端。

(6) 变压器电压比的测量　变压器在修理中如更换了绕组，则修理后必须测量各接头上的电压比。这里简介用两只电压表测量电压比的方法。

如图 10-6 所示，将变压器高压绕组接上比较平衡和稳定的三相电源，依次测量变压器两侧的相间电压 U_{AB}，U_{ab}，U_{BC}，U_{bc}，U_{CA}，U_{ca}，然后按下列公式计算出实测的电压比为

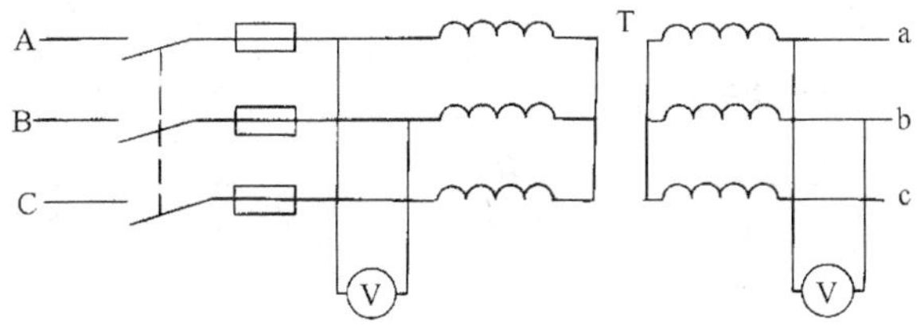

图 10-6　用双电压表测定变压器的电压比

$$K_{AB}=\frac{U_{AB}}{U_{ab}} \tag{10-1}$$

$$K_{BC}=\frac{U_{BC}}{U_{bc}} \tag{10-2}$$

$$K_{CA}=\frac{U_{CA}}{U_{ca}} \tag{10-3}$$

一般规定，实测电压比对铭牌规定的电压比 K_N 的偏差范围为 ±1%（220kV 及以上变压器为 ±0.5%），即

$$\Delta K_{AB\text{-}N}\%=(K_{AB}-K_N)\times100\times K_N^{-1}（范围为 \pm1\%） \tag{10-4}$$

$$\Delta K_{BC\text{-}N}\%=(K_{BC}-K_N)\times100\times K_N^{-1}（范围为 \pm1\%） \tag{10-5}$$

$$\Delta K_{CA\text{-}N}\%=(K_{CA}-K_N)\times100\times K_N^{-1}（范围为 \pm1\%） \tag{10-6}$$

（7）交流耐压试验（外施工频高压试验）　变压器绕组连同套管进行的交流耐压试验，是检查变压器绝缘状况的主要方法。如果其绕组绝缘受潮、损坏或夹杂异物等，都可能在试验中产生局部放电或击穿。

如图 10-7 所示为交流耐压试验电路图，与图 10-3 所示绝缘油电气强度试验电路图基本相同。图中 R 用以保护试验变压器，一般按试验电压以每伏 0.1～0.2Ω 来选择。试验时，合上电源，调节调压器。在试验电压的 40% 之前，电压上升速度不限，但此后应以缓慢的均匀速度升压至要求的数值。试验电压升至要求的数值后，应保持 1min。然后匀速降压，大约在 5s 内降至试验电压的 25% 以下时，切断电源。

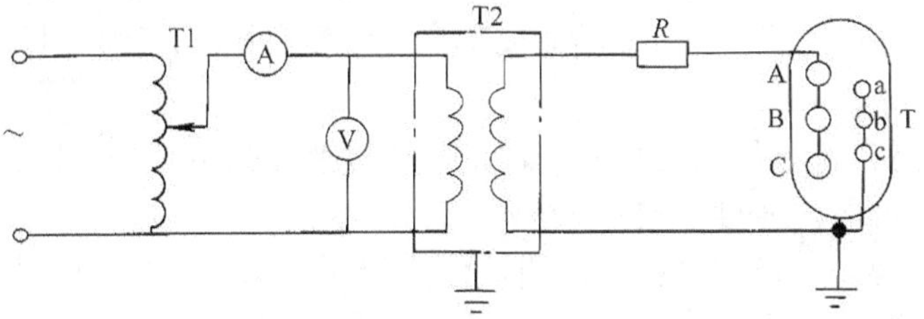

图 10-7　变压器交流耐压试验电路图

T—被试变压器　T1—调压器　T2—试验变压器　R—保护电阻

在试验过程中，应仔细探听变压器内部的音响。如果在耐压期间，仪表指示没有变化，没有击穿放电声，储油柜及其排气孔没有表征变压器内部击穿的迹象，则应认为变压器的内部绝缘是满足规定的耐压要求的。

检修后的试验电压值一般为出厂试验电压的 80%～85%。如出厂试验电压不详，可按表 10-6 的规定。

表 10-6 电力变压器交接时的工频耐压试验电压值 （单位:kV）

变压器高压电压级	3	6	10	15	20	35	66
油浸式变压器	15	21	30	38	47	72	120
干式变压器	8.5	17	24	32	43	60	—

试验时注意事项：①电源电压应比较稳定；②应按图 10-7 所示可靠接地；③被试变压器注油后要静置 24h 以上才能进行耐压试验；④被试变压器的所有气孔均应打开，以便击穿时排除变压器内部产生的气体和油烟。

变压器的其他试验项目可参看有关试验标准和手册，此处略。

二、配电装置的检修试验

1. 配电装置的检修

配电装置的检修，也分大修和小修。按《电力工业技术管理法规》规定，配电装置应按下列期限进行大修(内部检修)：

1） 高压断路器及其操动机构，每 3 年至少 1 次。低压断路器及其操动机构，每 2 年至少 1 次。高低压断路器在断开 4 次短路故障后要进行临时性检修；但根据运行情况并经有关领导批准，可适当增减此项断开次数。

2） 高压隔离开关的操动机构，每 3 年至少 1 次。

3） 配电装置其他设备的大修期限，按预防性试验和检查的结果而定。

以检查操动机构动作和绝缘状况为主的小修，其期限一般为每年至少 1 次。

下面着重介绍 SN10—10 型高压少油断路器的停电内部检修，其一般要求也适用于其他少油断路器。

（1） 油箱的检修 油箱最常见的毛病是渗漏油，其原因大多是油封问题。如果是油封(密封垫圈)老化裂纹或损坏时，应予以更换，一般可用耐油橡皮配制，如果油箱有砂眼时，应进行补焊。如果外壳脱漆时，应按原色油漆。

（2） 灭弧室的检修 应采用干净布片擦去残留在灭弧室表面的烟灰和油垢。灭弧室烧伤严重时，应拆下进行清洗和修理。检修完毕后，应装配复原，注意对好各条灭弧沟道和喷口方向(如图 2-19 所示)。

（3） 触头的检修 动触头(导电杆)端部的黄铜触头有轻微烧伤时，可用细挫刀挫平。为保持端面圆滑，可用零号砂布打磨(注意：不要将磨下的砂粒留在触头上)。动触头端部的黄铜触头严重烧伤时，可用机床车光或更换触头。

（4） 断路器的整体调整 调整断路器的转轴或拐臂从合闸到分闸的回转角度，恢复到原来设计的要求(110°或 120°)。

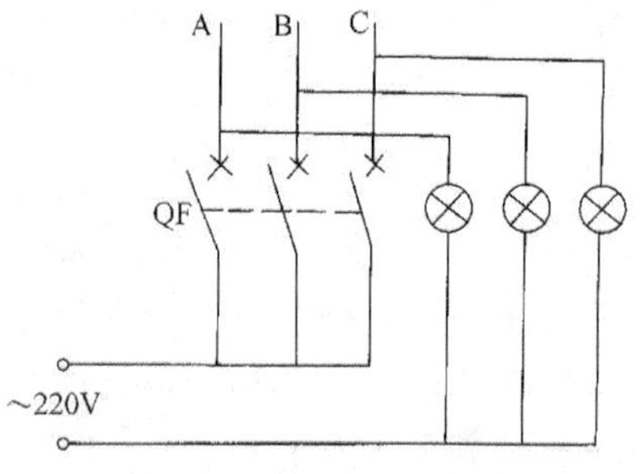

图 10-8 断路器三相合闸同时性试验电路

调整动触头(导电杆)的行程，使之达到设计的要求(约为 160mm)。在调整动触头行程时，应同时进行三相触头合闸同时性的调整。检查断路器触头三相合闸同时性的电路如图 10-8 所示。检查时缓慢地用手操动合闸，观察是否同时亮灯。如合闸时三灯同时亮，说明三相触头是同时接通的；如三灯不同时亮，则应调节动静触头的相对位置，直到三相触头基本上同时接触即三灯差不多同时亮为止。

总的来说，断路器的总体调整应使其符合产品规定的技术要求。

2. 配电装置的试验

按《电力工业技术管理法规》规定：新建和改建后的配电装置，在投入运行前，应进行下列各项检查和试验。大修后的配电装置，也应进行相应的检查和试验。检查和试验项目如下：

1）检查开关设备的各相触头接触的严密性、分合闸的同时性以及操动机构的灵活性和可靠性，测量分合闸所需时间及二次回路的绝缘电阻。按 GB 50150—2006《电气装置安装工程　电气设备交接试验标准》规定，小母线在断开所有其他并联支路时，小母线的绝缘电阻不应小于 10MΩ；二次回路的每一支路及断路器、隔离开关的操作电源回路的绝缘电阻，均不应小于 1MΩ，而在比较潮湿的地方，可不小于 0.5MΩ。

2）检查和测量互感器的变比和极性等。

3）检查母线接头接触的严密性。

4）充油设备绝缘油的简化试验，如前述变压器油的试验所述；油量不多的可仅作耐压（电气强度）试验。

5）绝缘子的绝缘电阻、介质损耗角及多元件绝缘子的电压分布测量；对 35kV 及以下绝缘子仅作耐压试验。

6）检查接地装置，必要时测量接地电阻。

7）检查和试验继电保护装置和过电压保护装置。

8）检查熔断器及其他防护设施。

下面以 SN10—10 型为例，介绍高压少油断路器的试验项目。

（1）绝缘拉杆绝缘电阻的测量　采用 2500V 绝缘电阻表测量，由有机物制成的绝缘拉杆在常温下的绝缘电阻不应低于 1200MΩ。

（2）分、合闸线圈和合闸接触器线圈绝缘电阻的测量　亦采用 2500V 的绝缘电阻表测量，其绝缘电阻不应低于 10MΩ。

（3）交流耐压试验　在交接时，大修后及每年 1 次的预防性试验中都要进行交流耐压试验，6～10kV 的断路器应分别在分、合闸状态下进行试验。试验方法与前述变压器方法相同。6kV 断路器的试验电压用 21kV；10kV 断路器的试验电压用 27kV。

（4）触头接触电阻的测量　在交接时、大修后、每年 1 次的预防性试验中及故障跳闸 4 次后，均应对断路器触头进行检查，并测量其接触电阻。测量方法，可采用双臂电桥；也可采用较大直流电流通过触头，测量其电流和触头上电压降，然后计算触头的接触电阻值。测量前，应将断路器分、合闸数次，使触头接触良好。测量的结果，应取分散性较小的 3 次平均值。对触头接触电阻值的要求，如表 10-7 所示。

表 10-7　3～10kV 油断路器触头接触电阻值的要求

油断路器额定电流/A	200	400	630	1000
交接时、大修后触头电阻/μΩ	300～350	200～250	100～150	80～100
运行中触头电阻/μΩ	400	300	200	150

(5) 分、合闸时间的测量　对于配有远距离分合闸操动机构(如 CD10 型等)的断路器，应在交接时和每次检修后，利用电气秒表(或周波积算器)测量其固有分闸时间和合闸时间，检查这两个时间是否符合断路器出厂的技术要求。所谓固有分闸时间，是指从断路器的跳闸线圈通电时起到断路器触头刚开始分离时止的一段时间。所谓合闸时间，是指从断路器的合闸接触器通电时起到断路器触头刚开始接触时止的一段时间。

如图 10-9 所示为一种应用广泛的电气秒表，亦称周波积算器。它的固定部分是一个马蹄形永久磁铁，可动部分是绕有电磁线圈的轻巧电磁铁，置于永久磁铁两极掌之间，当接上工频(50Hz)电压 220V 或 110V 时，可动电磁铁两端的极性就要随着外施电压的周波数而交变，从而使之在永久磁铁两极掌间以外施电压的周波数而往复振动。振动电磁铁的轴连接着一套齿轮计数机构，用以记录外施电压接通时间的周波数。由于工频电压一周波的时间为 0.02s，因此将记录的周波数乘以 0.02s 就可得到外施电压作用的时间(单位为 s)。由此可用来精确地测量较短的“10^{-2}s”数量级的时间。

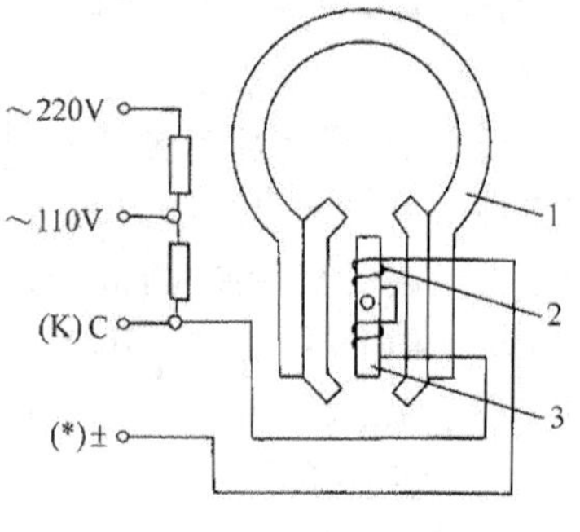

图 10-9　周波积算器(电气秒表)
1—永久磁铁　2—电磁线圈
3—振动电磁铁

如图 10-10 所示为断路器固有分闸时间的测量电路。测量时，合上双极刀开关 QK(两极应同时接通)，跳闸线圈 YR 通电(断路器联锁触点在断路器合闸时是闭合的)，同时周波积算器开始工作，记录时间。当断路器 QF 的触头一分开，周波积算器立即断电停走，由此可测得断路器的固有分闸时间。

如图 10-11 所示为断路器合闸时间的测量电路。测量时，合上双极刀开关 QK(两极应同时接通)，合闸接触器 KM 通电，同时周波积算器开始工作，记录时间。当断路器 QF 的触头一闭合，周波积算器的电磁线圈立即被短路而停走，由此可测得断路器的合闸时间。

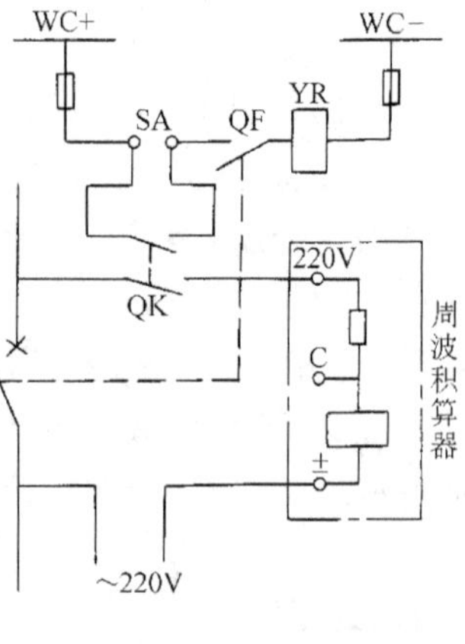

图 10-10　断路器固有分闸时间的测量电路
QF—被测断路器及其联锁触点
YR—断路器跳闸线圈　WC—控制小母线
SA—控制开关　QK—刀开关

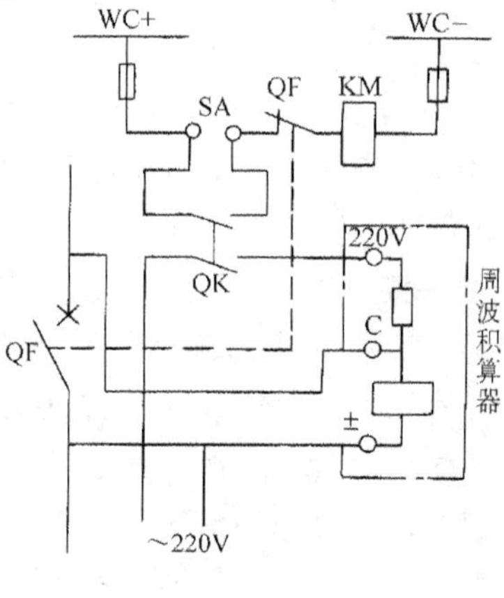

图 10-11　断路器合闸时间的测量电路
QF—被测断路器及其联锁触点　KM—合闸接触器
WC—控制小母线　SA—控制开关　QK—刀开关

(6) 绝缘油的试验　在交接时、每次检修中及运行期间认为有必要时，都应该进行绝缘油的试验。由于少油断路器油量少，且只作灭弧介质用，因此按规定可只作电气强度(耐压)试验，方法与变压器油的试验相同。

三、避雷器的试验

工厂中最常用的避雷器为阀式和排气式。这里主要介绍这两种避雷器的试验。

1. 阀式避雷器的试验

运行中阀式避雷器的试验项目，有测量绝缘电阻、泄漏电流和工频放电电压等。对解体检修后的避雷器，还应进行密封检查。

(1) 绝缘电阻的测量　对 FS 型避雷器，交接时的绝缘电阻不应小于 2500MΩ，运行中的绝缘电阻不应小于 2000MΩ。一般用 2500V 绝缘电阻表测量。测试前应将避雷器表面擦干净，以保证测量结果的准确性。

对 FZ 型避雷器，由于它有并联电阻，所以如果并联电阻老化、断裂或接触不良，其绝缘电阻可比正常值大得多。如果并联电阻完好，但内部受潮时，则其绝缘电阻又将明显下降。这种类型避雷器的绝缘电阻值没有确定的要求，因此只有与上一次测量值或与其他同类型避雷器的绝缘电阻进行比较，无明显差别即可。

(2) 泄漏电流(电导电流)的测量　对有并联电阻的 FZ 型避雷器，只用绝缘电阻表测量其绝缘电阻，还不能充分了解其内部缺陷，还必须用较高的直流电压加于避雷器以测量其泄漏电流。泄漏电流的测量电路如图 10-12 所示。

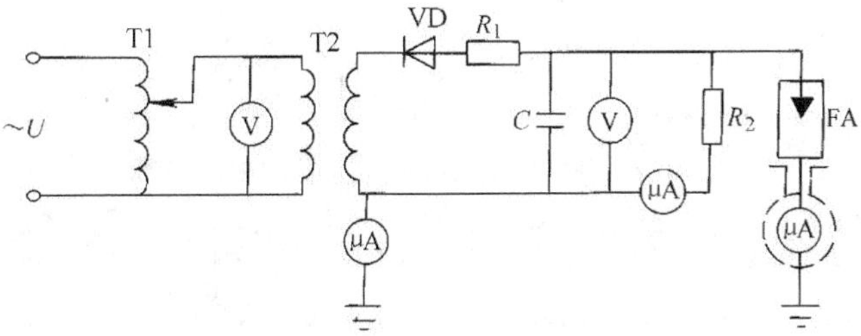

图 10-12　避雷器泄漏电流测量电路

FA—被测避雷器　T1—调压器　T2—试验变压器　V—高压二极管

R_1—保护电阻　R_2—被测电阻　C—稳压电容器

泄漏电流的测量，对于有并联电阻的 FZ 型避雷器，主要是检查并联电阻状况。如果并联电阻老化、接触不良，则泄漏电流明显减小；如果并联电阻断裂，则泄漏电流可减小到零；如果并联电阻受潮，则泄漏电流将急剧增大，可达 1mA 以上，泄漏电流的正常值应在 400～600μA 之间。

泄漏电流的测量，对于无并联电阻的 FS 型避雷器，主要是检查内部是否受潮。内部未受潮时，泄漏电流一般只有 1～2μA。如泄漏电流大于 10μA，说明受潮严重，不能使用。

测量泄漏电流的直流试验电压见表 10-8 所示。

表 10-8　避雷器泄漏电流测量的直流试验电压值

避雷器额定电压/kV		3	6	10
直流试验电压/kV	FZ 型	4	6	10
	FS 型	4	7	11

（3）工频放电电压的测量　测量避雷器的工频放电电压是为了检查避雷器的保护性能。如果工频放电电压高于规定的上限值，则表示避雷器的冲击放电电压升高，如果工频放电电压低于规定的下限值，则表示避雷器的灭弧电压降低，避雷器可能在内部过电压下误动作。因此，阀式避雷器的工频放电电压应在规定的上下限范围内，才能使被保护的电气设备得到可靠的保护。

测量工频放电电压，是FS型避雷器的必试项目。对每一避雷器应作三次工频放电试验，并取三次放电电压的平均值作为该避雷器的工频放电电压，每次试验间隔时间不得小于1min。试验电路如图10-13所示。试验电源的波形要求为正弦波。为消除高次谐波的影响，调压器的电源应取线电压或在试验变压器低压侧加滤波电路。FS型避雷器的工频放电电压应符合表10-9所列要求。有并联电阻的FZ型避雷器可不作此项试验。

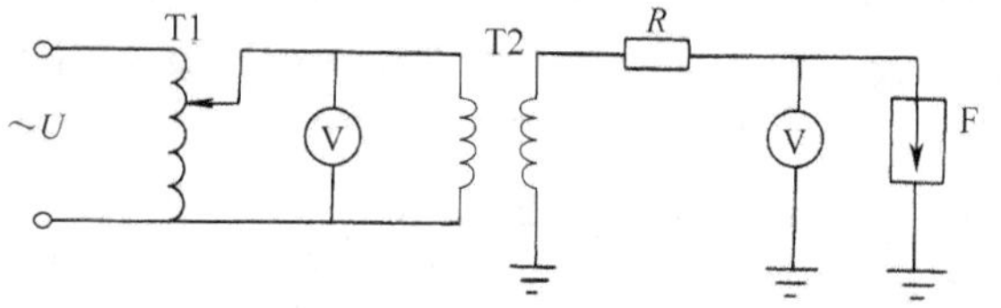

图 10-13　FS 型避雷器工频放电电压测量电路

F—被试避雷器　T1—调压器　T2—试验变压器　R—保护电阻

表 10-9　FS 型避雷器的工频放电电压范围

避雷器额定电压/kV	3	6	10
工频放电电压有效值/kV	9～11	16～19	26～31

2. 排气式避雷器的试验

GX型排气式(管型)避雷器一般只作检查性试验。检查项目如下：

1）用绝缘电阻表测量绝缘电阻，主要检查灭弧管是否严重受潮。

2）抽出棒型电极，检查灭弧管内部有无堵塞，并应清除干净。

3）检查灭弧管内径，不得大于产品标准值的140%。

4）检查内部火花间隙，3～10kV避雷器的内部火花间隙与产品标准相差不得大于3mm。

5）检查棒型电极端部有无烧伤。如烧伤不严重，可用细挫修理。如烧损严重，应予更换。

6）检查灭弧管内外管壁有无破损，表面漆层是否脱落，棒型电极是否碰到管壁。

7）检查外部火花间隙是否符合要求。

8）检查连接部分有无松动现象。

9）检查排气范围内有无导体及其他物体。

对 GSW 型排气式避雷器还须进行工频耐压试验：6kV 的 GSW-6 型，试验电压为 12kV；10kV 的 GSW-10 型，试验电压为 18kV。

四、接地装置的试验

这里主要介绍接地装置接地电阻的测量。

（1）间接法测量接地电阻　间接法是指用电压、电流和功率表来间接测量接地电阻，测量电路如图 10-14 所示。其中电压极和电流极为测量用辅助电极。电压极、电流极与接地体（亦称接地极）之间的布置方案有直线布置和等腰三角形布置两种，如图 10-15 所示。①直线布置，如图 10-15a 所示，取 $s_{13} \geqslant (2 \sim 3)D$，$D$ 为被测接地网的对角线长度；而 $s_{12} \approx 0.6s_{13}$（理论上 $s_{12} = 0.618s_{13}$）。②等腰三角形布置，如图 10-15b 所示，取 $s_{12} = s_{13} \geqslant 2D$，夹角$\alpha \approx 30$℃。

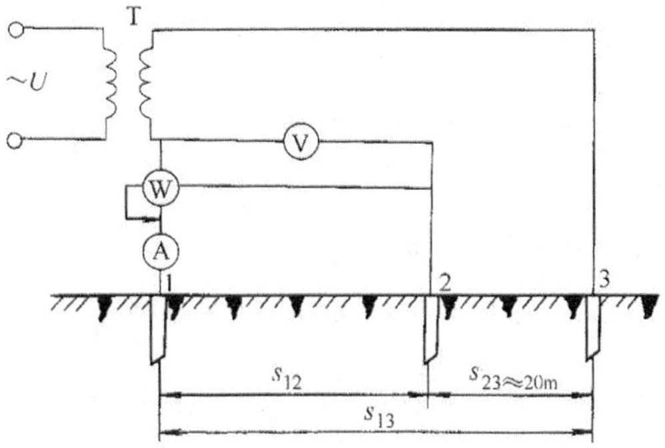

图 10-14　间接法测量接地电阻的电路

1—被测接地体　2—电压极

3—电流极　T—试验变压器

如图 10-14 所示电路加上电源后，同时读取电压 U、电流 I 和功率 P 值，即可由下式计算出接地装置的接地电阻：

$$R_E = \frac{U}{I} \tag{10-7}$$

或

$$R_E = \frac{P}{I^2} = \frac{U^2}{P} \tag{10-8}$$

（2）直接法测量接地电阻　直接法就是采用接地电阻测试仪（俗称接地电阻摇表）直接进行测量。测量电路如图 10-16 所示。电极的布置仍如图 10-15 所示。常用的接地电阻测试仪的型号规格如表 10-10 所示。

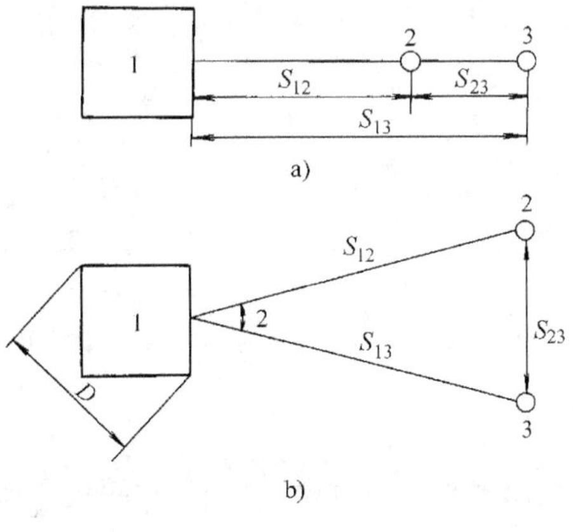

图 10-15　接地电阻测量的电极布置方案

a）直线布置　b）等腰三角形布置

1—接地网（含接地体）　2—电压极　3—电流极

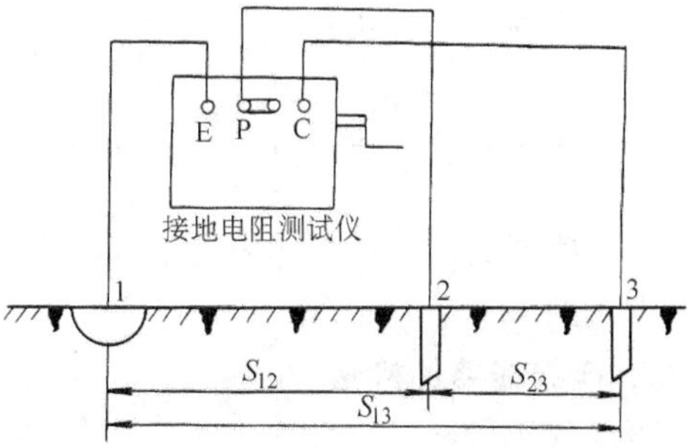

图 10-16　直接法测量接地电阻的电路

1—被测接地体　2—电压极　3—电流极

表 10-10　常用的接地电阻测试仪

型　号	名　　称	量程/Ω	准　确　度	外形尺寸：长 mm × 宽 mm × 高 mm
ZC8	接地电阻测试仪	1/10/100	在额定值的 30% 以下，为额定值的 ±1.5%；在额定值的 30% 以上，为指示值的 ±5%	170 × 110 × 164
		10/100/1000		
ZC29—1	接地电阻测试仪	10/100/1000		172 × 116 × 135
ZC34A	晶体管接地电阻测试仪	2/20/200	±2.5%	180 × 120 × 110

摇测时，首先将测试仪的“倍率标尺”开关置于较大倍率档。先慢慢转动摇柄；同时调整“测量标度盘”，使指针指零(中线)；然后加快转速(约为 120r/min)，并同时调整“测量标度盘”，使指针指示表盘中线，这时“测量标度”所指示的数值乘以“倍率标尺”的数值，即为接地装置的接地电阻值。

第四节　电力线路的检修试验

一、电力线路的检修

电力线路的检修，分停电检修和不停电检修两种。不停电检修对保证电力系统的连续供电、减少停电损失有很大的意义。但对一般供电系统来说，往往还是采用停电检修较为安全。范围较小的短时间停电检修，如检修低压分支线，在不影响重要负荷用电的情况下，可随时通知用户停电进行；范围较大的较长时间的停电检修，如检修高压线路或低压干线，则必须及早通知用户，且应尽量安排在节假日进行，以减少停电造成的损失。

1. 架空线路的检修

对架空线路导线，如发现缺陷时，其检修要求如表 10-11 所示。

表 10-11　导线缺陷的处理要求

导 线 类 型	钢芯铝绞线	单一金属线	处 理 方 法
导 线 缺 陷	磨　　损	磨　　损	不作处理
	铝线 7% 以下断股	截面 7% 以下断股	缠　　绕
	铝线 7%～25% 断股	截面 7%～17% 断股	修　　补
	铝线 25% 以上断股	截面 17% 以上断股	锯断重接

对架空线路电杆，如电杆受损使其断面缩减至 50% 以下时，应立即修补或加绑桩；损坏更严重时，应予以换杆。

2. 电缆线路的检修

电缆线路的故障，大多发生在电缆的中间接头和终端头，而且常见的毛病是漏油、溢胶(在采用油浸纸绝缘电缆时)。如电缆头漏油、溢胶严重或放电时，应立即停电检修，通常是重作电缆头。

电缆线路出现了故障，一般须借助一定的测量仪器和测量方法才能确定。例如电缆发生了如图 10-17 所示的故障，外观无法检查，只有借助绝缘电阻表，在电缆两端摇测各相对地

(外皮)及相与相之间的绝缘电阻，并将一端所有相线短接接地，在另一端重作上述相对地及相与相之间的绝缘电阻摇测，测量结果如表 10-12 所示。

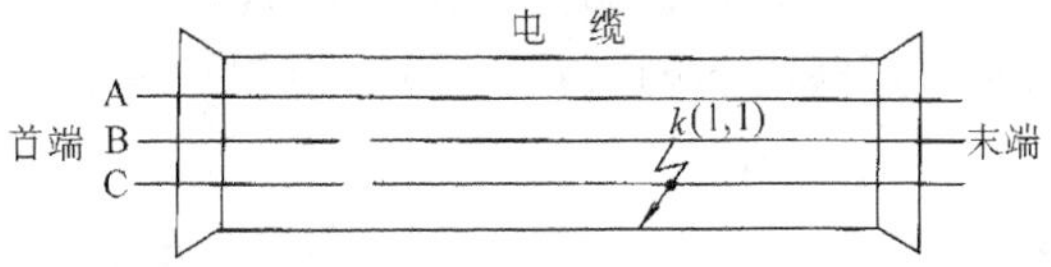

图 10-17　电缆内部故障示例

表 10-12　图 10-17 所示故障电缆的绝缘电阻测量结果

测量顺序	电缆绝缘电阻/MΩ					
	相—地			相—相		
	A	B	C	A—B	B—C	C—A
在首端测量	∞	∞	∞	∞	∞	∞
在末端测量	∞	0	0	∞	0	∞
末端短接接地，在首端测量	0	∞	∞	∞	∞	∞

注：表中∞值在实测中可为几百或几千兆欧，表中 0 值在实测中可为几千或几万欧。

对表 10-12 的绝缘电阻测量结果进行分析可得如下结论：此电缆故障为两相断线又对地(外皮)击穿，如图 10-17 所示。

在确定了电缆故障性质以后，接着要探测故障地点，以便检修。

探测电缆故障的方法，有低阻法和高阻法两大类。这里主要介绍探测电缆故障点的低阻法。采用低阻法探测电缆故障点，一般要经过烧穿、粗测和定点等三道程序。

(1) 烧穿　由于电缆内部的绝缘层较厚，往往在电缆内发生闪络性短路或接地故障后，故障点的绝缘水平能得到一定程度的恢复而呈高阻状态，绝缘电阻可达 0. 1MΩ 以上，因此，采用低阻法探测故障点时，必须先将故障点的绝缘用高电压予以烧穿，使之变为低阻(最好到几千欧以下)。加在故障电缆芯线上的高电压，一般为电缆额定电压的 4 ~ 5 倍(略低于电缆的直流耐压试验电压,即电缆额定电压的 5 ~ 6 倍)。

(2) 粗测　粗测就是粗略地测定电缆故障点的大致位置。对于芯线未断而有一相或多相短路或接地故障的电缆，可采用直流单臂电桥(回路法)来粗测故障点位置。接线如图 10-18 所示。此图中利用完好芯线(*B* 相)作为桥接线的回路。如电缆的三芯均有故障时，则可借助其他电缆芯线作为桥接线的回路。

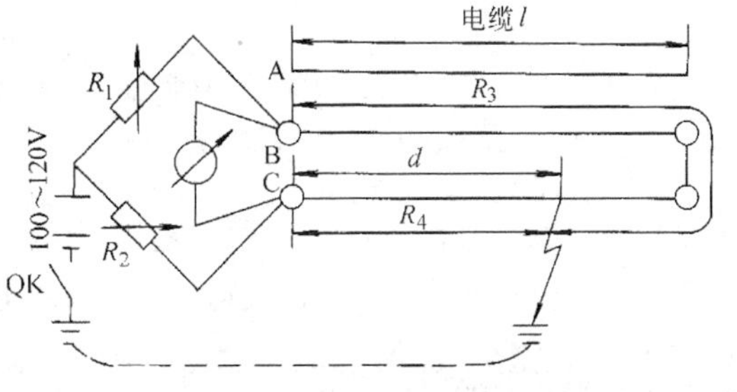

图 10-18　用单臂电桥粗测电缆故障点(回路法)

当电桥平衡时，$R_1 : R_2 = R_3 : R_4$，或$(R_1 + R_2)/R_2 = (R_3 + R_4)/R_4$。设电缆长度为 l，电缆首端至故障点距离为 d，则$(R_3 + R_4)/R_4 = 2l/d$，因此$(R_1 + R_2)/R_2 = 2l/d$。由此可求出电缆首端到故障点的大致距离

$$d = 2l\frac{R_2}{R_1 + R_2} \tag{10-9}$$

必须注意：为了提高测量的准确度，测量时应将电流计直接接在被测电缆的一端，以减小电桥与电缆间的接线电阻和接触电阻的影响；同时电缆另一端的短接线的截面也应不小于电缆芯线的截面积。

对于芯线拆断及可能兼有绝缘损坏的故障电缆，则应利用电缆的电容与其长度成正比的关系，采用交流电桥来测量电缆的电容(电容法)，以粗测电缆的故障点。

(3) 定点　定点就是比较精准地确定电缆的故障点。通常采用音频感应法或电容放电声测法。

1) 采用音频感应法定点。接线如图10-19 所示。将低压音频信号发生器(输出电压为5~30V)接在电缆的一端，然后利用探测用感应线圈、接收放大器和耳机沿电缆线路进行探测。音频讯号电流沿电缆的故障芯线经故障点形成一个回路；使得探测线圈内感应出音频讯号电流，经过放大，传送到耳机中。探测人员就可根据耳机内声响的改变，来确定地下电缆的故障点。探测人员一走离故障点，耳机内的声响将急剧降低乃至消失，由此可测定电缆的故障地点。

2) 采用电容放电声测法定点。接线如图 10-20 所示。利用高压整流设备使电容器充电。电容器充电到一定电压后，放电球间隙就被击穿，此时电容器对故障点放电，使故障点发出“啪”的火花放电声。电容器放电后，接着又被充电。电容器充电到一定电压后，放电球间隙又被击穿，电容器又对故障点放电，使故障点再次发出“啪”的火花放电声。因此，利用探听棒或拾音器沿线路探听时，在故障点能够特别清晰地听到断续性的“啪啪啪”的火花放电声，从而确定电缆的故障地点。

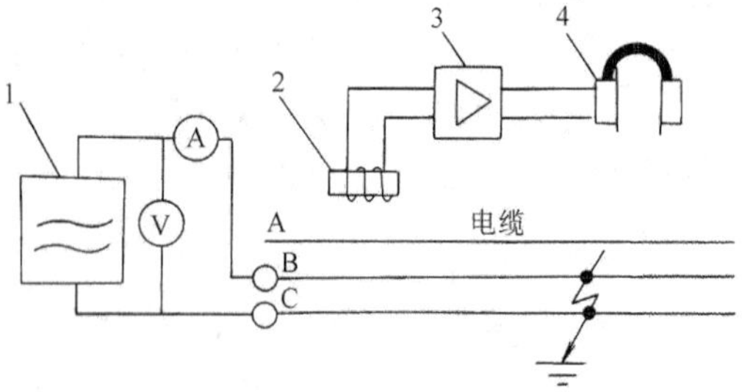

图 10-19　音频感应法探测电缆故障点

1—音频信号发生器　2—探测线圈

3—接收放大器　4—耳机

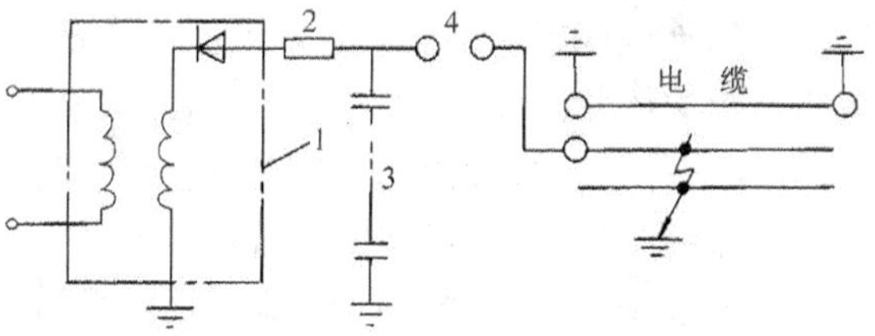

图 10-20　电容放电声测法探测电缆故障点

1—高压整流设备　2—保护电阻

3—电容器　4—放电球间隙

顺便说明：如图 10-20 所示的电路，实际上是用于故障点烧穿的高电压电路，利用电容器连续充放电使电缆故障点连续产生火花放电从而烧穿绝缘。

二、电力线路的试验

电力线路最常用的试验项目，是绝缘电阻的测量和定相。

1. 绝缘电阻的测量

测量线路(这里指电缆和绝缘导线)绝缘电阻的目的，是检查线路的绝缘是否良好，有无接地或相间短路故障。

测量绝缘电阻应利用绝缘电阻表。绝缘电阻表俗称摇表，由手摇发电机、比率型磁电系测量机构及测量电路组成。它是专门用来测量电气设备和线路绝缘电阻的一种便携式仪表。为防止绝缘材料因发热、受潮、污染、老化等原因造成的损坏，检查修复后或停运一段时间后的电气设备的绝缘性能是否达到规定的要求，都需要经常测量绝缘电阻。

在摇测线路绝缘电阻时必须注意以下几点：

1）在摇测绝缘电阻前，应仔细检查沿线有无外物搭接，是否有人在线路上工作，负荷和电源是否全部断开。只有在线路上无外物搭接、无人工作且负荷和电源全部断开的情况下才能摇测绝缘电阻。

2）雷雨时不得摇测室外线路绝缘电阻，以免雷电过电压伤人。

3）摇测电缆和绝缘导线的绝缘电阻时，应将其绝缘层接到绝缘电阻表的“保护环”（或称屏蔽环），如图 10-21 所示，以消除其表面漏电电流的影响。

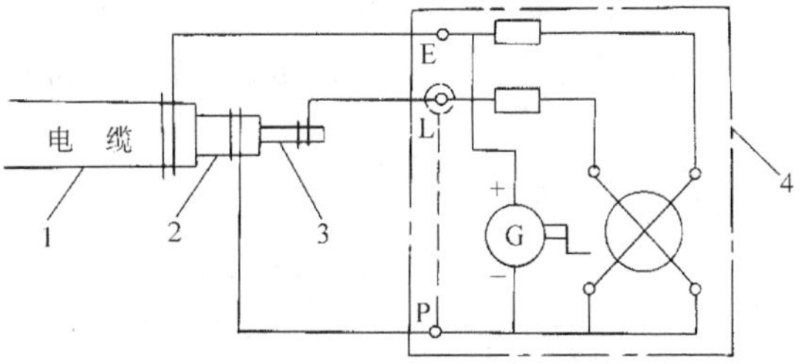

图 10-21　用绝缘电阻表测量电缆的绝缘电阻
1—电缆外皮　2—绝缘层　3—电缆芯线　4—绝缘电阻表
E—接地端子　L—线路端子　P—保护端子

4）为避免线路充电电压损坏绝缘电阻表，摇测完毕后，应先取下相线再停止摇动，并且应立即使线路短路放电，以免线路的充电电压伤人。

5）高压线路一般采用 2500V 绝缘电阻表摇测，低压线路采用 1000V 绝缘电阻表摇测。

为什么不能用万用表的欧姆档来测量绝缘电阻呢？有两个原因：一是万用表内的电源电压太低，在低电压下呈现的电阻值不能反映出在高电压作用下的绝缘电阻的真实数值；二是绝缘电阻的阻值较大(可达几十至几百兆欧)，万用表面板的刻度不能准确指示。

2. 三相线路的定相

定相，就是测定相序和核对相位。新安装或改装后的线路投入运行以及双回路要并列运行，均需经过定相，以免彼此的相序或相位不一致，投入运行时造成短路或环流而损坏设备。

（1）测定相序　测定三相线路的相序，可采用电容式或电感式指示灯相序表。

如图 10-22a 所示为电容式指示灯相序表的原理结线，A 相电容 C 的容抗与 B、C 两相灯泡的阻值相等，此相序表接上待测三相线路电源后，灯亮的为 B 相，灯暗的为 C 相。

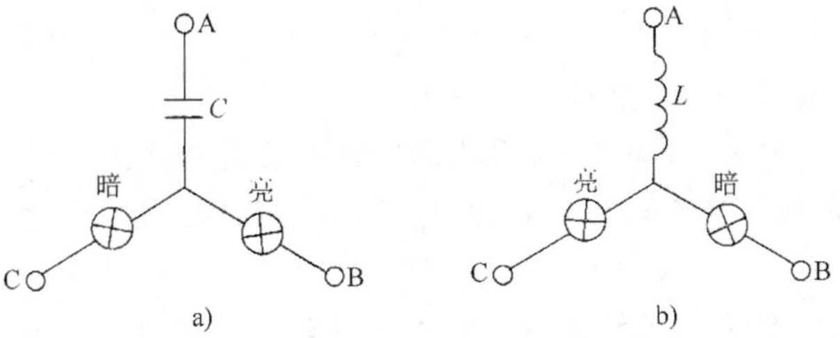

图 10-22　指示灯相序表的原理
a）电容式　b）电感式

如图 10-22b 所示为电感式指示灯相序表的原理结线，A 相电感 L 的感抗与 B、C 两相灯泡的阻值相等，此相序表接上待测三相线路电源后，灯暗的为 B 相，灯亮的为 C 相。

(2) 核对相位　核对相位的方法很多，最常用的为绝缘电阻表法和指示灯法。

如图 10-23a 所示为用绝缘电阻表核对线路两端相位的接线。线路首端接绝缘电阻表，其 L 端接线路，E 端接地。线路末端逐相接地。如果绝缘电阻表指示为零，则说明末端接地的相线与首端测量的相线属同一相。如此三相轮流测量，即可确定线路首端和末端各自对应的相。

如图 10-23b 所示为用指示灯核对线路两端相位的接线。线路首端接指示灯，末端逐相接地。如果指示灯通上电源时灯亮，则说明末端接地的相线与首端接指示灯的相线属同一相。如此三相轮流测量，亦可确定线路首端和末端各自对应的相。

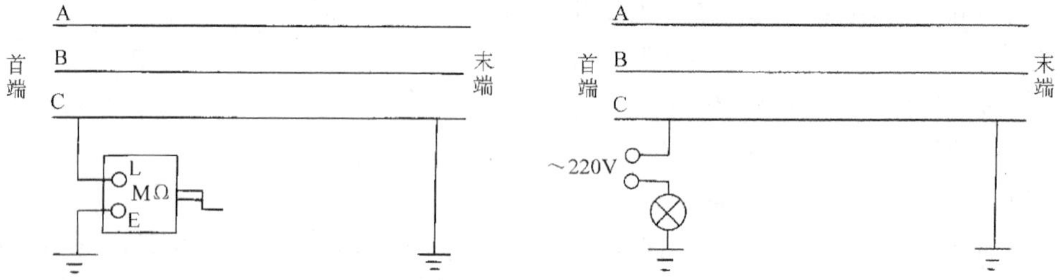

图 10-23　核对线路两端相位的接线
a) 绝缘电阻表法　b) 指示灯法

思考题

10-1　工厂变配电所值班员有哪些主要职责？雷雨天巡视室外高压设备时应注意什么？

10-2　变配电所送电和停电的操作顺序一般情况下应是怎样的？在紧急情况下又如何送电和停电？

10-3　电力变压器并列运行必须满足哪些条件？否则有什么不良后果？

10-4　日常巡视电力变压器时主要应注意哪些问题？

10-5　日常巡视配电装置时主要应注意哪些问题？

10-6　日常巡视架空线路和电缆线路时分别应注意哪些问题？

10-7　工厂发生突然停电事故，变配电所值班员应如何处理？

10-8　何谓变压器的大修？对大修有哪些主要要求？

10-9　何谓变压器的小修？对小修有哪些主要要求？

10-10　电力变压器检修后，需作哪些试验？

10-11　油断路器的检修包括哪些主要内容？检修后需作哪些试验？

10-12　FS 型阀式避雷器的泄漏电流过大，说明避雷器可能存在什么毛病？FZ 型阀式避雷器的泄漏电流过大和过小，又说明避雷器可能存在哪些毛病？

10-13　常用的测量接地电阻的方法有哪些？其辅助的电压极、电流极与接地体之间的布置方案通常有哪两种？各有什么要求？

10-14　有一条电缆，用绝缘电阻表摇测的结果如表 10-13 所示，试分析此电缆发生了什么性质的故障。

表 10-13　思考题 10-14 所示故障电缆的绝缘电阻测量结果

测量顺序	电缆绝缘电阻/MΩ					
	相—相			相—地		
	A—B	B—C	C—A	A	B	C
在首端测量	∞	0.02	∞	∞	0.01	0.01
末端短接接地，在首端测量	0	0	0	0	0	0

10-15　如何用低阻法来探测故障电缆的故障点？

10-16　用绝缘电阻表摇测线路（电缆或绝缘导线线路）的绝缘电阻时，应注意哪些问题？

10-17　如何测定三相线路的相序，如何核对线路两端的相位？

10-18　为什么不能用万用表的欧姆挡来测量绝缘电阻？

附录 A 部分常用技术数据表

表 A-1 RT0 型低压熔断器的主要技术数据及保护特性曲线

1. 主要技术数据

型号	熔管额定电压/V	额定电流/A		最大分断电流/kA
		熔管	熔体	
RT0—100	交流 380 直流 440	100	30，40，50，60，80，100	50
RT0—200		200	(80,100)，120，150，200	
RT0—400		400	(150,200)，250，300，350，400	
RT0—600		600	(350,400)，450，500，550，600	
RT0—1000		1000	700，800，900，1000	

注：表中括号内的熔体电流尽可能不采用。

2. 保护特性曲线　如图 A-1 所示。

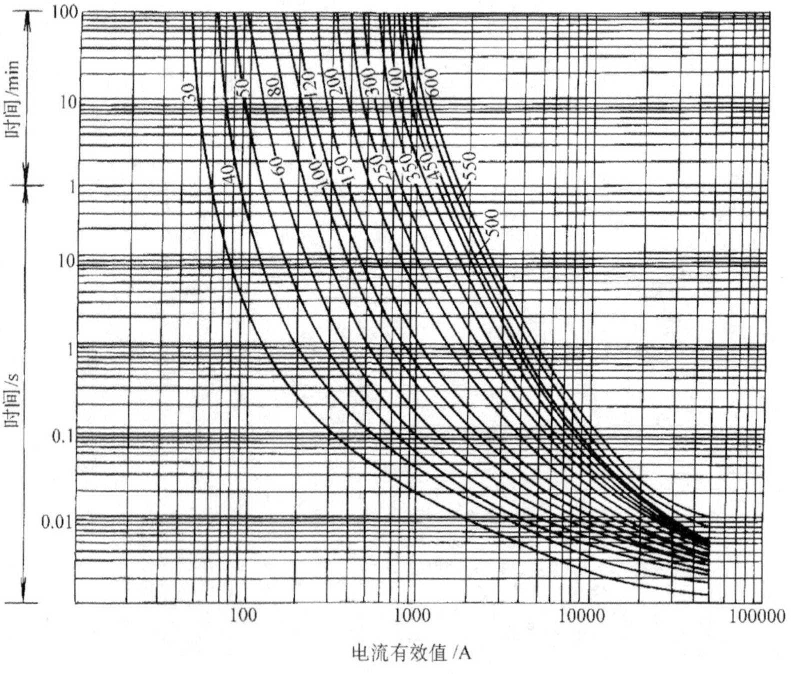

图 A-1 RT0 型低压熔断器的保护特性曲线

表 A-2　RM10 型低压熔断器的主要技术数据及保护特性曲线

1. 主要技术数据

型　号	熔管额定电压/V	额定电流/A		最大分断电流/kA
		熔　管	熔　体	
RM10—15	交流 220，380，500 直流 220，440	15	6，10，15	1.2
RM10—60		60	15，20，25，35，45，60	3.5
RM10—100		100	60，80，100	10
RM10—200		200	100，125，160，200	
RM10—350		350	350，430，500，600	
RM10—600		600	350，430，500，600	

2. 保护特性曲线　如图 A-2 所示。

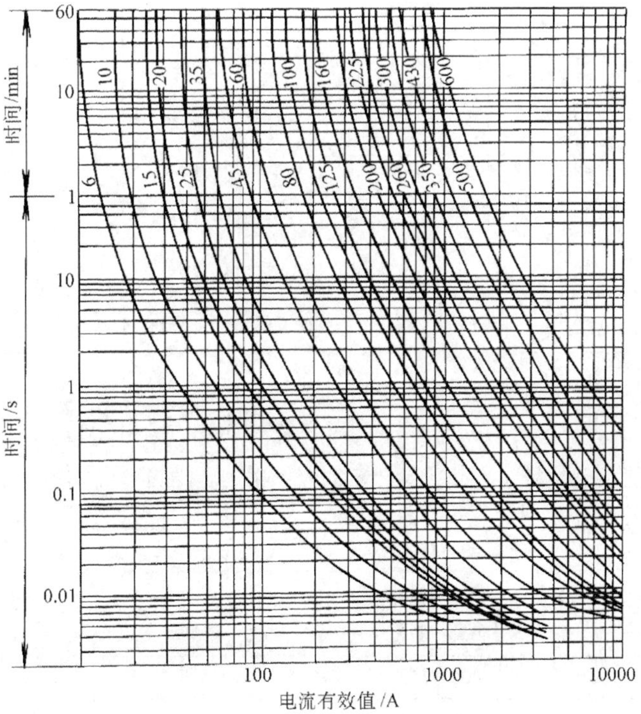

图 A-2　RM10 型低压熔断器的保护特性曲线

附录

表 A-3　SN10—10 型高压少油断路器的主要技术数据

型　　号	额定电压 /kV	额定电流 /A	断开容量 /MVA	开断电流 /kA	极限通过电流峰值 /kA	热稳定电流有效值 /kA	固有分闸时　间 /s	合闸时间 /s	操动机构
SN10—10 Ⅰ	10	630	300	16	40	16(4s)	0.06	0.2	CS2 CD10 CD14 CT7 CT8 CT9
		1000							
SN10—10 Ⅱ		1000	500	31.5	80	31.5(4s)			
SN10—10 Ⅲ		1250	750	43.3	130	43.3(4s)			
		2000							
		3000							

注：SN10-10 Ⅲ型断路器只配用 CD10 Ⅲ型直流电磁操动机构。

表 A-4　DW_{15}^{10}型低压断路器的主要技术数据

1. DW_{15}^{10}型低压断路器 380V 时瞬时分断能力

型　　号	瞬时分断能力		型　　号	瞬时分断能力	
	电流有效值 /kA	cosφ		电流有效值 /kA	cosφ
DW10—200	10	0.4	DW15—200	20	0.30
DW10—400	15	0.4	DW15—400	25	0.25
DW10—600	15	0.4	DW15—630	30	0.25
DW10—1000	20	0.4	DW15—1000	40	0.25
DW10—1500	20	0.4	DW15—1600	40	0.25
DW10—2500	30	0.4	DW15—2500	60	0.20
DW10—4000	40	0.4	DW15—4000	80	0.20

2. DW10 型低压断路器过电流脱扣器的额定电流及整定值

型　　号	过电流脱扣器额定电流 /A	脱扣器整定电流倍数
DW10—200	100，150，200	1～1.5～3
DW10—400	100，150，200，250，300，350，400	
DW10—600	400，500，600	
DW10—1000	400，500，600，800，1000	
DW10—1500	1000，1500	
DW10—2500	1000，1500，2000，2500	
DW10—4000	2000，2500，3000，4000	

（续）

3. DW15—200～630 型低压断路器过电流脱扣器的额定电流及整定值

型号	过电流脱扣器额定电流/A		过电流脱扣器额定电流/A				
			长延时动作整定值		短延时动作整定值	瞬时整定值	
	热式电磁式	电子式	热式	电子式	电子式	电子式	电磁式
DW15—200	100	100	64，80，100	40～100	300～1000	300～1000	1000
						800～2000	1200
	160		102，128，160				1600
							1920
	200	200	128，160，200	80～200	600～2000	600～2000	2000
						1600～4000	2400
DW15—400	—	200	—	80～200	600～2000	600～2000	—
						1600～4000	
	315	—	201.6，252，315	—	—	—	3150
							3780
	400	400	256，320，400	160～400	1200～4000	1200～4000	4000
						3200～8000	4800
DW15—630	315	315	201.6，252，315	126～315	945～3150	945～3150	3150
						2520～6300	3780
	400	400	256，320，400	160～400	1200～4000	1200～4000	4000
						3200～8000	4800
	630	630	403.2，504，630	252～630	1890～6300	1890～6300	6300
						5040～12600	7560

4. DW15—1000～4000 型低压断路器过电流脱扣器的额定电流及整定值

型号	脱扣器额定电流/A	过电流脱扣器额定电流/A				
		长延时动作整定值	短延时动作整定值	瞬时动作整定值		
		热—电磁式，电子式	电子式	热—电磁式	电子式	电磁式
DW15—1000	630	441～630	1890～6300	1890～3780	630～1890	6300～12600
	800	560～800	2400～8000	2400～4800	800～2400	8000～16000
	1000	700～1000	3000～10000	3000～10000	1000～3000	10000～20000
DW15—1600	1600	1120～1600	4800～16000	4800～9600	1600～4800	16000～32000
DW15—2500	1600	1120～1600	4800～9600	4800～9600	1600～4800	11200～22400
	2000	1400～2000	6000～12000	6000～12000	2000～6000	14000～28000
	2500	1750～2500	7500～15000	7500～15000	2500～7500	17500～35000
DW15—4000	2500	1750～2500	7500～1500	7500～15000	2500～7500	17500～35000
	3000	2100～3000	9000～1800	9000～18000	3000～9000	21000～42000
	4000	2800～4000	12000～24000	12000～24000	4000～12000	28000～56000

注：DW15—1000～4000 型断路器的短延时有 0.2s、0.4s。

表 A-5　SL7 和 S9 系列低损耗电力变压器的主要技术数据

1. SL7 系列低损耗电力变压器的主要技术数据

型　号	额定容量/kVA	额定电压/kV 一次	额定电压/kV 二次	联结组别	ΔP_0 空载损耗/W	ΔP_k 短路损耗/W	阻抗电压 U_k(%)	空载电流 I_0(%)
SL7—100/10	100	6, 6.3, 10	0.4	Yyn0	320	2000	4	2.6
SL7—125/10	125				370	2450		2.5
SL7—160/10	160				460	2850		2.4
SL7—200/10	200				540	3400		2.4
SL7—250/10	250				640	4000		2.3
SL7—315/10	315				760	4800		2.3
SL7—400/10	400				920	5800		2.1
SL7—500/10	500				1080	6900		2.1
SL7—630/10	630				1300	8100	4.5	2.0
SL7—800/10	800				1540	9900		1.7
SL7—1000/10	1000				1800	11600		1.4
SL7—1250/10	1250				2200	13800		1.4
SL7—1600/10	1600				2650	16500		1.3
SL7—2000/10	2000				3100	19800	5.5	1.2

2. S9 系列低损耗油浸式铜绕组电力变压器的主要技术数据

额定容量/kV·A	额定电压/kV 一次	额定电压/kV 二次	联结组别	损耗/W 空载 ΔP_0	损耗/W 负载 ΔP_k	空载电流 I_0(%)	阻抗电压 U_k(%)
30	11, 10.5, 10, 6.3, 6	0.4	Yyn0	130	600	2.1	4
50	11, 10.5, 10, 6.3, 6	0.4	Yyn0	170	870	2.0	4
			Dyn11	175	870	4.5	4
63	11, 10.5, 10, 6.3, 6	0.4	Yyn0	200	1040	1.9	4
			Dyn11	210	1030	4.5	4
80	11, 10.5, 10, 6.3, 6	0.4	Yyn0	240	1250	1.8	4
			Dyn11	250	1240	4.5	4
100	11, 10.5, 10, 6.3, 6	0.4	Yyn0	290	1500	1.6	4
			Dyn11	300	1470	4.0	4
125	11, 10.5, 10, 6.3, 6	0.4	Yyn0	340	1800	1.5	4
			Dyn11	360	1720	4.0	4
160	11, 10.5, 10, 6.3, 6	0.4	Yyn0	400	2200	1.4	4
			Dyn11	430	2100	3.5	4
200	11, 10.5, 10, 6.3, 6	0.4	Yyn0	480	2600	1.3	4
			Dyn11	500	2500	3.5	4

（续）

额定容量/kV·A	额定电压/kV		联结组别	损耗/W		空载电流 I_0(%)	阻抗电压 U_k(%)
	一次	二次		空载 ΔP_0	负载 ΔP_k		
250	11，10.5，10，6.3，6	0.4	Yyn0	560	3050	1.2	4
			Dyn11	720	3450	3.0	4
315	11，10.5，10，6.3，6	0.4	Yyn0	670	3650	1.1	4
			Dyn11	600	2900	3.0	4
400	11，10.5，10，6.3，6	0.4	Yyn0	800	4300	1.0	4
			Dyn11	870	4200	3.0	4
500	11，10.5，10，6.3，6	0.4	Yyn0	960	5100	1.0	4
			Dyn11	1030	4950	3.0	4
	11，10.5，10	6.3	Yd11	1030	4950	1.5	4.5
630	11，10.5，10，6.3，6	0.4	Yyn0	1200	6200	0.9	4.5
			Dyn11	1300	5800	1.0	5
	11，10.5，10	6.3	Yd11	1200	6200	1.5	4.5
800	11，10.5，10，6.3，6	0.4	Yyn0	1400	7500	0.8	4.5
			Dyn11	1400	7500	2.5	5
	11，10.5，10	6.3	Yd11	1400	7500	1.4	5.5
1000	11，10.5，10，6.3，6	0.4	Yyn0	1700	10300	0.7	4.5
			Dyn11	1700	9200	1.7	5
	11，10.5，10	6.3	Yd11	1700	9200	1.4	5.5
1250	11，10.5，10，6.3，6	0.4	Yyn0	1950	12000	0.6	4.5
			Dyn11	2000	11000	2.5	5
	11，10.5，10	6.3	Yd11	1950	12000	1.3	5.5
1600	11，10.5，10，6.3，6	0.4	Yyn0	2400	14500	0.6	4.5
			Dyn11	2400	14000	2.5	6
	11，10.5，10	6.3	Yd11	2400	14500	1.3	5.5
2000	11，10.5，10，6.3，6	0.4	Yyn0	3000	18000	0.8	6
			Dyn11	3000	18000	0.8	6
	11，10.5，10	6.3	Yd11	3000	18000	1.2	6
2500	11，10.5，10，6.3，6	0.4	Yyn0	3500	25000	0.8	6
			Dyn11	3500	25000	0.8	6
	11，10.5，10	6.3	Yd11	3500	19000	1.2	5.5
3150	11，10.5，10	6.3	Yd11	4100	23000	1.0	5.5
4000	11，10.5，10	6.3	Yd11	5000	26000	1.0	5.5
5000	11，10.5，10	6.3	Yd11	6000	30000	0.9	5.5
6300	11，10.5，10	6.3	Yd11	7000	35000	0.9	5.5
50	35	0.4	Yyn0	250	1180	2.0	6.5
100	35	0.4	Yyn0	350	2100	1.9	6.5
125	35	0.4	Yyn0	400	1950	2.0	6.5
160	35	0.4	Yyn0	450	2800	1.8	6.5
200	35	0.4	Yyn0	530	3300	1.7	6.5

（续）

额定容量/kV·A	额定电压/kV		联结组别	损耗/W		空载电流 I_0(%)	阻抗电压 U_k(%)
	一次	二次		空载 ΔP_0	负载 ΔP_k		
250	35	0.4	Yyn0	610	3900	1.6	6.5
315	35	0.4	Yyn0	720	4700	1.5	6.5
400	35	0.4	Yyn0	880	5700	1.3	6.5
500	35	0.4	Yyn0	1030	6900	1.2	6.5
630	35	0.4	Yyn0	1250	8200	1.1	6.5
800	35	0.4	Yyn0	1480	9500	1.1	6.5
		10.5 6.3 3.15	Yd11	1480	8800	1.1	6.5
1000	35	0.4	Yyn0	1750	12000	1.0	6.5
		10.5 6.3 3.15	Yd11	1750	11000	1.0	6.5
1250	35	0.4	Yyn0	2100	14500	0.9	6.5
		10.5 6.3 3.15	Yd11	2100	14500	0.9	6.5
1600	35	0.4	Yyn0	2500	17500	0.8	6.5
		10.5 6.3 3.15	Yd11	2500	16500	0.8	6.5
200	35	10.5 6.3 3.15	Yd11	3200	16800	0.8	6.5
2500	35		Yd11	3800	19500	0.8	6.5
3150	38.5, 35	10.5 6.3 3.15	Yd11	4500	22500	0.8	7
4000				5400	27000	0.8	7
5000				6500	31000	0.7	7
6300				7900	34500	0.7	7.5

表 A-6 用电设备组的需要系数、二项式系数及功率因数数值

用电设备组名称	需要系数 K_d	二项式系数		最大容量设备台数 x①	$\cos\varphi$	$\tan\varphi$
		b	c			
小批生产的金属冷加工机床电动机	0.16～0.2	0.14	0.4	5	0.5	1.73
大批生产的金属冷加工机床电动机	0.18～0.25	0.14	0.5	5	0.5	1.73
小批生产的金属热加工机床电动机	0.25～0.3	0.24	0.4	5	0.6	1.33
大批生产的金属热加工机床电动机	0.3～0.35	0.26	0.5	5	0.65	1.17
通风机、水泵、空压机及电动发电机组电动机	0.7～0.8	0.65	0.25	5	0.8	0.75

（续）

用电设备组名称	需要系数 K_d	二项式系数		最大容量设备台数 x①	$\cos\varphi$	$\tan\varphi$
		b	c			
非连锁的连续运输机械及铸造车间整砂机械	0.5~0.6	0.4	0.2	5	0.75	0.88
连续的运输机械及铸造车间整砂机械	0.65~0.7	0.6	0.2	5	0.75	0.88
锅炉房和机加、机修、装配等类车间的起重机($\varepsilon=25\%$)	0.1~0.15	0.06	0.2	3	0.5	1.73
铸造车间的起重机($\varepsilon=25\%$)	0.15~0.25	0.09	0.3	3	0.5	1.73
自动连续装料的电阻炉设备	0.75~0.8	0.7	0.3	2	0.95	0.33
实验室的小型电热设备(电阻炉、干燥箱等)	0.7	0.7	0	—	1.0	0
工频感应电炉(未带无工补偿设备)	0.8	—	—	—	0.35	2.67
高频感应电炉(未带无工补偿设备)	0.8	—	—	—	0.6	1.33
电弧熔炉	0.9	—	—	—	0.87	0.57
点焊机、缝焊机	0.35	—	—	—	0.6	1.33
对焊机、铆钉加热机	0.35	—	—	—	0.7	1.02
自动弧焊变压器	0.5	—	—	—	0.4	2.29
单头手动弧焊变压器	0.35	—	—	—	0.35	2.68
多头手动弧焊变压器	0.4	—	—	—	0.35	2.68
单头弧焊电动发电机组	0.35	—	—	—	0.6	1.33
多头弧焊电动发电机组	0.7	—	—	—	0.75	0.88
生产厂房及办公室、阅览室、实验室照明②	0.8~1	—	—	—	1.0	0
变配电所、仓库照明②	0.5~0.7	—	—	—	1.0	0
宿舍(生活区)照明②	0.6~0.8	—		—	1.0	0
室外照明、应急照明②	1	—	—	—	1.0	0

① 如果用电设备组总台数 $n<2x$ 时，则取 $x=n/2$，且按“四舍五入”的修约规则取其整数。

② 这里的 $\cos\varphi$ 和 $\tan\varphi$ 值均为白炽灯照明的数值。如为荧光灯照明，则取 $\cos\varphi=0.9$，$\tan\varphi=0.48$；如为高压汞灯或钠灯，则取 $\cos\varphi=0.5$，$\tan\varphi=1.73$。

表 A-7　部分工厂的全厂需要系数、功率因数及年最大有功负荷利用小时参考值

工厂名称	需要系数	功率因数	年最大有功负荷利用小时数	工厂名称	需要系数	功率因数	年最大有功负荷利用小时数
汽轮机制造厂	0.38	0.88	5000	量具刃具制造厂	0.26	0.60	3800
锅炉制造厂	0.27	0.73	4500	工具制造厂	0.34	0.65	3800
柴油机制造厂	0.32	0.74	4500	电机制造厂	0.33	0.65	3000
重型机械制造厂	0.35	0.79	3700	电器开关制造厂	0.35	0.75	3400
重型机床制造厂	0.32	0.71	3700	电线电缆制造厂	0.35	0.73	3500
机床制造厂	0.20	0.65	3200	仪器仪表制造厂	0.37	0.81	3500
石油机械制造厂	0.45	0.78	3500	滚珠轴承制造厂	0.28	0.70	5800

表 A-8　无功补偿率

补偿前的功率因数	补偿后的功率因数				补偿前的功率因数	补偿后的功率因数			
	0.85	0.90	0.92	0.95		0.85	0.90	0.92	0.95
0.50	1.112	1.248	1.306	1.403	0.76	0.235	0.371	0.429	0.526
0.55	0.899	1.034	1.092	1.190	0.78	0.183	0.318	0.376	0.473
0.60	0.714	0.849	0.907	1.005	0.80	0.130	0.266	0.324	0.421
0.65	0.549	0.685	0.743	0.840	0.82	0.078	0.214	0.272	0.369
0.68	0.459	0.594	0.652	0.749	0.84	0.026	0.162	0.220	0.317
0.70	0.400	0.536	0.594	0.691	0.86	—	0.109	0.167	0.264
0.72	0.344	0.480	0.538	0.625	0.88	—	0.056	0.114	0.211
0.74	0.289	0.425	0.483	0.580	0.90	—	—	0.058	0.155

表 A-9　BWF 系列并联电容器的主要技术数据

型　号	额定容量/kvar	额定电容/μF	型　号	额定容量/kvar	额定电容/μF
BWF0.4—12—1	12	240	BWF0.4—13—3	13	259
BWF0.4—12—3	12	240	BWF0.4—14—1	14	280
BWF0.4—13—1	13	259	BWF0.4—14—3	14	280
BWF6.3—12—1TH	12	0.964	BWF6.3—100—1W	100	8.0
BWF6.3—12—1W	12	0.964	BWF6.3—120—1W	120	9.63
BWF6.3—16—1W	16	1.28	BWF10.5—22—1W	22	0.64
BWF10.5—12—1W	12	0.35	BWF10.5—25—1W	25	0.72
BWF10.5—16—1W	16	0.46	BWF10.5—30—1W	30	0.87
BWF6.3—22—1W	22	1.76	BWF10.5—40—1W	40	1.151
BWF6.3—25—1W	25	2.0	BWF10.5—50—1W	50	1.44
BWF6.3—30—1W	30	2.4	BWF10.5—100—1W	100	2.89
BWF6.3—40—1W	40	3.2	BWF10.5—120—1W	120	3.47
BWF6.3—50—1W	50	4.0			

备注

① 电容器的额定频率均为50Hz。

② 电容器全型号的表示和含义

BWF6.3—40—1W

- B：并联电容器
- W：十二烷基苯（Y—矿物油）
- F：纸、薄膜复合（M—全聚丙烯薄膜）
- 6.3：额定电压（kV）
- 40：额定容量（kvar）
- 1：单相（3—三相）
- W：室外型（TH—湿热型）

表 A-10　导体在正常和短路时的最高允许温度及热稳定系数

导体种类和材料			最高允许温度/℃		热稳定系数 C /($A\sqrt{S}\cdot mm^{-2}$)
			正常 θ_1	短路 θ_k	
母　线	铜		70	300	171
	铝		70	200	87
油浸纸绝缘电缆	铜芯	1～3kV	80	250	148
		6kV	65(80)	250	150
		10kV	60(65)	250	153
		35kV	50(65)	175	
	铝芯	1～3kV	80	200	84
		6kV	65(80)	200	87
		10kV	60(65)	200	88
		35kV	50(65)	175	
橡皮绝缘导线和电缆	铜芯		65	150	131
	铝芯		65	150	87
聚氯乙烯绝缘导线和电缆	铜芯		70	160	115
	铝芯		70	160	76
交联聚乙烯绝缘电缆	铜芯		90(80)	250	137
	铝芯		90(80)	200	77

表 A-11　架空裸导线的最小截面积

导线种类	最小允许截面积/mm^2			备　注
	35kV	3～10kV	低压	
铝及铝合金线	35	35	16 *	* 与铁路交叉跨越时应为 $35mm^2$
钢芯铝绞线	35	25	16	

表 A-12　绝缘导线线芯的最小截面积

导线用途或敷设方式			线芯最小截面积/mm^2	
			铜　芯	铝　芯
照明用灯头引下线			1.0	2.5
敷设在绝缘支持件上的绝缘导线，支持点间距 L 为	室内	$L\leqslant 2m$	1.0	2.5
	室外	$L\leqslant 2m$	1.5	2.5
		$2m<L\leqslant 6m$	2.5	4
		$6m<L\leqslant 16m$	4	6
		$16m<L\leqslant 25m$	6	10
穿管敷设，槽板，护套线扎头明敷，线槽			1.0	2.5
PE 线和 PEN 线	有机械保护时		2.5	2.5
	无机械保护时		4(干线 10)	4(干线 16)

表 A-13 LJ 型铝绞线、LGJ 型钢芯铝绞线和 LMY 型硬铝母线的主要技术数据

1. LJ 型铝绞线的主要技术数据

额定截面积/mm²	16	25	35	50	70	95	120	150	185	240
实际截面积/mm²	15.9	25.4	34.4	49.5	71.3	95.1	121	148	183	239
股数/外径/mm	7/ 5.10	7/ 6.45	7/ 7.50	7/ 9.00	7/ 10.8	7/ 12.5	19/ 14.3	19/ 15.8	19/ 17.5	19 20.0
50℃时电阻/(Ω·km⁻¹)	2.07	1.33	0.96	0.66	0.48	0.36	0.28	0.23	0.18	0.14
线间几何均距/mm	线路电抗/(Ω·km⁻¹)									
600	0.36	0.35	0.34	0.33	0.32	0.31	0.30	0.29	0.28	0.28
800	0.38	0.37	0.36	0.35	0.34	0.33	0.32	0.31	0.30	0.30
1000	0.40	0.38	0.37	0.36	0.35	0.34	0.33	0.32	0.31	0.31
1250	0.41	0.40	0.39	0.37	0.36	0.35	0.34	0.34	0.33	0.32
1500	0.42	0.41	0.40	0.38	0.37	0.36	0.35	0.35	0.34	0.33
2000	0.44	0.43	0.41	0.40	0.40	0.38	0.37	0.37	0.36	0.35

导线温度	环境温度/℃	允许持续载流量/A									
70℃(室外架设)	20	110	142	179	226	278	341	394	462	525	641
	25	105	135	170	215	265	325	375	440	500	610
	30	98.7	127	160	202	249	306	353	414	470	573
	35	93.5	120	151	191	236	289	334	392	445	543
	40	86.1	111	139	176	217	267	308	361	410	500

备注：

① 线间几何均距 $a_{av}=\sqrt[3]{a_1a_2a_3}$，式中 a_1、a_2、a_3 为三相导线的各相之间的线间距离。三相导线正三角形排列时，$a_{av}=a$；三相导线等距水平排列时，$a_{av}=1.26a$。

② 铜绞线 TJ 的电阻约为同截面积 LJ 电阻的61%；TJ 的电抗与 LJ 同。TJ 的载流量约为同截面积 LJ 载流量的 1.29 倍。

2. LGJ 型钢芯铝线的主要技术数据

额定截面积/mm²	35	50	70	95	120	150	185	240
铝线实际截面积/mm²	34.9	48.3	68.1	94.4	116	149	181	239
铝股数/钢股数/外径(单位为 mm)	6/1/ 8.16	6/1/ 9.60	6/1/ 11.4	26/7/ 13.6	26/7/ 15.1	26/7/ 17.1	26/7/ 18.9	26/7/ 21.7
50℃时电阻/(Ω·km⁻¹)	0.89	0.68	0.48	0.35	0.29	0.24	0.18	0.15
线间几何均距/mm	线路电抗/(Ω·km⁻¹)							
1500	0.39	0.38	0.37	0.35	0.35	0.34	0.33	0.33
2000	0.40	0.39	0.38	0.37	0.37	0.36	0.35	0.34
2500	0.41	0.41	0.40	0.39	0.38	0.37	0.37	0.36
3000	0.43	0.42	0.41	0.40	0.39	0.39	0.38	0.37
3500	0.44	0.43	0.42	0.41	0.40	0.40	0.39	0.38
4000	0.45	0.44	0.43	0.42	0.41	0.40	0.40	0.39

(续)

额定截面积/mm²		35	50	70	95	120	150	185	240
导线温度	环境温度/℃	允许持续载流量/A							
70℃(室外架设)	20	179	231	289	352	399	467	541	641
	25	170	220	275	335	380	445	515	610
	30	159	207	259	315	357	418	484	574
	35	149	193	228	295	335	391	453	536
	40	137	178	222	272	307	360	416	494

3. LMY 型涂漆矩形硬铝母线的主要技术数据

母线截面积 宽/mm×厚/mm	65℃时电阻/ (Ω·km⁻¹)	相间距离为250mm时电抗/ (Ω·km⁻¹)		母线竖放时的允许持续载流量/A (导线温度70℃)			
				环境温度			
		竖放	平放	25℃	30℃	35℃	40℃
25×3	0.47	0.24	0.22	265	249	233	215
30×4	0.29	0.23	0.21	365	343	321	296
40×4	0.22	0.21	0.19	480	451	422	389
40×5	0.18	0.21	0.19	540	507	475	438
50×5	0.14	0.20	0.17	665	625	585	539
50×6	0.12	0.20	0.17	740	695	651	600
60×6	0.10	0.19	0.16	870	818	765	705
80×6	0.076	0.17	0.15	1150	1080	1010	932
100×6	0.062	0.16	0.13	1425	1340	1255	1155
60×8	0.076	0.19	0.16	1025	965	902	831
80×8	0.059	0.17	0.15	1320	1240	1160	1070
100×8	0.048	0.16	0.13	1625	1530	1430	1315
120×8	0.041	0.16	0.12	1900	1785	1670	1540
60×10	0.062	0.18	0.16	1155	1085	1016	936
80×10	0.048	0.17	0.14	1480	1390	1300	1200
100×10	0.040	0.16	0.13	1820	1710	1600	1475
120×10	0.035	0.16	0.12	2070	1945	1820	1680
备注	本表母线载流量系母线竖放时的数据。如母线平放，且宽度大于60mm时，表中数据应乘以0.92；如母线平放，且宽度不大于60mm时，表中数据应乘以0.95						

附录

表 A-14 BLX 型和 BLV 型铝芯绝缘导线明敷、穿钢管和塑料管时的允许载流量

1. BLX 型和 BLV 型铝芯绝缘导线明敷时的允许载流量

线芯截面积/mm²	BLX 型铝芯橡皮线				BLV 型铝芯塑料线			
	环境温度/℃				环境温度/℃			
	25	30	35	40	25	30	35	40
2.5	27	25	23	21	25	23	21	19
4	35	32	30	27	32	29	27	25
6	45	42	38	35	42	39	36	33
10	65	60	56	51	59	55	51	46

（续）

线芯截面积/mm²	BLX 型铝芯橡皮线				BLV 型铝芯塑料线			
	环境温度/℃				环境温度/℃			
	25	30	35	40	25	30	35	40
16	85	79	73	67	80	74	69	63
25	110	102	95	87	105	98	90	83
35	138	129	119	109	130	121	112	102
50	175	163	151	138	165	154	142	130
70	220	206	190	174	205	191	177	162
95	265	247	229	209	250	233	216	197
120	310	280	268	245	283	266	246	225
150	360	336	311	284	325	303	281	257
185	420	392	363	332	380	355	328	300
240	510	476	441	403	—	—	—	—

2. BLX 型和 BLV 型铝芯绝缘导线穿钢管时的允许载流量

导线型号	线芯截面积/mm²	2 根单芯线				2 根穿管管径/mm		3 根单芯线				3 根穿管管径/mm		4～5 根单芯线				4 根穿管管径/mm		5 根穿管管径/mm	
		环境温度/℃						环境温度/℃						环境温度/℃							
		25	30	35	40	G	DG	25	30	35	40	G	DG	25	30	35	40	G	DG	G	DG
BLX	2.5	21	19	18	16	15		19	17	16	15	15		16	14	13	12	20		20	25
	4	28	26	24	22	20	20	25	23	21	19	20	20	23	21	19	18	20	25	20	25
	6	37	34	32	29	20	25	34	31	29	26	20	25	30	28	25	23	20	25	25	32
	10	52	48	44	41	25	25	46	43	39	36	25	25	40	37	34	31	25	25	32	40
	16	66	61	57	52	25	32	59	55	51	46	32	32	52	48	44	41	32	32	40	(50)
	25	86	80	74	68	32	32	76	71	65	60	32	32	68	63	58	53	40	40	40	
	35	106	99	91	89	32	40	94	87	81	74	32	40	83	77	71	65	40	(50)	50	
	50	133	124	115	105	40	40	118	110	102	93	50	(50)	105	98	90	83	50	(50)	70	
	70	164	154	142	130	50	(50)	150	140	129	118	50	(50)	133	124	115	105	70		70	
	95	200	187	173	158	70		180	168	142	142	70		160	149	138	126	70		80	
	120	230	215	198	181	70		210	196	181	166	70		190	177	164	150	70		80	
	150	260	243	224	205	70		240	224	207	189	70		220	205	190	174	80		100	
	185	295	275	255	233	80		270	252	233	213	80		250	233	216	197	80		100	
BLV	2.4	20	18	17	15	15	15	18	16	15	14	15	15	15	14	12	11	15	15	15	20
	4	27	25	23	21	15	15	24	22	20	18	15	15	22	20	19	17	15	20	20	20
	6	35	32	30	27	15	20	32	29	27	25	15	20	28	26	24	22	20	25	25	25
	10	49	45	42	38	20	25	44	41	38	34	20	25	38	35	32	30	25	25	25	32
	16	63	58	54	49	25	25	56	52	48	44	25	32	50	46	43	39	25	32	32	40
	25	80	74	69	63	25	32	70	65	60	55	32	32	65	60	56	51	32	40	32	(50)
	35	100	93	86	79	32	40	90	84	77	71	32	40	80	74	69	63	40	(50)	40	
	50	125	116	108	98	40	50	110	102	95	87	40	(50)	100	93	86	79	50	(50)	50	
	70	155	144	134	122	50	50	143	133	123	113	40	(50)	127	118	109	100	50		70	
	95	190	177	164	150	50	(50)	170	158	147	134	50		152	142	131	120	70		70	
	120	220	205	190	174	50	(50)	195	182	168	154	50		172	160	148	136	70		80	
	150	250	233	216	197	70		225	210	194	177	70		200	187	173	158	70		80	
	185	285	266	246	225	70		255	238	220	201	70		230	215	198	181	80		100	

3. BLX 型和 BLV 型铝芯绝缘导线穿硬塑料管时的允许载流量

导线型号	线芯截面积/mm²	2 根单芯线				2 根穿管管径/mm	3 根单芯线				3 根穿管管径/mm	4～5 根单芯线				4 根穿管管径/mm	5 根穿管管径/mm
		环境温度/℃					环境温度/℃					环境温度/℃					
		25	30	35	40		25	30	35	40		25	30	35	40		
	2.5	19	17	16	15	15	17	15	14	13	15	15	14	12	11	20	25
	4	25	23	21	19	20	23	21	19	18	20	20	18	17	15	20	25
	6	33	30	28	26	20	29	27	25	22	20	26	24	22	20	25	32
	10	44	41	38	34	25	40	37	34	31	25	35	32	30	27	32	32
	16	58	54	50	45	32	52	48	44	41	32	46	43	39	36	32	40
	25	77	71	66	60	32	68	63	58	53	32	60	56	51	47	40	40
BLX	35	95	88	82	75	40	84	78	72	66	40	74	69	64	58	40	50
	50	120	112	103	94	40	108	100	93	85	50	95	88	82	75	50	50
	70	153	143	132	121	50	135	126	116	106	50	120	112	103	94	50	65
	95	184	172	159	145	50	165	154	142	130	65	150	140	129	118	65	80
	120	210	196	181	166	65	190	177	164	150	65	170	158	147	134	80	80
	150	250	233	216	197	65	227	212	196	179	75	205	191	177	162	80	90
	185	282	263	243	223	80	255	238	220	201	80	232	216	200	183	100	100
	2.5	18	16	15	14	15	16	14	13	12	15	14	13	12	11	20	25
	4	24	22	20	18	20	22	20	19	17	20	19	17	16	15	20	25
	6	31	28	26	24	20	27	25	23	21	20	25	23	21	19	25	32
	10	42	39	36	33	25	38	35	32	30	25	33	30	28	26	32	32
	16	55	51	47	43	32	49	45	42	38	32	44	41	38	34	32	40
	24	73	68	63	57	32	65	60	56	51	40	57	53	49	45	40	50
BLV	35	90	84	77	71	40	80	74	69	63	40	70	65	60	55	50	65
	50	114	106	98	90	50	102	95	88	80	50	90	84	77	71	65	65
	70	145	135	125	114	50	130	121	112	102	50	115	107	99	90	65	75
	95	175	163	151	138	65	158	147	136	124	65	140	130	121	110	75	75
	120	206	187	173	158	65	180	168	155	142	65	160	149	138	126	75	80
	150	230	215	198	181	75	207	193	179	163	75	185	172	160	146	80	90
	185	265	147	229	209	75	235	219	203	185	75	212	198	183	167	90	100

4. 管径的国际单位制(SI)与英制管径的近似对照

SI 制/mm	15	20	25	32	40	50	65	70	80	90	100
英制/in	$\frac{1}{2}$	$\frac{3}{4}$	1	$1\frac{1}{4}$	$1\frac{1}{2}$	2	$2\frac{1}{2}$	$2\frac{3}{4}$	3	$3\frac{1}{2}$	4

注：1. BX 型和 BV 型铜心绝缘导线的允许载流量约为同截面积的 BLX 型和 BLV 型铝心绝缘导线允许载流量的 1.3 倍。

2. 表 A-14-2 中的穿线管 G 为焊接钢管，管径按内径计；DG 为电线管，管径按外径计。

3. 表 A-14-2 和表 A-14-3 中 4～5 根单芯线穿线管的载流量，是指 TN-C 系统、TN-S 系统及 TN-C-S 系统中的相线载流量，而其 N 线或 PEN 线中可能有不平衡电流通过。如果是供电给三相平衡负荷，而另一导线为单纯的 PE 线，则此线路虽有 4 根线穿管，但其载流量应该只按 3 根线穿管的载流量考虑，而管径则仍按 4 根线穿管来选择。

表 A-15　户内明敷及穿管的绝缘导线的电阻和电抗

导线截面积 /mm²	铜芯			铝芯		
	65℃时电阻 R_0 /(Ω·km⁻¹)	电抗 X_0 /(Ω·km⁻¹)		65℃时电阻 R_0 /(Ω·km⁻¹)	电抗 X_0 /(Ω·km⁻¹)	
		明线间距 100mm	穿管		明线间距 100mm	穿管
1.5	14.48	0.342	0.14	24.39	0.342	0.14
2.5	8.69	0.327	0.13	14.63	0.327	0.13
4	5.43	0.312	0.12	9.15	0.312	0.12
6	3.62	0.300	0.11	6.10	0.300	0.11
10	2.19	0.280	0.11	3.66	0.280	0.11
16	1.37	0.265	0.10	2.29	0.265	0.10
25	0.88	0.251	0.10	1.48	0.251	0.10
35	0.63	0.241	0.10	1.06	0.241	0.10
50	0.44	0.229	0.09	0.75	0.229	0.09
70	0.32	0.219	0.09	0.53	0.219	0.09
95	0.23	0.206	0.09	0.39	0.206	0.09
120	0.19	0.199	0.08	0.31	0.199	0.08
150	0.15	0.191	0.08	0.25	0.191	0.08
185	0.13	0.184	0.07	0.20	0.184	0.07

表 A-16　GL—$\frac{11、15}{21、25}$型感应式电流继电器的主要技术数据及动作特性曲线

1. 主要技术数据

型　号	额定电流 /A	整定值		瞬动电流倍数	返回系数
		动作电流/A	10倍动作电流的动作时间/S		
GL—11/10，—21/10	10	4，5，6，7，8，9，10	0.5～4	2～8	0.85
GL—11/5，—21/5	5	2，2.5，3，3.5，4，4.5，5			
GL—15/10，—25/10	10	4，5，6，7，8，9，10			0.8
GL—15/5，—25/5	5	2，2.5，3，3.5，4，4.5，5			
备　注	瞬动电流倍数 = 电磁元件动作电流/感应元件动作电流				

2. 动作特性曲线如图 A-3 所示。

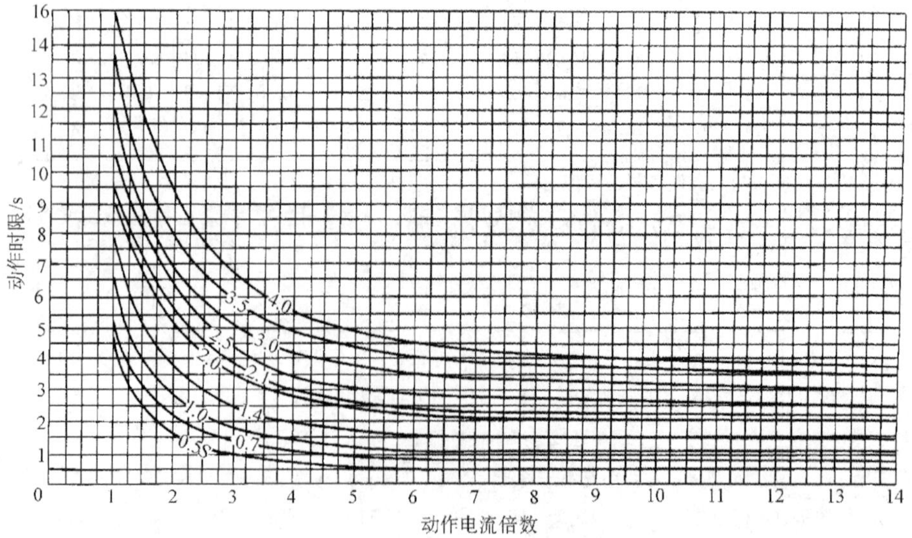

图 A-3　动作特性曲线

表 A-17　常用接闪器的安装部位和材料规格

种　　类	安 装 部 位	材料规格(不小于)	备　　注
接闪杆	屋面	圆钢，直径 12mm	针长 1m 以下
		钢管，直径 20mm	
	屋面	圆钢，直径 16mm	针长 1～2m
		钢管，直径 25mm	
	烟囱，水塔	圆钢，直径 20mm	
		钢管，直径 40mm	
接闪带、接闪网	屋面	圆钢，直径 8mm	
		扁钢，截面积 $48mm^2$，厚度 4mm	
接闪环	烟囱，水塔	圆钢，直径 12mm	
		扁钢，截面积 $100mm^2$，厚度 4mm	
接闪线	杆、塔	镀锌钢绞线，直径 $35mm^2$	

表 A-18　部分电力装置要求的接地电阻值

序　　号	电力装置名称	接地的电力装置特点	接 地 电 阻
1	1kV 以上大电流接地系统	仅用于该系统的接地装置	$R_E \leqslant \frac{2000V}{I_k^{(1)}}$ 当 $I_k^{(1)} > 4000A$ 时， $R_E \leqslant 0.5\Omega$
2	1kV 以上小电流接地系统	仅用于该系统的接地装置	$R_E \leqslant \frac{250V}{I_E}$ 且 $R_E \leqslant 10\Omega$
3		与 1kV 以下系统共用的接地装置	$R_E \leqslant \frac{120V}{I_E}$ 且 $R_E \leqslant 10\Omega$
4	1kV 以下系统	与总容量在 100kVA 及以上的发电机或变压器相联的接地装置	$R_E \leqslant 4\Omega$
5		上述(序号 4)装置的重复接地	$R_E \leqslant 10\Omega$
6		与总容量在 100kVA 及以下的发电机或变压器相联的接地装置	$R_E \leqslant 10\Omega$
7		上述(序号 6)装置的重复接地(不少于 3 处)	$R_{sh} \leqslant 30\Omega$
8	建筑物	第一类防雷建筑物(防感应雷)	$R_{sh} \leqslant 10\Omega$
9		第一类防雷建筑物(防直击及雷电波侵入)	$R_{sh} \leqslant 10\Omega$
10		第二类防雷建筑物(防感应雷、直击雷及雷电波侵入共用)	$R_{sh} \leqslant 10\Omega$
11		第三类防雷建筑物(防直击雷)	$R_{sh} \leqslant 30\Omega$
12		其他建筑物(防雷电波侵入)	$R_{sh} \leqslant 30\Omega$

（续）

序　　号	电力装置名称	接地的电力装置特点	接 地 电 阻
13	防雷装置	保护变压所的独立避雷针	$R_E \leqslant 10\Omega$
14		杆上避雷器及保护间隙（在电气上与旋转电机无联系者）	$R_E \leqslant 10\Omega$
15		杆上避雷器及保护间隙（在电气上与旋转电机有联系者）	$R_E \leqslant 5\Omega$
备注	R_E—工频接地电阻（单位为 Ω）；R_{sh}—冲击接地电阻（单位为 Ω）；$I_k^{(1)}$—流经接地装置的单相短路电流（单位为 A）；I_E—单相接地故障电流（单位为 A）；按式(1-3)计算		

表 A-19　土壤电阻率参考值

土 壤 名 称	电阻率/Ω · m	土 壤 名 称	电阻率/Ω · m
陶粘土	10	砂质粘土，可耕地	100
泥炭、泥灰岩、沼泽地	20	黄土	200
捣碎的木炭	40	含砂粘土、砂土	300
黑土、田园土、陶土	50	多石土壤	400
粘土	60	砂、砂砾	1000

表 A-20　钢接地体和接地线的最小尺寸规格

材　　料	规　　格	地　　上		地　　下
		户　　内	户　　外	
圆钢	直径/mm	6	8	10 或 12
扁钢	截面积/mm^2	60	100	100
	厚度/mm	3	4	4 或 6
角钢	厚度/mm	2	2. 5	4 或 6
钢管	管壁厚度/mm	2. 5	2. 5	3. 5 或 4. 5
备注	本表系按国家标准 GB 50169—2006《接地装置施工及验收规范》规定			

表 A-21　垂直管形接地体的利用系数

1. 敷设成一排时（未计连接扁钢的影响）

管间距离与管子长度之比(a/l)	管子根数 n	利用系数 η_E	管间距离与管子长度之比(a/l)	管子根数 n	利用系数 η_E
1 2 3	2	0. 84 ~ 0. 87 0. 90 ~ 0. 92 0. 93 ~ 0. 95	1 2 3	5	0. 67 ~ 0. 72 0. 79 ~ 0. 83 0. 85 ~ 0. 88
1 2 3	3	0. 76 ~ 0. 80 0. 85 ~ 0. 88 0. 90 ~ 0. 92	1 2 3	10	0. 56 ~ 0. 62 0. 72 ~ 0. 77 0. 79 ~ 0. 83

（续）

2. 敷设成环形时（未计入连接扁钢的影响）

管间距离与管子长度之比（a/l）	管子根数 n	利用系数 η_E	管间距离与管子长度之比（a/l）	管子根数 n	利用系数 η_E
1	4	0. 66 ~ 0. 72	1	20	0. 44 ~ 0. 50
2		0. 72 ~ 0. 80	2		0. 61 ~ 0. 66
3		0. 80 ~ 0. 84	3		0. 68 ~ 0. 73
1	6	0. 58 ~ 0. 65	1	30	0. 41 ~ 0. 47
2		0. 71 ~ 0. 75	2		0. 58 ~ 0. 63
3		0. 78 ~ 0. 82	3		0. 66 ~ 0. 71
1	10	0. 52 ~ 0. 58	1	40	0. 38 ~ 0. 44
2		0. 66 ~ 0. 71	2		0. 56 ~ 0. 61
3		0. 74 ~ 0. 78	3		0. 64 ~ 0. 69

表 A-22 普通照明白炽灯的主要技术数据

型 号	额定功率/W	额定光通量/lm	型 号	额定功率/W	额定光通量/lm
PZ220—15	15	110	PZ220—500	500	8300
PZ220—25	25	220	PZ220—1000	1000	18600
PZ220—40	40	350	PZS220—36	36	350
PZ220—60	60	630	PZS220—40	40	415
PZ220—100	100	1250	PZS220—55	55	630
PZ220—150	150	2090	PZS220—60	60	715
PZ220—200	200	2920	PZS220—94	94	1250
PZ220—300	300	4610	PZS220—100	100	1350

表 A-23 室内一般照明灯具距离地面的最低悬挂高度

光 源 种 类	灯 具 型 式	灯具保护角	光源功率/W	最低悬挂高度/m
白炽灯	有反射罩	10° ~ 30°	≤100	2. 5
			150 ~ 200	3. 0
			300 ~ 500	3. 5
	乳白玻璃漫射罩	—	≤100	2. 0
			150 ~ 200	2. 5
			300 ~ 500	3. 0
卤钨灯	有反射罩	10° ~ 30°	≤500	6. 0
			1000 ~ 2000	7. 0
	有反射罩带格栅	≥30°	≤500	5. 5
			1000 ~ 2000	6. 5

（续）

光源种类	灯具型式	灯具保护角	光源功率/W	最低悬挂高度/m
荧光灯	无反射罩	—	≤40	2.0
			>40	3.0
	有反射罩	—	≤40	2.0
			>40	2.0
高压汞灯	有反射罩	10°～30°	<125	3.5
			125～250	5.0
			≥400	6.0
	有反射罩带格栅	>30°	≤250	4.0
			≥400	5.0
高压钠灯	有反射罩	10°～30°	<250	5.5
			250～400	6.5
			>400	7.5
	有反射罩带格栅	>30°	<250	4.5
			250～400	5.5
			>400	6.5
金属卤化钨灯	有反射罩	10°～30°	<250	5.5
			250～400	6.5
			>400	7.5
	有反射罩带格栅	>30°	<250	4.5
			250～400	5.5
			>400	6.5
混光光源	有反射罩	10°～30°	<250	5.5
			250～400	6.5
			>400	7.5
	有反射罩带格栅	>30°	<250	4.5
			250～400	5.5
			>400	6.5

表 A-24　生产车间及工作和生活场所的平均照度值

1. 生产车间的视觉工作分级和水平面的平均照度范围

视觉工作特性	识别对象的最小尺寸 d/mm	视觉工作分类		亮度对比	平均照度范围/lx	
		等	级		混合照明	一般照明
最精细工作	$d \leqslant 0.15$	Ⅰ	甲	大	1500-2000-3000	—
			乙	小	1000-1500-2000	
很精细工作	$0.15 < d \leqslant 0.3$	Ⅱ	甲	大	750-1000-1500	200-300-500
			乙	小	500-750-1000	150-200-300

（续）

视觉工作特性	识别对象的最小尺寸 d/mm	视觉工作分类		亮度对比	平均照度范围/lx	
		等	级		混合照明	一般照明
精细工作	$0.3 < d \leq 0.6$	Ⅲ	甲 乙	大 小	500-750-1000 300-500-750	150-200-300 100-150-200
一般精细工作	$0.6 < d \leq 1.0$	Ⅳ	甲 乙	大 小	300-500-750 200-300-500	100-150-200 75-100-150
低精度工作	$1.0 < d \leq 2.0$	Ⅴ	—	—	150-200-300	50-75-100
很低精度工作	$2.0 < d \leq 5.0$	Ⅵ	—	—	—	30-50-75
粗糙工作	$d > 5.0$	Ⅶ	—	—	—	20-30-50
一般观察生产过程	—	Ⅷ	—	—	—	10-15-20
大件储存	—	Ⅸ	—	—	—	5-10-15
有自行发光材料的车间	—	Ⅹ	—	—	—	30-50-75

2. 部分生产车间工作面上的平均照度值

车间名称及工作内容		视觉工作等级	工作面上的平均照度范围/lx		
			混合照明	混合照明中的一般照明	单独使用的一般照明
机加车间	粗加工 一般精加工 精密加工	Ⅲ乙 Ⅱ乙 Ⅰ乙	300-500-750 500-750-1000 1000-1500-2000	30-50-75 50-75-100 100-150-200	— — —
装配车间	大件装配 小件装配 精密装配	Ⅴ Ⅱ乙 Ⅰ乙	— 500-750-1000 1000-1500-2000	— 75-100-150 100-150-200	50-75-100 — —
焊接车间	手动焊接、切割 自动焊接、一般划线 精密划线	Ⅴ Ⅳ乙 Ⅱ甲	— — 750-1000-1500	— — 75-100-150	50-75-100 75-100-150 —
铸造车间	熔化、浇铸 型砂处理 手工造型	Ⅹ Ⅶ Ⅲ乙	— — 300-500-1000	— — 30-50-75	30-50-75 20-30-50 —
木工车间	机床区 锯木区 木模区	Ⅲ乙 Ⅴ Ⅳ甲	300-500-1000 — 300-500-750	30-50-75 — 50-75-100	— 50-75-100 —
电修车间	一般修理 精密修理 拆卸、清洗场地	Ⅳ甲 Ⅲ甲 Ⅳ	300-500-750 500-750-1000	30-50-75 50-75-100	— — 30-50-75

（续）

3. 部分生产和生活场所的平均照度值

场 所 名 称	单独一般照明时工作面上的平均照度范围/lx	工作面离地高度/m
高低压配电室、低压电容器室	50-75-100	0
主变压器室、高压电容器室	30-50-75	0
值班室、一般控制室	100-150-200	0.8
主控制室	200-300-500	0.8
理化实验室	150-200-300	0.8
工艺室、设计室、绘图室	500	0.8
打字室	500	0.8
阅览室、陈列室	200-300-500	0.8
资料室、会议室	100-150-200	0.8
办公室	150-200-300	0.8
宿舍、食堂	75-100-150	0.8
浴室、厕所	20-30-50	0
主要道路	3-5-10	0
次要道路	2-3-5	0

表 A-25　GC1—$\frac{A}{B}$—1 型工厂配照灯的主要技术数据

1. 主要规格数据

规　　格	数　　据	规　　格	数　　据
光源功率	白炽灯　150W	灯具效率	85%
保护角	8.7°	最大距高比	1.25

2. 灯具外形及配光曲线　如图 A-4 所示。

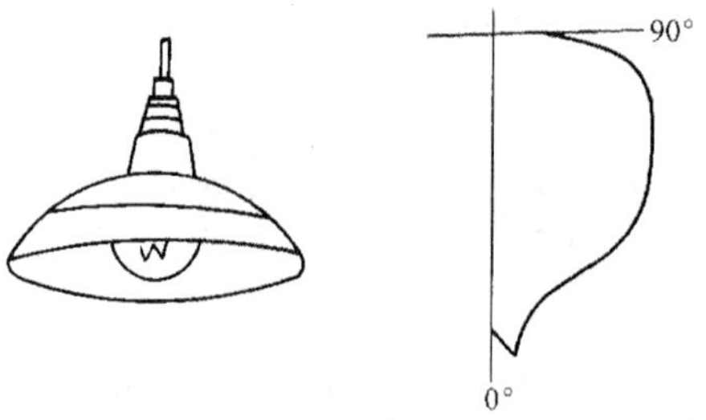

图 A-4　灯具外形及配光曲线

3. 灯具利用系数

顶棚反射系数 ρ_0(%)		70			50			30			0
墙壁反射系数 ρ_ω(%)		50	30	10	50	30	10	50	30	10	0
	1	0.85	0.82	0.78	0.82	0.79	0.76	0.78	0.76	0.74	0.70
	2	0.73	0.68	0.63	0.70	0.66	0.61	0.68	0.63	0.60	0.57
	3	0.64	0.57	0.51	0.61	0.55	0.50	0.59	0.54	0.49	0.46
	4	0.56	0.49	0.43	0.54	0.48	0.43	0.52	0.46	0.42	0.39
室空间比	5	0.50	0.42	0.36	0.48	0.41	0.36	0.46	0.40	0.35	0.33
RCR	6	0.44	0.36	0.31	0.43	0.36	0.31	0.41	0.35	0.30	0.28
	7	0.39	0.32	0.26	0.38	0.31	0.26	0.37	0.30	0.26	0.24
	8	0.36	0.28	0.23	0.34	0.28	0.23	0.33	0.27	0.23	0.21
	9	0.32	0.25	0.20	0.31	0.24	0.20	0.30	0.24	0.20	0.18
	10	0.29	0.22	0.17	0.28	0.22	0.17	0.27	0.21	0.17	0.16

表 A-26　配照灯的比功率参考值

灯具在工作面上的高度/m	被照面积/m^2	白炽灯平均照度/lx						
		5	10	15	20	30	50	75
3 ~ 4	10 ~ 15	4.3	7.5	9.6	12.7	17	26	36
	15 ~ 20	3.7	6.4	8.5	11.0	14	22	31
	20 ~ 30	3.1	5.5	7.2	9.3	13	19	27
	30 ~ 50	2.5	4.5	6.0	7.5	10.5	15	22
	50 ~ 120	2.1	3.8	5.1	6.3	8.5	13	18
	120 ~ 300	1.8	3.3	4.4	5.5	7.5	12	16
	300 以上	1.7	2.9	4.0	5.0	7.0	11	15
4 ~ 6	10 ~ 17	5.2	8.9	11	15	21	33	48
	17 ~ 25	4.1	7.0	9.0	12	16	27	37
	25 ~ 35	3.4	5.8	7.7	10	14	22	32
	35 ~ 50	3.0	5.0	6.8	8.5	12	19	27
	50 ~ 80	2.4	4.1	5.6	7.0	10	16	22
	80 ~ 150	2.0	3.3	4.6	5.8	8.5	12	17
	150 ~ 400	1.7	2.8	3.9	5.0	7.0	11	15
	400 以上	1.5	2.5	3.5	4.0	6.0	10	14

表 A-27　几种高耗电产品电耗最高限额指标

产品名称		电耗最高限额/$(kW \cdot h \cdot t^{-1})$		说明
电解铝		大型铝厂	17000	包括供电与整流变损耗
		中小型铝厂	19000	
矽铁（含矽 75%）		重点厂	9000	包括电炉变损耗
		地方厂	9100	
电石		重点厂	3650	包括电炉变损耗
		地方厂	3900	
烧碱	隔膜法	重点厂	2650	按液碱计交流电耗包括变损
		地方厂	2800	
	水银法	重点厂	3600	
		地方厂	3700	
黄磷			17500	包括变损
合成氨		地方厂	1850	综合单耗
乙烯		重点厂	2810	综合单耗
水泥		425#以上	120	综合单耗，窑外分解、立筒预热工艺加 15%，矿渣水泥减 15%
		325#以下	105	
电炉钢		冶金行业	675	包括电炉变损耗
		机械行业	800	

附录B　工厂供电实验指导书

实 验 须 知

一、实验目的

实验是教学过程中的一个重要环节，必须认真作好。实验的目的如下：

1）配合理论教学，使学生增加供、配电方面的感性知识，巩固和加深供、配电方面的理性知识，提高课程教学质量。

2）培养学生使用各种常用设备和仪表进行供、配电方面实验的操作技能，并培养其分析处理实验数据和编写实验报告的能力。

3）培养严肃认真、踏实细致、重视安全的工作作风和团结协作、注意节约、爱护公物、讲究卫生的优良品质。

二、实验要求

1）每次实验前，必须认真预习有关实验指导书，明确实验任务、要求和步骤，结合复习有关理论知识，分析实验线路，并要牢记实验中应注意的问题，以免在实验中出现差错或发生事故。

2）每次实验时，首先要检查设备仪表是否齐备、完好、适用，了解其型号、规格和使用方法，并按要求抄录有关铭牌数据。然后按实验要求合理安排设备、仪表位置，接好实验线路。实验者自己先行检查无误后，再请指导教师检查，只有指导教师检查认可后方可接通电源。

3）实验中，要做好对现象、数据的观测和记录，要注意仪表指示不宜太大和太小。如仪表指示太大，超过了满刻度，可能损坏仪表；如仪表指示太小，读数又有困难，且误差较大。仪表的指示以在满刻度的1/3至3/4之间为宜。因此实验时要正确选择仪表的量程，并在实验过程中根据指示情况及时调整量程。调整量程时，应切断电源。由于实验中要操作、读数和记录，所以同组同学，要适当分工，互相配合，以保证实验顺利进行。

4）在实验过程中，要注意有无异常现象发生。如发现异常现象，应立即切断电源，分析原因。待故障消除后再继续进行实验。实验中，特别要注意人身安全，防止触电事故发生。

5）实验内容全部完成后，要认真检查实验数据是否合理和有无遗漏。实验数据需经指导教师检查认可后，方可拆除实验线路。拆除实验线路前，必须先切断电源。实验结束后，应将设备、仪表复归原位，并清理好导线和实验桌面，作好周围环境的清洁卫生。

三、实验报告

每次实验之后，都要进行总结，编写实验报告，以巩固实验成果。

实验报告应包括以下内容：

1）实验名称，实验日期、班级，实验者姓名，同组者姓名。

2）实验任务和要求。

3）实验设备。

4）实验线路。

5）实验数据、图表。实验数据均取3位有效数字，按GB 8170—1987《数值修约规则》的规定进行数字修约。绘制曲线时，必须用坐标纸，坐标轴必须标明物理量和单位，曲线必须连接平滑。

6）对实验结果进行分析讨论，并回答实验指导书所提出的思考题。

实验一　高压电器的认识实验

一、实验目的

1）通过对各种常用的高压电器的观察研究，了解它们的基本结构、工作原理、使用方法及主要技术性能等。

2）通过对有关高压开关柜的观察研究，了解它们的基本结构、主结线方案、主要设备的布置及开关的操作方法等。

3）通过拆装高压少油断路器，进一步了解其内部结构和工作原理，着重了解其灭弧结构和灭弧工作原理。

二、实验设备

供实验观察研究的各种常用的高压电器（包括RN_2^1型高压熔断器、RW型跌开式熔断器、LQJ-10型电流互感器、JDZJ-10型电压互感器、高压隔离开关、高压负荷开关、高压断路器及各型操动机构）和高压开关柜（固定式、手车式），并有供拆装调整的未装油的高压少油断路器。

三、高压电器的观察认识

1）观察各种高压熔断器（包括跌开式熔断器）的结构，了解其工作原理、保护性能和使用方法。

2）观察各种高压开关（包括隔离开关、负荷开关和断路器）及其操动机构的结构，了解其工作原理、性能和使用操作要求。

3）观察各种高压电流互感器和电压互感器的结构，了解其工作原理和使用注意事项。

4）观察高压开关柜的结构，了解其主结线方案和主要设备布置，并通过实际操作，了解其运行操作方法。对“防误型”开关柜，了解其如何实现“五防”要求。

四、高压少油断路器的拆装和调整

1）观察高压少油断路器的外形结构，记录其铭牌型号和规格。

2）拆开断路器的油筒，拆出其中的导电杆（动触头）、固定插座（静触头）和灭弧室等，了解它们的结构和装配关系，着重了解其灭弧原理。

3）组装复原断路器，并进行三相合闸同时性的检查。试验的电路如图10-8所示。采用手动合闸，观察三只白炽灯是否同时亮，以此来判断三相合闸接触是否同时。如不同时，则需对导电杆的行程进行调整。

五、思考题

1）高压隔离开关、高压负荷开关和高压断路器在结构、性能和操作要求方面各有何特点？

2）电流互感器的外壳上为什么要标上“二次侧工作时不许开路”等字样？

3）为什么要进行高压断路器三相合闸同时性的检查和调整？

实验二　低压电器的认识实验

一、实验目的

1）通过对各种常用低压电器的观察研究，了解它们的基本结构、工作原理、使用方法及主要技术性能等。

2）通过对有关低压配电屏的观察研究，了解它们的基本结构、主结线方案、主要设备的布置及开关的操作方法等。

3）通过低压断路器的脱扣试验，进一步了解低压断路器的结构和动作特性。

二、实验设备

供实验观察研究的各种常用低压电器（包括各型低压熔断器、刀开关、刀熔开关、负荷开关、低压断路器）和低压配电屏（固定式、抽屉式）。

进行低压断路器的脱扣试验，除有被试验的DZ型和DW型断路器外，尚需有单相调压器（220V，9kVA），单相变压器（220/8V，6kVA）（或大电流发生器），电流互感器（1000/5A）和电流表、电气秒表、长余辉示波器等。

三、低压电器的观察认识

1）观察各种低压熔断器的结构，了解其工作原理、保护性能和使用方法。

2）观察各种低压开关（包括刀开关、刀熔开关、负荷开关和低压断路器）的结构，了解其工作原理、性能和使用操作要求。

3）观察各种低压电流互感器的结构，了解其工作原理和使用注意事项。

4）观察各类低压配电屏的结构，了解其主结线方案和主要设备布置，并通过实际操作，了解其运行操作方法。

四、DZ型低压断路器的脱扣试验

1）观察DZ型低压断路器的外形结构，记录其铭牌型号和规格。

2）打开塑料盖，观察其灭弧装置、热脱扣器和电磁脱扣器的结构。

3）进行热脱扣试验：①按图B-1所示接好电路，将调压器T1的输出电压调至零。②闭合电源开关QK和断路器QF，调节T1，使通过断路器QF的电流 $I=2I_N$，I_N 为断路器的热脱扣器额定电流。③断开 QK，使电气秒表回零。④闭合 QK，电气秒表开始记时，直到热脱扣器动作使断路器 QF 跳闸时止，电气秒表停走，由此可得热脱扣器动作时间。⑤闭合 QK 和 QF，调节 T1，使通过 QF 的电流分别调为 $I=3I_N$、$5I_N$ 和 $10I_N$，重测热脱扣器动作时间。⑥将试验所得的动作(脱扣)时间 t 与对应的动作电流倍数(I/I_N)记入表 B-1 所示表格中，并绘出其动作特性曲线，即动作时间 t 与动作电流倍数(I/I_N)的关系曲线。

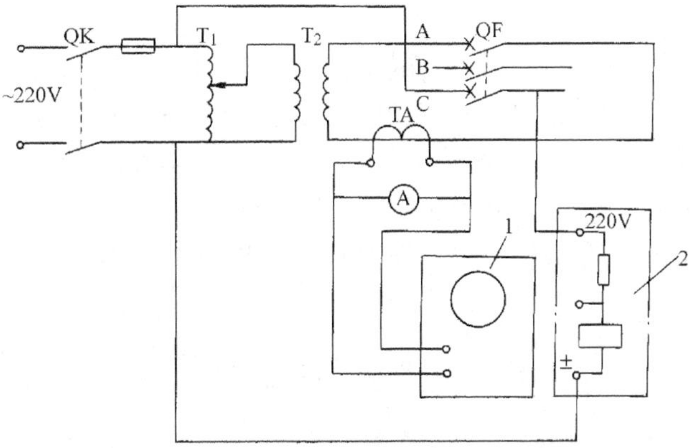

图 B-1　低压断路器脱扣试验电路

1—长余辉示波器　2—周波积算器(电气秒表)

表 B-1　DZ 型低压断路器脱扣试验数据

动作电流倍数(I/I_N)	2	3	5	10	>10
动作时间 t/s					

4）进行瞬时脱扣试验：①由于断路器瞬时脱扣时，电流瞬时很大，而电流表指针因有惯性关系，不能准确反应这一电流，因此需借助长余辉示波器。在测量瞬时脱扣电流之前，先调节调压器 T1，使 $I=200$A，并调节示波器的 Y 轴放大器，使 200A 电流波形的幅值恰好为 1 格(保持不变)。②调节调压器 T1，使通过低压断路器的电流达到瞬时脱扣电流，这时断路器瞬时跳闸。③保持 T1 手柄不动，使电气秒表回零。④再闭合低压断路器 QF，记录示波器中电流波形的幅值和周波数，换算成电流值和时间。⑤如果断路时间超过 0.06s，说明电流并未达到瞬时脱扣电流，因为 DZ 型低压断路器的瞬时脱扣时间一般不会超过 0.06s。这时，可调 T1，增大电流重测。⑥将试验所得的瞬时脱扣时间 t 与对应的瞬时动作电流倍数(I/I_N)同样记入表 B-1 中，并将此瞬时脱扣的动作时间 t 与瞬时动作电流倍数(I/I_N)补充绘入动作特性曲线上。

五、DW 型低压断路器的脱扣试验

1）观察 DW 型低压断路器的外形结构，记录其铭牌型号和规格。

2）拆下灭弧罩，观察灭弧结构及触头系统和各种脱扣器、合闸电磁铁的结构。

3）进行脱扣试验：仍按图 B-1 所示电路接好线路，试验方法步骤亦如 DZ 型的脱扣试验，按表 B-2 所示测定不同动作电流倍数(I/I_N)时的动作(脱扣)时间 t，并记入该表，同时绘出其动作特性曲线。

表 B-2 DW 型低压断路器脱扣试验数据

脱扣器	长延时				短延时				瞬时
动作电流倍数 I/I_N									
动作时间 t/s									

六、思考题

1）从结构上看，限流式熔断器与非限流式熔断器有何不同？

2）从结构上看，DZ 型低压断路器与 DW 型低压断路器有何不同？

3）从动作特性看，DZ 型低压断路器与 DW 型低压断路器又有何不同？

4）低压断路器的瞬时脱扣，既为瞬时，为何又有延时？

5）请学生自己设计一个实验电路，并用来进行 DW 型低压断路器的失压脱扣和分励脱扣试验。

实验三 定时限过电流保护实验

一、实验目的

1）了解 DL、DS、DX 和 DZ 等型电磁式继电器的结构、结线、动作原理及其使用方法。

2）学会组成定时限过电流保护，并了解其工作原理。

3）掌握定时限过电流保护的整定原则和方法。

二、实验设备

电流继电器	DL—11	2 只
时间继电器	DS—111	2 只
信号继电器	DX—11	2 只
中间继电器	DZ—11	2 只
交流电流表		1 只
单相调压器		1 只
滑线电阻		2 只
白炽灯		2 只

三、实验电路

1）简化原理电路如图 B-2 所示。

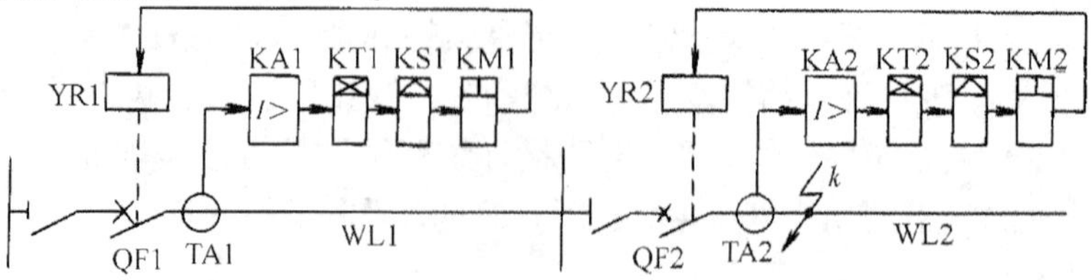

图 B-2 两级定时限过电流保护简化原理电路

2）模拟实验电路如图 B-3 所示。

四、实验步骤

1）按图 B-3 接好线路，将调压器的输出电压调至零，将模拟 WL1 阻抗的电阻 $R1$ 调至较小值，将模拟 WL2 及负荷阻抗的电阻 $R2$ 调至较大值。

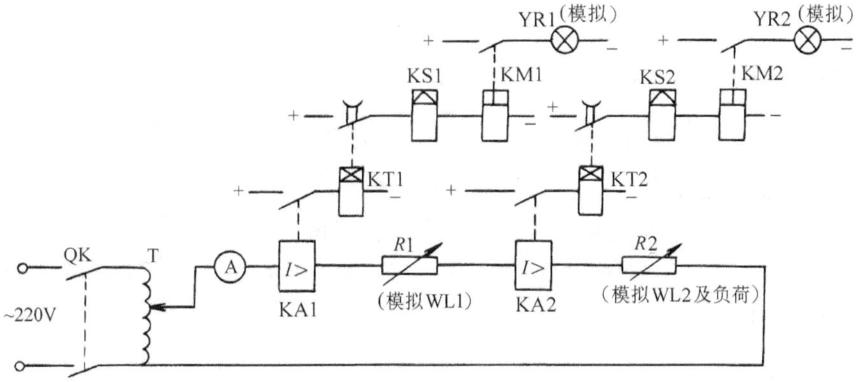

图 B-3　两级定时限过电流保护模拟实验电路

2）闭合电源开关 QK、直流操作电源（如无直流操作电源，可用交流 220V 代替，但时间继电器等均需改用交流型），调节 T，使通过电流表的电流为 1～2A 左右，此电流就假定为通过继电器 KA1 和 KA2 的最大负荷电流 $I'_{L\cdot max}=(K_w/K_i)I_{L\cdot max}$。随即断开 QK。

3）整定计算 KA1 和 KA2 的动作电流：不仅动作电流 I_{op} 要躲过 $I_{L\cdot max}$，而且返回电流 I_{re} 也要躲过 $I_{L\cdot max}$。因此

$$I_{op}=\frac{K_{rel}K_w}{K_{re}K_i}I_{L\cdot max}=\frac{K_{rel}}{K_{re}}I'_{L\cdot max}$$

式中　K_{re}——继电器返回系数，取 0.8；

K_{rel}——可靠系数，取 1.2。

因此，动作电流应为 $I_{op}=1.5I'_{L\cdot max}$。

4）整定 KT1 或 KT2 的动作时间：假定已先整定 KT2 或 KT1 的动作时间。

如 KT2 的动作时间为 t_2，则 KT1 的动作时间 $t_1=t_2+0.5s$。

如 KT1 的动作时间为 t_1，则 KT2 的动作时间 $t_2=t_1-0.5s$。

5）将 R_2 调至零，用以模拟线路 WL2 首端发生三相短路。

6）再闭合 QK，观察前后两级保护装置的动作情况。KA_1 和 KA_2 应同时起动，但模拟后一段线路断路器 QF2 的跳闸线圈 YR_2 的白炽灯应先亮，表示 QF_2 应首先跳闸，而模拟前一段线路断路器 QF_1 的跳闸线圈 YR_1 的白炽灯应后亮，表示 QF_2 拒动（不跳闸）时，QF_1 紧接着跳闸。实际上，正常情况下，QF_2 跳闸后，短路故障被切除，KA_1 应返回，因此 QF_1 不会紧接着跳闸。

7）请学生设计出实验电路，并测定出 DL 型电流继电器的返回系数 K_{re}。

8）请学生设计出实验电路，并测定出 DS 型时间继电器的整定动作时间。

五、思考题

1）定时限过电流保护动作电流的整定原则是什么？如何计算？如何整定？

2）定时限过电流保护动作时限的整定原则是什么？如何计算？如何整定？

3）正常情况下，在后一级保护动作使断路器跳闸以后，前一级保护动作会不会使断路器紧接着跳闸？为什么？

实验四 反时限过电流保护实验

一、实验目的

1）了解 $GL\text{-}^{15}_{25}$ 型电流继电器的结构、结线、动作原理及其使用方法。特别要仔细观察其先合后断转换触点的结构及其先合后断的动作程序。

2）学会组成去分流跳闸的反时限过电流保护，了解其工作原理。

3）学会调整 GL 型继电器的动作电流和动作时限，了解其反时限动作特性和 10 倍动作电流的动作时限的概念。

二、实验设备

电流继电器 GL—15 或 GL—25	1 只
交流电流表	1 只
单相调压器 DDG—6kVA，220/8V	1 只
滑线电阻	1 只
电气秒表	1 只
白炽灯 220V，15 ~ 40W	1 只

三、实验电路

1. 去分流跳闸的反时限过电流保护实验

1）简化原理电路(一相)如图 B-4 所示。

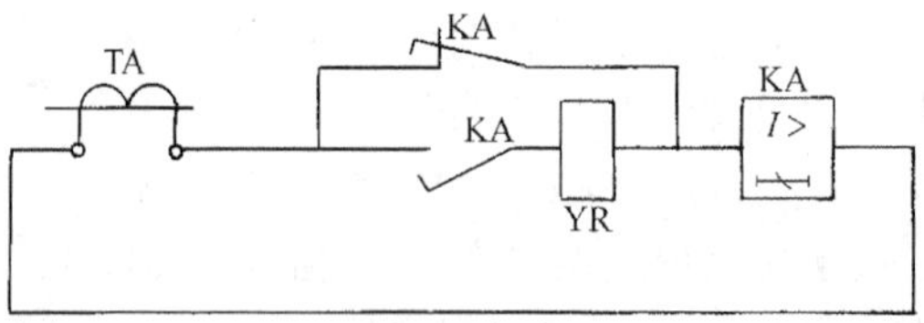

图 B-4 去分流跳闸的反时限过电流保护简化原理电路

2）模拟实验电路如图 B-5 所示。

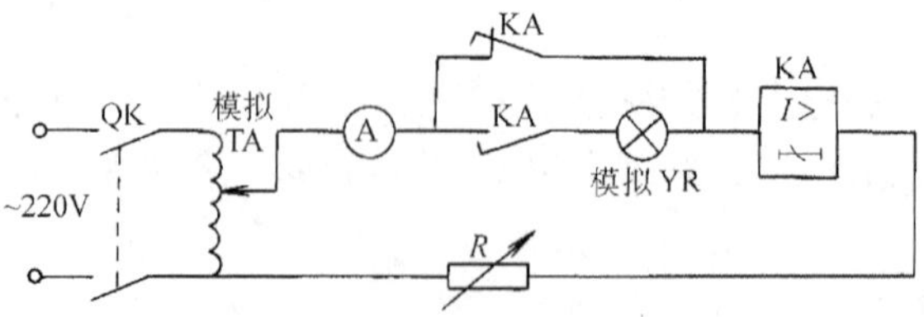

图 B-5 去分流跳闸的反时限过电流保护模拟实验电路

2. GL 型电流继电器反时限动作特性曲线的测绘实验

将继电器的常闭触点用绝缘纸隔开，只保留其常开触点，按图 B-6 所示接成实验电路。

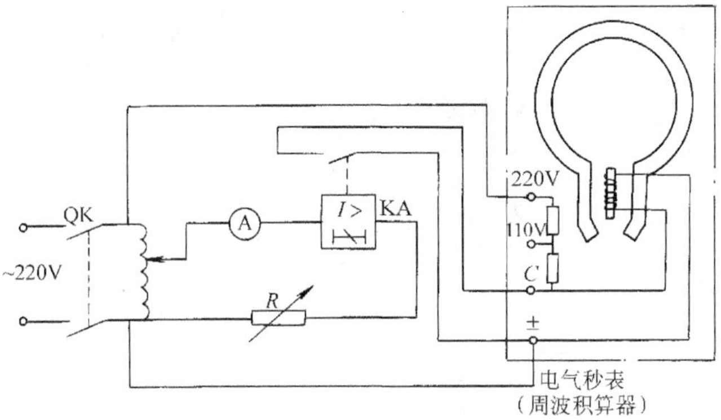

图 B-6 测绘 GL 型电流继电器动作特性曲线的实验电路

四、实验步骤

1. 去分流跳闸的反时限过电流保护实验

1）了解继电器的结构、接线，特别是要仔细观察其先合后断转换触点的结构和先合后断的动作程序。然后按图 B-5 接好线路，调压器输出电压调至零。

2）整定继电器的动作电流和动作时间。

3）调小电阻 R，即模拟一次电路发生短路。闭合 QK，调节调压器输出电压，使继电器动作，观察交流操作去分流跳闸的情况，模拟跳闸线圈 YR 的灯泡会闪光。

2. GL 型电流继电器反时限动作特性曲线测绘实验

1）按图 B-5 所示接好线路，调压器输出电压调至零。

2）整定动作电流和动作时间(10 倍动作电流时的动作时间)。

3）闭合 QK，调节调压器输出电压，使通过继电器的电流依次为 1.5 倍、2 倍、3 倍、…，通过电气秒表(周波积算器)测出其动作时间。注意，每次调定电流后，断开 QK，将电气秒表复位至零，然后再闭合 QK，记下电流和动作时间(周波数乘 0.02s)。

4）绘出某一整定电流和整定时间下的动作特性曲线。

五、思考题

1）在作去分流跳闸实验时，采用 220V、15 ~ 40W 白炽灯来模拟跳闸线圈，为什么在继电器动作后，白炽灯发生闪光现象？如果是接上实际的跳闸线圈，当继电器动作后，跳闸线圈的铁心会不会也出现跳动现象？

2）GL 型的动作电流调整什么部位？动作时间调整什么部位？10 倍动作电流的动作时限是什么意思？

3）GL 型的速断电流调整什么部位？速断电流倍数是什么意思？

实验五 电缆绝缘电阻的测量及故障的探测分析

一、实验目的

1）通过实验，了解电力电缆的基本结构。

2）掌握电缆绝缘电阻的测量方法。

3）学会电缆故障的探测分析方法。

二、实验设备

绝缘电阻表(500V 或 1000V)	1 只
电力电缆	数段
模拟故障电缆	数段

三、实验电路

1. 电缆绝缘电阻的测量

实验电路如图 10-21 所示。

2. 电缆故障的探测分析

利用一束 4 根导线包括黄(A 相)、绿(B 相)、红(C 相)三根塑料导线和一根黑色塑料导线来模拟待探测的三芯故障电缆，黑色塑料导线用来模拟电缆的接地外皮。

由实验指导教师在实验前对此模拟电缆人为地制造一些断线、短路、接地故障，并将故障部分用胶布缠好，作为故障电缆供实验用。探测的实验电路如图 10-23a 所示。

四、实验步骤

1）观察实际的电力电缆外形结构。

2）按图 10-21 所示接好测量线路，用绝缘电阻表摇测相与相间及相对外皮的绝缘电阻。

3）按表 B-3 所示测量要求(接线如图 10-23a 所示)用绝缘电阻表分别测量首端和末端相对外皮(地)及相与相间的绝缘电阻，并将测量结果记入表 B-3 内。

4）按表 B-3 的测量结果分析电缆故障的性质；并在实验指导教师认可后，将模拟电缆故障点的胶布拆开，验证分析的故障是否与实际相符。

表 B-3 故障电缆绝缘电阻的测量数据

测量顺序	绝缘电阻/MΩ					
	相—地			相—相		
	A	B	C	A—B	B—C	C—A
在首端测量						
在末端测量						
末端短接接地，在首端测量						

五、思考题

1）从结构上看，电缆与一般绝缘导线有何主要区别？

2）用绝缘电阻表摇测电缆（或绝缘导线）的绝缘电阻时，为什么要将电缆（或绝缘导线）的绝缘层接到绝缘电阻表的“保护环”？不接“保护环”对测量结果有何影响？

3）设用绝缘电阻表测量某电缆首端 A 相对外皮的绝缘电阻为 500MΩ，而在其末端测量 A 相对外皮的绝缘电阻为 5000Ω。试问这电缆 A 相的线芯可能出现了什么故障？

4）为什么不能用万用表的欧姆档来测量电缆的绝缘电阻？

附录 C　工厂供电课程设计任务书

一、设计题目

某机械厂降压变电所的电气设计。

二、设计要求

根据本厂所能取得的电源及本厂用电负荷的实际情况，并适当考虑工厂生产的发展，按照安全可靠、技术先进、经济合理的要求，确定变电所的位置与型式，确定变电所主变压器的台数与容量，选择变电所主结线方案及高低压设备与进出线，确定二次回路方案，选择并整定继电保护装置，确定防雷和接地装置，最后按要求写出设计说明书，绘出设计图样。

三、设计依据

1）工厂总平面图，另附（参看图 C-1 ~ 图 C-4）。

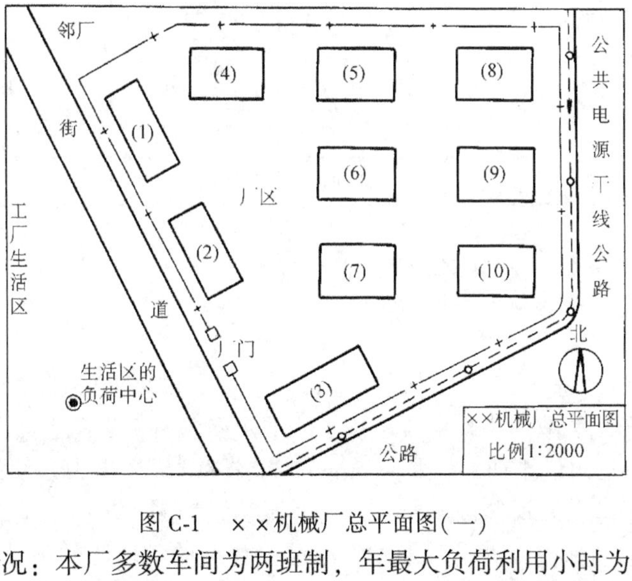

图 C-1　××机械厂总平面图（一）

2）工厂负荷情况：本厂多数车间为两班制，年最大负荷利用小时为 a(h)，日最大负荷持续时间为 b(h)。该厂除铸造车间、电镀车间和锅炉房属二级负荷外，其余均属三级负荷。低压动力设备均为三相，额定电压为 380V。照明及家用电器均为单相，额定电压为 220V。

本厂的负荷统计资料如表 C-1 所示。

表 C-1　工厂负荷统计资料

厂房编号	用电单位名称	负荷性质	设备容量/kW	需要系数	功率因数
	铸造车间	动　力	200～400	0.3～0.4	0.65～0.70
		照　明	5～10	0.7～0.9	1.0
	锻压车间	动　力	200～400	0.2～0.3	0.60～0.65
		照　明	5～10	0.7～0.9	1.0
	金工车间	动　力	200～400	0.2～0.3	0.60～0.65
		照　明	5～10	0.7～0.9	1.0
	工具车间	动　力	200～400	0.2～0.3	0.60～0.65
		照　明	5～10	0.7～0.9	1.0
	电镀车间	动　力	150～300	0.4～0.6	0.70～0.80
		照　明	5～10	0.7～0.9	1.0
	热处理车间	动　力	200～400	0.4～0.6	0.70～0.80
		照　明	5～10	0.7～0.9	1.0
	装配车间	动　力	100～200	0.3～0.4	0.65～0.75
		照　明	5～10	0.7～0.9	1.0
	机修车间	动　力	100～200	0.2～0.3	0.60～0.70
		照　明	2～5	0.7～0.9	1.0
	锅炉房	动　力	50～100	0.4～0.6	0.60～0.70
		照　明	1～2	0.7～0.9	1.0
	仓　库	动　力	10～30	0.2～0.3	0.60～0.70
		照　明	1～2	0.7～0.9	1.0
生活区		照　明	200～400	0.6～0.8	1.0

注：1. 表中数据为供设计指导教师下达任务书时填写负荷资料参考的赋值范围，应力求使每个设计者的负荷数据都有所差异，厂房编号(1～10)也可任意编写。

2. 生活区的负荷除照明外，尚含家用电器。

3）供电电源情况：按照工厂与当地供电部门签订的供用电协议规定，本厂可由附近一条 c(kV)的公用电源干线取得工作电源。该干线的走向参看工厂总平面图。该干线的导线牌号为 d，导线为等边三角形排列，线距为 e(m)；干线首端(即电力系统的馈电变电站)距离本厂约 f(km)，该干线首端所装高压断路器的断流容量为 g(MVA)，此断路器配备有定时限过电流保护和电流速断保护，其定时限过电流保护整定的动作时间为 h(s)。为满足工厂二级负荷的要求，可采用联络线由邻近的单位取得备用电源。已知与本厂高压侧有电气联系的架空线路总长度达 i(km)，电缆线路总长度达 j(km)。

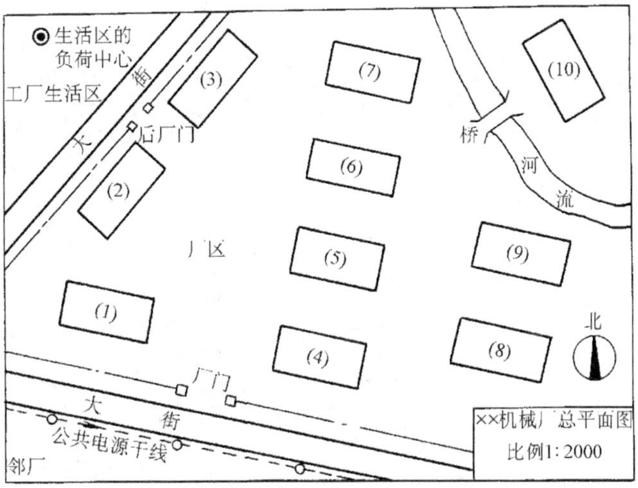

图 C-2　××机械厂总平面图(二)

4）气象资料：本厂所在地区的年最高气温为 k(℃)，年平均气温为 l(℃)，年最低气温为 m(℃)，年最热月平均最高气温为 n(℃)，年最热月平均气温为 o(℃)，年最热月地下 0.8m 处平均温度为 p(℃)。年主导风向为 q 风，年雷暴日数为 r。

5）地质水文资料：本厂所在地区平均海拔 s(m)，地层以 t(土)为主，地下水位为 u(m)。

6）电费制度：本厂与当地供电部门达成协议，在工厂变电所高压侧计量电能，设专用计量柜，按两部电费制缴纳电费。每月基本电费按主变压器容量为 v[元/(kVA)]，动力电费为 w[元/(kW·h)]，照明(含家电)电费为 x[元/(kW·h)]，工厂最大负荷时的功率因数不得低于 y(注:以上待填的原始数据资料,可依字母顺序由指导教师在表 C-2 所列赋值范围内选取)。

表 C-2　设计任务书中待填原始数据资料的赋值范围(供指导教师参考)

序　号	原始数据资料	序　号	原始数据资料	序　号	原始数据资料
a	2500～5000	j	30～50	s	50～1000
b	3～8	k	30～40	t	粘土、砂粘土、黄土等
c	6 或 10	l	10～30	u	2～4
d	LGJ—95～LGJ—185	m	-20～-5	v	视当时当地电价自定
e	0.8～1.5	n	25～35	w	视当时当地电价自定
f	5～10	o	20～30	x	视当时当地电价自定
g	300～500～750	p	20～30	y	0.90～0.94
h	1.0～2.0	q	东、南、西、北、等		
i	100～200	r	15～50		

四、设计任务

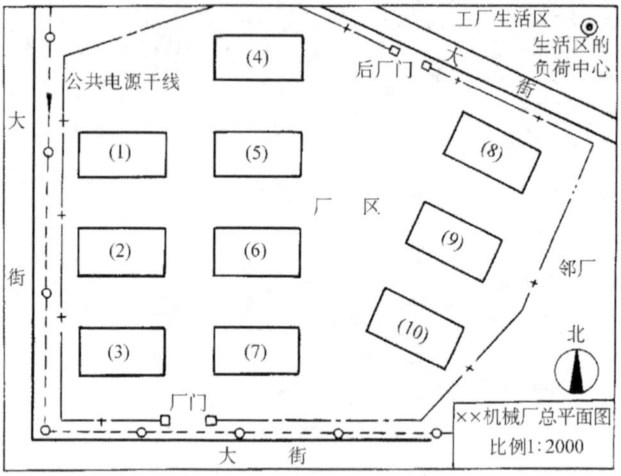

图 C-3　××机械厂总平面图(三)

要求在规定时间内独立完成下列工作量：

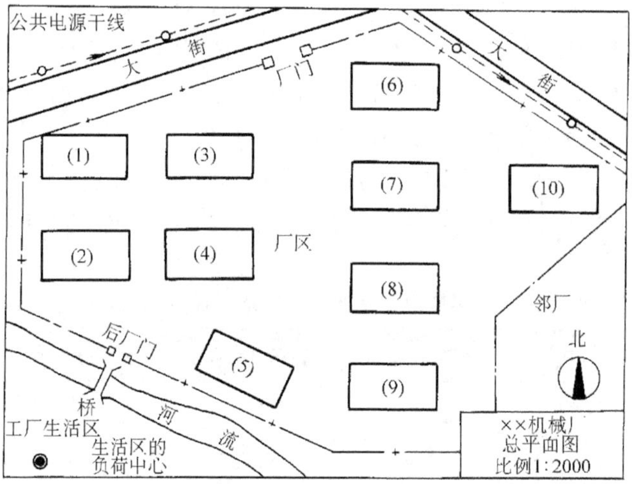

图 C-4　××机械厂总平面图(四)

1. 设计说明书需包括：

1）目录。

2）前言及已确定赋值参数的设计任务书。

3）负荷计算和无功功率补偿。

4）变电所位置和型式的选择。

5）变电所主变压器台数、容量及主结线方案的选择。

6）短路电流计算。

7）变电所一次设备的选择与校验。

8）变电所高、低压线路的选择。

9）变电所二次回路方案选择及继电保护的整定。

10）防雷和接地装置的确定。

11）附录及参考文献。

12）收获和体会。

2. 设计图样

1）主要设备及材料表。

2）变电所主结线图（装置式，高、低压分开画）。

3）变电所平、剖面布置图。

4）变电所照明及接地平面图。

5）变电所的二次回路接线图。

五、设计时间

________年___月___日至________年___月___日。指导教师：_______（签名）

注：应完成的设计图样视课程设计的时间长短而定。若为一周，建议　　__________年___月___日

只要求完成 1）和 2）；若为两周，则建议增加 3）。若再增加 4）和 5），则可作为毕业设计题目。

附录 D　习题参考答案

第一章　概　　论

1-1　WL1：6kV；T_1：6/0.4kV；T_2：6.3/38.5kV；T_3：35/10.5kV。

1-2　I_C = 21.4A；仍可采用中性点不接地的运行方式。

第四章　负荷计算和短路计算

4-1　负荷计算结果如表 D-1 所示。

表 D-1　习题 4-1 的负荷计算表

序号	设备组名称	设备容量 P_e /kW		需要系数 K_d	$\cos\varphi$	$\tan\varphi$	计算负荷			
		铭牌值	换算值				P_{30} /kW	Q_{30} /kvar	S_{30} /kVA	I_{30} /A
1	机床	150	150	0.2	0.5	1.73	30	51.96	60	91.3
2	行车	5.1 (ε = 15%)	3.95 (ε = 25%)	0.15 (ε = 25%)	0.5	1.73	0.59	1.02	1.18	1.8
3	通风机	7	7	0.8	0.8	0.75	5.6	4.2	7	10.6
总计		162.1	160.95	—	—	—	36.19	57.18	—	—
		取 K_Σ = 0.9			0.53	—	32.6	51.5	61	92.6

4-2　两种方法的计算结果如表 D-2 所示。

表 D-2　两种方法的计算结果

序号	计 算 方 法	计 算 系 数			计 算 负 荷			
		K_d 或 b/c	$\cos\varphi$	$\tan\varphi$	P_{30} /kW	Q_{30} /kvar	S_{30} /kVA	I_{30} /A
1	需要系数法	0.25	0.5	1.73	26.3	45.5	52.6	80
2	二项式法	0.14/0.5	0.5	1.73	29	50.2	58	88.2

4-3　单相电阻炉宜 A 相 4 台 1kW，B 相 3 台 1.5kW，C 相 2 台 2kW，等效三相计算负荷按 B 相负荷的 3 倍计算。因此 $P_{30}=9.45\text{kW}$，$Q_{30}=0$，$S_{30}=9.45\text{kVA}$，$I_{30}=14.4\text{A}$。

4-4　按近似公式计算变压器损耗，故得 $P_{30(1)}=621.6\text{kW}$，$Q_{30(1)}=526.7\text{kvar}$，$S_{30(1)}=815\text{kVA}$，$I_{30(1)}=47.1\text{A}$，$\cos\varphi_{(1)}=0.763$。

4-5　$S_{30}=1153\text{kvar}$。

4-6　需装设 BW10.5-12-1 型并联电容器 21 个，总容量 252kvar。

4-7　$I_{pk}=229.5\text{A}$（取 $K_{\Sigma}=0.9$）；或 $I_{pk}=227.5\text{A}$。

4-8　短路计算表如表 D-3 所示。

表 D-3　习题 4-8 的短路计算表

序号	计 算 方 法	高压侧短路						低压侧短路					
		$I_k^{(3)}$ /kA	$I''^{(3)}$ /kA	$I_{\infty}^{(3)}$ /kA	$i_{sh}^{(3)}$ /kA	$I_{sh}^{(3)}$ /kA	$S_k^{(3)}$ /MVA	$I_k^{(3)}$ /kA	$I''^{(3)}$ /kA	$I_{\infty}^{(3)}$ /kA	$i_{sh}^{(3)}$ /kA	$I_{sh}^{(3)}$ /kA	$S_k^{(3)}$ /MVA
1	欧姆法	9.78	9.78	9.78	25	14.8	178	28.5	28.5	28.5	52.4	31.1	19.7
2	标么制法	9.77	9.77	9.77	25	14.8	178	28.4	28.4	28.4	52.3	31	19.7

4-9　短路计算表如表 D-4 所示。

表 D-4　习题 4-9 的短路计算结果

短路物理量	$I_k^{(3)}$/kA	$i_{sh}^{(3)}$/kA	$I_{sh}^{(3)}$/kA	$S_k^{(3)}$/MVA
计算结果	3.45	8.8	5.21	62.7

4-10　$i_{sh\cdot\Sigma}=73.5\text{kA}$。

4-11　$A_{min}=38.9\text{mm}^2$，而 $A=50\text{mm}^2$，故此电缆满足短路热稳定度要求。

第五章　电器和导体的选择与校验

5-1　变压器在冬季的过负荷能力可达 1270kVA。

5-2　可初选两台 630kVA 的主变压器。

5-3　可选 RT0-200 型熔断器，熔体 120A，即 RT0-200/120。

5-4　由于 $t_1/t_2\approx3.6>3$，故有保护选择性。

5-5　选 DW10-400 型，脱扣器 150A，脱扣电流为 150A×3＝450A。

5-6　选 DW15-200 型断路器，其电磁脱扣器额定电流为 160A，脱扣电流 1600A，保护灵敏度为 4，满足要求。

5-7　由于 0.5 级的 $S_2=6.71\text{VA}<10\text{VA}$，3 级的 $S'_2=18.81\text{VA}<30\text{VA}$，故满足要求。

5-8　选 BLV-500-(3×120+1×70+PE70)-VG75。

5-9　选 LJ-35，$\Delta U\%=4.8<\Delta U_{al}=5$，满足要求。

5-10　选 BLV-500-3×50+PEN25，$\Delta U\%=1.39$。

第六章　继电保护装置及二次系统

6-1　动作电流整定为 8A，速断电流倍数整定为 7 倍左右，均满足保护灵敏度要求。

6-2　前一级继电器的动作时间整定为 0.8s。

6-3　动作电流整定为 6A，速断电流倍数整定为 5.6 倍，过电流保护灵敏度满足要求。

第七章　防雷、接地及电气安全

7-1　接闪杆的保护半径约为 16.1m，大于 15m，因此能保护该建筑物。

7-2　需补充的人工接地装置的接地电阻值为 4.76Ω，可用 8 根垂直接地体打入地下，用 40mm×4mm 扁钢连成一排，管距约 5m。短路热稳定度满足要求。

第八章　工厂的电气照明

8-1　可选 27 盏灯，均匀矩形布置。沿车间纵向每隔 3.5m 安装 3 盏灯，共 9 排，两边排的灯距墙 1.0m；每排灯距亦 3.5m，两边距墙 1.5m。

8-2　按比功率法计算，应选用 30 盏灯。

8-3　选 BLV—500—1×16 型铝心塑料线。

第九章　工厂的电能节约

9-1　SL7—1000/10 型变压器的经济负荷系数为 0.446。

9-2　判别两台变压器经济运行的临界负荷 $S_{cr}=431\text{kVA}$。由于 $S=500\text{kVA}>S_{cr}$，故宜两台变压器并联运行。

9-3　选择 RT0—200 型熔断器，其熔体电流为 200A；电流互感器的变压比选 300/5A（K 取为 1.5）。

9-4　电流互感器的电流比选 100/5A，GL15 型电流继电器的动作电流整定为 5A。

参 考 文 献

[1] 刘介才，戴绍基. 工厂供电[M]. 2版. 北京：机械工业出版社，1999.

[2] 刘介才. 工厂供电[M]. 5版. 北京：机械工业出版社，2010.

[3] 中国航空工业规划设计研究院等编. 工业与民用配电设计手册[M]. 3版. 北京：中国电力出版社，2005.

[4] 刘介才. 工厂供电简明设计手册[M]. 北京：机械工业出版社，1993.

[5] 戴绍基. 建筑供配电技术[M]. 2版. 北京：机械工业出版社，2014.

[6] 戴绍基. 电气安全四十讲[M]. 北京：机械工业出版社，2009.

[7] 戴绍基. 安全用电[M]. 2版. 北京：高等教育出版社，2012.

[8] 戴绍基. 建筑供配电与照明[M]. 北京：中国电力出版社，2007.